中国板栗

种质资源

中国林木种质资源丛书
国家林业和草原局国有林场和种苗管理司 / 主持

Chestnut
Germplasm Resources in China

中国板栗种质资源

◆ 王同坤　汪　民　主编
Wang Tongkun　and　Wang Min

中国林业出版社
China Forestry Publishing House

图书在版编目（CIP）数据

中国板栗种质资源 / 王同坤，汪民主编. -- 北京：中国林业出版社，2020.12
（中国林木种质资源丛书）
ISBN 978-7-5219-0579-3

Ⅰ. ①中… Ⅱ. ①王… ②汪… Ⅲ. ①板栗－种质资源－中国 Ⅳ. ①S664.202.4

中国版本图书馆CIP数据核字（2020）第085062号

中国林业出版社·自然保护分社（国家公园分社）
策划编辑：刘家玲
责任编辑：刘家玲　甄美子

出版发行：中国林业出版社
　　　　　（100009　北京西城区德内大街刘海胡同7号）
网　　址：www.forestry.gov.cn/lycb.html
电　　话：（010）83143519　83143616
印　　刷：河北京平诚乾印刷有限公司
版　　次：2021年10月第1版
印　　次：2021年10月第1次
开　　本：889mm×1194mm　1/16
印　　张：17.75
字　　数：556千字
定　　价：180.00元

中国林木种质资源丛书 编委会

主　任　程　红

副主任　杨连清

委　员　欧国平　赵　兵　丁明明　李允菲

《中国板栗种质资源》编委会

主　编　王同坤　汪　民

副主编　兰彦平　刘庆忠　齐永顺　田寿乐
　　　　　王广鹏　王印肖　张京政　郑瑞杰

编　者（按汉语拼音排序）

艾呈祥	曹　飞	曹庆昌	陈景震	陈顺伟	丁向阳	郭春磊	何佳林
何秀娟	贺赐平	孔德军	兰彦平	李　勃	李明媛	梁文汇	林志雄
刘景然	刘庆忠	吕平会	陆　斌	齐荣水	齐永顺	石卓功	宋　鹏
孙　山	田寿乐	王　彬	王德永	王凤春	王富河	王广鹏	王陆军
王同坤	王印肖	魏海蓉	武红霞	肖正东	徐秀琴	徐育海	苑克俊
张京政	张力思	赵红军	赵莲花	赵志珩	郑诚乐	郑瑞杰	

拍摄或提供品种照片人员（按汉语拼音排序）

曹庆昌	陈春玲	陈景震	陈喜忠	陈在新	范贤建	傅水标	公庆党
郭益龙	何佳林	何秀娟	黄贤圣	黄武刚	江接茂	孔德军	兰彦平
雷　潇	梁文汇	林志雄	刘建玲	刘景然	鲁　刚	吕宝山	吕平会
梅牢山	明桂冬	蒲发光	齐国辉	齐荣水	秦　岭	任淑艳	沈广宁
宋　鹏	孙　岩	唐时俊	田寿乐	童品璋	王　彬	王德永	王凤春
王广鹏	王金宝	王陆军	熊森林	徐育海	张继亮	张京政	赵志珩
郑成乐	郑瑞杰						

拍摄或提供古树照片人员（按汉语拼音排序）

陈喜忠	邓子牛	丁向阳	胡希来	李　峰	李　刚	李玉奎	刘　涛
柳树奎	马丽娜	马哲勇	齐永顺	任保刚	田寿乐	田　园	王爱军
王宝杰	王晓军	武红霞	杨济民	尹仁军	袁俊云	臧　敏	张宝翠
张　帆	张京政	赵振宇	赵志珩				

序

林木种质资源是林木遗传多样性的载体，是生物多样性的重要组成部分，是开展林木育种的基础材料。有了种类繁多、各具特色的林木种质资源，就可以不断地选育出满足经济社会发展多元化需求的林木良种和新品种，对于发展现代林业，提高我国森林生态系统的稳定性和森林的生产力，都有着不可估量的积极作用。切实搞好林木种质资源的调查、保护和利用是我国林业一项十分紧迫的任务。

我国幅员辽阔，地形复杂多样，造就了自然条件的多样性，使得各种不同生态要求的树种，以及不同历史背景的外来树种都能各得其所，生长繁育。据统计，中国木本植物约9000种，其中乔木树种约2000种，灌木树种约6000种，乔木树种中优良用材树种和特用经济树种达1000多种，另外还有引种成功的国外优良树种100多种。这些丰富的树种资源为我国林业生产发展提供了巨大的物质基础和育种材料，保护好如此丰富的林木种质资源是各级林业部门的历史使命，更是林木种苗管理部门义不容辞的责任。

国家林业局国有林场和林木种苗工作总站（现为国家林业和草原局国有林场和种苗管理司）组织编撰的"中国林木种质资源丛书"，是贯彻落实《中华人民共和国种子法》和《林木种质资源管理办法》的重大举措。"中国林木种质资源丛书"的出版集中展现了我国在林木种质资源调查、保护和利用方面的研究成果，同时也是对多年来我国林业科技工作者辛勤劳动的充分肯定，更重要的是为林木育种工作者和广大林农提供了一部实用的参考书。

"中国林木种质资源丛书"以树种为基本单元，一本书介绍一个树种，这些树种都是多年来各省（自治区、直辖市）在林木种质资源调查中了解比较全面的树种，其中有调查中发现天然分布的优良群体和类型，也有性状独特、表现优异的单株，更多的是通

过人工选育出的优良家系、无性系和品种。特别是书中介绍的林木良种都是依据国家标准《林木良种审定规范》的要求，由国家林业局（现为国家林业和草原局）林木品种审定委员会或各省（自治区、直辖市）林木品种审定委员会审定的，在适生区域内产量、质量和其他主要性状方面具有明显优势，具有良好生产价值的繁殖材料和种植材料。

"中国林木种质资源丛书"有以下5个特点：一是详细介绍每类种质资源的自然分布区域、生物学特性和生态学特性、主要经济性状和适生区域，为确定该树种的推广范围和正确选择造林地提供了可靠的依据；二是介绍的优良类型多、品种全、多数优良类型和单株都有具体的地理位置以及详细的形态描述，为林木育种工作者搜集育种材料大开方便之门；三是详细介绍了这些优良种质资源的特性、区域试验情况和主要栽培技术要求，对生产者正确选择品种和科学培育苗木有着很强的指导作用；四是严格按照种子区划和适地适树原则，对每个类型的林木种质资源都规定了适宜的种植范围，避免因盲目推广给林业生产带来不必要的损失；五是图文并茂，阐述通俗易懂，特别是那些优良单株优美的树形和形状奇异的果实，令人赏心悦目，可以大大提高读者的阅读兴趣，是一部集学术性、科普性和实用性于一体的专著，对从事林木种质资源管理、研究和利用的工作者都具有很好的参考价值。

2008年8月18日

前言

板栗（*C. mollisima* Blume）原产于我国，是我国特有的经济林树种。山东临朐山旺考古遗址，曾发掘出距今1800万年的中新世的大叶板栗化石，证明在非常久远的年代栗属植物就已经在我国这片土地上生存和繁衍。在距今6000年到70万年的多处考古遗址中，都发现有栗果化石的存在。殷商的甲骨文中，已经出现有"栗"字。2500多年前的《诗经》中，有多处关于栗树的描述。这些都表明，中国古人采集利用板栗的历史非常悠久。在古代，栗与桃、杏、李、枣并称为"五果"，与人民的生活密切相关。板栗素有"干果之王""木本粮食""铁杆庄稼""救荒和军用物资"之称。

据统计，我国板栗栽培面积约为180多万hm²，2016—2019年的年产量分别为228.9万t、236.5万t、227.3万t、219.8万t。栽培面积和产量均居世界第一位，常年产量约占世界总产量的85%左右。板栗主要在丘陵山区种植，不但具有很高的经济价值，也具有很高的生态价值，在山区人民脱贫致富、绿化荒山、改善生态环境等方面具有非常重要的作用。

我国原产的栗属植物共有3个种，除板栗（*C. mollisima* Blume）之外，还有锥栗（*C. heryi* Rehder）、茅栗（*C. seguinii* Dode）。在栗树的栽培发展过程中，辽宁、山东等地还从日本引进有日本栗（*C. crenata* Sieb）。目前，我国栗树的栽培，形成了以板栗为主体，锥栗、茅栗、日本栗在某些区域适量发展的格局。板栗在全国24个省（自治区、直辖市）均有栽培，但主产地集中在湖北、河北、山东、河南、云南、辽宁、福建、河南、安徽、湖南、广西等省份。锥栗属于半栽培种，主要分布在秦岭南坡以南五岭以北的区域内，已选育出一批优良品种用于栽培，经济栽培集中在福建省中北部和浙江省南部。茅栗基本上属于野生种，主要分布在大别山以南、五岭南坡以北的区域，在生产上有少量栽培。日本栗原产于日本，在我国的主要产地是辽宁，在山东胶东半岛东部也有栽培。总起来讲，我国栗树植物资源丰富，开发利用潜力还很大。本书虽取名为《中国板栗种质资源》，但为了系统反映我国栗属种质资源状况，实际上包含了板栗、锥栗和日本栗3个种。

植物种质资源，是人类赖以生存的物质基础，也是科技工作者开展科学研究的物质基础。无论是生产栽培、新品种选育、加工新产品开发都离不开种质资源，实质上讲都是对种质资源的挖掘、创新和利用。我国劳动人民对栗树植物资源的利用历史悠久，很早就对板栗进行了驯化和栽培利用，在漫长的自然进化和人工选择过程中，形成了丰富的板栗种质资源。同时，由于板栗长期采用实生繁殖，以燕山板栗为例，只是在20世纪70年代以后才采用嫁接繁殖，所以在自然界形成了庞大的实生变异群体，蕴藏有很多有价值的特色资源和优异类型。新中国成立以来，我国栗树科技工作者积极开展栗树种质资源的调查、收集、保存和研究利用工作，取得了显著的成绩。张宇和等主编出版《中国果树志·板栗 榛子卷》（2005年），首次对我国栗树资源进行了较全面、系统的阶段性总结，记述了以板栗为主的我国的栗属植物资源，共记载了板栗品种和类型309个、锥栗品种和类型20个、日本栗品种5个。20世纪80年代以来，我国栗果产业发展很快，在种质资源研究和新品种选育方面，取得了显著进展。从1979到2020年，我国新选育出的栗树品种就有144个。为了全面反映我国栗属果树种质资源的基本情况，为进一步挖掘、研究、创新和利用好我国宝贵的种质资源奠定基础，我们组织栗树科技工作者和主产区的有关科技人员，编写了这本《中国板栗种质资源》。

《中国板栗种质资源》一书分为上、下两篇。上篇为总论，包括2章，分别为概论、板栗种质资源研究的主要内容和方法。下篇为各论，包括3章，分别为选育品种、地方品种、古树类型。选育品种包括经过审定、认定、鉴定以及公开发表的栗树品种144个，其中板栗品种129个，主要从来源及分布、选育单位、植物学特征、生物学特性、综合评价等方面进行了介绍，提供了相关图片。地方品种包括了地方农家品种（类型）以及少数杂交优系共119个，主要从别名及分布、植物学特征、生物学特性、综合评价等方面进行了介绍，提供了相关图片。古树类型部分，主要提供了50株300年以上的古树类型的照片。在品种（类型）介绍部分，考虑到锥栗和日本栗所占比例很少，没有单独列出，放在了板栗品种（类型）之后。为了便于查询，书后附有中文名索引，列出了主要参考文献。

《中国板栗种质资源》一书是在国家种质资源保护专项经费资助和原国家林业局国有林场和林木种苗工作总站的支持下，由河北科技师范学院、河北省林木种苗管理站主持，由安徽省林业科学研究院、北京市农林科学院林业果树研究所、福建农林科技大学、广东省农业科学院果树研究所、广西林业科学研究院经济林研究所、河北科技师范学院、河北省农林科学院昌黎果树研究所、河北省邢台县林业局、河南省林业科学院、河南省信阳市平桥区林业局、湖北省农业科学院果树茶叶研究所、湖南省林业科学院、辽宁省经济林研究所、山东省果树研究所、陕西省镇安县林业站、四川林业科学研究院经济林研究所、天津市蓟州区林业局、西北农林科技大学、西南林业大学、云南省林业和草原研究院、中国林业科学研究院亚热带林业研究所、重庆市城口县林业局等（以上单位按首字汉语拼音排序）从事栗种质资源研究的一线专家，基于多年积累的自主研究成果，并参考国内外资料编写而成。在本书编写过程中，先后几易其稿，几经修改而最终成书。本书由王同坤、汪民担任主编，负责全书的整体设计和组织协调。全书分为上、下两篇，其中上篇第一章由王同坤、张京政编写整理，第二章由刘庆忠、齐永顺编写整理，下篇由艾呈祥、曹飞、曹庆昌、陈景震、陈顺伟、丁向阳、郭春磊、何佳林、何秀娟、贺赐平、孔德军、兰彦平、李勃、梁文汇、林志雄、刘景然、吕平会、陆斌、齐荣水、齐永顺、石卓功、宋鹏、孙山、田寿乐、王彬、王德永、王凤春、王富河、王广鹏、王陆军、王同坤、王印肖、魏海蓉、武红霞、肖正东、徐秀琴、徐育海、苑克俊、张京政、张力思、赵红军、赵莲花、赵志珩、郑诚乐、郑瑞杰等编写整理。全书最后由王同坤、兰彦平、齐永顺、张京政统稿。

在本书编写过程中，河北科技师范学院、河北省农林科学院昌黎果树研究所、山东省农业科学院果树研究所、北京市林业果树科学研究院、辽宁省经济林研究所等单位，曾给予多方面大力支持，在此一并表示诚挚的谢意！同时，也向本书中所参考引用资料和成果的原作者，一并表示感谢！

本书力求尽可能全面、准确地反映我国栗种质资源研究的现状和成果，但由于编者水平的局限以及搜集资源的不全面，遗漏和不当之处在所难免，敬请同行专家和读者给予批评指正，以便日后补充完善。

王同坤
2020年12月

目录

序
前言

上篇 总论

■ 第一章 概论 / 2
　第一节 栗属植物概述 / 3
　第二节 板栗的栽培历史与主要价值 / 5
　第三节 板栗产业发展现状与主要问题 / 9

■ 第二章 板栗种质资源研究的主要内容和方法 / 20
　第一节 种质资源研究的主要内容 / 21
　第二节 板栗种质资源研究的基本方法 / 23
　第三节 板栗种质资源描述规范和数据标准 / 24

下篇 各论

■ 第三章 选育品种 / 36
　'大板红'（Dabanhong）/ 37
　'东陵明珠'（Dongling Mingzhu）/ 38
　'冀栗1号'（Jili 1 hao）/ 39
　'林宝'（Linbao）/ 40
　'林冠'（Linguan）/ 41
　'林珠'（Linzhu）/ 42
　'明丰2号'（Mingfeng 2 hao）/ 43
　'迁西暑红'（Qianxi Shuhong）/ 44
　'迁西晚红'（Qianxi Wanhong）/ 45
　'迁西早红'（Qianxi Zaohong）/ 46
　'迁西壮栗'（Qianxi Zhuangli）/ 47
　'塔丰'（Tafeng）/ 48
　'替码珍珠'（Timazhenzhu）/ 49
　'燕宝'（Yanbao）/ 50
　'燕光'（Yanguang）/ 51
　'燕金'（Yanjin）/ 52
　'燕晶'（Yanjing）/ 53
　'燕宽'（Yankuan）/ 54
　'燕奎'（Yankui）/ 55
　'燕丽'（Yanli）/ 56
　'燕龙'（Yanlong）/ 57
　'燕明'（Yanming）/ 58
　'燕秋'（Yanqiu）/ 59
　'燕山短枝'（Yanshan Duanzhi）/ 60
　'燕山早丰'（Yanshan Zaofeng）/ 61
　'燕兴'（Yanxing）/ 62
　'燕紫'（Yanzi）/ 63
　'紫珀'（Zipo）/ 64
　'遵达栗'（Zundali）/ 64
　'遵化短刺'（Zunhua Duanci）/ 65
　'遵玉'（Zunyu）/ 66
　'短花云丰'（Duanhua Yunfeng）/ 67
　'黑山寨7号'（Heishanzhai 7 hao）/ 68
　'怀丰'（Huaifeng）/ 68
　'怀黄'（Huaihuang）/ 69
　'怀九'（Huaijiu）/ 70
　'怀香'（Huaixiang）/ 70
　'京暑红'（Jingshuhong）/ 71
　'良乡1号'（Liangxiang 1 hao）/ 72
　'燕昌'（Yanchang）/ 73
　'燕丰'（Yanfeng）/ 74
　'燕平'（Yanping）/ 74
　'燕红'（Yanhong）/ 75
　'阳光'（Yangguang）/ 76
　'银丰'（Yinfeng）/ 76
　'津早丰'（Jinzaofeng）/ 77
　'岱丰'（Daifeng）/ 78
　'岱岳早丰'（Daiyue Zaofeng）/ 79
　'东王明栗'（Dongwang Mingli）/ 80
　'东岳早丰'（Dongyue Zaofeng）/ 81
　'海丰'（Haifeng）/ 82
　'红光'（Hongguang）/ 83
　'红栗'（Hongli）/ 84
　'红栗1号'（Hongli 1 hao）/ 85
　'红栗2号'（Hongli 2 hao）/ 86
　'华丰'（Huafeng）/ 87
　'华光'（Huaguang）/ 88
　'黄棚'（Huangpeng）/ 89

'金丰'（Jinfeng）/ 90
'莱州短枝'（Laizhou Duanzhi）/ 90
'丽抗'（Likang）/ 91
'鲁岳早丰'（Luyue Zaofeng）/ 92
'蒙山魁栗'（Mengshan Kuili）/ 92
'清丰'（Qingfeng）/ 93
'山农辐栗'（Shannong Fuli）/ 94
'石丰'（Shifeng）/ 94
'宋家早'（Songjiazao）/ 96
'泰安薄壳'（Tai'an Baoke）/ 97
'泰栗1号'（Taili 1 hao）/ 98
'泰栗5号'（Taili 5 hao）/ 98
'郯城207'（Tancheng 207）/ 99
'郯城3号'（Tancheng 3 hao）/ 100
'威丰'（Weifeng）/ 100
'烟泉'（Yanquan）/ 101
'阳光'（Yangguang）/ 102
'沂蒙短枝'（Yimeng Duanzhi）/ 103
'杂18'（Za 18）/ 104
'确红栗'（Quehongli）/ 105
'确山红油栗'（Queshan Hongyouli）/ 105
'桐柏红'（Tongbaihong）/ 106
'豫罗红'（Yuluohong）/ 107
'紫油栗'（Ziyouli）/ 107
'处暑红'（Chushuhong）/ 107
'大红光'（Dahongguang）/ 108
'大红袍'（Dahongpao）/ 108
'大油栗'（Dayouli）/ 109
'二新早'（Erxinzao）/ 109
'黄栗蒲'（Huanglipu）/ 110
'节节红'（Jiejiehong）/ 110
'蜜蜂球'（Mifengqiu）/ 111
'软刺早'（Ruancizao）/ 112
'叶里藏'（Yelicang）/ 113
'早栗子'（Zaolizi）/ 114
'粘底板'（Zhandiban）/ 115
'八月红'（Bayuehong）/ 116
'鄂栗1号'（Eli 1 hao）/ 116
'鄂栗2号'（Eli 2 hao）/ 117
'金栗王'（Jinliwang）/ 118
'金优2号'（Jingyou 2 hao）/ 119
'六月暴'（Liuyuebao）/ 119
'罗田乌壳栗'（Luotian Wukeli）/ 120
'花桥特早熟板栗'（Huaqiao Tezaoshubanli）/ 120

'结板栗'（Jiebanli）/ 121
'九家种'（Jiujiazhong）/ 122
'青扎'（Qingzha）/ 122
'它栗'（Tali）/ 123
'铁粒头'（Tielitou）/ 124
'魁栗'（Kuili）/ 125
'集选1号'（Jixuan 1 hao）/ 126
'集选2号'（Jixuan 2 hao）/ 126
'浙903号'（Zhe 903 hao）/ 127
'浙早1号'（Zhezao 1 hao）/ 127
'浙早2号'（Zhezao 2 hao）/ 127
'农大1号'（Nongda 1 hao）/ 128
'早香1号'（Zaoxiang 1 hao）/ 129
'早香2号'（Zaoxiang 2 hao）/ 130
'云丰'（Yunfeng）/ 130
'云富'（Yunfu）/ 131
'云红'（Yunhong）/ 132
'云良'（Yunliang）/ 132
'云夏'（Yunxia）/ 133
'云雄'（Yunxiong）/ 134
'云腰'（Yunyao）/ 134
'云早'（Yunzao）/ 135
'云珍'（Yunzhen）/ 135
'川栗早'（Chuanlizao）/ 136
'城口小香脆板栗'（Chengkou Xiaoxiangcuibanli）/ 137
'泰山1号'（Taishan 1 hao）/ 138
'镇安1号'（Zhen'an 1 hao）/ 139
'八月香'（Bayuexiang）/ 140
'大峰'（Dafeng）/ 141

'丹泽' (Danze) / 142
'高城' (Gaocheng) / 143
'广银' (Guangyin) / 144
'国见' (Guojian) / 145
'金华' (Jinhua) / 146
'宽优 9113' (Kuanyou 9113) / 146
'利平' (Liping) / 147
'辽丹 58 号' (Liaodan 58 hao) / 148
'辽丹 61 号' (Liaodan 61 hao) / 148
'辽栗 10 号' (Liaoli 10 hao) / 149
'辽栗 15 号' (Liaoli 15 hao) / 150
'辽栗 23 号' (Liaoli 23 hao) / 150
'土 13 栗' (Tu 13 li) / 151

■ 第四章　地方品种 / 152
'1209' (1209) / 153
'亳 1' (Bo 1) / 154
'岔 3' (Cha 3) / 155
'大碌洞' (Daludong) / 156
'东沟峪 39' (Donggouyu 39) / 157
'凤 2' (Feng 2) / 158
'干 2-2' (Gan 2-2) / 158
'关堂 64' (Guantang 64) / 160
'侯庄 2 号' (Houzhuang 2 hao) / 160
'后丰 1 号' (Houfeng 1 hao) / 161
'后南峪垂枝' (Hounanyu Chuizhi) / 162
'贾庄 1 号' (Jiazhuang 1 hao) / 163
'宽城大屯栗' (Kuancheng Datun Li) / 164
'龙湾 1 号' (Longwan 1 hao) / 165

'南垂 5 号' (Nanchui 5 hao) / 166
'牛 1' (Niu 1) / 167
'前 3' (Qian 3) / 168
'桑 1' (Sang 1) / 169
'桑 6' (Sang 6) / 170
'沙坡峪 1 号' (Shapoyu 1 hao) / 171
'沙坡峪 3 号' (Shapoyu 3 hao) / 172
'上庄 5 号' (Shangzhuang 5 hao) / 173
'上庄 52 号' (Shangzhuang 52 hao) / 174
'石场子 1-1' (Shichangzi 1-1) / 175
'石场子 2-2' (Shichangzi 2-2) / 176
'塔 14' (Ta 14) / 176
'塔 54' (Ta 54) / 177
'西寨 1 号' (Xizhai 1 hao) / 178
'西寨 2 号' (Xizhai 2 hao) / 179
'下庄 2 号' (Xiazhuang 2 hao) / 180
'邢台薄皮' (Xingtai Baopi) / 180
'邢台短枝' (Xingtai Duanzhi) / 181
'邢台丰收 1 号' (Xingtai Fengshou 1 hao) / 182
'燕栗 1 号' (Yanli 1 hao) / 183
'燕栗 2 号' (Yanli 2 hao) / 184
'燕栗 4 号' (Yanli 4 hao) / 185
'杨家峪 1 号' (Yangjiayu 1 hao) / 186
'杨家峪 13 号' (Yangjiayu 13 hao) / 186
'杨家峪 1-6 号' (Yangjiayu 1-6 hao) / 187
'杂交 2 号' (Zajiao 2 hao) / 188
'长庄 2 号' (Changzhuang 2 hao) / 189
'赵杖子 1-1' (Zhaozhangzi 1-1) / 190
'周家峪 6 号' (Zhoujiayu 6 hao) / 191
'垂枝栗 1 号' (Chuizhili 1 hao) / 191
'垂枝栗 2 号' (Chuizhili 2 hao) / 192
'郯城 023' (Tancheng 023) / 193
'花盖栗' (Huagaili) / 193
'无刺栗' (Wucili) / 194
'无花栗' (Wuhuali) / 194
'橡叶栗' (Xiangyeli) / 195
'引选 3 号' (Yinxuan 3 hao) / 196
'杂 35' (Za 35) / 196
'林县谷堆栗' (Linxian Guduili) / 197
'信阳 5 号' (Xinyang 5 hao) / 197
'豫栗王' (Yuliwang) / 197
'大板栗' (Pabanli) / 198
'大黑栗' (Daheili) / 198
'二水早' (Ershuizao) / 199

'毛蒲'（Maopu）/ 199
'乌早'（Wuzao）/ 200
'大果中迟栗'（Daguozhongchili）/ 200
'桂花香'（Guihuaxiang）/ 201
'红光油栗'（Hongguangyouli）/ 202
'红毛早'（Hongmaozao）/ 202
'江山2号'（Jingshan 2 hao）/ 203
'九月寒'（Jiuyuehan）/ 204
'乐杨1号'（Leyang 1 hao）/ 205
'罗田红栗'（Luotian Hongli）/ 206
'浅刺大板栗'（Qiancidabanli）/ 206
'青毛早'（Qingmaozao）/ 207
'宣化红'（Xuanhuahong）/ 208
'羊毛栗'（Yangmaoli）/ 208
'腰子栗'（Yaozili）/ 209
'中迟栗'（Zhongchili）/ 210
'中果早栗'（Zhongguozaoli）/ 210
'重阳栗'（Chongyangli）/ 211
'大油栗'（Dayouli）/ 211
'黄板栗'（Huangbanli）/ 212
'灰板栗'（Huibanli）/ 212
'毛板栗'（Maobanli）/ 212
'米板栗'（Mibanli）/ 213
'双季栗'（Shuangjili）/ 214
'乌板栗'（Wubanli）/ 214
'香板栗'（Xiangbanli）/ 215
'小果毛栗'（Xiaoguomaoli）/ 215
'小果油栗'（Xiaoguoyouli）/ 216
'油板栗'（Youbanli）/ 216
'油光栗'（Youguangli）/ 217
'早熟油板栗'（Zaoshuyoubanli）/ 217
'中秋栗'（Zhongqiuli）/ 217
'重阳蒲'（Chongyangpu）/ 218

'封开油栗'（Fengkai Youli）/ 219
'河源油栗'（Heyuan Youli）/ 220
'隆林中籽油栗'（Longlin Zhongziyouli）/ 221
'南丹早熟油栗'（Nandan Zaoshuyouli）/ 222
'坡花油栗'（Pohua Youli）/ 223
'永丰1号'（Yongfeng 1 hao）/ 224
'川栗1号'（Chuanli 1 hao）/ 224
'川栗2号'（Chuanli 2 hao）/ 225
'川栗3号'（Chuanli 3 hao）/ 226
'川栗4号'（Chuanli 4 hao）/ 226
'川栗5号'（Chuanli 5 hao）/ 227
'宝鸡大社栗'（Baoji Dasheli）/ 227
'长安寸栗'（Changan Cunli）/ 228
'长安明拣'（Changan Mingjian）/ 228
'长安灰拣'（Changan Huijian）/ 229
'长安铁蛋栗'（Changan Tiedanli）/ 230
'柞板11号'（Zhaban 11 hao）/ 230
'柞板14号'（Zhaban 14 hao）/ 231
'白露仔'（Bailuzai）/ 232
'长芒仔'（Changmangzai）/ 233
'油榛'（Youzhen）/ 234
'出云'（Chuyun）/ 235
'芳养玉'（Fangyangyu）/ 236
'石鎚'（Shichui）/ 236
'银寄'（Yinji）/ 237
'有磨'（Youmo）/ 238
'筑波'（Zhubo）/ 238
'紫峰'（Zifeng）/ 239

■ 第五章 古树类型（图片资料）/ 240

■ 参考文献 / 257

■ 板栗品种（类型）中文名索引 / 268

上篇　总论

- 概论
- 板栗种质资源研究的主要内容和方法

第一章
概 论

第一节 栗属植物概述

一、主要种类

栗（chestnut）是栗属植物的总称，在植物分类学上属于壳斗科（亦名山毛榉科，Fagaceae）栗属（*Castanea*）。世界上的栗属植物约有10种，自然分布仅限于北半球，其范围大致在以12℃等温线为中心的地带，主要包括亚洲、非洲、欧洲和美洲。栗属植物的重要树种有板栗（*C. mollisima* Blume）、锥栗（*C. heryi* Rehder）、茅栗（*C. seguinii* Dode）、日本栗（*C. crenata* Sieb.）、欧洲栗（*C. sativa* Miller）、美洲栗（*C. dentate* Borkh）、美洲矮栗（*C. pumila* Mill）。其中原产我国的有3个种，即板栗、锥栗、茅栗；在世界经济栽培的食用栗树中，主要以板栗、日本栗、欧洲栗和美洲栗为主。

（一）板栗（*C. mollisima* Blume）

又名大栗（江苏）、魁栗（河北）、毛栗（河南）。原产于中国，公元前在河北、河南、陕西就有大量栽培。板栗属于栽培种，为落叶大乔木，树高可达15~21 m；刺苞较小，刺束较短，每苞通常含坚果2~3个。果实大、中、小类型均有，外皮褐色，涩皮易剥离，肉质细腻、糯性、味甜，品质优良。板栗树势强、抗寒、抗旱、抗病，特别对栗胴枯病（又名栗疫病）[病菌 *Cryphonectria parasitica* (Murr.) Barr.] 及墨水病（病菌 *Phytophthora cinnamoni* Rands.）抵抗力较强。目前，我国各地栽培的栗树绝大多数属于本种。板栗品种类型丰富，多达300个以上，是重要的种质资源。欧美各国曾引进我国板栗，直接栽培或用作育种原始材料。日本也曾利用我国板栗进行实生驯化或作为杂交亲本，选育出了一些优良品种。

目前，我国板栗的栽培分布达24个省（自治区、直辖市），40年来栽培面积和产量均呈快速增长之势。全国板栗产量1980年为6.73万t，1990年为11.52万t，2000年为59.82万t，2005年为103.19万t。2010年为162.00万t，占世界总产量195.85万t的82.7%；2015年，板栗总量达234.2万t，总产值244.9亿元。中国栗果面积和产量均远超世界其他国家，居世界第一位。

（二）日本栗（*C. crenata* Sieb.）

原产于日本，野生种被称为"芝栗"（柴栗）。日本栗为落叶小乔木，树体比板栗小。刺苞大，苞肉较薄，刺短，每苞通常含坚果3个。果大或甚大，有光泽，涩皮较厚不易剥离，味淡，质较粗，品质较差，主要做菜用或制粉用。抗寒性不如板栗和美洲栗，抗栗胴枯病或墨水病能力仅次于板栗。日本栗与中国板栗在形态上的主要区别：幼枝很快变为光滑无毛，叶片较狭长且叶缘密生针芒状锯齿，果形和坚果底座（脐点）比较大，底座几乎占果实基部的全部，内种皮（涩皮）与果肉不易剥离。目前，栽培范围包括日本、朝鲜和韩国，我国东北栽培的丹东栗也属于日本栗，日本栗的品种有100余个。

据报道，1975年，日本的栽培面积是4.43万hm²，1979年总产量达6.5万t；但从1980年前后开始，因栗农年龄老化及进口量增加等，栽培面积和产量逐年下降。1989年，栗产量降至3.95万t，1999年又减少至3万t，下降了24.1%；栽培面积也由1989年的3.83万hm²，减少至1999年的2.69万hm²，减少了29.8%；至2000年，因劳动力不足和山地开发等原因，较多地刨除了老龄树，栽培面积又减少到2.64万hm²，产量下降至2.67万t；到2016年产量又下降到1.65万t。20世纪90年代，日本栗在韩国发展较快，栗产量从1990年的8.5万t，发展到1997年的12.97万t。但进入21世纪后，韩国的栗产量开始下滑，2011年总产量已减少到5.58万t。

（三）欧洲栗（*C. sativa* Miller）

原产于地中海温暖潮湿地区，主要分布于意大利、法国、土耳其、葡萄牙和西班牙等地。欧洲栗为落叶大乔木。刺苞较大，苞肉厚，刺束长而刚直，每苞含坚果1~3个。果实大小介于美洲栗和日本栗之间，涩皮较厚，也不易剥离，品质优于日本栗，但不如板栗和美洲栗。欧洲栗对栗胴枯病和墨水病抵抗力弱，不耐寒，喜干燥气候。欧洲栗品种约有250个以上，年产量曾高达60万t以上；但自20世纪以来，由于墨水病和栗胴枯病的严重打击，出现了生产危机；欧洲栗的主产国意大利，年产量由1896年的16.3万t降至1996年的6.87万t，2016年下降到5.09万t。联合国粮食和农业组织的国际栗树委员会，连续几届会议讨论解决措施，但情况仍未能扭转。

（四）美洲栗（*C. dentate* Borkh）

原产于北美东部，在美国和加拿大有栽培。美洲栗为大乔木，树体高大，主要以材用为主，也有相当数量的坚果生产。刺苞较小，每苞含坚果2~3个，果实涩皮薄，易剥离，品质好，有香气，其优选类型的品质可以与我国的板栗相媲美。缺点是果较小，到达结果期也较晚，对栗胴枯病抗性很差。自1904年在美国纽约州发现栗胴枯病后，不到10年就传遍邻近各州，席卷了整个美国栗产区，使80%的栗树遭到毁灭。为了拯救濒临灭绝的美洲栗，美国从我国引入抗栗胴枯病的板栗与美洲栗进行多代重复杂交，获得了一些既有美洲栗生长迅速、树体高大直立特点，又抗栗胴枯病强的品种，但从总体上看仍未见有大的起色。

（五）锥栗（*C. heryi* Rehder）

又名尖栗（长沙）、榛栗。原产于中国中部，主要分布在我国长江流域以南到南岭以北的广大地区，常与其他阔叶树种混生。锥栗为落叶大乔木，主干通直，材质坚实，耐水湿，被广泛应用于建筑、造船等方面。锥栗刺苞和果实小，一般每苞含1果，少数2果。果实富含淀粉、糖、蛋白质等，营养丰富，生食或熟食风味均佳。锥栗树干通直高大的特性，成为长江流域各地至南岭以北的主要造林树种，具有重要的经济价值。

综合来看，栗树种植主要集中在亚洲和欧洲，以2010年的产量为例，这两个地区的栗果产量合计占世界总产量的97%以上。其中亚洲的栗果产量为179.64万t，占世界总产量的91.7%，主要生产国是中国、韩国和土耳其，产量分别为162.00万t、8.22万t和5.92万t，占世界总产量的比例分别为82.7%、4.2%、3.0%，中国、韩国和土耳其分别是世界第一、第二和第三大栗果生产国。欧洲的栗果产量为10.76万t，占世界总产量的5.5%，主要生产国意大利的产量为4.27万t，占世界总产量的2.2%，排在世界栗果生产国的第五位。另外，南美的栗果产量占世界总产量的2.8%，主产国是玻利维亚，产量为5.36万t，居世界第四位。2011年，世界栗果产量201.47万t，其中亚洲为184.38万t，占世界总产量的91.52%；欧洲的栗产量为11.63万t，占世界总产量的5.77%。

二、地理分布

栗属植物主要分布于北半球的亚洲、欧洲、美洲和非洲。主要包括板栗、锥栗、茅栗、日本栗、欧洲栗、美洲栗、美洲矮栗等。其中，板栗主要分布在中国，是中国特产；日本栗主要分布在韩国、日本、朝鲜以及中国的东北等地；欧洲栗主要分布在土耳其、意大利、西班牙、葡萄牙、法国、希腊、俄罗斯、匈牙利、罗马尼亚、塞尔维亚和黑山等地；美洲栗主要分布在美国东部、加拿大安大略省南部、玻利维亚、秘鲁等地。

中国栽培的栗属植物主要包括板栗、锥栗、茅栗、日本栗等。中国栗树的主要分布范围，北至北纬41°20′，即吉林省的吉安市和河北的隆化县；南至北纬18°30′，包括广东、广西和海南等省份；西起甘肃、陕西；东至河北、山东、江苏、浙江、福建等沿海各省，全国24个省（自治区、直辖市）均有栗树栽培，但比较集中的分布区域是在湖北、山东、河北、安徽、河南、广西、辽宁、福建等地。栗树的垂直分布范围，最低在海拔30 m左右的冲积平原，如山东的郯城、江苏的新沂等地；最高可达2800 m左右，如云南的维西等地。垂直分布的高度与纬度有关，自北向南呈递升的趋势。在河北多分布在海拔300~400 m的山区，云南多分布在海拔1400~2200 m。

板栗是中国栽培面积最大的栗属植物。南京中山植物园根据板栗产区的生态条件、栽培方式、人工选择方向以及品种特征特性等因素，把板栗品种划分为五个地方品种群，即华北品种群、长江流域品种群、西北品种群、东南品种群、西南品种群。华北品种群主要分布在河北、山东、河南东北部、江苏北部以及辽宁西部地区，由于这些地区，栽培面积大、产量高、品质优，因此，在生产上占有重要地位。长江流域品种群主要分布在湖北、安徽、江苏、浙江等长江流域地区。西北品种群主要分布在甘肃、陕西南部、四川北部、湖北西北部和河南的西部等地。东南品种群主要分布在浙江、江西、福建、广东等地。西南品种群主要分布在四川东南部、湖南西南部、广西、贵州和云南等地。

第二节　板栗的栽培历史与主要价值

一、板栗的起源与栽培历史

板栗起源于我国，采集利用和栽培板栗的历史悠久，无论是考古发现还是文字记载都可找到有关证据。

从考古情况来看，在距今1800万年前的山东临朐山旺考古遗址，曾发掘出中新世的大叶板栗化石，这是世界上最早的板栗化石，也是板栗起源于中国的有力证据。在距今50万~70万年的周口店北京猿人遗址，发现有板栗的化石。在距今11万年前的洪沟遗址考古中，发现了栗炭的存在。在距今9000年的河南裴李岗遗址和距今7000年的浙江河姆渡遗址，均发现有遗存的栗果。在距今6000多年前的陕西省西安半坡遗址考古中，出土过许多炭化栗壳。上述考古发现证明，我国是板栗的原产地，采集利用板栗的历史非常久远。

从文字记载来看，在殷商的甲骨文中，已经有"栗"字的存在，说明栗果在当时已经成为人们食用的食物，但是否已发展成为栽培植物，却无从查考。此后，在成书于2500多年前的《诗经》中，就有多处有关栗树的描述，诸如"树之榛栗""东门之栗""隰有栗""山有嘉卉，侯栗侯梅"等。专门研究《诗经》的著作《毛传》中有："栗,行上栗也。"对此《毛诗正义》释曰："传以栗在东门之外，不处园圃之间，则是表道树也。故云'栗,行上栗'。行谓道也。"《论语》中记述有"哀公问社于宰我。宰我对曰：夏后氏以松，殷人以柏，周人以栗，曰：使民战栗。"这说明，在周代人们除了利用其坚果外，还作为行道树、社树（人工种植的适生树）来栽种。因此可以认为，此时的栗树已经发展成为人们有意识栽种的果树了。

在古代，人们将栗与桃、杏、李、枣并称为"五果"。"五果"之说最早出现于《黄帝内经·灵枢·五味》（被认为成书于战国时期即前475—前221年），书中载有"五果：枣甘、李酸、栗咸、杏苦、桃辛"之说。在《吕氏春秋》（前239年）中有"果之美者，江浦之橘，箕山之栗"的记载。据《战国策·燕策》记载：苏秦游说六国时，对燕文候说："（燕国）南有碣石、雁门之饶，北有枣栗之利，民虽不由田作，枣栗之实，足食于民矣。此所谓天府也。"这段话的意思是说，燕国北部枣栗资源丰富，即使人们不从事耕种，也足够食用了。汉代的《史记·货殖列传》（前91年）中也记载有"夫燕亦勃、碣之间一都会也。南通齐、赵，东北边胡。上谷至辽东，地踔远……有鱼盐枣栗之饶。""安邑千树枣，燕、秦千树栗……此其人皆与千户侯等"。三国时代曹魏政治家卢毓（183—257年）在《冀州论》中认为，"魏郡好杏，常山好梨……真定好稷，中山好栗，地产不为无珍也。""中山"为战国时的古国名，其地域在今河北省定县及周围的区域，当时已把所产栗果被视为珍宝。由此，从春秋战国时期至汉代的记述看，栗树很早就在古代人们的生活中占据有重要位置。

《齐民要术·种栗第三十八》（533—544年）引《广志》曰："关中大栗，如鸡子大"；引《三秦记》曰："汉武帝果园有大栗，十五颗一升"。这说明汉武帝时，栗树已经进入皇室果园，且栽种的是经过优选的"十五颗一升"的大栗类型。三国时期（220—280年），陆机在《毛诗草木鱼虫疏》中亦称："五方皆有栗……唯渔阳、范阳栗甜美味长，他方悉不及也。"渔阳，三国时期曾为渔阳郡，大致在今天北京市密云区一带；范阳，三国时曾为范阳郡，大致在今北京市昌平区、房山区以及河北涿州市一带。西晋文学家左思（250—305年）在《魏都赋》中，记述的魏国名产有"真定之梨，故安之栗"。据《新唐书·地理志》（成书于1060年）记载："幽州范阳郡，大都督府。本涿郡，天宝元年更名。土贡：绫、绵、绢、角弓、人、栗。"宋代范成大（1126—1193年）在《过良乡驿》中有"紫烂山梨红皱枣，总输易栗十分甜"的诗句，认为梨和枣都不如板栗香甜。从上述记述来看，古时人们早就开始注重对栗果大小和品质进行选择了，栗果也已成为呈奉皇家的贡品。

据《辽史》记载，辽代（907—1125年）时，皇家曾在陪都南京（今北京）设置栗园司，遣人掌管陪都南京的栗园，专司栗子种植之差。如《辽史·文学传上·萧韩家奴》记载："萧韩家奴，字休坚……统和二十八年为右通进，典南京栗园"。萧韩家奴是辽朝文臣，他和当时的辽兴宗耶律宗真有段谈话，就是借用炒栗来做比喻："问曰：'卿居外有异闻乎？'韩家奴对曰：'臣惟知炒栗：小者熟，则大者必生；大者熟，则小者必焦。使大小均熟，始为尽美。不知其他。'盖尝掌栗园，故托栗以讽谏。帝大笑。"据《全辽文》记载：蓟州上方感化寺碑文称，该寺"以其创始以来，占籍斯广，野有良田百余顷，园有甘栗万余株，清泉茂林，半在疆域，斯为计久之业。"据《金史·世宗纪》记载："大定二十六年（1186年）三月香山寺成，幸其寺，赐名大永安寺，给田二千亩，栗七千株。"这说明在宋辽金时期，栗树的种植规模已经很大，栗树的生产越来越受到重视，管理技术和水平在不断提升。

在板栗种植方面，北魏时期农学家贾思勰在《齐民要术》中有详细地描述。关于栽种方法，《齐民要术·种栗第三十八》中说："栗初熟出壳，即于屋里埋著湿土中。埋必须深，勿令冻彻。若路远者，以韦囊盛之。停二日以上，及见风日者，则不复生矣。至春二月，悉芽生，出而种之。"当时就认识到，要想将栗果作为种子进行繁殖，需要在栗果成熟时，即自栗棚开裂脱落后，就立即将它埋入深土中，不能使之受冻，若是从远地取种，则要用麻袋盛着带回；如果将栗果停放两天以上，遇上风吹和太阳晒，栽种就不能成活了；到了翌年阴历二月，栗果发芽的时候，便可取出栽种。又说"栗，种而不栽。栽者虽生，寻死矣。"明代李时珍在《本草纲目》（1578年）中也说："栗但可种成，不可移栽。"当时认为，栗树主要适于用种子种植，而不适于移栽。移栽的虽然也能成活，但不久便会死掉。当然，这主要是受当时认知和技术水平的局限，后来随着农业技术的进步，证明板栗树是可以移栽而成活的。《齐民要术》还说："凡新栽之树，皆不用掌近，栗性尤甚也。三年内，每到十月，常须草裹，至二月乃解。不裹则冻死。"主要意思是说，凡新栽的树，都不要碰动，栗树尤其如此。三年之内，每到10月，常须用草包裹，到明年2月再解除。不裹时便会冻死。这说明，在1400多年前，人们就已经对板栗的种植技术进行过深入的研究。

在板栗修剪方面，明代俞宗本《种树书·三卷》（1379年）记载："栗采时要得披残，明年其枝叶益茂。""披残"是指对枝条有所损伤的意思，即在采收栗果时，要有意识地损伤一部分枝条，这样栗树的枝条在第二年就会长的更茂盛，实际上这包含了疏枝透光、更新复壮的道理，当然这需要掌握好一个量和尺度。

早期，人们是将板栗与茅栗、锥栗统称为栗。《本草纲目》（1578年）引《事类合璧》曰："栗之大者为板栗，中心扁子为栗楔。稍小者为山栗。山栗之圆而末尖者为锥栗。圆小如橡子者为莘栗。小如指顶者为茅栗。"这种区分为后来的人们所接受，这才有了现在的板栗、锥栗、茅栗之说。还说："栗木高二、三丈，苞生多刺如毛，每枝不下四、五个苞，有青、黄、赤三色。中子或单或双，或三或四。其壳生黄熟紫，壳内有膜裹仁，九月霜降乃熟。其苞自裂而子坠者，乃可久藏，苞未裂者易腐也。其花作条，大如箸头，长四、五寸，可以点灯。"由此可知，古时人们对板栗观察研究的细致和深入。

二、板栗的主要利用价值

1. 食用价值

在古代，栗子就已经是深受人们喜爱的美味佳品，而且用来做祭祀、礼品和待客等高尚事宜。东周时期（前770—前256年）的《仪礼·聘礼第八》中就记载有："宾客再拜。夫人使下大夫劳以二竹簠方，玄被纁里，有盖，其实枣蒸栗，择兼执之以进。"说的是用装在两个方竹簠中的枣和蒸栗，来慰劳贵宾的情形。这说明，蒸栗已是当时食用栗子的主要方法之一。汉代《礼记·内则》（约成书于80年前后）曰："妇事舅姑，如事父母……枣栗饴蜜以甘之。"这里说的是把枣、栗、糖稀和蜂蜜拌在一起，做成甜食，孝敬长辈。

南宋陆游（1125—1210年）在《老学庵笔记·卷二》记载："故都李和炒栗，名闻四方。他人百计效之，终不可及。绍兴中，陈福公及钱上阁恺，出使虏庭，至燕山，忽有两人持炒栗各十裹来献，三节人亦各得一裹，自赞曰：'李和儿也'，挥涕而去。"这则故事表明，在南宋与金对峙时期，炒栗已是很受欢迎的食品，当时的"李和炒栗"闻名全国，因而才有"百计效之"一说。邵《辽史·文学传上·萧韩家奴》中，也记载了有关炒栗的问题，萧韩家奴（975—1046年）在回答辽兴宗耶律宗真的问话时，说道"臣惟知炒栗：小者熟，则大者必生；大者熟，则小者必焦。使大小均熟，始为尽美。不知其他。"这说明，炒栗的历史也已非常悠久，是古代人们食用板栗的一种重要方式。

板栗的食用方法很多，除了上述蒸栗、炒栗之外，还有很多种吃法。南宋人林洪（1137—1162年）在《山家清供》记载："山药与栗各片截，以羊汁加料煮，名金玉羹"。明朝高濂所撰养生专著《遵生八笺》（1591年）记载有栗子糕的做法："栗子不拘多少，阴干去壳捣为粉，三分之一加糯米粉拌匀，蜜水拌润蒸熟。食之以白糖和入妙甚。"此外，还记载有："取山栗，切片晾干，磨成细粉"，然后再用栗子粉加工成各种食品。相传清代的慈禧太后，很喜欢吃栗子面的窝窝头。现在，最常用的板栗食用方法有糖炒栗子、即食板栗仁、栗子糕、栗子羹、栗子窝头，还有就是用栗子作为各种菜肴的原料，以增加其色香味。

在古代，板栗还素有"救荒和军用物资"之称。庄子（前369—前286年）在《庄子·外篇·山木》中，记叙了孔子当年困于陈蔡之间，吃板栗度荒的故事。韩非（前280—前233年）在《韩非子·外储说右下》记载："秦大饥，应侯请曰：'五苑之草著、蔬菜、橡果、枣栗，足以活民，请发之。'"说的是战国时期，秦国闹了大饥荒，应侯请求秦昭襄王把王室苑林中所种植的蔬菜、橡果、栗枣等，拿出来赈济受灾的百姓。由此可见，板栗在古代是用来救荒的重要食物。北宋陶谷（903—970年）在《清异录·卷上·百果门》中也有用栗果做军粮的记载："晋王尝穷追汴师，粮运不继，蒸栗以食，军中遂呼栗为'河东饭'（晋王李克用当时任河东节度使）。"传说，晋王不忘栗子之功，封其为"得胜果"。

现代研究表明，板栗营养十分丰富，含有人体必需的蛋白质、碳水化合物、脂肪、微量元素等营养成分，是人们理想的食物来源。据分析，在每 100 g 鲜栗果中，含有热量 185.0 kcal[①]、碳水化合物 40.5 g、脂肪 0.7 g、蛋白质 4.2 g、膳食纤维 1.7 g、维生素 A 32.0 μg、维生素 C 24.0 mg、维生素 E 4.56 mg、胡萝卜素 0.9 μg、硫胺素（维生素 B_1）0.14 mg、核黄素（维生素 B_2）0.17 mg、烟酸 0.8 mg、镁 50.0 mg、钙 17.0 mg、铁 1.1 mg、锌 0.57 mg、铜 0.4 mg、锰 1.53 mg、钾 442.0 mg、磷 89.0 mg、钠 13.9 mg、硒 1.13 μg。

板栗的蛋白质、脂肪、碳水化合物、维生素 C、维生素 A、维生素 E、硫胺素（维生素 B_1）、核黄素（维生素 B_2）、胡萝卜素等营养物质含量，远高于苹果、梨、桃等一般水果，其中蛋白质含量约是甘薯、马铃薯、芋头、山药的 1 倍，是苹果的 20 多倍；脂肪含量是苹果、马铃薯的 1 倍以上，是面粉、大米、绿豆的 2 倍左右，是甘薯、芋头、山药的 7 倍多；维生素 C 含量与甘薯、马铃薯相当，比山药、苹果、梨、桃等高 3~10 倍，比核桃高 1 倍多；维生素 B_1 含量比桃、梨、苹果等果品高 3~10 倍，比核桃高 1 倍多；钙、钾、锌的含量远高于苹果、梨、桃。蛋白质中氨基酸的含量较大米、玉米、面粉高 1.5 倍，赖氨酸、苏氨酸、色氨酸、蛋氨酸等氨基酸的含量超过 FAO/WHO 的标准，而赖氨酸是大米、小麦、玉米和大豆的第一限制性氨基酸，苏氨酸是大米、小麦的第二限制性氨基酸，色氨酸和蛋氨酸分别是玉米和豆类的第二限制性氨基酸，食用板栗可以补充谷类和豆类中限制性氨基酸的不足，以及米面中所缺乏的维生素 C 等成分，对改善人们的营养平衡状况具有重要作用。

2. 药用价值

板栗既是食用干果，又具有显著的药用价值，属于药食同源植物。栗树的各个器官都有医药功能，在古代就被用来治疗疾病。

唐代孙思邈（541—682年）在《千金要方》（652年）中称："栗子，味咸温无毒，益气，浓肠胃，补肾气。生食之良，治腰脚不遂。"明朝李时珍在《本草纲目》中引孙思邈曰："栗，肾之果也，肾病宜食之"；引陶弘景（456—536年）曰："相传有人患腰脚弱，往栗树下，食数升，便能起行。此是补肾之义，然应生嗳。若服饵，则宜蒸曝之。"；引孟诜（621—713年）曰："吴栗虽大味短，不如北栗。凡栗日中曝干食，即下气补益；不尔犹有木气，不补益也。火煨去汗，亦杀水气。生食则发气，蒸炒熟食则壅气。凡患风水人不宜食，味咸生水也。"李时珍在《本草纲目》中还记载："栗于五果属水。水潦之年则栗不熟，类相应也。有人内寒，暴泄如注，令食煨栗二三十枚，顿愈。肾主大便，栗能通肾，于此可验。《经验后方》治肾虚腰脚无力，以袋盛生栗悬干，每旦吃十余颗，次吃猪肾粥助之，久必强健。盖风干之栗，胜于日曝，而火煨油炒，胜于煮蒸。仍须细嚼，连液吞咽，则有益。若顿食至饱，反致伤脾矣。"

北宋文学家苏辙（1039—1112年）有七言绝句曰："老来自添腰脚病，山翁服栗旧传方。经霜斧刃全金气，插手丹田借火光。入口锵鸣初未熟，低头咀嚼不容忙。客来为说晨兴晚，三咽徐收白玉浆。"这说明，古时在民间就有用栗子治疗腰脚不遂之疾的验方。李时珍还在《附方》中介绍"小儿疳疮：生嚼栗子敷之（《外台》）""小儿口疮：大栗煮熟，日日与食之，甚效（《普济》）""金刃斧伤：用独壳大栗研傅，或仓卒嚼敷亦可（《集简方》）"。

明代云南嵩明人兰茂所著《滇南本草》（1436年），早于李时珍《本草纲目》（1578年）142年，书中记载："栗子，味甘，平。治山岚瘴气疟疾或水泻不止，或红白痢疾。用火为末。每服三钱，姜汤下。生食胸中气横。叶，治喉疔火毒，煎服，神效。皮，敷打伤；烧灰治癞疮。子上壳刺，烧灰吹鼻中，治中风不语，吹之即醒；或中痰邪，亦吹即应。""栗子花，味苦、涩，性微温。止日久赤白带下，休息痢疾，止大肠下血。栗子，味甜，性温。生吃，止吐血、衄血、便血、一切血症。""主治补中益气，浓肠胃，补肾气，腰脚无力。""生嚼，涂筋骨断碎、肿痛瘀血，最效。亦治反胃，入口咬伤，捣敷最良。"关于栗壳的药用价值，《本草纲目》引孟诜《食疗本草》曰："反胃消渴，煮汁饮之"；并记载有"煮汁饮，止泻血"。

传统医学对板栗药用价值的记载，表明板栗是一种很有

[①] 1kcal=4.18kJ。

开发价值的药食同源植物，具有养胃、健脾、补肾、壮腰、强筋、活血、止血、散瘀、消肿等多种功效，常用于治疗肾虚所致的腰膝酸软、腿脚不遂、小便多和脾胃虚寒引起的慢性腹泻及外方骨折、瘀血肿痛、皮肤生疮、筋骨疼痛等症，在促进人体的生理功能，增进人们健康方面具有重要作用。当然，对于这些验方，既需要在实践中进一步验证和完善，同时也需要进一步挖掘和开发利用，使之潜力得到充分的发挥。

现代研究表明，板栗果仁中除含有常见的营养物质外，还含有很多生物活性物质，比如多糖、多酚类物质等，有的具有很好的抗氧化、抗疲劳、抗凝血和抗癌作用。河北科技师范学院板栗研究团队的研究表明，有些燕山板栗品种的多糖对肝癌细胞具有比较强的抑制效果，有很好的研究与开发前景。

3. 其他利用价值

板栗在园艺学上属于坚果类果树，在林业上属于经济林树种，不但其坚果具有很高的食用价值，而且其树干还具有很好的木材材质。不但具有很高的经济价值，还是很好的生态绿化树种。人们把发展板栗的优点，总结为以下几个方面：一是主要在山区种植和发展，可充分利用荒山野坡，不与大田作物争地。二是属于多年生植物，生命和结果周期长，一年种植多年收益。三是耐旱、耐瘠薄能力强，适应性比较广，管理比较省工，成本较低。四是采果用材、一举两得，绿化荒山、改善生态。

三、板栗的主要分布

板栗在我国的分布范围极广，在北起北纬41°20′南到北纬18°30′的区域内都有栽培，涵盖24个省（自治区、直辖市）。板栗的垂直分布由海拔不足50～2800 m，分布高差达2750 m。

据统计，2015年产量超过10万t的省（自治区）有湖北、河北、山东、云南、辽宁、福建、河南、湖南、广西、安徽；年产量1万～9万t的省（直辖市）有浙江、陕西、贵州、四川、江西、北京、江苏、广东。我国板栗年产100万kg以上的重点县分布在河北的迁西、遵化、兴隆、青龙、宽城、邢台、迁安、抚宁，北京的怀柔、密云，山东的岱岳、费县、莒南、五莲、蒙阴、沂水、乳山，河南的桐柏、确山、商城、罗山、平桥、嵩县，湖北的罗田、麻城、大悟、红安、黄陂、广水、通城、浠水、郧阳区，安徽的霍山、金寨、舒城等地，陕西的汉滨，云南的寻甸、宜良、罗平，广西的隆安、隆林等地。另外，辽宁的凤城、宽甸、东港等地以日本栗栽培为主，福建的建瓯、政和、建阳等地以锥栗栽培为主。

据报道，我国板栗品种约在300个以上，已建立栗属种质资源库4处，收集保存了6个种347份种质材料。南京中山植物园根据产区的气候土壤条件、品种性状特性等因素，把我国的板栗品种大体划分为5个地方品种群。

（一）华北品种群

主要分布：山东、河北、北京、河南、江苏北部等，燕山及太行山脉与黄河故道间的山区，以及辽宁西部地区。由于这些地区栽培面积大、产量多、品质优，在国内板栗生产上占有重要地位。

主要特点：坚果小，平均粒重一般不超过10 g；肉质糯性，含糖量高，一般在12%以上，不少品种超过20%；淀粉含量较低，一般在50%以下，果深褐色，茸毛少，有光泽，主要用于炒食。20世纪70年代以前，主要以实生繁殖为主，现正在逐步实行嫁接化、品种化。

主要栽培品种：'燕山早丰''燕奎''燕山短枝''大板红''替码珍珠''燕明''燕金''燕宽''燕山硕丰''遵达栗''塔丰''东陵明珠''遵化短刺''遵玉''紫珀'（'北峪2号'）'燕昌''燕红''燕丰''银丰''阳光''燕龙''燕紫''燕秋''燕丽''怀黄''怀九''红光''红栗''金丰''宋家早''泰安薄壳''海丰''石丰''清丰''玉丰''上丰''东丰''华丰''华光''红栗1号''沂蒙短枝''烟泉''烟清''信阳大板栗''确山紫油栗''确红栗''确山红油栗''豫罗红'等。

（二）长江流域品种群

主要分布：湖北、安徽、江苏、浙江等长江流域。

主要特点：坚果较大，平均粒重约为15 g，最大超过26 g，其中果重在15 g以上的大果型品种约占品种总数的15%；含糖量较低，平均含糖量在12%左右，大多品种在12%以下，其中含量在10%~20%的品种占50%，含量不足10%的占39%；淀粉含量较高，一般在50%以上，其中含量在60%以上的品种占33%；肉质偏粳性，果皮色泽暗淡，多半适于菜用。以嫁接繁殖为主，品种化程度较高。

主要栽培品种：'九家种''焦扎''青扎''短扎''处暑红''重阳蒲''大红袍''广德大油栗''迟栗子'（'大头青'）'蜜蜂球''叶里藏''粘底板''软刺早''羊毛栗''罗田早栗''新岳王''桂花香''乌壳栗''六月暴''八月红''九月寒''浅刺大板栗''深刺大板栗'等。

（三）西北品种群

主要分布：甘肃和陕西南部、四川北部、湖北西北部和河南的西部等地。

主要特点：多为小果类型，平均粒重8g左右，小的5g以下，大的可达10~15g；果面密布长茸毛，多呈浅褐色，光泽暗淡，肉质偏糯性，香甜，适宜于炒食。分布零星，繁殖方法处于由实生向嫁接过渡的阶段。

主要栽培品种：'长安明拣栗''长安灰拣栗''长安铁蛋栗''镇安大板栗''宝鸡大社栗''三季栗'等。

（四）东南品种群

主要分布：浙江和江西的东南部、福建、广东等地。

主要特点：坚果中等大，平均粒重10~15g，也有少数大果和小果品种，含糖量低，淀粉和含水量高，肉质偏粳性，色泽暗淡，毛茸较多；果实品质差异较大。嫁接或实生繁殖，管理粗放，品种数量少，实生变异幅度大。

主要栽培品种：'薄皮大油栗''灰黄油栗''薄皮大毛栗''萧山大红袍''金坪矮垂栗''魁栗''上光栗''紫油光''毛板红'等。

（五）西南品种群

主要分布：四川东南部、湖南西南部、广西、贵州、云南等地。

主要特点：实生类型，平均粒重7g左右，嫁接品种果粒较大，有的可达15g以上，品质优良；果实含糖量低，淀粉含量高，平均高达62.5%；果面茸毛较多，少光泽；多数系实生繁殖，云贵高原产区呈半野生状态。

主要栽培品种：'接板栗''油板栗''中秋栗''早板栗''迟板栗''浅刺栗''特早熟''特大板栗'等。

第三节　板栗产业发展现状与主要问题

一、板栗生产与销售现状

我国是世界栗果第一生产大国，栽培面积和产量均居世界第一位。据有关数据资料统计显示，2011年中国的板栗产量为170万t，占世界总产量（202.3万t）的84.03%；产量排在第二位的是土耳其，只有6.03万t，仅占世界总产量的2.98%。据《中国林业统计年鉴》统计，2015全国板栗栽培总面积为181.3万hm²，其中结果面积138万hm²，板栗年产量已达234.2万t，总产值约244.9亿元。其中，年产量超过20万t的主产省份为：湖北41.24万t、河北32.75万t、山东31.33万t、云南20.04万t；年产量10万~20万t的省份有：辽宁13.83万t、福建14.49万t、河南11.48万t、安徽10.59万t、湖南10.17万t、广西10.16万t。上述10个省（自治区）的板栗产量约占全国总产量的83.29%。

我国板栗产业的发展，主要是在1978年底实行改革开放之后。1980年时全国板栗的总产量仅为6.73万t，1990年为11.52万t，2000年为59.82万t，2005年为103.19万t，2010年为162.00万t（占世界总产量195.85万t的82.7%），2012年为194.7万t，2015年为234.2万t。2015年的产量，已经是1980年的34.8倍。

我国既是世界栗果生产的第一大国，也是栗果出口的第一大国。1992—2002年的统计数据表明，我国板栗10年间的平均出口量是3.430万t，占世界栗果出口量的34.98%，其中出口日本2.457万t，占中国出口量的71.62%。2000—2009年的统计数据表明，我国板栗10年间的平均出口量是3.947万t，占世界栗果出口量的35.32%。2010年，我国板栗的出口量为3.710万t（7365.048万美元），主要的出口国家为日本0.873万t（23.54%）、泰国0.480万t（12.93%）、亚洲其他国家与地区0.467万t（12.58%）、0.217万t（5.86%）；但出口量仅占总产量的2.29%。2013年，我国板栗出口量为3.91万t，出口额达8440万美元，分别占世界总量的31.23%和22.01%；其中，在亚洲对日本、泰国、阿联酋和韩国四国出口量最大，分别达0.573万t、0.525万t、0.300万t和0.217万t；在欧洲对荷兰的出口量最大达0.266万t；但出口量仅占总产量的1.83%。目前，中国板栗出口国贸易伙伴在39个左右，集中分布于亚洲和欧洲。其中亚洲21个，欧洲11个。

1995—2013年的外销数据显示，我国板栗的年出口量大体上维持在3.13万~4.67万t，可以说基本稳定在4万t

左右。但对主要出口国日本的出口量则呈逐年下滑趋势，从1992—2002年间的平均2.457万t，降到了2010年的0.873万t，以及2013年的0.573万t。总体来看，我国虽然是栗果的第一出口大国，但板栗出口量所占总产量的比例很低，主要还是以内销为主，国际市场潜力巨大。再就是，我国出口的板栗在国际市场上的价位还比较低，产品的质量和水平都有待进一步提升。

同时，我国也已成为排在意大利之后的世界第二大栗果进口国，每年还从国外进口相当数量的栗果（包括加工品）。2010年我国栗果的进口量为1.2071万t，进口额为2227.195万美元；主要集中在韩国、日本、意大利和澳大利亚四国，进口数量和额度占到了总进口量的99.9%。而且从韩国、日本的进口量和进口额都占到了总数的98%以上；其中，从韩国进口额占到总进口额的71.49%，进口数量达到总进口量的84%以上。2013年，世界板栗进口总量达12.4万t，进口额达3.61亿美元，中国板栗进口量达1.18万t，进口额达2470美元，分别占世界总量的9.52%和6.84%。总的来看，我国栗果进口主要来自隔海相望的韩国和日本，韩国已经成为我国在世界栗果贸易中的强劲竞争者。

我国出口板栗的主要生产基地在北部的燕山地区，所产的燕山板栗（京东板栗），因其具有"香、甜、糯、涩皮易剥"的优异品质，享誉国内外。目前，在几个主产县（市）都存在有几百年生的栗树。因为燕山板栗在历史上主要采用实生繁殖，从20世纪70年代末80年代初才开始推广嫁接繁殖，因此生产上40多年生的大树基本上都是实生繁殖的单株，蕴藏有丰富的变异类型，是极具挖掘和开发价值的资源宝库。燕山板栗主要分布在河北的迁西、遵化、青龙、抚宁、兴隆、宽城，以及北京的密云、怀柔。据2017年河北省林业厅统计数据，河北板栗栽培面积31.4396万hm²，其中结果面积23.7413万hm²，总产量38.1294万t。其中，燕山地区的迁西为5万hm²，结果面积4.50万hm²，产量5.67万t；遵化为2.39万hm²，结果面积1.46万hm²，产量2.82万t；青龙为6.12万hm²，结果面积3.33万hm²，产量2.5万t；抚宁为1.1万hm²，结果面积0.88万hm²，产量1.14万t；兴隆为3.75万hm²，结果面积3.51万hm²，产量14.72万t；宽城县为3.78万hm²，结果面积2.77万hm²，产量4.3万t。

目前，板栗的深加工产品比较少，初级加工产品比较多，除去糖炒栗子，市场上常见的加工品就是即食板栗仁、板栗罐头等。截至2014年底，全国规模以上板栗加工企业有410家，年加工量只有约30万t，其中年产值千万以上的企业只有59个。虽然，我国板栗加工取得了很大的进步，但是整体水平还远低于日本、韩国等国家。

二、板栗研究工作现状与进展

（一）板栗种质资源起源与演化研究

关于栗属植物起源及遗传多样性中心问题，Jaynes R A（1975）通过研究提出了栗属植物起源及遗传多样性中心在中国大陆的假说，认为世界栗属植物以中国为中心有2条进化路线：①向西延伸经小亚细亚再向欧洲地中海演变为欧洲栗；②向东迁移至北美大陆演变为美洲栗。但栗属植物在中国有3个种，即板栗、茅栗、锥栗，哪个是原生起源种当时并未确定。

黄宏文等（1994，1995，1998）通过研究中国板栗4个品种群（华北、长江流域、东南、西南）的人工居群和茅栗、美洲栗自然居群的等位酶遗传多样性，并且与欧洲栗的研究结果比较后，发现中国板栗具有的遗传多样性显著高于茅栗、美洲栗和欧洲栗，而且中国板栗品种群间又以长江流域较高。同时，在综合现有栗属种等位酶遗传多样性研究结果的基础上，提出了世界栗属起源以中国板栗为原生种，并且以中国大陆为栗属植物遗传多样中心，向西迁移形成欧洲栗的栗属系统进化的假说。

郎萍和黄宏文（1999）采用超薄平板聚丙烯酰胺等电聚焦技术对栗属3个中国特有种即中国板栗、茅栗和锥栗的30个居群、12个酶系统的20个位点进行了遗传多样性与遗传结构分析。结果表明：中国板栗在种和居群水平都具有较茅栗、锥栗高的遗传多样性，尤以长江流域居群表现显著，进一步揭示了长江流域的神农架及周边地区为中国板栗的遗传多样性中心。Nei的遗传一致度测量结果显示，中国板栗和茅栗的亲缘关系最近，并且地理距离和遗传距离有一定的相关性。中国板栗、茅栗和锥栗的遗传分化程度逐渐增大。此后，周连第等（2006）通过对取自6个省（直辖市）的86个板栗品种进行分子水平遗传多样性研究，也认为分布于长江流域的浙江群体、湖北群体具有较高的遗传多样性，为我国板栗品种分布的遗传多样性中心。

黄武刚等（2009）基于对板栗地方品种群和野生居群的cpSSR单倍型分析，认为拥有广泛存在单倍型的秦岭南麓（陕西汉中）野生板栗分布区应为我国板栗的遗传多样性中心，其他3个野生居群应是从该中心向外散布后，逐渐形成的板栗野生多样性的次级中心。认为现有板栗各地方品种可能全部起源于秦岭南麓野生居群中的特殊群体。推测野生板栗向地方品种的演化路线可能有南北2条：北线从秦岭南麓→伏牛山→太行山→燕山→山东半岛，或经太行山后，分别向燕山和山东半岛扩散，在扩散过程中经过长期的驯化栽培，形成了现在燕山及山东的地方类型。南线从秦岭南麓沿伏牛山向南，在大别山中南部分2条，一条沿大别山南缘向东，经长江下游山地向东南沿海扩展，最终在江苏北端与北线扩散至山东半岛的板栗汇合；另一路则经长江中游地区向南，随人口迁移，最终扩展至云贵高原。

综上所述，现有的研究表明，中国是世界栗属植物的起源中心，中国的板栗是世界栗属起源的原生种。关于中国板栗的起源中心，有的认为分布于长江流域的浙江、湖北为我国板栗品种分布的遗传多样性中心；有的认为秦岭南麓（陕西汉中）野生板栗分布区应为我国板栗的遗传多样性中心。研究结果的不同，可能和取样的分布有关，因此还需要进一步深入研究和不断完善。

（二）板栗种质资源收集保存评价研究

中华人民共和国成立后，高度重视果树种质资源的收集、保存和研究利用工作，1953—1957年在全国范围内开展了种质资源普查工作，1985年国家农牧渔业部、国家科学技术委员会启动了国家级种质资源圃建设工作，1989年山东省果树研究所建立的国家果树种质泰安核桃、板栗资源圃，通过了农业部（现农业农村部）组织的专家验收，成为国家级板栗种质资源圃，并列入国家"七五"重点科技计划。目前，在国家板栗种植资源圃中收集、保存有来自我国24个省（自治区、直辖市）的376份资源，其中中国板栗资源317份，锥栗资源7份，茅栗资源10份，野板栗2份；日本栗资源34份，欧洲栗资源3份，美洲栗资源3份。此外，各地还建有以保存当地板栗资源为主的种质资源圃，其中建在河北省遵化市魏进河林场的国家板栗种质资源库，收集保存有板栗种质108份，其中燕山板栗种质54份，南方板栗品种36个，山东板栗品种15个，日本栗品种2个，朝鲜栗品种1个；河北省农林科学院昌黎果树研究所现保存有中国板栗种质资源284份；广西壮族自治区林业科学研究院经济林所保存南方板栗资源205份；河北科技师范学院保存有中国板栗种质资源169份（其中燕山板栗164份，山东板栗品种5份）；湖南省林业科学院收集保存板栗品种资源114份；西北农林科技大学保存板栗资源102份；西南林业大学保存板栗品种资源95份。

2005年，张宇和、柳鎏编著出版了《中国果树志·板栗 榛子卷》一书，记载了317份板栗品种（系）。2006年，山东泰安国家板栗资源圃在调查研究的基础上，制定了较为完善的板栗种质资源评价标准，刘庆忠等编著出版了《板栗种质资源描述规范和数据标准》。2013年、2016年，农业部（现农业农村部）分别发布了《农作物种质资源鉴定评价技术规范板栗》（NY/T 2328—2013）、《板栗种质资源描述规范》（NY/T 2934—2016）。上述工作，为板栗种质资源的进一步研究利用奠定了坚实的基础。

在板栗种质资源的挖掘与研究中，发现了一些特异、珍稀资源，如红栗、垂枝栗、无花栗、无刺栗、短枝板栗等。红栗芽体和枝条呈红褐色，嫩梢紫红色，幼叶、叶柄阳面、刺苞外观、刺束均为红色，坚果外皮红褐色，有光泽，品质细腻甜糯，丰产稳产。垂枝栗树干旋曲生长，枝条呈下垂状，既是栽培良种，又可作庭院观赏树种；无花栗的纯雄花序生长至0.5~1.0 cm时萎蔫脱落，但混合花序上的雄花段能正常生长并开放，这样就可大大节省营养消耗，唯单粒重较小是其不足，但可以用作育种资源。无刺栗刺苞较小而皮较薄，刺束极短约0.5 cm，分枝位低，分枝角度甚大，似贴于苞肉上，刺退化为半鳞片状，远观似无刺，虽丰产性较差，但仍不失为宝贵的种质资源。短枝板栗如沂蒙短枝，树体矮小，树冠紧凑，幼龄砧嫁接后第6年，树高只有1.46 m，冠径1.76 m，干径8 cm，分别是对照品种'石丰'的40%、55%和80%，嫁接后666.7 m² 平均产量第2年35 kg、第3年190.7 kg、第4年342.5 kg、第5年568.2 kg、第6年582.6 kg、第7年产量667.2 kg，连续3年超500 kg。这些资源有的已被生产上直接应用，有的可作为宝贵的研究材料和育种材料。

近年来，随着分子生物学的发展，分子标记技术如RAPD、SSR、ISSR和AFLP，已广泛应用于板栗资源分类、起源等方面的研究。王同坤等（2006，2007）以燕山板栗为主要试材，先后开展了板栗SSR和RAPD技术体系建立、燕山板栗种质资源遗传多样性的RAPD分析、燕山板栗种质资源AFLP遗传多样性分析等方面的研究。通过研究，建立了一套完善的适用于板栗的SSR和RAPD分析的稳定技术体系。采用随机扩增多态DNA（RAPD）技术对包括36个燕山板栗品种和8份外来板栗品种在内的44份板栗种质进行聚类分析，结果表明，RAPD能有效地区分品种间的差异，不同遗传位点之间遗传多样最大可达0.444，最小值为0.096，平均多样度为0.187；采用UPGMA法聚类，可将44份板栗种质聚成4个大的类群，36份燕山板栗可分为3个大的类群，外来种质聚为一类，燕山板栗明显不同于外来品种。在RAPD图谱中，找到了19个品种（类型）的特异性标记和标记组合，可作为品种（类型）分子鉴别的依据。采用扩增片段长度多态性（AFLP）分析表明，板栗材料中存在着明显的遗传多样性，用NTSYS软件可将44份板栗种质聚成4个类群，其中燕山地区原产的板栗材料被聚为3个类群，山东起源的被聚类为1个独立的类群；遗传距离在0.0292~0.2214之间；燕山板栗和外来板栗存在着明显的差异，本研究结果与用RAPD技术分析的结果是一致的。程丽莉（2006）、周连第（2006）等分别以燕山板栗为试材，采用改进的CTAB-DNA提取方法，通过研究建立了燕山板栗基因组AFLP银染反应体系，为燕山板栗品种的分子标记和品种间亲缘关系等研究奠定了基础。程丽莉（2005）还开展了燕山板栗实生居群遗传多样性研究与核心种质初选，利用分子标记技术对燕山地区实生板栗5个居群（怀柔、兴隆、宽城、迁西、遵化）共136份材料进行了遗传多样性分析及亲缘关系评价。结果表明，燕山地区实生板栗显示出高水平的遗传多样性，居群内的遗传变异远高于居群间的遗传变异，并认为可将136份种质材料中的37份作为核心种质。上述研究结果，对种质资源的进一步保存、研究和利用具有指导意义。

（三）板栗新品种选育研究

我国板栗的新品种选育工作，主要开始于20世纪60年代，在此之后越来越受到重视，取得了显著的成绩。据统计，自1979—2019年的40年间，我国板栗科技工作者共选育出了新品种132个，其中实生选种117个、杂交育种9个、芽变选种5个、辐射诱变育种1个。其中山东省果树研究所（包括牵头组成的栗树选种协作组）选育20个、河北昌黎果树研究所14个、云南省林业科学院9个、遵化市林业局7个、北京市农林科学院（农业综合发展研究所、林业果树研究所等）7个、烟台市林业科学研究所7个、河北科技师范学院4个、河北农业大学3个、山东农业大学3个、北京市怀柔区板栗试验站3个。燕山区域的河北和北京选育的板栗新品种有：'燕丰''燕昌''燕山红栗''塔丰''遵化短刺''东陵明珠''遵达''银丰''北峪2号''燕山早丰''燕山魁栗''燕山短枝''大板红''替码珍珠''燕明''怀九''怀黄''怀丰''怀香''遵玉''紫珀''阳光''燕平''燕龙''燕丽''燕紫''燕秋''燕光''燕晶''黑山寨7号''林珠''林宝''林冠''短花云丰''燕兴''燕宽''燕金''明丰2号''南垂5号''冀栗1号''京暑红''良乡1号''迁西早红''迁西晚红''迁西壮栗'。山东选育的新品种有：'金丰''宋家早''徐家1号''郯城207''红光''红栗''无花''海丰''清丰''东丰''玉丰''金丰''石丰''上丰''矮丰''华光''华丰''沂蒙短枝''红栗1号''红栗2号''莱西大板栗''郯城3号''泰栗1号''泰栗5号''石门早硕''泰安薄壳''浮来无花''丽抗''黄棚''滕州早丰''莲花栗''鲁岳早丰''光华''阳光''岱丰''东岳早丰''岱岳早丰''东王明栗''宝丰''徂短''泰林2号''金平''九山1号''九山2号'。云南选育的新品种有：'云丰''云腰''云富''云早''云良''云珍''云夏''云红''云雄'。湖北选育的新品种有：'新岳王''沙地油栗''鄂栗1号''金栗王''八月红''六月暴''玫瑰红''金优2号'。浙江选育的新品种有：'双季板栗''浙早1号''浙早2号''毛板红''魁栗'。河南省选育的新品种有：'确红栗''豫栗王''豫板栗2号''艾思油栗'。

总体来看，在板栗育种途径上，目前选育的新品种主要还是通过实生选种。由于板栗在历史上主要采用实生繁殖，在自然界中蕴藏有大量的丰富的变异，到目前为止仍有很多优良变异没有得到有效的发掘和利用。因此，发现和挖掘板栗优良变异并把其培育成新品种，仍然是投资少、周期短、见效快的不可忽视的板栗良种选育途径。但是，我们也应当认识到，实生选种毕竟只是对自然界已有的变异资源的充分选择和利用，还缺乏主动性和创造性，不能做到有目的地创造变异，定向培育出符合生产和消费需要的新品种。因此，未来还需要采用杂交育种等多种育种途径，以加大对板栗种质资源的创新和利用。从育种目标来看，目前选育的新品种，重点还是侧重于丰产性，兼顾内部和外观品质，少数属于短枝或矮化型的，以及适于加工的品种。未来的育种目标，应当是在丰产的基础上，更加侧重于品质育种。同时，应重视不同成熟期品种的选育，重视适于欧美市场的大粒品种的选育，重视抗病虫和适应性强的品种的选育，重视砧木育种。

（四）板栗栽培管理技术研究

1. 嫁接技术不断完善，但繁殖系数仍然比较低

历史上，大多数地区的板栗都是采用实生繁殖。以燕山板栗为例，20世纪60年代以前，基本上处于直接利用种子播种的实生繁殖状态，因其是杂合体，通过有性过程必然产生分离和重组，从而导致株间差异较大，不仅严重影响产量，而且在栗果的大小、色泽、品质等商品性状方面也缺乏一致性。1971年，昌黎果树所通过调查研究，提出了以实现良种化、合理密植、加强管理为核心的基本对策和综合技术措施。而要实现良种化，就必须改实生繁殖为嫁接繁殖，但当时嫁接技术一直不过关，大大影响了板栗良种化的进程。王福堂等通过总结经验和不断试验，在嫁接时期上，采取了预储接穗、适当晚接的措施，即在砧木萌芽、气温升高到15~25℃时进行嫁接；在嫁接方法上，改拦头劈接为插皮接和插皮腹接，改丁字形离皮芽接为春季带木质芽接的嫁接方法，成活率可稳定在95%以上。此后，嫁接技术不断改进，一是使用接穗蜡封技术，可减少接穗内水分蒸发，显著提高嫁接成活率。具体技术为：2月下旬至3月上旬选择优良品种做母树采集接穗，采穗和封蜡同时进行，穗长10～15cm，2～3个芽，粗7～10mm；在盆里放适量的石蜡，水少许，在火上加热，当石蜡温度达到95℃左右时，每次取2～3根接穗，先将一头迅速蘸蜡，再蘸另一头，蘸后分散放在竹筛上，待石蜡凝固后，装入塑料袋，放低温贮藏。二是绑防风支柱，以防刮风伤枝。具体方法是：对于插皮腹接，接口选在距主干20cm处，接口以上剥光树皮，留50cm做活枝柱，当嫁接成活，新梢长20cm时解绑，并引缚新梢于支柱上，一年3次缚梢防风伤枝。三是探索出了板栗的带木质部芽接技术。在燕山地区，嫁接时间以春季4月中旬、夏季8月，嫁接成活率最高；嫁接方法与苹果带木质部芽接基本相同，芽片长2～3cm为宜，芽上下各留1cm左右，用塑料薄膜带将接芽和切口绑紧，使芽眼露出，接后在接芽上方20cm处剪砧；春季嫁接后约20～30天愈合，当接芽发出的新梢达10cm时，可以解绑带，并在距离其上1cm处剪砧，同样应注意对新梢绑缚以防风折断；8月嫁接的，15天左右愈合，20天后可以解除绑带，但当年不剪砧，次年3～4月再剪砧。

总之，经过不断研究改进，现在已经形成了以插皮接、插皮腹接、带木质芽接为主体的嫁接技术体系，探索出了优选接穗、蜡封保水、适当晚接、绑缚严密、及时除萌、活枝柱引绑等提高嫁接成活率的有效措施。这些技术的应用，极大地促进了优新品种的推广，良种化程度大大提高。但是，从生产上来看，板栗的建园栽培，基本上是采用先定植实生苗，在翌年或第3年进行嫁接，以插皮接为主，与水果类果树相比，繁殖系数仍然比较低，因而不利于新品种的繁育和推广。

2．整形修剪技术日渐成熟，但尚需规范化和标准化

板栗是强喜光树种，主要靠壮枝壮芽结果，且用于结果的混合花芽，常着生于枝条顶端及其以下2~3节。过去，生产上采用的是自然圆头形，这就容易造成结果部位快速外移，外围结果，内膛空虚，不利于板栗优质高产。在解决板栗结果部位快速外移问题上，李保国等（1995）提出了双层开心形和自然开心形树形、双枝更新修剪法；王福堂和孙家庆（1982）研究提出了实膛修剪法、轮替更新修剪法等，较好地解决了外围结果问题。

在早期丰产技术研究方面，据河北迁西县安立春的研究，采用"开心、拉平、刻芽"早丰技术，可实现"一年栽（选2年生、茎粗1 cm以上一级苗，株行距2 m×2 m）、二年壮、三年接、四年高产"，定植第4年产量达100~200 kg/亩，6~7年达300~400 kg/亩，改变了板栗结果晚、效益慢的特性。研究表明，拉枝是促进栗树抽生结果枝、增加结蓬数、提高产量的有效措施。孔德军等（2001）研究认为，在早春发芽前，对1~2年生粗壮直立枝开角55°~60°，对并生枝进行拉枝，可削弱顶端优势，增加枝量3~5倍；对中弱枝和拉枝目伤后枝抹芽，雌花率可增加65%；新梢长到30 cm（或雄花段以上3~4芽）处摘心，并摘掉顶端2个叶片，促使1，2芽枝萌发，比不摘叶片发枝量提高2~3倍；8月上旬（立秋前后）对未停止生长秋梢进行二次摘心，摘心后叶片浓绿，顶芽饱满，翌年76%的秋梢能形成雌花；对结果枝的尾枝摘心（刺苞以上4~6片叶处），翌年结果率可达到100%。徐海珍（2002）认为，对于长势强旺的板栗幼树及高接换种树，特别是进入盛果期前的幼树，应采取以夏剪为主、冬剪为辅的技术措施。通过夏剪，一是可控制旺长，增加枝量，提早成形。二是可提早结果，达到早期丰产。实践证明，进行夏剪的栗树可树提早丰产3年以上，平均株产提高50%~100%。三是可控制树冠，降低结果部位。夏剪栗树树冠紧凑，能形成立体结果，可有效防止中下部秃裸，从而降低结果部位。夏剪的主要方法是拉枝、摘心、疏枝。

总体来讲，整形修剪技术和早期丰产技术研究取得了较好效果，但还需要进一步规范化和标准化，需要单项技术的组装配套；再就是，推广普及工作做得还很不够，有的栗农采用了但做得还不到位。

3．肥水管理技术研究取得进展，但距平衡施肥要求还有很大差距

板栗虽耐瘠薄，但要想获得高产，也必须以增肥改土灌水为基础。在肥水管理研究方面，陈述庭和王润泽（1994）介绍了穴施肥水技术，即在板栗树冠下靠近内侧，挖4～5个穴水沟，每穴内放草把，结合填土并施氮肥0.10 kg，磷肥0.03 kg，钾肥0.05 kg，灌水30 kg，再用1 m²的塑料薄膜覆盖穴口，以后在每年枝芽萌动前后和栗果速生期，用同样方法灌水补肥，效果显著。

在矿质营养元素作用研究方面，黄宏文和周德勇（1991）研究表明，磷在板栗的营养生长和生殖生长中起着生理生化的调控作用，对板栗雌花的形成数量有重要影响，板栗雌花少产量低均与缺磷有关，结果母枝含磷量比雄花母枝和营养枝分别高5.19%和5.27%，结果母枝含磷量与母枝抽生结果枝数量和着生雌花数量呈显著正相关，施磷肥对板栗具有一致的增产效益。关于硼的研究也比较多，试验表明：硼对花芽分化、花粉管生长及授粉受精有明显的促进作用；硼能

使花粉萌发快，使花粉管迅速进入子房，有利于受精和种子的形成。果树缺硼影响花芽分化，使受精不良、果肉组织坏死、木栓化、果实畸形，是板栗空苞形成的原因；栗树施硼可以将空蓬率降低到3%以下，出实率提高到40%以上，产量成倍增加。但是，如果施硼过量会导致板栗叶缘发黄，逐渐变褐，叶早落，甚至影响坚果品质。当施硼砂量超过 20 g/m² 时（树冠投影面积），供试的3个品种（焦扎、处暑红、大红袍）均出现不同程度的中毒表征。所以，在补硼前首先要测定土壤中的有效硼含量，只有当速效硼含量低于 0.5 mg/kg 时，土施或叶面施硼才会起到防止空苞及提高产量的作用。

在配方施肥研究方面，林莉和苏淑钗（2004）通过对板栗叶片矿质营养变化动态的研究，认为燕山地区板栗进行营养诊断的叶样采集最佳时期是7月10日至8月10日；5月下旬、6月下旬和7月下旬需要适当追氮、磷、钾肥，6月初和7月中旬需要补充硼肥；产量与土壤全氮的相关性达极显著。板栗配方施肥试验表明，土施尿素 200 g/m² 和过磷酸钙 300 g/m² 显著提高板栗产量；土施 250 g/m² 的磷酸二铵对板栗的产量有促进作用；单施氮或钾比单施磷对板栗的增产有利；板栗生长季追肥分次施用的效果比一次性施入要好；土施 40 g/m² 和 50 g/m² 的硫酸钾以及 20 g/m² 的氯化钾可以显著提高产量；土施硫酸钾比氯化钾更有利于植物对钾元素的吸收。研究认为，覆草对土壤蓄水最有利，且对板栗产量的影响显著，生草处理的土壤养分含量较高。通过对燕山地区板栗园中有枯叶现象的栗叶进行分析，结果表明这些栗园大面积的枯叶现象可能是由硼元素过量或缺钾引起的。通过研究提出的板栗叶氮、磷、钾、硼元素的诊断标准是：板栗叶内氮元素含量低于 1.981% 时，处于缺氮状态；板栗叶内磷元素含量高于 0.259% 时，处于磷过量状态；板栗叶内钾元素含量低于 0.307% 时，处于缺钾状态；板栗叶内硼元素含量高于 127 mg/kg 时，处于硼过量状态。研究认为，板栗园土壤速效钾、速效磷和全氮的诊断标准是：土壤速效钾含量在 107.733～139.500 mg/kg 时增施钾肥可以提高产量；土壤速效磷含量在 0.95～16.38 mg/kg，全氮含量在 0.06 mg/kg 左右时增施氮、磷肥能够提高产量。唐山工业学校开发出了一种板栗专用肥，其中不仅含有大量氮、磷、钾元素，同时还含有多种微量元素，使用方便，增产效果显著。

总体来看，在燕山板栗肥水管理技术研究方面，已经取得了明显的进展，但还不够系统，还没有能够提出制约产量提高和质量改善的主要限制因子的序位，距离平衡施肥的要求还有很大距离。再就是，广大栗农对科学施肥重要性的认识还不到位，还难以做到根据土壤所能供给营养元素和水分的能力去进行补充和调节，也难以做到在关键的时期施肥和科学地确定施肥量、施肥种类和施肥方式，在平衡施肥技术研究和普及方面都还有很多工作要做。

4. 疏雄促花技术研究成效显著，但成花机理和促花技术研究还需深入

在疏雄研究方面，现在已经知道，板栗是雄花极多的树种，树势越弱，雄花量越大。而大量雄花的分化形成与开花，不仅消耗大量的糖、氨基酸等有机营养和氮、磷、铁、硼、钾等矿质营养，还要消耗许多水分，严重影响雌花簇的分化与发育。封志强和张东升（1995）研究表明，早期人工疏除95%的雄花可节约大量的树体贮藏营养，显著增加雌花簇的数量，平均可增产47%左右，相当于逆向施肥灌水。赵宗芸和高玉峰（1997）研究表明，板栗雄花在生长季节中平均耗费树体40%的营养，最高达63%；疏雄可节省大量营养，降低消耗，如果按雄花提前脱落20天计算，每个雄花穗可节省水分消耗55.9%，减少水分蒸腾52.79 mL，节省干物质75%，氨基酸总量消耗减少64.35%，淀粉总量消耗减少62.15%，可溶性糖消耗减少68.66%，全氮消耗减少53.83%。实践已经证明，疏雄是有效的增产技术之一，疏雄90%～95%，疏雄树3年平均比对照树增产47.2%；在燕山板栗的主产区迁西县近2万株板栗树的中试也表明，人工疏雄稳定增产42%以上。但人工疏雄费工费时，在生产上难于大面积推广。河北科技师范学院研制开发的板栗专用化学疏雄剂——板栗疏雄醇（SXC），具有疏雄效果好、副作用低、无残毒等特点，而且可提高叶绿素含量、促进光合作用、抑制呼吸，节省了大量的营养，除对当年树体形态和产量产生良好的影响外，还会提高树体贮存养分。结果表明：化学疏雄可以提高产量32.77%，空蓬率降低4.2个百分点，单果重提高17.6%，百蓬粒数增加38.77%，而且提前成熟7～15天，并能提高板栗果实的贮藏品质。利用化学疏雄技术具有省时省工、操作简单、经济效益明显的特点。

在化学促花研究方面，王广鹏等（2008）研究了叶面喷施KT（激动素）、6-BA（6-苄氨基嘌呤）、CCC（矮壮素）、PP333（多效唑）和S3307（烯效唑）对板栗杂交实生苗提早开花和生长的影响，提出组合药剂处理促进开花效果较好，树体对组合药剂的调节反应明显强于单种药剂，其中6-BA 50 mg/L + PP333 1000 mg/L 和 KT 1 mg/L + PP333 1000 mg/L 喷施1次处理效果较佳，可显著提高花芽分化量和雌花簇数，还能促进40%的实生苗至少提早1年开花结果。雷新涛等（2001）研究认为，GA3（赤霉素）和CEPA（乙烯利）喷

布对板栗花性别分化有着显著的影响，GA3 促进了板栗雌花的形成，CEPA 则相反，GA3 具有雌性化作用，CEPA 则起雄性化的作用。

总体来讲，板栗与仁果类、核果类果树相比，在花果管理上有很大不同，仁果类和核果类果树是雌雄同花，因其花量大、坐果多，往往需要疏花、疏果。而板栗因为是雌雄同株异花，且雌花少，雄花多，它需要的则是疏除雄花、促进雌花的形成。目前来看，疏雄的显著增产效果已经得到确认，化学疏雄技术也已经开始应用于生产，但在雌花形成机理和促进雌花形成的增产技术方面，研究得还不充分，还有很多工作要做。

5. 密植早丰技术研究取得成效，但缺乏持续系统研究及示范样板

板栗的栽培历史，虽然比较悠久，但管理一直比较粗放，单位面积产量很低。就全国板栗生产来看，以 2015 年板栗结果面积计算，平均亩产仅为 113 kg。就河北板栗生产来看，以 2017 年结果面积计算，平均亩产仅为 107 kg，略低于全国平均水平；其中，兴隆县平均亩产为 280 kg，遵化市为 128 kg，宽城县为 104 kg，抚宁区为 86 kg，迁西县为 84 kg，青龙县为 50 kg。针对这一问题，不少板栗科技工作者开展了密植早丰综合栽培技术研究。

20 世纪 70 年代，山东费县土产公司板栗科研组在周家庄大队开展板栗高产栽培试验，试验园面积 1366 m²（2.049 亩），以 5～7 年生实生苗作为砧木定植，当年进行品种嫁接，定植密度分为 2 m×1.5 m 和 2 m×3 m 两种，主栽品种为'青毛软刺'，实现了定植第 2 年见果，2 m×1.5 m 园第 3 年折合每亩产量 344.7 kg，第 5 年折合每亩产量达 524.2 kg；2 m×3 m 园第 5 年折合每亩产量 465.3 kg。其基本经验是：严格建园是基础，选育良种、合理密植、精细嫁接是前提，科学管理是关键。主要管理技术，包括加强肥水管理、抹芽、除雄、适当摘除果前梢、人工辅助授粉；通过剪截、摘心、激发二次雌花，促使板栗一年 2 次结果；及时合理修剪、喷洒石油助长剂、及时防治虫害等。

据烟台市林科所干果室（1985）在招远县山李家村进行的试验，以株行距 1.8 m×2.5 m，定植实生大苗，翌年春截干嫁接，试验品种为'金丰'板栗，嫁接后第 6 年每亩产量可达 544.52 kg。山东省日照市林业局王云尊等（1997）进行的试验表明，在日照市东港区三庄镇陈家沟村，以沂蒙短枝板栗为主栽品种，株行距为 1 m×2 m，于 1989 年 3 月用 2 年生砧木苗定植，1990 年 4 月进行嫁接，嫁接后第 2 年开始结果，第 3 年进入盛期，第 5 年进入高产期，第 6～7 年持续增产。1994、1995、1996 年，分别达到每亩年产量 568.2 kg、582.6 kg、667.2 kg，创造了国内板栗栽培史上高产稳产新纪录。此后，周绪平等（2003）在莒县选择包括丘陵和平原地块共 4 处进行中试推广，试验园地面积近 50 hm²，以沂蒙短枝板栗为主栽品种，株行距为 1.25 m×2 m、1.5 m×2 m、1.5 m×2.5 m；以乔化品种石丰、矮化品种燕山短枝为对照，株行距为 1 m×2 m。试验结果表明，沂蒙短枝嫁接后第 3 年进入初盛果期，此后产量迅速增加，表现出极显著的早期丰产特性。4 处试验园嫁接后 3、4、5 年平均产量依次为 118.5 kg/亩、280.3 kg/亩、462.5 kg/亩。嫁接后第 5 年，丘陵地产量为 444.0 kg/亩，平原地产量为 656.5 kg/亩。

江西省峡江县邱富兴等（2003）进行的板栗超矮化栽培试验表明，以金坪矮垂栗 1 年生苗为基础，嫁接赣农 77-01、赣农 77-02 及赣农 77-03 优系，株行距 2 m×3.6 m，3 年生树高 2.1 m，单株产量 1.5 kg，每亩产量 125 kg，4 年生树高 2.45 m，株产 2.25 kg，每亩产量 216 kg，5 年生树高 2.5 m 左右，株产 3.65 kg，每亩产量 349 kg。

据白仲奎（1988）报道，在河北省迁西县杨家峪村采用 2 m×2 m 建立的试验园，1979 年定植，1980 年嫁接，嫁接后第 4 年单产便可达到 245.1 kg/亩。安立春的试验表明，定植第 4 年可实现每亩产 100～200 kg，6～7 年生每亩产 300～400 kg。

总体来讲，在密植早丰栽培技术研究方面，进行了不少探索，也有一些高产的示范园。但大多数的报道，是在实践经验基础上提出的综合技术措施，持续高产的系统性研究和示范样板还比较少，生产上单位面积产量还是比较低。

6. 无公害病虫防治技术受到重视，生态防治技术研究获得新进展

随着国际市场对无公害和有机食品的要求越来越高，无公害病虫防治技术研究也越来越受到重视。1997—1999 年，刘惠英等（2000）对燕山区板栗害虫、天敌种类，以及影响一些主要害虫的生态因素进行了调查研究，初步确定燕山板栗害虫、害螨共有 129 种，隶属于 6 个目 46 个科。实践证明，发生严重的仅 10 余种，主要虫害有桃蛀螟、栗实象甲、栗剪枝象甲、栗实蛾、板栗雪片象甲、栗皮夜蛾、栗透翅蛾、栗瘿蜂、栗花麦蛾、栗红蜘蛛、木橑尺蠖、栗毒蛾；主要病害有栗仁黑斑病、幼苗立枯病、白粉病等。张善江（2006）研究认为，燕山板栗病虫害无公害防治的主要措施包括：（1）农业防治——①选用抗病品种，特别注意选择有较强抗病性、抗逆性的品种；②栗园间作和生草，以改善栗园的生态环境，保护天敌；③实施冬季翻土、冻死越冬虫，采用刮树皮、清园等方法；④加强栽培管理，增强树势，提高树体自身抗病虫能力；⑤提高果实采收和贮藏质量，降低果实腐烂率；⑥人工捕捉害虫、集中种植害虫中间寄生植物诱杀害虫。对一些虫体较大易于辨认的害虫，如天牛、金龟子等进行人工捕捉，摘除栗瘿蜂虫瘿，冬季人工刮除栗大蚜虫卵。在栗园零星种植向日葵、玉米等作物，诱集桃蛀螟成虫产卵，再用药剂灭杀幼虫。(2) 物理防治——①夜晚可用黑光灯引诱或驱避栗皮夜蛾、透翅蛾、金龟子、卷叶蛾等。②应用色彩防治害虫，如可用黄板诱杀蚜虫；③7月在树干绑草把，11月把绑草把取下烧毁；④应用趋化性防治害虫，利用某些害虫对粮醋液有趋性的特性进行诱杀。(3) 生物技术防治——①人工引移、繁殖释放天敌。用西方盲爪螨、草蛉防治针叶小爪螨、栗大蚜；用黑缘红瓢虫防治栗降蚧；用中华长尾小蜂防治栗瘿蜂等。②应用生物源农药和矿物源农药。③利用性诱剂。在栗园中放置桃蛀螟性诱剂芯，诱杀桃蛀螟成虫。(4) 化学防治——在选择及使用农药时；①禁止使用高毒、高残留或有"三致"（致畸、致癌、致突变）作用的药剂；②限制使用中等毒性以上的药剂，每年每种药剂最多使用1次；③允许使用低毒及生物源农药、矿物源农药，每年每种药剂量最多使用2次；④农药必须按要求控制用量。注意不同作用机理的农药交替使用和合理混用，防止失效，避免害虫产生抗药性。同时，还对燕山板栗的主要病虫害，如栗红蜘蛛、栗瘤蜂（栗瘿蜂）、桃蛀螟（桃斑螟、豹纹螟）、板栗皮夜蛾、栗大蚜（大黑蚜虫）、栗仁斑点病，提出了无公害防治的要点；给出了日本对农药残留的特殊要求。刘玉祥等（2001）提出，应以自然防治为主，充分发挥抗病虫品种、天敌的作用，辅以农业、物理及化学措施，把病虫害控制在不足危害的阈值以下，从而减少单纯依赖化学农药所产生的不良反应，实现降低防治成本，提高经济效益和生态效益之目的，并达到病虫害的可持续防治。

迁西县科技人员通过研究，筛选出了板栗园间作谷子和向日葵，防控板栗红蜘蛛和桃蛀螟的农艺技术；开发出了40%聚乙烯醇+5°Bé 石硫合剂早春封闭灭卵的防治板栗红蜘蛛新技术，致死率达81.91%，在生态防治或利用农艺技术防治板栗害虫方面获得了新进展。

（五）板栗贮藏保鲜研究

研究表明，板栗属呼吸跃变型果实，特别是在采后的第8个月内，呼吸作用十分旺盛。因为栗果种皮多孔，既易失水也易吸水，所以贮藏中，既怕热、怕干，又怕冻、怕水。一般北方品种的板栗耐藏性优于南方品种，中晚熟品种强于早熟品种，同一地区干旱年份的板栗较多雨年份的板栗耐贮藏。板栗贮藏主要是解决贮藏期栗果霉烂问题。由于板栗不耐贮藏的特点和贮藏的重要性，所以其贮藏保鲜问题受到了广泛关注。传统贮藏保鲜方法主要有沙藏、罐藏、常温库藏、窖洞藏、袋藏等。从20世纪70年代开始，进入了现代贮藏保鲜研究时期，主要的贮藏方法有低温冷藏、硅窗气调贮藏、涂膜贮藏、辐射贮藏、空气离子贮藏法等。但这些贮藏方法要求较高，往往难以大面积推广应用。王清章等（2002）认为，就目前的情况看，效果较好和能够被产地接受的方法仍然是沙藏法，而商业性贮藏效果较好的为冷库贮藏。如经120天沙藏，好果率仍达85.66%，贮藏180天，好果率为80.68%。但沙藏的栗果后期发芽率高，贮藏量受到限制。比较起来，冷库贮藏具有抑制栗果发芽、贮藏量大、管理较方便等优点，但冷库贮藏成本增加，效益不如沙藏。沙藏方法包括室内、室外、沟藏、窖藏、容器沙藏等方式；河沙的作用是使板栗在贮藏过程中具有保湿性和透气性，但湿沙的含水量应以10%为宜，湿度过大，栗果表面黑色发暗，极易腐烂。沙子与板栗的比例为7:3，在入贮的头2个月，每周翻堆1次，以利透气散热，并将腐烂的栗果剔除。一般认为，低温冷藏，一般认为库温通常应控制在0~5℃，湿度为90%以上。王清章等（2002）进行的"板栗贮藏方法对比研究"表明，在①沙藏（常温）、②海藻酸钠液膜（低温）、③魔芋液膜（低温）、④对照（低温）、⑤魔芋液膜（常温）、⑥对照（常温）的5个处理中，常温沙藏处理板栗经4个月贮藏与低温魔芋液膜处理及低温对照板栗的腐烂率相当，约为20%，明显低于其他处理。这说明常温贮藏板栗成为可能，但对于其条件还有待于进一步研究和优化。常温沙藏的处理方法是：板栗用1 mg/kg的托布津溶液浸渍3 min，沙子用1 mg/kg的托布津溶液消毒，板栗与沙子按2:1的比例混匀装入木箱中，贮藏期间，每隔10天用喷雾器对表层沙喷水1次，保持沙子处于湿润状态，在常温条件下贮藏。杜玉宽等（2004）的研究表明，商业气调贮藏板栗，在适宜的低温（-2.5~0℃）和高湿（RH93%~96%）条件下，控制库内氧气在2%~5%，二氧化碳在2%~4%，板栗的鲜藏寿命可达半年以上，好果率>96%。据舒城等研究，栗果贮藏前的失水程度是影响贮藏保鲜效果的重要因子。检测表明，贮藏前栗果失水5%和11%，贮藏79天的鲜果率为95.37%，窖藏为84.01%；失水14%~19%的鲜果，贮藏79天，室内堆藏的鲜果率仅13.45%，比失水5%的鲜果率低

81.92个百分点；说明栗种失水控制在5%~11%时最耐贮藏保鲜。失水5%~11%的栗果含水量为51.2%~46.9%，失水15%~20%的栗果含水量40%~37%。前者含水量保证了栗果正常的生命活动，抗性强，耐贮藏；后者细胞内原生质脱水，新陈代谢失常，入库后填充物的水分渗入栗子，病菌滋生而造成栗果腐烂。实践表明，板栗贮藏要做到四防，即防霉烂腐败、防失重风干、防止发芽、防治虫害。

（六）板栗加工技术研究

一般认为，剥壳去衣、控制褐变和防止破碎是板栗加工中首先遇到的技术难题。多年来，广大科技工作者围绕克服加工中的技术难题和开发加工新产品，开展了大量研究。

目前，我国大多数加工厂的板栗剥壳工艺以人工剥壳为主，有生剥和热剥两种方法，费工费时，加工成本高。我国传统的板栗去衣工艺采用热碱法，但存在使栗果褐变、污染环境等明显弊病。1998年，中国农业机械化科学研究院陈公望（1998），研制开发成功了5LJ300型板栗专用剥壳去衣加工的成套设备，整仁率≥90%，红衣去净率≥90%，生产能力（鲜板栗）300 kg/h，但由于成本较高，未能在生产中得到较好的应用。浙江大学郑传祥（2000）研究的新型组合式板栗脱壳机，是先对板栗适当干燥，再进行脱壳，其生产能力为150 kg/h，破碎率在5%以下，一次脱壳率90%，经返回后的脱壳率可达99%以上，整套设备成本价可控制在10万元以下，配套功率10 kW，机器占地面积10 m^2以下，每千克的加工成本可控制在0.5元左右。批量生产后，则成本还可进一步降低。

板栗加工的关键技术是护色和抑制酶变。生吉平研究认为，栗仁褐变是由于其表层的单宁物质引起的。龚秀红（2003）研究表明，栗仁单宁含量越高，褐变越严重；而且，在碱性条件下，单宁对褐变的影响更大。常学东（2009）研究认为，不同干燥方式下，板栗的褐变程度不同，在烘干、真空干燥、微波干燥中，以真空干燥的色泽最好，其中切片烘干，采用80℃，切片厚度0.7 cm为最佳工艺参数；微波干燥时，低功率、小厚度有利于减轻板栗的褐变。段杉和孙丽芹（1998）研究表明，茶多酚与柠檬酸和EDTA共用时，可以非常有效地抑制板栗预煮褐变，其效果明显优于抗坏血酸或$NaHSO_3$与柠檬酸和EDTA共用的效果，并确定了预煮液的最佳配方为0.01%茶多酚+0.2%柠檬酸+0.2%EDTA。董英和胡冠娟（2006）研究表明，壳聚糖对板栗褐变有明显的抑制作用，壳聚糖螯合的Cu^{2+}在反应体系中的比例越大，对褐变的抑制效果越好。

关于板栗加工新产品开发方面，高海生等（1993）在糖水栗子、糖水红枣罐头的基础上，研制出了融蔬菜和干鲜果品为一体的银耳枣栗罐头；研制出了五香板栗。常学东等（2006）以板栗粉为主要原料，加入适量的白砂糖、食盐、蛋黄粉以及$NaHCO_3$，采用热风干燥与微波相结合的方法加工出了板栗脆片。杨芙莲等（2004）研制出了速溶即食板栗粉，不仅色泽好、口感细腻、富含营养，而且具有良好的冲调性和稳定性，加入开水（92~100℃）能迅速溶解并保持稳定，不出现分层现象，是一种方便食用的营养食品。

目前来看，燕山板栗主要还是以原产品、速冻板栗仁或栗仁小包装出售，加工品种比较单一，且比较粗放，精深加工产品少，很难满足国内外消费者的需求，今后应该加大科技投入，大力开发深加工产品，进一步提高产品附加值，扩大消费市场。

（七）其他应用基础研究

近些年来，针对燕山板栗开展的应用基础方面的研究，已越来越多，正日益受到重视，研究工作取得了一系列成果。

在同工酶研究方面，王同坤和于凤鸣（1992）主要以燕山板栗为试材，进行了板栗叶片过氧化物酶活性与树体生长发育的关系、栗不同品种过氧化物酶同工酶等方面的研究。通过对7个品种的板栗叶片过氧化物酶研究结果表明，板栗不同品种叶片的过氧化物酶活性存在着差异，矮化型品种的过氧化物酶活性明显高于一般品种；所测品种叶片的过氧化物酶活性均与冠经、树高、干周、新梢长度呈负相关。因此提出，可以把叶片过氧化物酶活性作为矮化型板栗品种早期预选的生化指标。通过对板栗和日本栗两个种的41个品种（系）叶片的过氧化物酶同工酶分析表明，栗品种叶片的过氧化物酶同工酶可分为两大酶区，第Ⅰ酶区相对泳动率（Rf）范围为0.056~0.272，共检出6条酶带；第Ⅱ酶区Rf=0.478~0.647，共检出8条酶带；根据各酶带的出现频率，提出了栗品种叶片过氧化物酶同工酶的基本酶谱；并采用信息量凝聚聚类法，初步绘出了栗品种间的亲缘关系图，认为我国板栗与日本栗间的亲缘关系比较接近。

在抗病性研究方面，秦岭等（2002）开展了中国板栗品种对栗疫病的抗病性评价研究。结果表明：对栗疫菌抗病性极强的有北峪2号（紫珀）、兴隆城9号；抗病性强的有渤海所18、燕魁、短花栗、黄花城早栗子；抗病性较差的有金丰、燕红等；抗病性差的有红光栗、怀黄、怀九等。在板栗光合特性研究方面，刘庆忠等（2009）的研究结果表明：日本栗表观量子效率、光补偿点、光饱和点及光饱和光合速率比板栗高，两者光合速率和蒸腾速率日变化曲线均呈"双峰"型，8月的日本栗和板栗均有明显的光合"午休"现象。在板栗的组织培养技术研究方面，任鹏（2005）通过以3月生播种实生苗的嫩茎段腋芽增生和下胚轴增生不定芽两种途径，建立了燕山板栗的无菌培养再生体系，并在试管内成功生根。

在采后生理研究方面，秦岭和董清华（1995）对板栗贮藏期间几种生理生化指标的变化进行的研究表明，板栗采收后，果皮作为保护种子的屏障首先迅速失水，贮藏1个月后种子失重加快。在贮藏期，板栗的生理活动分3个阶段：第一阶段从采后到11月中旬，前期呼吸旺盛，淀粉水解酶活性较高，栗果损失较大；第二阶段从11月中旬到12月底，种子处于自然休眠状态，呼吸作用较弱，α-淀粉酶处于较低的活性水平，β-淀粉酶稳定在相对低的水平，栗果风味如初，腐烂率较低；进入贮藏后期，板栗种子休眠状态解除，呼吸旺盛，α-淀粉酶、β-淀粉酶活性增高，可溶性糖含量增多，栗果甜味明显增强，果实干缩，部分种子萌动或出现"石灰化"现象，可食性差。研究发现，当板栗的含水量下降到28.08%时，种子处于重度失水状态，种子硬化，个别果肉有"石灰化"发生；含水量40%左右时，栗果能较好地保持其风味和品质，损失率小。在贮藏过程中应降低贮藏温度，使种子呼吸和生理代谢缓慢，以延长贮藏期。生物学特性研究方面，张林平等（1999）研究了板栗雌花分化问题，通过连续3年观察，发现板栗雌花簇在河北邢台地区从4月中旬开始分化，6月中旬结束，分化过程约需60天。王广鹏等（2004）对燕山板栗主要园艺性状与单株产量的通径分析表明，在8个性状中，株结蓬数、粒/蓬、出实率对单株产量的影响达极显著水平，树冠径达显著水平。此外，孙鲁平和王敖（1998）研究了燕山板栗品质与土壤特性的相关性；李保国等（1997）开展了板栗果实可溶性糖及淀粉含量的联合测定方法的研究；秦岭和董清华（1995）研究了板栗种子萌发过程中碳水化合物的变化等。

三、板栗产业发展中的问题与对策

（一）板栗产业发展中存在的主要问题

1. 栽培管理比较粗放，单位面积产量低，新品种新技术推广工作亟待加强

板栗的栽培管理，从总体上来讲，还是比较粗放的。在生产上，很多栗农重栽轻管，除了进行简单的修剪外，对其他方面诸如配方施肥、及时灌水、无公害病虫防治等重视不够，对板栗集约化经营管理的重要性认识不足，导致单位面积产量一直比较低。以2015年板栗结果面积计算，全国板栗的平均亩产为113 kg。据报道，国内的高产典型每亩产量可达500 kg，有的达到600 kg以上。从河北省来看，以2017年结果面积计算，平均单产为107 kg/亩，而高产园可达到300~400 kg/亩。从浙江省来看，全省平均产量仅40~50 kg/亩，而高产板栗园单产可达300 kg/亩以上。由此可见，单位面积增产潜力还很大，所以应重视和加大对新品种、新技术的推广力度。

2. 生产上栽培品种杂乱，良种规模化程度低，商品化生产水平亟待提升

以燕山地区为例，大专院校、科研单位、基层技术部门选育的新品种已有40多个，但在生产上发挥的作用还很不够，还没有能像水果那样形成主栽品种，形成良种的规模化生产。这主要因为新品种间存在一定程度的同质化问题，虽然都比原有品种有不同程度的改进，但在主要性状上差别不大，缺乏性状突出的替代型品种。再就是，选育出的新品种，缺乏在同一立地条件下进行比较，难以确定各品种间真正的优劣，不同的品种都是在一定区域内小面积地发展，良种的规模化、商品化生产程度比较低。以燕山板栗（京东板栗）为例，除了'燕山早丰'因成熟期早售价高，规模化生产程度相对较高，基本上可以实现品种化销售外，其他品种因成熟期比较集中，再加上板栗品种间不像水果品种那样容易区分，所以市场上销售的基本上都是多品种的混杂体。要知道，尽管燕山板栗的品种是举世公认的，但不同品种间的差异还是比较大的，如果不能够实现真正的品种化、规模化、商品化生产，就很难实现品牌化经营。在市场经济条件下，如果不能够实现品牌化经营，就很难进一步开拓和占领市场。

3. 营销环节比较薄弱，外销覆盖面比较窄，国内外销售市场都亟待开拓

从目前来看，板栗的销售主要还是在国内，出口所占比例很低，常年出口量一般在3万~4万t，仅占总产量的2.29%，且主要是在亚洲市场，欧美市场所占比例很低。从国内市场看，市场上销售的主要产品是糖炒板栗和小包装栗仁，深加工产品很少。未来几年，随着前期大面积发展的幼树陆续进入结果期，随着栽培管理水平的进一步提高，板栗的总产量一定会大幅度提升，必将存在价格下跌的隐患。因此，必须进一步重视和加强营销工作，树立质量观念和品牌意识，进一步开拓国内外市场。

4. 产品加工相对滞后，企业龙头带动作用弱，精深加工产品亟待开发

总体来看，与国外相比，与板栗的生产规模相比，我国板栗加工的大型龙头企业比较少，初加工产品多、深加工产品少、加工转化率比较低，如果这个问题不能够得到有效解决，必将制约板栗产业的进一步发展。以河北省青龙满族自治县为例，近几年大力发展板栗种植，栽培面积已达到了91.8万亩，其中结果面积只有50万亩，尚有40多万亩即将进入结果期，届时产量必然会大量提升，而本区域内又缺少大型龙头加工企业进行消化，产品的销售问题必将凸显。因此，只有大力发展板栗加工业，延长产业链，才能实现板栗的增产增收，解决产量增加后的销售问题，保障板栗产业的可持续发展。再者，板栗在加工过程中的褐变问题，一直是影响板栗加工业发展的重要原因之一，如何在消除栗果褐变的同时使板栗加工品保持原料中特有的感观质量、口感风味、营养成分，是板栗生产中亟须解决的问题。

（二）板栗产业发展的主要对策

1. 大力推广新品种，努力实现品种的规模化种植和商品化生产

目前，虽然选育出的板栗新品种已达130多个，但由于缺乏对现有新品种进行系统化的比较试验，再加上新品种在适应性方面都有一定的区域性，所以很难像水果生产那样确定出在全国范围内的主栽品种。但对于一个生态区域至少一个县域范围来讲，品种的发展既不能太单一也不能太杂，而现在的主要问题是生产上所选用的品种太杂，难以形成品种的规模化种植和商品化生产，很难适应市场经济发展的需要。因此，每一个县域或在更大的范围内，应该确定3~6个新品种作为主栽品种，努力实现品种的规模化种植和商品化生产，这样有利于提高产品的质量，从而提高产品的商品性和竞争力。

2. 大力推广新技术，努力提高生产水平和单位面积产量

由于我国板栗的单产水平比较低，所以增产的潜力很大。因此，要改变"重栽轻管"的现象，不能只管发展、不重管理，努力提高栽培管理水平，向管理要效益。针对板栗主要在丘陵山区发展以及农村缺乏年轻劳动力的实际，要重视省力化高效栽培技术的研究与推广。目前，大专院校和科研单位研究出的栽培管理新技术，在基层推广应用的很不够，应有的作用未能得到充分发挥。因此，要重视科技示范基地建设，加强对栗农的技术培训，努力推广普及先进适用技术，提板栗的生产水平和单位面积产量。

3. 高度重视产品品牌化建设，努力开创板栗营销的新局面

品牌化，是现代化的重要标志。在激烈竞争的市场环境中，没有品牌化，就难以形成竞争力，就谈不上市场的占领和开拓。品牌化的基础是质量，只有实现高质量发展，才能形成有影响力的品牌，而好的品牌又会进一步促进发展。因此，必须高度重视板栗生产的质量问题，要努力实现品种的良种化、布局的区域化、生产的标准化、经营的产业化。在此基础上，努力实施品牌战略，打造具有区域特点的特色品牌。品牌的打造是一项系统工程，核心是质量和创新，但需要宏观谋划、综合施力。同时，要重视和扶持营销队伍建设，进一步开拓国内市场和国际市场，特别是要进一步开拓欧美市场。没有市场的拉动，很难实现可持续发展。

4. 高度重视龙头企业建设，充分发挥企业的带动作用

随着国内板栗面积不断扩大，新栽幼树陆续进入结果期，板栗的年产量必然会继续不断提升。而在目前国内外市场相对稳定的形势下，栗果的销路问题已成为影响板栗产业健康稳定发展的重要因素。因此，除了要进一步拓宽营销渠道外，必须高度重视招商引资，培育和支持大型板栗加工企业建设，充分发挥龙头的企业的带动作用，以确保板栗产业的可持续发展。发展大型板栗加工龙头企业，不但能使栗果有稳定的销售渠道，有效降低市场风险，还可以实现产品附加值的提升，确保板栗产业的可持续发展。目前，存在的问题是板栗粗加工产品多，精深加工产品少，有关研究开发工作还需要进一步加强。

5. 加强板栗产业技术研发，努力为产业发展提供科技支撑

板栗产业的健康可持续发展，离不开科技创新和科技支撑。因此，有关大专院校、科研单位，要围绕板栗产业发展需要，加强板栗产业全产业链的技术研发工作，主要包括：①继续开展新品种选育以及新品种比较试验研究，培育和筛选确定出本区域的主推品种，以科学指导今后的发展；②深入开展基于有机栽培的标准化生产技术研究，努力提高板栗的单位面积产量和栗果质量；③积极开展果实内腐病、小叶病等新发病害研究，为板栗产业健康发展保驾护航；④深入开展板栗产品深加工技术研究，努力延长板栗的产业链、提高附加值；⑤深入开展板栗剩余物综合利用研究，努力提高板栗产业的整体效益。当然，除此之外，从长远角度来讲，还要重视板栗方面的基础和应用基础研究，包括优异种质资源的挖掘、研究和利用，板栗分子生物学、细胞生物学、发育生物学等方面的研究，板栗功能活性成分的提取和开发利用研究等。

第二章
板栗种质资源研究的主要内容和方法

第一节　种质资源研究的主要内容

一、种质资源的概念

（一）种质（Germplasm）

种质是指决定生物遗传性状，并能将其遗传信息从亲代传给子代的遗传物质，在遗传学上称为基因。它是植物收集、保存、研究和改良利用的物质基础。

（二）种质资源（Germplasm resources）

种质资源是指一切携带种质（基因）的载体。它包括所有用于品种改良或具有某种有价值特性的任何原始材料。所以说，种质资源或说种质的载体，可以是携带全部遗传物质的植株个体，也可以是具有遗传全能性的某部分器官、组织、细胞，乃至DNA片段，还可以指以种为单位的群体内的全部个体。具体讲，可包括野生种、近源野生种、栽培种、栽培品种、品系以及人工创造的变异材料，可以是种子、接穗、叶片以及根和块茎等。

（三）种质资源学（Science of germplasm resources）

种质资源学是专门研究种质资源起源、演化、传播及其分类，研究种质资源收集、保存、评价、创新和利用的科学。

二、研究的主要内容

（一）起源与演化

每种果树包括板栗都有其最初的起源地，并以此为中心向外扩散，形成现在的分布。瓦维洛夫（1930）认为，作为起源中心应有两个主要特征，即基因的多样性和显性基因频率高，故又可称为基因中心或多样化变异中心。起源中心又可分为原生起源中心和次生起源中心，最初始的起源地为原生起源中心；由此扩散到一定范围时，在边缘地点又会因果树本身的自交和自然隔离而形成由新的隐性基因控制的多样化地区，即次生起源中心或次生基因中心。随着植物起源研究的进展，瓦维洛夫的学说不断得到完善和发展。

果树的演化主要是指野生种在进化中被驯化并逐渐演变为栽培种的过程，以及野生种之间、野生近缘种与栽培种之间的关系。野生果树在遗传变异的基础上，通过自然选择按照"物竞天择，适者生存"的法则而不断进化，使得适应自然环境的类型得到保存和发展；在此基础上，由于人工选择的作用，促使其不断向适应人类需要的方向发展，从而实现了野生种向栽培种的演化。

果树起源与演化研究，对于丰富和发展果树进化理论，更好地认识种质资源的潜在价值，做好种质资源的收集、保存、研究工作，充分挖掘和利用好种质资源具有重要的意义。这方面的研究主要应根据种质资源现有分布特点，从形态学水平、细胞学水平、生理生化水平、分子生物学水平上找出其遗传多样性分布中心，并结合考古学等相关学科的研究结果，通过综合分析来进行判断。由此可见，果树起源与演化研究涉及植物学、细胞学、生理和生物化学、分子生物学以及古植物学、考古学等多个学科，需要采用资源调查法、观察记载法、试验分析法、历史考古法等多种方法，是一项很有意义但十分艰巨的工作。

（二）传播与分布

果树的传播主要是指人类利用果树种质资源的历史过程，以及它们在人类引种过程中的传播路线等。在没有人类参与的自然状态下，果树（主要是野生果树）的传播主要是在其自然起源地靠动物的活动来进行传播，形成果树在其原产地或是起源地附近的小范围内分布，其中飞禽的活动可以将果树传播到较大的区域，从而形成果树的自然分布。在有人类参与的情况下，果树尤其是果树栽培种或品种的传播可以实现在更大的范围内进行，其分布格局可以被迅速打破，其分布可以迅速遍及全球各适宜生态区，并且有些果树种质的分布动态性极强。

果树的自然分布具有一定的规律性，一般来讲对生态环境要求相近的种类基本上是集中分布在某一生态区域内。由于海拔高度与气候条件密切相关，所以果树的分布既有水平分布带,也有垂直分布带。因为果树在进化过程中,主要通过自然杂交和突变产生变异,并通过接受自然的选择而进化,形成的大多是由高度杂合的不同基因型个体组成的群体,所以其分布除了受生态环境影响外,也和其基因型的潜在适应能力有关,有时把其引种到不同的生态环境区域,也一样能够很好地适应。

研究果树的传播与分布,是一项基础性研究工作,对于更好地利用种质资源特别是科学引种和选择杂交育种亲本具有重要意义。其研究方法和研究果树起源与演化一样,涉及多种学科,需要采用多种方法。

(三) 收集与保存

种质资源收集与保存是进行种质资源研究的基础性工作。从20世纪50~60年代开始,我国建立了全国性的板栗专项科研协作组,开始对全国的栗属植物进行普查,基本摸清了原产我国的栗属植物资源,主要有板栗、茅栗和锥栗3个种,在东部地区引种了少量的日本栗。70年代起,分别在河北、山东等地建立了栗树资源圃(基因库),共收集保存有栗属资源7个种300余个类型。1989年,山东省果树研究所建立的国家板栗资源圃,通过了农业部(现农业农村部)组织的专家验收,成为国家级板栗种质资源圃,为板栗种质资源的研究与开发利用奠定了基础。

种质资源收集的原则,一是必须根据收集的目的和要求,有计划、有步骤地进行;二是种苗的收集要符合种苗调拨制度的规定,注意检疫;三是收集的材料要可靠、典型、质量高,应具有正常的生活力;四是收集的范围应由近及远,根据需要分先后进行;五是收集工作必须做到细致周到、清楚无误,要注意做好登记和核对,避免重复和遗漏。收集的途径最好是现场采集,也可以通过公开征集、相互交换、市场贸易等。收集材料的选择,无性系品种最好引进接穗,用当地砧木进行嫁接;野生类型最好引进种子,对于优株也可以引接穗。收集的时期,应当是对于繁殖或栽植最为有利。

种质资源保存的范围,重点应包括4个方面:一是具有潜在价值而未经利用和改良的野生类型;二是栽培种的近缘野生种;三是栽培品种中的古老地方品种;四是综合性状优良的重要栽培品种、品系及某些具有特殊价值的突变类型。种质资源保存的方式,主要有就地保存、移地保存和离体保存3种。种质资源保存的方法,主要有种植保存法、种子贮藏保存法、花粉贮藏保存法、枝条贮藏保存法、组织培养保存法、基因文库保存法6种。

(四) 评价与分类

种质资源评价的目的主要在于更好地利用,而对种质资源正确和科学的评价则必须建立在充分研究的基础之上,也可以认为评价是研究的必然结果。种质资源评价成效的大小,决定于包括评价项目、方法、标准等内容的统一协调评价系统。建立统一的种质资源评价系统,是搞好种质资源评价工作的关键。

板栗种质资源的评价,应以盛果期生长健壮的板栗植株作为评价对象。主要评价内容包括:①植物学形态特征评价。主要包括树体方面的树冠的形状、分枝开张角度等;一年生枝的长度、粗度、节间长度、颜色、皮孔的形状、大小和密度等;芽体的大小、形状、颜色,以及基部芽数量;雄花序数量、长度,雌雄花序比例等;叶片的大小、形状、色泽,以及叶尖形态、叶基形态等;栗棚的大小、形状、刺束、开裂方式等;坚果的大小、形状、色泽、茸毛、底座等。②生物学特性评价。主要包括物候期、生长发育习性,特别是与经济性状有关的成熟期、产量和品质等方面。生物学特性与环境影响因素密切相关,因此生物学特性的评价必须结合生态条件来进行。③抗逆性和抗病虫性状评价。包括抗寒、抗旱、耐低温特性,抗病性以及抗虫性等方面。④营养学性状评价。包括淀粉、总糖、蛋白质、脂肪、维生素和微量元素含量等方面。

第二节 板栗种质资源研究的基本方法

一、植物学研究方法

主要是通过调查和观察比较用表观形态描述的方法研究种质资源，这是种质资源研究的基本方法。具体讲，是按照本章第三节（板栗种质资源描述规范和数据标准）的相关内容进行描述，从而研究板栗种质资源的形态特征，在植物学层面上用于种质资源的鉴别、评价和分类。

二、生态学研究方法

主要是在自然环境或人工控制环境中，通过研究环境条件与板栗物候期、生长发育之间的关系，研究板栗种质资源的生长发育规律及其对温度、光照、水分及矿质营养等方面的要求，可以在生态学层面上研究种质资源的分布和生态型，为更好地利用种质资源提供科学依据。

三、细胞学研究方法

主要是用细胞学方法研究板栗种质资源。具体讲，是应用生物制片染色技术和生物显微技术研究细胞的形态结构以及染色体的数量和结构等，包括染色体组分析、染色体核型分析、染色体带核型分析等，它可以反映出种间甚至变种间、品种间的差异，可在细胞层面上用于种质资源的鉴别、评价和分类。

四、生理生化研究方法

主要是应用气相色谱、高效液相色谱、气质联用等分析仪器对板栗种质资源进行生理代谢、化学组成、血清学分析、同工酶分析等方面的研究，进而研究板栗的营养和保健价值，研究板栗种质资源间的亲缘关系，对于进一步挖掘优异种质资源，研究种质资源的起源、演化与分类具有重要意义。

五、分子生物学研究方法

主要是应用分子标记技术，在分子水平上研究板栗种质资源，包括进行基因定位、构建遗传图谱、开展遗传多样性分析等。这种方法对于板栗种质资源鉴别、系谱分析和分类，研究板栗的起源、演化及其亲缘关系具有重要意义。常见的分子标记技术有RAPD、RFLP、AFLP、SSR、STS。

六、植物考古学研究方法

主要是根据古代人类活动遗留下来的实物和历史资料，来研究板栗植物在古代的情况。这些实物和历史资料大多埋藏于地下，主要通过考古学家们的发掘才能得到呈现，对于研究板栗的起源、演化、传播和利用具有重要意义。

第三节 板栗种质资源描述规范和数据标准

一、板栗种质资源基本术语及其定义

1. 板栗
属于山毛榉科（Fagaceae）栗属（Castanea Mill.）中的1个种，为多年生木本植物，学名 Castanea mollissima Bl.，染色体数 $2n=2x=24$。食用部分为坚果子叶。

2. 板栗种质资源
包括野生资源、地方品种、选育品种和品系以及其他遗传材料等。

3. 基本信息
包括全国统一编号、种质名称、学名、原产地、种质类型等。

4. 形态特征和生物学特性
包括植物学形态、主要物候期、产量性状等特征特性。

5. 品质特性
包括商品品质、感官品质和营养品质。商品品质包括坚果大小、颜色均匀度、大小均匀度等；感官品质包括栗果糯性、质地、风味等；营养品质包括坚果可溶性糖含量、淀粉含量和蛋白质含量等。

6. 抗逆性
是指对各种非生物胁迫的适应和抵抗能力，包括抗旱性、抗涝性和抗寒性等。

7. 抗病虫性
是指对各种生物胁迫的适应和抵抗能力，包括抗真菌和细菌病害的能力以及抗虫能力。

8. 板栗发育年周期
是指板栗一年中随外界环境条件变化出现的一系列生理与形态变化，并呈现出的一定的生长发育的规律性。板栗这种随气候而变化的生命活动过程，称为发育年周期。板栗发育年周期，可分为营养生长期和休眠期两个阶段。其中，营养生长期包括发芽期、展叶期、雄花盛开期、雌花盛开期、果实成熟期和落叶期等。5%的芽萌发并开始露出幼叶时为发芽期；5%的幼叶展开时为展叶期；50%的雄花花丝伸直、开放时为雄花盛开期；50%的雌花簇中间小花的柱头分开30°~45°时为雌花盛开期；30%的刺苞开始开裂时为果实成熟期；25%植株叶片脱落时为落叶期。

9. 坚果营养品质
平均每百克鲜样中淀粉、总糖含量，每百克干样中蛋白质、脂肪、钙铁等矿质营养含量。

二、板栗种质资源描述的基本信息和方法

（一）基本信息

1. 全国统一编号
种质的唯一标示号，板栗种质资源的全国统一编号由"BLI"加4位顺序号组成。后4位顺序号从"0001"到"9999"，代表具体板栗种植资源编号。

2. 种质圃编号
板栗种质在国家板栗种质资源圃中的编号，由4位阿拉伯数字顺序号组成。每份种质资源的编号是唯一的。

3. 引种号
板栗种质从国外引入时赋予的编号。引种号由引种年份加4位顺序号组成。

4. 采集号
板栗种质在野外采集时赋予的编号。

5. 种质名称
板栗种质的中文名称。

6. 种质外文名
国外引进种质的外文名或国内种质的汉语拼音名。

7. 科名
山毛榉科（Fagaceae）。

8. 属名
栗属（Castanea Mill.）

9. 学名
板栗学名（Castanea mollissima Bl.）。

10. 原产国
板栗种质原产国家名称、地区名称或国际组织名称。

11. 原产省

国内板栗种质原产省份名称；国外引进种质原产国家一级行政区的名称。

12. 原产地

国内板栗种质的原产县、乡、村名称。

13. 海拔

板栗种质原产地的海拔高度，单位为 m。

14. 经度

板栗种质原产地的经度，单位为（°）和（′）。格式为 DDDFF，其中 DDD 为度，FF 为分。

15. 纬度

板栗种质原产地的纬度，单位为（°）和（′）。格式为 DDFF，其中 DD 为度，FF 为分。

16. 来源地

国外引进板栗种质的来源国家名称、地区名称或国际组织名称；国内种质的来源省、县名称。

17. 保存单位

板栗种质保存单位的名称。

18. 保存单位编号

板栗种质保存单位赋予的种质编号。

19. 系谱

板栗选育品种（系）的亲缘关系。

20. 选育单位

选育板栗品种（系）的单位名称或个人。

21. 育成年份

板栗品种（系）育成的年份。

22. 选育方法

板栗品种（系）的育种方法。

23. 种质类型

板栗种质类型分为 6 类：1 野生资源；2 地方品种；3 选育品种；4 品系；5 遗传材料；6 其他。

24. 图像

板栗种质的图像文件名。图像格式为 .jpg。

25. 观测地点

板栗种质形态特征和生物学特性观测地点的名称。

（二）形态特征和生物学特性

1. 树体高矮

板栗成龄树（一般为 10 年生）树体高矮，分为：1 矮小（树体高度 < 3.0 m）；2 中等（3.0 m ≤ 树体高度 < 4.0 m）；3 高大（树体高度 ≥ 4.0 m）。

2. 树冠紧凑度

板栗成龄树（一般为 10 年生）树体自然状态下树冠的紧凑程度，分为：

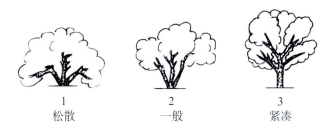

3. 树姿

板栗成龄树（一般为 10 年生）枝、干的角度大小，分为：

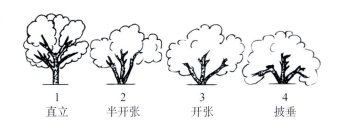

4. 枝干颜色

成龄树（10 年生）树体枝干表皮颜色，分为：1 红褐；2 灰褐；3 绿褐。

5. 皮目大小

成龄树树冠外围健壮结果母枝上部皮目大小，分为：

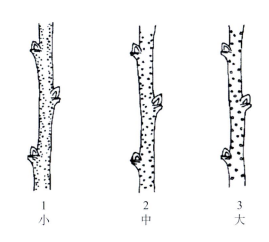

6. 皮目密度

成龄树树冠外围健壮结果母枝上部皮目密度，分为：

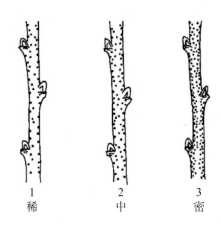

1 稀　　2 中　　3 密

7. 叶片颜色

树冠外围正常发育枝中部叶片颜色，分为：1 浓绿；2 黄绿；3 灰绿；4 紫红。

8. 叶片形状

树冠外围正常发育枝中部叶片形状，分为：

1 椭圆形　　2 阔披针形　　3 披针形

9. 叶片姿势

1 挺立　　2 平展　　3 搭垂　　4 边缘上翻

10. 叶缘锯齿锐钝

1 锐　　2 钝

11. 叶缘锯齿深浅

1 浅　　2 深

12. 叶背茸毛密度

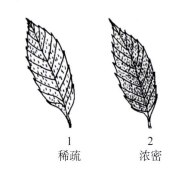

1 稀疏　　2 浓密

13. 结果母枝花芽形态

树冠外围由顶芽抽生的一年生结果母枝先端的花芽形态，分为：

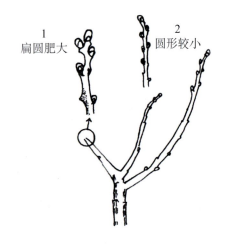

1 扁圆肥大　　2 圆形较小

14. 结果母枝花芽大小

树冠外围由顶芽抽生的一年生结果母枝先端的花芽大小，分为：1 小；2 中；3 大。

15. 每个结果母枝上的果枝数量

成龄树冠外围正常结果母枝上发出结果枝的个数。单位为个。

16. 结果母枝粗度

成龄树冠外围正常结果母枝的直径。单位为 mm。

17. 结果母枝长度

成龄树冠外围正常结果母枝基部至顶端的长度。单位为 cm。

18. 果前梢粗度

成龄树冠外围正常结果母枝果前梢的直径。单位为 mm。

19. 果前梢长度

成龄树冠外围正常结果母枝基部至顶端的长度。单位为 cm。

20. 果前梢大芽数

成龄树冠外围正常结果母枝果前梢上饱满花芽的个数。单位为个。

21. 雄花序长度

树冠外围由顶芽抽生的结果新梢，自雄花序基部测量至顶端的长度。单位为 cm。

22. 雄花序粗度

树冠外围由顶芽抽生的结果新梢上的雄花序的直径。单位为 mm。

23. 雄花序颜色

树冠外围由顶芽抽生的结果新梢上的雄花序的颜色，分为：1 乳黄色；2 鲜黄色。

24. 雄花序数量

成龄树冠外围由顶芽抽生的正常结果新梢上的柔荑花序的个数。单位为个。

25. 雄花序小花簇密度

树冠外围由顶芽抽生的结果新梢上的雄花序上小花簇的密度，分为：1 稀；2 中；3 密。

26. 花粉量多少

雄花序散出花粉的多少，分为：1 少；2 中；3 多。

27. 花粉育性

雄花发育正常、花粉能够从花药正常破壁散出，完成授粉受精的能力，分为：1 败育；2 可育。

28. 是否雌雄异熟

雌花、雄花是否异期发育成熟，分为：1 否；2 雌先；3 雄先。

29. 早实性

幼树结果的早晚，分为：1 早；2 中；3 晚。

30. 基部芽更新果枝能力

成龄树冠外围正常结果母枝基部芽的更新能力，分为：0 无；1 弱；2 中；3 强。

31. 强结果母枝比例

强结果母枝是指结果母枝粗度 0.5 cm 以上、果前梢前部具有大于 3 个以上饱满花芽。在成龄树上这类结果母枝占总结果母枝的百分率。以%表示。

32. 连续结果能力

板栗成龄树连续 2 年以上丰产的能力，分为：1 弱；2 中；3 强。

33. 平均每果枝结苞数量

成龄树冠外围正常结果枝上的刺苞数量。单位为个。

34. 坐苞率

结果刺苞占刺苞总数的百分率。以%表示。

35. 空苞率

空刺苞数量占总刺苞数量的百分率。以%表示。

36. 丰产性

成龄树（一般为 10 年生）每平方米树冠投影面积收获商品坚果的重量（kg/m²），丰产性分为 3 级，分为：1 低；2 中；3 高。

37. 刺苞大小

刺苞成熟后期刺苞的重量。单位为 g。

38. 刺苞形状

刺苞成熟后期，刺苞的外部形状。

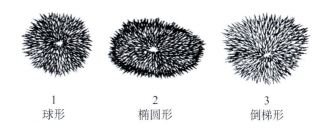

| 1 | 2 | 3 |
| 球形 | 椭圆形 | 倒梯形 |

39. 刺苞厚度

刺苞成熟后期，刺苞胴部苞肉的厚度。单位为 mm，分为：1 薄；2 中；3 厚。

40. 刺苞开裂方式

刺苞成熟后期，刺苞前端开裂的方式。

| 1 | 2 |
| 纵裂 | 瓣裂 |

41. 两性花序枯存情况

果实成熟时,刺苞上是否存在两性花序尾部枯存,分为:0 无;1 有。

42. 刺束粗细

果实成熟时,刺苞上刺束的粗细程度,分为:1 细;2 粗。

43. 刺束硬度

果实成熟时,刺苞上刺束的软硬程度,分为:1 软;2 硬。

44. 刺束分枝角度

果实成熟时,刺苞上刺束两刺间的分枝角度,分为:

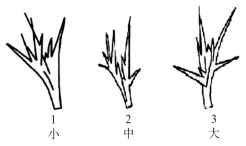

1 小　　2 中　　3 大

45. 刺束密度

果实成熟时,刺苞上刺束的疏密程度,分为:

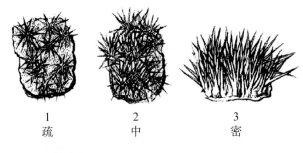

1 疏　　2 中　　3 密

46. 刺束长短

果实成熟时,刺苞上刺束的长度,分为:1 短;2 长。

47. 刺束颜色

果实成熟时,刺苞上刺束的外观颜色,分为:1 青;2 黄;3 焦。

48. 出实率

果实成熟时,平均每刺苞产出果实重量占刺苞(含果实)总重量的百分率。以%表示。

49. 萌芽期

5%的外围结果母枝顶芽露出幼叶的日期。以"年月日"表示,格式为"YYYYMMDD"。

50. 芽轴伸长期

5%的外围结果母枝顶芽芽轴开始伸长的日期。以"年月日"表示,格式为"YYYYMMDD"。

51. 展叶期

5%的外围结果母枝顶芽幼叶展开的日期。以"年月日"表示,格式为"YYYYMMDD"。

52. 两性花序显现期

5%的外围结果母枝顶芽新梢出现雌花簇的日期。以"年月日"表示,格式为"YYYYMMDD"。

53. 雄花盛开期

5%的雄花花丝伸直、花药开裂吐粉的日期。以"年月日"表示,格式为"YYYYMMDD"。

54. 雌花盛开期

5%的雌花柱头分开角度达30°~45°的日期。以"年月日"表示,格式为"YYYYMMDD"。

55. 雄花序凋落期

雄花序下垂,75%花药变成褐色的日期。以"年月日"表示,格式为"YYYYMMDD"。

56. 胚发育初期

卵受精后,胚珠开始发育的最初日期。以"年月日"表示,格式为"YYYYMMDD"。

57. 子叶增长期

胚乳被吸收完毕到子叶开始明显生长的日期。以"年月日"表示,格式为"YYYYMMDD"。

58. 果实成熟期

全树30%刺苞开裂、颜色变黄的日期。以"年月日"表示,格式为"YYYYMMDD"。

59. 落叶期

25%植株叶片变黄、干枯、脱落的日期。以"年月日"表示,格式为"YYYYMMDD"。

60. 坚果粒重

果实成熟时,栗实的平均重量。单位为g。

61. 坚果颜色

完全成熟栗实果皮的颜色,分为:1 黄褐;2 红棕;3 红;4 红褐;5 紫褐。

62. 坚果光泽

完全成熟栗实表面的光泽度,分为:1 油亮;2 明亮;3 半明;4 半毛;5 毛。

63. 边果形状

刺苞中边果的形状,分为:

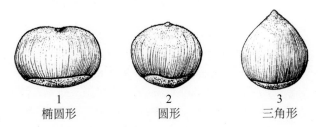

1 椭圆形　　2 圆形　　3 三角形

64. 果顶果肩
完全成熟栗果顶部和肩部形状，分为：

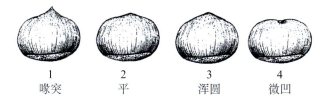

1	2	3	4
喙突	平	浑圆	微凹

65. 茸毛分布
完全成熟栗表面茸毛的分布部位，分为：1 近果顶；2 果肩以下；3 周身。

66. 茸毛颜色
完全成熟栗表面茸毛的颜色，分为：1 棕黄；2 灰白。

67. 茸毛密度
完全成熟栗表面茸毛的疏密程度，分为：1 稀；2 中；3 密。

68. 筋线明显程度
完全成熟栗表面纵向条纹的明显度，分为：1 不明显；2 较明显；3 明显。

69. 底座大小
完全成熟栗底座大小，分为：1 小；2 中；3 大。

70. 底座光滑度
完全成熟栗底座的平滑度，分为：1 平滑；2 具瘤点。

71. 底座连线
完全成熟栗底座连线的外观特征，分为：

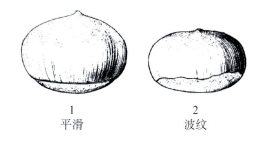

1	2
平滑	波纹

（三）坚果品质

1. 坚果含水量
完全成熟后，栗果种仁的水分含量。以%表示。

2. 坚果可溶性糖含量
完全成熟后，栗果种仁的可溶性糖含量。以%表示。

3. 坚果淀粉含量
完全成熟后，栗果种仁的淀粉含量。以%表示。

4. 坚果蛋白质含量
完全成熟后，栗果种仁的蛋白质含量。以%表示。

5. 坚果食用类型
完全成熟坚果的食用类型，分为：1 炒栗；2 菜栗。

6. 坚果熟食涩皮剥离难易程度
完全成熟坚果加工后，种皮（涩皮）剥离的难易程度，分为：1 易；2 难。

7. 坚果熟食口味（风味）
完全成熟坚果加工后，品尝时口内甜香的感觉，分为：1 甜，2 香。

8. 坚果熟食糯性
完全成熟坚果加工后，品尝时口内糯性感觉，分为：1 糯性；2 半糯；3 粳性。

9. 坚果熟食质地
完全成熟坚果加工后，品尝时口内的质地感觉，分为：1 细腻；2 中；3 粗。

10. 坚果耐贮性
坚果采收后在适宜条件下贮藏，根据贮藏一定时间后果实的损失率，评价坚果贮藏性的强弱，分为：3 强；5 中；7 弱。

11. 坚果颜色均匀度
完全成熟坚果颜色的均匀程度，分为：1 好；2 中；3 差。

12. 坚果大小均匀度
完全成熟坚果质量的均匀程度，分为：1 好；2 中；3 差。

（四）抗逆性

1. 抗旱性
板栗植株忍耐或抵抗干旱的能力，分为：3 强；5 中；7 弱。

2. 抗寒性
板栗植株忍耐或抵抗低温的能力，分为：3 强；5 中；7 弱。

3. 耐涝性
板栗植株忍耐或抵抗水涝的能力，分为：3 强；5 中；7 弱。

（五）抗病虫性

1. 栗疫病抗性
板栗植株抵抗栗疫病 *Endothia parasitica* (Murr.) P. J. et. H. W. Anders. 的能力，分为：1 高抗（HR）；3 抗（R）；5 中抗（MR）；7 感（S）；9 高感（HS）。

2. 栗瘿蜂抗性
板栗植株抵抗栗瘿蜂 *Dryocosmus ruriphilus* Yasumatsu

的能力,分为:1 高抗(HR);3 抗(R);5 中抗(MR);7 感(S);9 高感(HS)。

3. 栗红蜘蛛抗性

板栗植株抵抗栗红蜘蛛 Puratetranychus sp. 的能力,分为:1 高抗(HR);3 抗(R);5 中抗(MR);7 感(S);9 高感(HS)。

4. 桃蛀螟抗性

板栗植株抵抗桃蛀螟 Dichocrocis punctiferalis Guenee 的能力,分为:1 高抗(HR);3 抗(R);5 中抗(MR);7 感(S);9 高感(HS)。

5. 栗皮夜蛾抗性

板栗植株抵抗栗皮夜蛾 Characoma ruficirra Hampson 的能力,分为:1 高抗(HR);3 抗(R);5 中抗(MR);7 感(S);9 高感(HS)。

6. 栗实象甲抗性

板栗植株抵抗栗实象甲 Curculio davidi Fairmaire 的能力,分为:1 高抗(HR);3 抗(R);5 中抗(MR);7 感(S);9 高感(HS)。

(六) 其他特征特性

1. 指纹图谱与分子标记

板栗核心种质 DNA 指纹图谱的构建和重要农艺性状的分子标记类型及其特征参数。

2. 备注

板栗种质特殊描述符或特殊代码的具体说明。

三、板栗种质资源数据采集表

1 基本信息			
全国统一编号 (1)		种质圃编号 (2)	
引种号 (3)		采集号 (4)	
种质名称 (5)		种质外文号 (6)	
科名 (7)		属名 (8)	
学名 (9)		原产国 (10)	
原产省 (11)		原产地 (12)	
海拔 (13)		经度 (14)	
纬度 (15)		来源地 (16)	
保存单位 (17)		保存单位编号 (18)	
系谱 (19)		选育单位 (20)	
育成年份 (21)		选育方法 (22)	
种质类型 (23)	1:野生资源 2:地方品种 3:选育品种 4:品系 5:遗传材料 6:其他		
图像 (24)		观测地点 (25)	
2 形态特征和生物学特性			
树体高矮 (1)	1:矮小 2:中等 3:高大		
树冠紧凑度 (2)	1:松散 2:一般 3:紧凑		
树姿 (3)	1:直立 2:半开张 3:开张 4:披垂		
枝干颜色 (4)	1:红褐 2:灰褐 3:绿褐		
皮目大小 (5)	1:小 2:中 3:大	皮目密度 (6)	1:稀 2:中 3:密
叶片颜色 (7)	1:浓绿 2:黄绿 3:灰绿 4:紫红		

(续)

叶片形状（8）	1：椭圆形　2：阔披针形　3：披针形		
叶片姿势（9）	1：挺立　2：平展　3：搭垂　4：边缘上翻		
叶缘锯齿锐钝（10）	1：锐　2：钝	叶缘锯齿深浅（11）	1：浅　2：深
叶背茸毛密度（12）	1：稀疏　2：浓密		
结果母枝花芽形态（13）	1：扁圆肥大　2：圆形较小		
结果母枝花芽大小（14）	1：小　2：中　3：大		
每母枝果枝数（15）	个	结果母枝粗度（16）	mm
结果母枝长度（17）	cm	果前梢粗度（18）	mm
果前梢长度（19）	cm	果前梢大芽数（20）	个
雄花序长度（21）	cm	雄花序粗度（22）	mm
果梢雄花序个数（23）	个	雄花序颜色（24）	1：乳黄　2：鲜黄
雄花序小花簇密度（25）	1：稀　2：中　3：密	花粉量（26）	1：少　2：中　3：多
花粉育性（27）	1：败育　2：可育	是否雌雄异熟（28）	1：否　2：雌先　3：雄先
早实性（29）	1：早　2：中　3：晚		
基部芽更新果枝能力（30）	0：无　1：弱　2：中　3：强		
强结果母枝比例（31）	%	连续结果能力（32）	1：弱　2：中　3：强
平均每果枝结苞数（33）	个	坐苞率（34）	%
空苞率（35）	%	丰产性（36）	1：低　2：中　3：高
刺苞大小（37）	g		
刺苞形状（38）	1：球形　2：椭圆形　3：倒梯形		
苞肉厚度（39）	mm	刺苞开裂方式（40）	1：纵裂　2：瓣裂
两性花序尾部枯存（41）	0：无　1：有	刺束粗细（42）	1：细　2：粗
刺束硬度（43）	1：软　2：硬	刺束分枝角度（44）	1：小　2：中　3：大
刺束密度（45）	1：疏　2：中　3：密	刺束长短（46）	1：短　2：长
刺束颜色（47）	1：青　2：黄　3：焦		
出实率（48）	%	萌芽期（49）	
芽轴伸长期（50）		展叶期（51）	
两性花序显现期（52）		雄花盛开期（53）	
雌花盛开期（54）		雄花序凋落期（55）	
胚发育初期（56）		子叶增长期（57）	
果实成熟期（58）		落叶期（59）	
坚果单粒重（60）	g	坚果颜色（61）	1：黄褐　2：红棕　3：红 4：红褐　5：紫褐
坚果光泽（62）	1：油亮　2：明亮　3：半明　4：半毛　5：毛		

（续）

(续)

边果形状（63）	1：椭圆形　2：圆形　3：三角形		
果顶果肩（64）	1：喙突　2：平　3：浑圆　4：微凹		
茸毛分布（65）	1：近果顶　2：果肩以下　3：周身		
茸毛颜色（66）	1：棕黄　2：灰白	茸毛密度（67）	1：稀　2：中　3：密
筋线明显程度（68）	1：不明显　2：较明显　3：明显		
底座大小（69）	1：小　2：中　3：大	底座光滑度（70）	1：平滑　2：具瘤点
底座连线（71）	1：平滑　2：波纹		
3 坚果品质			
含水量（1）	％	可溶性糖含量（2）	％
淀粉含量（3）	％	蛋白质含量（4）	％
食用类型（5）	1：炒栗　2：菜栗	熟食涩皮剥离难易程度（6）	1：易　2：难
熟食口味（7）	1：甜　2：香	熟食糯性（8）	1：糯性　2：半糯性　3：粳性
熟食质地（9）	1：细腻　2：中　3：粗	耐贮性（10）	3：强　5：中　7：弱
颜色均匀度（11）	1：好　2：中　3：差	果大小均匀度（12）	1：好　2：中　3：差
4 抗逆性			
抗旱性（1）	3：强　5：中　7：弱		
耐涝性（2）	3：强　5：中　7：弱		
抗寒性（3）	3：强　5：中　7：弱		
5 抗病虫性			
栗疫病抗性（1）	1：高抗　3：抗　5：中抗　7：感　9：高感		
栗瘿蜂抗性（2）	1：高抗　3：抗　5：中抗　7：感　9：高感		
栗红蜘蛛抗性（3）	1：高抗　3：抗　5：中抗　7：感　9：高感		
桃蛀螟抗性（4）	1：高抗　3：抗　5：中抗　7：感　9：高感		
栗皮夜蛾抗性（5）	1：高抗　3：抗　5：中抗　7：感　9：高感		
栗实象甲抗性（6）	1：高抗　3：抗　5：中抗　7：感　9：高感		
6 其他特征特性			
指纹图谱与分子标记（1）			
备注（2）			

填表人：　　　　　审核人：　　　　　　　　年　月　日

四、板栗种质资源利用情况报告

1. 种质利用概况

每年提供利用的种质类型、份数、份次和用户数量等。

2. 种质利用效果及效益

提供利用后育成的品种（系）、创新材料，以及其他研究利用及开发创收等产生的经济、社会和生态效益。

3. 种质利用经验和存在问题

组织管理、资源管理、资源研究和利用等方面。

五、种植资源利用情况登记表

种质名称					
提供单位		提供日期		提供数量	
提供种质类型	地方品种□　育成品种□　高代品种□　野生种□ 近缘植物□　遗传材料□　突变体□　其　他□				
提供种质形态	植株（苗）□　果实□　籽粒□　根□　茎（插条）□　叶□ 芽□　花粉□　组织□　细胞□　DNA□　其他□				
提供种质的优异性状及利用价值：					
利用单位			利用时间		
利用目的					
利用途径：					
利用效果：					

种质利用单位（盖章）　　种质利用人（签名）　　年　月　日

下篇　各论

- 选育品种
- 地方品种
- 古树类型（图片资料）

第三章
选育品种

1 '大板红' Dabanhong

来源及分布 别名'大板49'。1974年从河北省宽城县大板村实生树中选出。广泛分布于河北的宽城、迁西、遵化、兴隆、迁安等地，为燕山地区原产主栽品种，在河北的邢台，北京的昌平、密云，山东的泰安等地也有分布。2005年通过河北省林木品种审定委员会审定，审定编号为冀S-SV-CM-004-2005（审定名称为'大板红'）。

选育单位 河北省农林科学院昌黎果树研究所。

植物学特征 树体中等，树姿半开张，树冠紧凑度一般。树干灰褐，皮孔小而不规则，密度稀。结果母枝健壮，均长31.2 cm，粗0.65 cm，节间1.45 cm，每果枝平均着生刺苞2.31个，翌年平均抽生结果新梢1.87条。叶浓绿色，椭圆形，背面稀疏灰白色星状毛，叶缘上翻，锯齿深，刺针外向；叶柄黄绿色，长2.13 cm。每果枝平均着生雄花序6.3条，花形下垂，长14.7 cm。刺苞椭圆形，黄绿色，成熟时十字裂，苞肉厚度中，平均苞重41.30 g，每苞平均含坚果1.85粒，出实率37.1%；刺束密度中，硬度硬，分枝角度中，刺束淡黄色，刺长1.15 cm。坚果椭圆形，红褐色，明亮，茸毛少，筋线不明显，底座大小中，接线月牙形，整齐度高，平均单粒重8.15 g；果肉淡黄色，糯性，细腻，味香甜。坚果含水量52.35%，可溶性糖20.44%，淀粉58.58%，蛋白质6.87%。

生物学特性 在河北北部山区4月18日萌芽，4月28日展叶，6月14日雄花盛花期，果实成熟期9月16日，落叶期11月上旬。幼树生长健壮，雌花易形成，结果早，产量高，嫁接后第4年即进入丰产期。成龄大树丰产稳产性强，无大小年现象。抗病虫及干旱能力较差，自交结实率低，如盛花期异花授粉不良，蓬粒数低。

综合评价 树体高度中等，树姿半开张；结果早，产量高，连续结果能力强；坚果品质优良，口感好，适宜炒食；抗病虫及干旱能力较差；有一定的嫁接不亲和性。适宜在我国北方板栗产区栽植发展。

图1-1-1 '大板红'幼树结果状（王广鹏，2009）
Figure 1-1-1　Bearing status of young tree of Chinese chestnut 'Dabanhong'

图1-1-2 '大板红'刺苞和坚果（王广鹏，2009）
Figure 1-1-2　Bar and nut of Chinese chestnut 'Dabanhong'

图1-1-3 '大板红'坚果（王广鹏，2009）
Figure 1-1-3　Nut of Chinese chestnut 'Dabanhong'

2 '东陵明珠'
Dongling Mingzhu

来源及分布 别名'西沟7号'。1974年在河北省遵化市西下营乡西沟村板栗实生大树中选育而出,广泛分布于河北的遵化、迁西、兴隆、迁安等地,是燕山地区原产主栽品种,1987年经过专家鉴定,定名为'东陵明珠'。2005年通过河北省林木品种审定委员会审定,良种编号为冀S-SV-CM-005-2005。

选育单位 遵化市林业局。

植物学特征 树体中等,树姿直立,树冠紧凑度一般。树干灰褐,皮孔大而不规则密布。结果母枝均长29.8 cm,粗0.58 cm,节间1.64 cm,每果枝平均着生刺苞2.22个,翌年平均抽生结果新梢1.94条。叶浓绿色,椭圆形,背面稀疏灰白色星状毛,叶姿平展,锯齿深,刺针外向;叶柄黄绿色,长2.41 cm。每果枝平均着生雄花序9.6条,花形直立,长13 cm。刺苞椭圆形,黄绿色,成熟时一字裂或十字裂,苞肉厚度中,平均苞重46.95 g,每苞平均含坚果2.3粒,出实率36.00%;刺束密度中,硬度硬,分枝角度中等。坚果椭圆形,深褐色,油亮,茸毛少,筋线不明显,底座大小中等,接线平直,整齐度高,平均单粒重7.35 g;果肉黄色,口感糯性,细腻,味香甜。坚果含水量53.25%,可溶性糖19.85%,淀粉48.32%,蛋白质6.53%。

生物学特性 在河北北部山区4月16日萌芽,4月28日展叶,6月13日雄花盛花期,果实成熟期9月17日,落叶期11月上旬。新梢中结果枝占38.9%,雄花枝25.9%,发育枝6.6%,纤弱枝29%。幼树生长势强,嫁接后3年开始进入正常结果期。成龄大树丰产稳产性强,无大小年现象。适应性和抗逆性强,在干旱缺水的片麻岩山地、土壤贫瘠的河滩沙地均能正常生长结果。

综合评价 树体中等,树姿直立;结果早,产量较高,连续结果能力强;坚果品质优良,口感好,适宜炒食,但单粒较小;适应性强,耐旱,耐瘠薄;适宜在我国北方板栗产区栽植发展。

图1-2-1 '东陵明珠'大树结果状(张京政,2005)
Figure 1-2-1　Bearing status of the tree of Chinese chestnut 'Dongling Mingzhu'

图1-2-2 '东陵明珠'幼树结果状
(王广鹏,2009)
Figure 1-2-2　Bearing status of young tree of Chinese chestnut 'Dongling Mingzhu'

图1-2-3 '东陵明珠'刺苞和坚果
(王广鹏,2009)
Figure 1-2-3　Bar and nut of Chinese chestnut 'Dongling Mingzhu'

3 '冀栗1号'
Jili 1 hao

品种来源 '冀栗1号'是以'燕明'为母本、'燕山早丰'为父本杂交选育出的中熟板栗新品种。2016年12月通过河北省林木品种审定委员会审定并命名（审定名称为'冀栗1号'）。

选育单位 河北省农林科学院昌黎果树研究所。

品种特征特性 该品种生长势强，树姿半开张；叶片浓绿色，椭圆形，先端渐尖，叶脉茸毛多；每果枝平均着生雄花序8.40条；刺苞椭圆形，成熟时一字或者十字开裂，平均苞质量53.76 g，平均每苞含坚果2.40粒，出实率37.5%。果实椭圆形，果皮褐色，果面明亮，果肉淡黄色，肉质细糯，风味香甜；平均单粒质量8.40 g，最大单粒质量13.10 g；每苞含坚果2.40粒。含水量48.2%，可溶性糖含量20.1%，淀粉49.8%，蛋白质4.85%，维生素含量0.325 mg/g。

生物学特性 果实生育期150天，在河北省燕山地区9月中旬成熟；果梢雄花序8.40条，母枝芽萌发率45.7%，结果枝比例71%。耐瘠薄；抗寒性和抗旱性较强；高抗栗疫病；抗栗红蜘蛛和栗蛀螟。坚果冷藏至翌年5月，腐烂率仅3.7%。适合在我国北方燕山板栗栽培区的山地、丘陵栽培。早实性和丰产性好，嫁接树第2年开花结果，第3年进入盛果期，平均产量4730.4 kg/hm²。树形宜选用自然开心形。此品种幼树期生长势强，需要对主枝进行拉枝处理。成龄大树采用轮替更新修剪技术，保持留枝量为每平方米树冠投影面积8~9条。

综合评价 坚果个大，椭圆形，果皮褐色，外皮明亮。果肉淡黄色，口感糯性，质地细腻，风味香甜，适宜炒食。早实性和丰产性好。适应性强，抗寒，抗旱，耐瘠薄，适合在我国北方燕山板栗栽培区的山地、丘陵栽培。

图 1-3-2 '冀栗1号'刺苞和坚果
Figure 1-3-2　Bar and nut of Chinese chestnut 'Jili 1 hao'

图 1-3-1 '冀栗1号'结果状
Figure 1-3-1　Bearing status of Chinese chestnut 'Jili 1 hao'

4 '林宝' Linbao

来源及分布 原代号为'皮庄2号'。1982年在河北省邢台县将军墓镇皮庄村选出的丰产优质品种。分布于河北邢台、内丘、临城、武安等地。2009年12月31日通过河北省林木品种审定委员会审定，审定编号为冀S-SV-CM-005-2009（审定名称为'林宝'）。

选育单位 邢台县林业局、河北农业大学。

植物学特征 树势中庸，树姿开张，树冠半圆形。新梢黄绿色，多年生枝深褐色。皮孔扁圆形，白色，中密。结果母枝平均抽生结果枝1.89个，结果枝平均长30.6 cm；每母枝结蓬3.35个。叶椭圆形、倒卵状椭圆形、长椭圆形和近披针形，叶基圆形，叶面积

图1-4-3 '林宝'坚果（齐国辉，2009）
Figure 1-4-3 Nut of Chinese chestnut 'Linbao'

图1-4-1 '林宝'结果枝（齐国辉，2009）
Figure 1-4-1 Bearing branch of Chinese chestnut 'Linbao'

图1-4-2 '林宝'刺苞和坚果（齐国辉，2009）
Figure 1-4-2 Bar and nut of Chinese chestnut 'Linbao'

72.3 cm², 长13.56 cm, 平均宽3.04 cm, 最大宽6.62 cm, 叶脉数16.8对, 叶表面绿色，背面灰绿色。雌雄同株异花，雄花序柔荑状，长13.9 cm, 着生在结果枝第4.5~11节位上，雌花序着生在结果枝第12~13.3节位上。刺苞椭圆形，长6.3 cm、宽5.8 cm、高5.6 cm, 刺束中长而密，成熟时刺苞一字裂，每刺苞有坚果2.6个。坚果扁圆形，充实饱满，大小整齐一致，果皮深褐色，光亮美观；果肉白色、细腻、糯，味香甜，涩皮易剥离；单粒重7.49g。坚果含可溶性糖24.06%，淀粉44.0%，粗脂肪3.0%，总蛋白质4.48%，可溶性蛋白质2.34%。

生物学特性 在河北邢台萌芽期4月上旬，展叶期为4月中下旬；雄花期5月中旬至6月中旬，雌花期为5月下旬；果实成熟期9月10左右，果实发育期105天；落叶期11月中旬。早实、丰产，栽植第2年可结果，5年进入盛果期，平均每平方米树冠垂直投影面积产量1.158 kg, 产量6000 kg/hm²以上。抗病性强，耐干旱、耐瘠薄。栽植地宜选择土层深厚的山地梯田、缓坡地或平地栽植，土壤pH在7.0以下的沙壤土或沙质土。

综合评价 树势中庸，树姿开张；结果早、产量高；坚果口感好，适宜糖炒或加工栗仁、罐头；抗病性强，耐干旱、耐瘠薄；适宜在我国河北省太行山、燕山片麻岩风化的沙壤土或沙质土种植。

5 '林冠'

Linguan

来源及分布 原代号为'明栗'。1982年从河北省邢台县浆水镇下店村选出的大粒、丰产、黄色栗仁、适合加工的优良品种。分布于河北邢台、内丘、临城、武安等地。2009年12月31日通过河北省林木品种审定委员会审定，审定编号为冀S-SV-CM-006-2009（审定名称为'林冠'）。

选育单位 邢台县林业局、河北农业大学。

植物学特征 树势健壮，树姿较直立，树冠圆头形。新梢黄绿色，多年生枝深褐色。皮孔扁圆形，白色，中密。每母枝抽生结果枝1.3个，每母枝结蓬3.9个，每刺苞有坚果2.5个。叶长椭圆形、长椭圆状披针形；叶尖渐尖，叶缘刺芒，有锯齿或锯齿芒状；叶基近圆形；叶面积72.2 cm²，长15.41 cm，平均宽4.33 cm，最大宽6.7 cm；叶脉数16.63对；叶表面绿色，背面灰绿色。雌雄同株异花，雄花序柔荑状，长15.8 cm，着生在结果枝第5.5~11.1节位上，雌花序着生在结果枝第12.1~13.3节位上。刺苞椭圆形，长7.6 cm，宽6.2 cm，高6.2 cm；刺束较稀、长，成熟时刺苞十字裂。坚果扁圆形，果皮深褐色；果肉黄色，细腻、糯，味香甜，涩皮易剥离；坚果大，单粒质量11.91 g，含可溶性糖26.12%，淀粉54.62%，粗脂肪5.79%，总蛋白质4.62%，可溶性蛋白质2.51%。适于加工成甘栗仁、栗仁罐头等。

生物学特性 在河北邢台萌芽期4月上旬，展叶期为4月中下旬，雄花期5月中旬至6月中旬，雌花期为5月下旬；果实成熟期9月10日左右，果实发育期105天；落叶期11月中旬。结果早、产量高，栽植第2年可结果，5年进入盛果期，平均每平方米树冠垂直投影面积产量1.77 kg，产量6000 kg/hm²以上。抗病性强，耐干旱、耐瘠薄，宜选择土层深厚的山地梯田、缓坡地或平地栽植，土壤pH在7.0以下的沙壤土或沙质土。

综合评价 树势健壮，树姿较直立；结果早、产量高；坚果口感好，适宜加工栗仁、罐头；抗病性强，耐干旱、耐瘠薄；适宜种植在我国河北省太行山、燕山片麻岩风化的沙壤土或沙质土。

图1-5-2 '林冠'坚果（齐国辉，2009）
Figure 1-5-2 Nut of Chinese chestnut 'Linguan'

图1-5-1 '林冠'结果枝（齐国辉，2009）
Figure 1-5-1 Bearing branch of Chinese chestnut 'Linguan'

图1-5-3 '林冠'刺苞和坚果（齐国辉，2009）
Figure 1-5-3 Bar and nut of Chinese chestnut 'Linguan'

6 '林珠'
Linzhu

来源及分布 原代号为'前南峪3号'。1982年从河北省邢台县浆水镇前南峪村选出的丰产、黄色栗仁、鲜食加工兼用的优良品种。分布于河北邢台、内丘、临城、武安等地。2009年12月31日通过河北省林木品种审定委员会审定，审定编号为冀S-SV-CM-004-2009（审定名称为'林珠'）。

选育单位 河北农业大学、邢台县林业局。

植物学特征 树势中庸，树姿较开张。新梢黄绿色，多年生枝深褐色。皮孔近圆形，白色，中密。结果母枝结果枝平均长28.4 cm，平均抽生结果枝2.7个，每母枝结蓬6.07个。叶阔椭圆形、椭圆形、长椭圆形，叶基平、近圆形、楔形，叶面积95.0 cm²，长12.76，平均宽2.73 cm，最大宽7.67 cm；叶脉数16.2对；叶表面绿色，背面灰绿色。雌雄同株异花，雄花序柔荑状，单性，长14.2 cm，着生在结果枝第3.6~10.5节位上；雌花序为混合花序，着生在结果枝第11.5~13.4节位上。刺苞椭圆形，长5.7 cm，宽5.1 cm，高5.0 cm；刺束密、中长；成熟时刺苞一字裂。栗实大小适中，坚果扁圆形，果皮深褐色，有光泽；单粒重7.27 g；栗仁黄色，含可溶性糖23.24%，淀粉59.41%，粗脂肪6.74%，总蛋白质5.44%，可溶性蛋白质2.11%。细腻、糯，味香甜；适于炒食或加工栗仁、罐头等。

生物学特性 在河北邢台萌芽期4月上旬，展叶期为4月中下旬，雄花期5月中旬至6月中旬，雌花期为5月下旬；果实成熟期9月10日左右，果实发育期105天；落叶期11月中旬。林珠结果早、产量高，栽植第2年可结果，5年进入盛果期，平均每平方米树冠垂直投影面积产量0.572 kg，产量4500 kg/hm²以上。枝、叶、干无严重病虫害。抗病性强，耐干旱、耐瘠薄，栽植地宜选择土层深厚的山地梯田、缓坡地或平地栽植，土壤pH在7.0以下的沙壤土或沙质土。

综合评价 树势中庸，树姿较开张；结果早、产量高，坚果品质优良，口感好，适宜鲜食、糖炒或加工栗仁、罐头；抗病性强，耐干旱、耐瘠薄；适宜种植在我国河北省太行山、燕山片麻岩风化的沙壤土或沙质土。

图1-6-3 '林珠'坚果（齐国辉，2009）
Figure 1-6-3 Nut of Chinese chestnut 'Linzhu'

图1-6-1 '林珠'结果状（齐国辉，2009）
Figure 1-6-1 Bearing status of Chinese chestnut 'Linzhu'

图1-6-2 '林珠'刺苞和坚果（齐国辉，2009）
Figure 1-6-2 Bar and nut of Chinese chestnut 'Linzhu'

7 '明丰2号' Mingfeng 2 hao

来源及分布 '明丰2号'是以'燕明'为母本、'燕山早丰'为父本杂交培育而成。

选育单位 河北省农林科学院昌黎果树研究所。

植物学特征 植株树体高大,生长势强,树姿半开张。叶片椭圆形,浓绿色,叶缘锯齿较深,叶基宽楔形。刺苞质量52.04 g,近圆形,成熟时淡黄色,十字形开裂,平均每苞含坚果2.10粒,出实率37.85%。坚果单粒质量9.38 g,椭圆形,褐色,茸毛少。果肉淡黄色,口感糯性,质地细腻,风味香甜,适宜炒食。坚果含可溶性糖18.5%,淀粉51.5%,蛋白5.05%。

生物学特征 成熟期9月28日左右。早果性强,嫁接第2年75%植株可结果;丰产性强,盛果期产量3300 kg/hm²。叶片厚而大,对栗红蜘蛛危害抗性强。定植初始密度可为株行距4 m×4 m,授粉品种可选用'燕明''燕红'等花期一致品种。树形以自然开心形为佳,干高0.5~0.6 m,留3~4个主枝,盛果期大树采用轮替更新修剪技术来培养结果枝组,结果母枝留量保持8~10条/m²,冬季疏除粗壮枝,保留中庸枝,注意粗壮枝基部留橛,待橛上隐芽萌发后培养成翌年果枝。

综合评价 坚果椭圆形,个大,褐色,明亮,茸毛少。果肉淡黄色,口感糯性,质地细腻,风味香甜,适宜炒食。早果性强,丰产性好,对栗红蜘蛛危害抗性强。

图1-7-2 '明丰2号'坚果
Figure 1-7-2 Nut of Chinese chestnut 'Mingfeng 2 hao'

图1-7-1 '明丰2号'结果状
Figure 1-7-1 Bearing status of Chinese chestnut 'Mingfeng 2 hao'

8 '迁西暑红'
Qianxi Shuhong

图 1-8-2 '迁西暑红'结果状（李艳萍，2016）
Figure 1-8-2　Bearing status of Chinese chestnut 'Qianxi Shuhong'

来源及分布　2004年从河北省迁西县汉儿庄乡脑峪村实生树中选出，分布于河北的迁西、遵化、兴隆等地，为极早熟板栗品种。2015年通过河北省林木品种审定委员会审定并命名。

选育单位　迁西县林业局。

植物学特征　树冠一般为松散型，树姿半开张，枝条灰褐色。叶浓绿色，叶阔披针形，叶缘上翻，有锐锯齿。母枝抽生果枝数为2.1。雄花序长度平均为20.9 cm，平均新梢雄花序数量为10.9个。平均果枝结苞数为2.31个，平均单果重7.5 g。坚果皮紫褐色，椭圆形，果顶微突，茸毛稀少，底座小、平滑型；刺苞开裂方式为十字开裂，刺束粗度中等、分枝角度为小（刺束分枝角＜20°）、刺密（刺束密集，看不清苞肉）、刺短小、黄色；坚果光泽油亮，边果椭圆形，果顶形状微突，茸毛分布部位为果顶被毛，茸毛疏密度为稀，筋线不明显，底座小，底座平滑型，接线为圆弧；果肉黄色，质地致密而细腻，味香甜。在含水量48.5%情况下，含总还原糖8.18%，淀粉34.2%，蛋白质3.12%，脂肪1.25%。

生物学特性　在河北迁西于4月中旬萌芽，5月25日至6月10日为盛花期，较迁西暑红等早熟品种提早7天左右，雄花盛花期在5月30日左右，雌花盛花期比雄花盛花期迟5~6天；新梢生长期从5月初到9月中旬；果实成长期从6月上旬到8月下旬，果实成熟期在8月下旬，果实生育期85天左右；10月下旬落叶。

综合评价　经济性状稳定，适应性良好，综合性状优良，抗逆性好，是一个优良极早熟板栗新品种。坚果品质优，口感好，适宜炒食。适应性强，耐旱、耐瘠薄。适宜在我国北方板栗产区栽植发展。

图 1-8-3 '迁西暑红'刺苞和坚果（李艳萍，2016）
Figure 1-8-3　Bar and nut of Chinese chestnut 'Qianxi Shuhong'

图 1-8-1 '迁西暑红'树形（李艳萍，2016）
Figure 1-8-1　Tree form of Chinese chestnut 'Qianxi Shuhong'

图 1-8-4 '迁西暑红'坚果（李艳萍，2016）
Figure 1-8-4　Nut of Chinese chestnut 'Qianxi Shuhong'

9 '迁西晚红' Qianxi Wanhong

来源及分布 别名'牛店子1号'。2003年从河北省迁西县洒河桥镇牛店子村一株50年生的实生树中选出。主要分布在河北的青龙、迁西、遵化等地。2013年通过河北省林木品种审定委员会审定,审定编号为冀S-SV-CM-015-2013(审定名称为'迁西晚红')。

选育单位 迁西县板栗产业研究发展中心。

植物学特征 树势中等,树冠半开张,树高10 m,冠幅9.1 m×10.5 m,干径37 cm。嫁接树,刺苞平均重34.0 g,椭圆形,球苞肉厚0.21 cm;刺束粗,长1.11 cm,分枝点高,分枝角度中;平均每苞有栗果2个。果枝率48.6%,发育枝率46.4%,纤弱枝率5.0%。结果母枝平均长40.4 cm,粗1.99 cm;平均有完全混合芽3.2个;混合芽较大,呈扁圆形;皮目大小中,圆形,密度中等。叶片长22.8 cm,宽8.8 cm,阔披针形;叶深绿色,质地硬而厚,较平展;叶柄中等长。每结果枝着生雄花序9.2条,雄花序长11.4 cm。坚果平均重8.0 g,果面毛茸少;果皮深褐色,油亮美观;坚果大小整齐美观;质地糯性,细腻香甜。栗果经贮藏1个月后,干重中含糖量占19.0%、淀粉50.1%、粗蛋白7.14%、脂肪2.52%,糊化温度64.5℃,维生素C含量58.1 mg/100 g。糖炒品质优良。

生物学特性 在唐山地区,萌芽期4月18~20日,展叶期4月24~26日;雄花初花期6月3~5日,盛花期6月11~15日,终花期6月19~22日;雌花初花期6月9~11日,盛花期6月13~15日,终花期6月17~20日;果实成熟期9月18~22日,成熟期集中而整齐;落叶期10月25~30日。属晚熟品种,优于主栽品种'大板红'8~10天,嫁接后3年进入盛果期,亩产量230 kg以上,同比增长20%左右,技术指标和经济指标优异。

综合评价 农艺性状变现稳定,丰产性强、成熟期晚(9月18~22日,5年生产量230.2 kg/亩),结果品质优良、整齐度高,实生板栗苗做砧木嫁接亲和力强,适宜密植;抗寒、抗旱、抗逆性强,具有开阔的应用前景。

图 1-9-3 '迁西晚红'刺苞和坚果(王凤春,2013)
Figure 1-9-3 Bar and nut of Chinese chestnut 'Qianxi Wanhong'

图 1-9-4 '迁西晚红'坚果(王凤春,2013)
Figure 1-9-4 Nut of Chinese chestnut 'Qianxi Wanhong'

图 1-9-1 '迁西晚红'结果状(王凤春,2013)
Figure 1-9-1 Bearing status of Chinese chestnut 'Qianxi Wanhong'

图 1-9-2 '迁西晚红'树形(王凤春,2013)
Figure 1-9-2 Tree form of Chinese chestnut 'Qianxi Wanhong'

10 '迁西早红' Qianxi Zaohong

来源及分布 别名'六宝峪1号'。2003年从河北省迁西县三屯营镇六宝峪村天然实生板栗群体中选出。主要分布在河北的青龙、迁西、遵化等地。2013年通过河北省林木品种审定委员会审定,审定编号为冀S-SV-CM-014-2013(审定名称为'迁西早红')。

选育单位 迁西县板栗产业研究发展中心。

植物学特征 树势中等,树冠半开张,树高13 m,冠幅11.8 m×17.4 m,干周195 cm。嫁接3年生树体,刺苞平均重50.3 g,呈椭圆形,球苞肉厚0.22 cm;刺束粗,长0.72 cm,分枝点高,分枝角度大;平均每苞有栗果2.3个。果枝率67.6%,发育枝率32.4%,纤弱枝率0%。结果母枝平均长46.8 cm,粗1.24 cm;平均有完全混合芽3.1个;混合芽较大,呈扁圆形;皮目大小中,圆形,密度中等。叶片长19.7 cm,宽7.9 cm,阔披针形;叶黄绿色,质地硬而厚,较平展;叶柄中等长。每结果枝着生雄花序3.8条,雄花序长13.6 cm,雌花和雄花序的比例为1:1.6;且前期花短,尾花花长;成熟后栗果脱落,刺蓬第2年3月从树体脱落。坚果平均重8.4 g,果面茸毛少;果皮红褐色,油亮美观;坚果大小整齐美观,质地糯性,细腻香甜。栗果经贮藏1个月后,干重中含糖量占19.5%、淀粉49.3%、粗蛋白6.96%、脂肪2.33%,糊化温度63.5 ℃,维生素C含量56.8 mg/100g。糖炒品质优良。

生物学特性 在唐山地区,萌芽期4月18~20日,展叶期4月25~26日;雄花初花期6月4~6日,盛花期6月12~16日,终花期6月20~22日;雌花初花期6月10~12日,盛花期6月13~15日,终花期6月18~20日;果实成熟期8月25~30日,成熟期集中而整齐;落叶期10月25~30日。属超早熟品种,优于主栽早熟品种'燕山早丰'3~4天,嫁接后3年进入盛果期,亩产量220 kg以上,同比增长10%~25%,技术指标和经济指标优异。

综合评价 农艺性状变现稳定,丰产、早产性强(8月底成熟,5年生产量223.4 kg/亩),结果品质优良、整齐度高,实生板栗苗做砧木嫁接亲和力强,适宜密植;抗寒、抗旱、抗逆性强,具有开阔的应用前景。

图 1-10-3 '迁西早红'坚果(王凤春,2013)
Figure 1-10-3 Nut of Chinese chestnut 'Qianxi Zaohong'

图 1-10-1 '迁西早红'树形(王凤春,2013)
Figure 1-10-1 Tree form of Chinese chestnut 'Qianxi Zaohong'

图 1-10-2 '迁西早红'结果状(王凤春,2013)
Figure 1-10-2 Bearing status of Chinese chestnut 'Qianxi Zaohong'

11 '迁西壮栗'
Qianxi Zhuangli

来源及分布 别名'2005-1'。2003年从河北省迁西县洒河桥镇道马寨村一株120年生的实生树中选出。主要分布在河北的青龙、迁西、遵化等地。2013年通过河北省林木品种审定委员会审定,审定编号为冀R-SV-CM-001-2013(审定名称为迁西壮栗')。

选育单位 迁西县板栗产业研究发展中心。

植物学特征 嫁接树,刺苞平均重47.0 g,呈椭圆形,刺苞肉厚0.37 cm;刺束密,长0.63 cm,分枝点小,分枝角度小;平均每苞有栗果2.2个。果枝率87.6%,发育枝率12.4%,纤弱枝率0%。结果母枝平均长48.5 cm,粗1.7 cm;平均有完全混合芽5.1个;混合芽较大,呈扁圆形,皮孔中,圆形,密度稀。叶片长20.9 cm,宽8.4 cm,长椭圆形;叶黄绿色,质地硬而厚,较平展;叶柄中等长。雄花序长12.5 cm,每结果枝着生12.7条。成龄树树势中等,树冠开心形,120年生(母株)树高12 m,冠幅9.5 m×11.0 m,干径52.0 cm。坚果平均重7.5 g,坚果表面有青色筋脉,果面毛茸少;果皮红褐色,油亮;坚果质地糯性,细腻香甜。栗果经贮藏1个月后,干重中含糖量占21.5%、淀粉49.6%、粗蛋白5.89%、脂肪2.44%,糊化温度63.5℃,维生素C含量54.8 mg/100g。糖炒品质优良。

生物学特性 在唐山地区,萌芽期4月18~20日,展叶期4月24~26日;雄花初花期6月3~5日,盛花期6月11~14日,终花期6月19~21日;雌花初花期6月9~11日,盛花期6月13~14日,终花期6月17~20日;果实成熟期9月12~15日,成熟期整齐;落叶期10月25~28日。

综合评价 农艺性状变现稳定,丰产性强、高生长量(嫁接后第3年砧木增长量同比超过40.3%),结果品质优良、整齐度高,实生板栗苗做砧木嫁接亲和力强,适宜密植;抗寒、抗旱、抗逆性强,具有开阔的应用前景。

图1-11-3 '迁西壮栗'刺苞和坚果(王凤春,2013)
Figure 1-11-3 Bar and nut of Chinese chestnut 'Qianxi Zhuangli'

图1-11-4 '迁西壮栗'坚果(王凤春,2013)
Figure 1-11-4 Nut of Chinese chestnut 'Qianxi Zhuangli'

图1-11-1 '迁西壮栗'树形(王凤春,2013)
Figure 1-11-1 Tree form of Chinese chestnut 'Qianxi Zhuangli'

图1-11-2 '迁西壮栗'结果状(王凤春,2013)
Figure 1-11-2 Bearing status of Chinese chestnut 'Qianxi Zhuangli'

12 '塔丰' Tafeng

来源及分布 别名'官厅7号'。1974年从河北省遵化长城沿线板栗主产区实生树中选出，广泛分布于河北的遵化、迁西、兴隆、迁安等地，是燕山地区原产主栽品种，1987年经过专家鉴定，定名为'塔丰'。2005年通过河北省林木品种审定委员会审定，良种编号为冀S-SV-CM-008-2005。

选育单位 遵化市林业局。

植物学特征 母树树冠圆头形，树姿开张。幼树枝条为中长类型，果前梢9.3 cm。叶片大，椭圆形，叶浓绿色。雄花长，花序数少，雌雄花之比为1∶3。刺苞中大，椭圆或尖嘴状椭圆形，刺束中密，刺苞呈十字开裂。坚果中大，赤褐色，有光泽，茸毛少。栗果个头属中型，每千克139粒，每100 g果实含总糖26.29 g，高于其他单系，粗蛋白6.72 g，脂肪3.06 g，淀粉54.13 g，维生素A 10.309 mg，维生素B 20.34 mg，维生素C 14.28 mg，糯性，味香，品质上等。

生物学特性 在遵化4月上中旬萌芽，4月20日前后展叶；6月2日左右雄花初开，6月5日左右盛开，6月10日左右为末期；雌花5月17日左右出现，5月24日左右柱头出现，6月2日左右柱头分叉，6月4日左右柱头反卷；果实膨大期为8月中下旬，9月上中旬成熟；10月底落叶。幼树生长势强，发枝量大，扩冠快，自花授粉座蓬率低，进行异花授粉时结实较高，母枝适宜短截，可减轻栗瘿蜂危害。

综合评价 适宜在片麻岩、土壤肥力较好、土层较厚的地方栽培，早实丰产性强，结实力及树性均强，异花授粉可提高产量，结果母枝短截后连续结果能力强，并可减轻栗瘿蜂危害。栗果大小适中，品质优良。但在发展时应注意配置授粉品种并选择立地条件稍好的地区栽培。

图 1-12-2 '塔丰'坚果（张京政，2011）
Figure 1-12-2 Nut of Chinese chestnut 'Tafeng'

图 1-12-1 '塔丰'树形（张京政，2005）
Figure 1-12-1 Tree form of Chinese chestnut 'Tafeng'

13 '替码珍珠'
Timazhenzhu

来源及分布 别名'919'。1990年从河北省迁西县牌楼沟村选出，母树为60年生实生大树。2002年6月通过河北省林木品种审定委员会审定，审定编号为HEBS2002-2202（审定名称为'替码珍珠'）。

选育单位 河北省农林科学院昌黎果树研究所。

植物学特征 树体矮小，树姿半开张，树冠紧凑度一般。树干灰褐，皮孔大小中等而呈不规则稠密分布。结果母枝均长30.7 cm，粗0.7 cm，节间1.8 cm，每果枝平均着生刺苞2.35个，翌年平均抽生结果新梢1.65条。叶片黄绿色，椭圆形，背面被稀疏灰白色星状毛，叶姿平展，锯齿深度浅，刺针方向外向；叶柄黄绿色，长2.26 cm。每果枝平均着生雄花序13.6条，花形直立，长12.3 cm。刺苞椭圆形，颜色黄绿色，成熟时呈十字开裂，苞肉厚度中等，平均苞重43.43 g，每苞平均含坚果2.16粒，出实率38.05%；刺束密度中等，分枝角度中等，刺束颜色淡绿，刺长0.80 cm。坚果椭圆形，深褐色，油亮，茸毛少，筋线不明显，底座小，接线形状月牙形，整齐度高，平均单粒重7.65 g；果肉黄色，细糯，味香甜，含水量48.67%，可溶性糖18.07%，淀粉53.41%，蛋白质7.87%。

生物学特性 在河北北部山区4月10日萌芽，4月23日展叶，6月10日雄花盛花期，果实成熟期9月15日，落叶期11月7日。该品种最大特点是结果后有30%的母枝自然干枯死亡（栗农称为替码），由母枝基部的隐芽抽生的枝条12%当年形成果枝，由于母枝连年自然更新，树冠紧凑，前后有枝，内外结果。抗逆性强，在河北太行山、燕山各板栗主产区连续几年严重干旱的情况下，树势生长和栗果产量均表现正常。

综合评价 树体高度矮小，树姿半开张。结果母枝部分翌年干枯，自然更新控冠。坚果品质优良，整齐度高，宜在北方各板栗适栽区发展。

图1-13-2 '替码珍珠'刺苞和坚果（王广鹏，2009）
Figure 1-13-2 Bar and nut of Chinese chestnut 'Timazhenzhu'

图1-13-1 '替码珍珠'结果状（王广鹏，2005）
Figure 1-13-1 Bearing status of Chinese chestnut 'Timazhenzhu'

图1-13-3 '替码珍珠'坚果（王广鹏，2002）
Figure 1-13-3 Nut of Chinese chestnut 'Timazhenzhu'

14 '燕宝' Yanbao

来源及分布　2005年在河北省昌黎县两山乡长峪山村发现一树龄80年左右的实生大树，2021年3月通过河北省林木品种审定委员会审定并命名为'燕宝'。

选育单位　河北科技师范学院。

品种特征特性　树体高度中等，树姿开张。结果母枝健壮，长度52.7 cm、粗度0.91 cm，节间长1.85 cm；结果枝长度38.4 cm、粗度0.83 cm，尾枝长10.5 cm。每个结果枝上平均有11.5个雄花序，雄花平均长度是13.9 cm；每个结果枝平均有2.7个雌花，雌花着生节位平均在11.5节；雌雄花序比例为1∶4.3。刺苞椭圆形，长7.6 cm，宽6.7 cm，高6.3 cm，皮厚2.5 mm；刺苞成熟时以先纵列方式开裂，采摘后的刺苞无花序枯存，刺束软，分枝角中，刺束长15.9 mm，密，刺束颜色为青刺；平均苞质量56.7 g，苞内坚果2.3个。坚果紫褐色，油亮，边果椭圆形，果顶果肩浑圆，茸毛近果顶，茸毛稀，筋线不明显，底座小、接线平滑；平均单果重9.0 g，最大单粒重14.2 g；果肉乳黄色，炒熟后口感细腻，糯性强，风味香甜。坚果含水量51.80%，淀粉27.10%，可溶性糖含量9.42%，蛋白质10.50%，粗脂肪含量0.80%。

生物学特性　在昌黎，4月24日萌芽，5月3日展叶，雄花序在5月23日开始出现，6月12日进入雄花盛花期，终花期6月20日，9月23日坚果成熟，落叶期11月2～5日。适宜在河北、北京等燕山板栗主栽区的山地、丘陵栽培，树形宜采用开心形或主干疏层形。接当年新梢不摘心，注意及时除萌；嫁接第2年春及时进行拉枝、刻芽处理，当年即可结果，第3年进入丰产期。树体嫁接后或栽植后，结合深翻扩穴增施有机肥或压绿肥，施用数量每亩2000～4000 kg，施肥后结合灌水，并结合病虫害防治进行叶面喷肥。

综合评价　具有坚果个大：平均单果重9.0 g；丰产性强：嫁接第2年即可丰产，嫁接第7年，平均株产6.73 kg，折合5604 kg/hm²；品质优良：炒食香、甜、糯俱佳的优良特性。适宜在河北、北京等燕山板栗主栽区的山地、丘陵栽培。

图 1-14-2　'燕宝'的刺苞和坚果
Figure 1-14-2　Bar and nut of chinese chestnut 'Yanbao'

图 1-14-1　'燕宝'结果状
Figure 1-14-1　Bearing status of chinese chestnut 'Yanbao'

15 '燕光' Yanguang

来源及分布 别名'2399'。1974年从河北省迁西县崔家堡子村实生树中选出。广泛分布于河北的迁西、遵化、兴隆、迁安等地，为燕山地区原产主栽品种，在河北的邢台，北京的昌平、密云，山东的泰安等地也有分布。2009年通过河北省林木品种审定委员会审定，审定编号为S-SV-CM-001-2009（审定名称为'燕光'）。

选育单位 河北省农林科学院昌黎果树研究所。

植物学特征 树体矮小，树姿半开张，树冠紧凑。树干灰褐，皮孔大而不规则，密度稀。结果母枝均长26.4 cm，粗0.6 cm，节间长1.2 cm，每果枝平均着生刺苞2.53个，翌年平均抽生结果新梢2.04条。叶浓绿色，椭圆形，背面被稀疏灰白色星状毛，叶姿平展，锯齿深，刺针外向；叶柄黄绿色，长2.7 cm。每果枝平均着生雄花序11.8条，花形直立，长12.5 cm。刺苞椭圆形，黄绿色，成熟时十字开裂，苞肉厚度中等，平均苞重50.01 g，每苞平均含坚果2.70粒，出实率43.24%；刺束密度中，硬度硬，分枝角度中等，刺束颜色淡黄，刺长0.84 cm。坚果椭圆形，深褐色，明亮，茸毛少，筋线不明显，底座小，接线月牙形，整齐度高，平均单粒重8.01 g；果肉黄色，口感糯性，细腻，味香甜，含水量52.16%，可溶性糖21.19%，淀粉53.16%，蛋白质6.54%。

生物学特性 在河北燕山板栗产区，4月10~13日萌芽，4月25~26日展叶；雄花序5月15日开始出现，6月6~9日进入雄花盛花期，6月11~13日进入雌花盛花期；新梢停长期6月10日，果实成熟期9月10~12日；落叶期11月13~21日。丰产稳产性强，连续结果能力好，无大小年现象。适应性和抗逆性强，在干旱缺水的片麻岩山地、土壤贫瘠的河滩沙地均能正常生长结果。区域栽培试验表明，丰产、品质优良、耐瘠薄等主要农艺性状稳定一致，结实率高，未发现栗胴枯病和栗透翅蛾等主要病害虫的严重危害，抗干旱、抗寒性强，适应性广。

综合评价 树体矮小，树姿半开张，适宜密植栽培；结果早，产量高，纤细枝能结果，并且连续结果能力强；坚果品质优良，口感好，适宜炒食；适应性强，耐旱，耐瘠薄；适宜在我国北方板栗产区栽植发展。

图1-15-2 '燕光'结果状（王广鹏，2009）
Figure 1-15-2 Bearing status of Chinese chestnut 'Yanguang'

图1-15-3 '燕光'刺苞和坚果（王广鹏，2009）
Figure 1-15-3 Bar and nut of Chinese chestnut 'Yanguang'

图1-15-1 '燕光'树形（王广鹏，2009）
Figure 1-15-1 Tree form of the tree of Chinese chestnut 'Yanguang'

16 '燕金' Yanjin

来源及分布 早熟板栗新品种'燕金'来源于燕山野生板栗。其母株位于河北省宽城县王厂沟村一山地栗园,树龄120年。2013年12月该品种通过河北省林木品种审定委员会审定并命名(审定名称为'燕金')。

选育单位 河北省农林科学院昌黎果树研究所。

植物学特征 燕金树体生长势强,树冠紧凑,树姿直立。结果母枝平均长34.4 cm,粗0.74 cm,节间1.75 cm,无茸毛,分枝角度小,每枝平均着生刺苞1.98个,次年平均抽生结果新梢2.80条。雄花序平均长8.50 cm,每果枝平均着生雄花序7.31条。刺苞椭圆形,平均单苞质量43.2 g,苞内平均含坚果2.1粒,成熟时十字或一字开裂。坚果椭圆形,紫褐色,油亮,果面茸毛少,底座大小中等,接线月牙形,整齐度高。果肉淡黄色,糯性,口感香甜,质地细腻。坚果单果质量8.2 g,含水量47.25%,可溶性糖22.75%,淀粉55.12%,蛋白质5.06%,耐贮性强,适宜炒食,出实率38.5%。

生物学特性 在河北省燕山地区芽萌动期4月19日,展叶期5月5日,雄花盛花期6月14日,雌花盛花期6月19日,果实成熟期9月8日,落叶期11月上旬。幼树结果早,产量高,嫁接4年即进入盛果期,盛果期平均产量3500 kg/hm²,无大小年现象。耐旱、耐瘠薄,在干旱缺水的片麻岩山地、土壤贫瘠的河滩沙地均能正常生长结果。适宜中国北方板栗栽培区北缘(河北省平泉县、宽城县、兴隆县等)土壤pH 5.4~7.0的山地、丘陵栽植。

综合评价 坚果椭圆形,紫褐色,果面茸毛少,底座大小中等。果肉淡黄色,糯性,口感香甜,质地细腻,耐贮藏,适宜糖炒。产量高,无大小年现象。适应性强,耐旱、耐瘠薄,适宜在pH 5.4~7.0的山地、丘陵栽培。

图 1-16-2 '燕金'刺苞和坚果(王广鹏,2011)
Figure 1-16-2　Bar and nut of chinese chestnut 'Yanjin'

图 1-16-3 '燕金'刺苞和坚果(王广鹏,2011)
Figure 1-16-3　Bar and nut of chinese chestnut 'Yanjin'

图 1-16-1 '燕金'结果状
Figure 1-16-1　Bearing status of Chinese chestnut 'Yanjin'

17 '燕晶' Yanjing

来源及分布 别名'接官厅10号'。1973年从河北省遵化市接官厅村实生树中选出。广泛分布于河北的迁西、遵化、兴隆、迁安等地，为燕山地区原产主栽品种，在河北的邢台，北京的昌平、密云，山东的泰安等地也有分布。2009年通过河北省林木品种审定委员会审定，审定编号为S-SV-CM-002-2009（审定名称为'燕晶'）。

选育单位 河北省农林科学院昌黎果树研究所。

植物学特征 树体中等，树姿开张，树冠圆头形。树干灰褐，皮孔大而不规则，密度中。结果母枝健壮，均长28.68 cm，粗0.65 cm，节间1.58 cm，每果枝平均着生刺苞2.12个，翌年平均抽生结果新梢1.87条，部分结果母枝短截后可抽生果枝。叶浓绿色，椭圆形，背面稀疏灰白色星状毛，叶姿平展，锯齿深，刺针外向；叶柄黄绿色，长1.5 cm。每果枝平均着生雄花序12.0条，花形下垂，长9.01 cm；刺苞椭圆形，黄绿色，成熟时一字裂或三裂，苞肉厚度中等，平均苞重49.8 g，每苞平均含坚果2.4粒，出实率40.72%；刺束密度中，硬度中，分枝角度中等，刺束淡黄，刺长1.15 cm。坚果椭圆形，深褐色，油亮，茸毛少，筋线不明显，底座大小中等，接线月牙形，整齐度高，平均单粒重8.45 g；果肉淡黄色，口感糯性，细腻，味香甜。坚果含水量49.85%，可溶性糖15.2%，淀粉46.1%，蛋白质5.02%，脂肪2.11%。

生物学特性 在河北北部地区4月19~20日萌芽，4月29~30日展叶，6月11日雄花盛花，9月10~12日果实成熟，11月3~4日落叶。幼树生长旺盛，雌花易形成，结果早，产量高，嫁接后第4年即进入盛果期，盛果期树平均产量5166.0 kg/hm²。丰产稳产，无大小年现象。适应性和抗逆性强，在干旱缺水的片麻岩山地、土壤贫瘠的河滩沙地均能正常生长结果。

综合评价 树体高度中等，树姿开张，部分结果母枝短截后可抽生果枝。结果早，产量高，连续结果能力强。坚果品质优良，口感好，适宜炒食。适应性强，耐旱，耐瘠薄。适宜在我国北方板栗产区栽植发展。

图1-17-2 '燕晶'结果状（王广鹏，2009）
Figure 1-17-2　Bearing status of Chinese chestnut 'Yanjing'

图1-17-1 '燕晶'树形（王广鹏，2009）
Figure 1-17-1　Tree form of Chinese chestnut 'Yanjing'

图1-17-3 '燕晶'刺苞和坚果（王广鹏，2009）
Figure 1-17-3　Bar and nut of Chinese chestnut 'Yanjing'

18 '燕宽' Yankuan

来源及分布 '燕宽'是通过实生选优获得的优良品种，母树位于河北省承德市宽城县下河西村山地上，树形为自然开心形，树高10.5 m，干周189 cm，干高1.8 m，冠幅9.5 m×9.5 m。2013年12月该品种通过河北省林木品种审定委员会审定并命名（审定名称为'燕宽'）。

选育单位 河北省农林科学院昌黎果树研究所。

植物学特征 该品种叶片长椭圆形，黄绿色，有光泽，叶尖渐尖，叶缘锯齿较深，叶基宽楔形。雄花序均长12.5 cm，每果枝平均着生雄花序9.8条。刺苞均质量43.2 g，椭圆形，刺束密度中等，硬度中等，分枝角度中等，成熟时刺苞呈淡绿色，十字开裂，平均每苞内含坚果2.0粒，出实率37.5%。坚果均质量8.3 g，椭圆形，红褐色，外皮明亮，茸毛少，筋线不明显，底座大小中等，接线平直，整齐度高。果肉淡黄色，口感糯性，质地细腻，风味香甜，适宜炒食。坚果含可溶性糖19.5%，淀粉48.5%，蛋白质6.05%。结果母枝均长29.6 cm，每果枝平均着生刺苞2.1个，次年平均抽生结果新梢2.2条。

生物学特性 成熟期9月上旬，耐瘠薄，抗寒性强。该品种适于中国北方板栗栽培区pH 5.4～7.0的片麻岩山地、丘陵区栽培。良好土壤条件下栽植密度可为2 m×4 m，较差土壤条件下栽植密度为2 m×3 m，间伐后可为4 m×（4～6）m。树形以自然开心形为主，干高0.5～0.6 m，留3～4个主枝，盛果期大树采用轮替更新修剪技术来培养结果枝组，产量可达6000 kg/hm²，且无大小年现象。每年秋施基肥1次，4月上旬和8月上旬结合浇水追施复合肥2次。

综合评价 坚果椭圆形，红褐色，外皮明亮，果面茸毛少，底座大小中等。果肉淡黄色，口感糯性，质地细腻，风味香甜，适宜炒食。产量高，无大小年现象。适应性强，抗寒，耐瘠薄，适宜在pH 5.4～7.0的片麻岩山地、丘陵区栽培。

图1-18-2 '燕宽'坚果（王广鹏，2011）
Figure 1-18-2　Nut of Chinese chestnut 'Yankuan'

图1-18-1 '燕宽'结果状
Figure 1-18-1　Bearing status of Chinese chestnut 'Yankuan'

19 '燕奎' Yankui

来源及分布 别名'107'。1973年从河北省迁西县汉儿庄乡杨家峪村实生树中选出。广泛分布于河北的迁西、遵化、兴隆、迁安等地，为燕山地区原产主栽品种，在河北的邢台，北京的昌平、密云，山东的泰安等地也有分布。2005年通过河北省林木品种审定委员会审定，审定编号为冀S-SV-CM-001-2005（审定名称为'燕奎'）。

选育单位 河北省农林科学院昌黎果树研究所。

植物学特征 树体中等，树姿开张，树冠紧凑度一般。树干灰褐，皮孔小而不规则，密度稀。结果母枝健壮，均长37.0 cm，粗0.62 cm，节间1.58 cm，每果枝平均着生刺苞1.85个，翌年平均抽生结果新梢2.13条。叶浓绿色，披针形，背面被稀疏灰白色星状毛，叶缘上翻，锯齿深，刺针外向；叶柄黄绿色，长2.2 cm。每果枝平均着生雄花序11.4条，花形下垂，长16.54 cm。刺苞椭圆形，黄绿色，成熟时十字裂，苞肉厚，平均苞重51.60 g，每苞平均含坚果2.52粒，出实率39.69%；刺束密度中等，硬度硬，分枝角度中等，刺束淡黄色，刺长1.2 cm；坚果椭圆形，深褐色，油亮，茸毛少，筋线不明显，底座大小中等，接线平直，整齐度高，平均单粒重8.13 g；果肉颜色黄色，糯性，细腻，味香甜。含水量53.8%，可溶性糖20.48%，淀粉47.32%，蛋白质6.54%。

生物学特性 在河北北部山区4月20日萌芽，4月29日展叶，6月11日雄花盛花期，果实成熟期9月9日，落叶期11月5日。幼树生长势旺，结果早，嫁接后第4年进入丰产期。成龄大树内膛易萌发徒长枝，产量较高。适应性强，偶有嫁接不亲和现象。

综合评价 树体中等，树姿开张，结果早，产量较高；属中早熟品种，品质优良，口感好，适宜炒食；适应性强，适宜在我国北方板栗产区栽植发展。

图 1-19-2 '燕奎'刺苞和坚果（张京政，2011）
Figure 1-19-2 Bar and nut of Chinese chestnut 'Yankui'

图 1-19-3 '燕奎'坚果（张京政，2012）
Figure 1-19-3 Nut of Chinese chestnut 'Yankui'

图 1-19-1 '燕奎'树形（王广鹏，2009）
Figure 1-19-1 Tree form of Chinese chestnut 'Yankui'

20 '燕丽' Yanli

来源及分布 别名'上打虎店1号'。1998年从河北省青龙满族自治县肖营子镇上打虎店村实生树中选出。主要分布在河北的青龙、迁西、迁安、抚宁等地。2014年通过河北省林木品种审定委员会审定,审定编号为冀S-SVCM-004-2014(审定名称为'燕丽')。

选育单位 河北科技师范学院。

植物学特征 树体中等,树姿开张,树冠开心形;生长季枝干绿褐色,皮目小、稀密。结果母枝健壮,长度25.1 cm、粗度1.00 cm,节间长1.14 cm;结果枝长度32.1 cm、粗度0.70 cm,尾枝长9.7 cm。每个结果枝上平均有9.3个雄花序,雄花平均长度17.4 cm;每个结果枝平均有2.9个雌花,雌花着生节位平均在14.3节;雌雄花序比例为1:3.2。叶片长19.07 cm、宽7.49 cm,阔披针形,浓绿,质地硬而厚,叶姿挺立,叶缘锯齿钝、浅;叶柄中等长;叶背茸毛稀疏。刺苞椭圆形,长76.2 mm、宽68.1 mm、高56.9 mm,苞肉厚2.5 mm;成熟时瓣裂,采摘后的刺苞无花序枯存,刺束细软,分枝角较大,刺束长16.9 mm,中密,刺束为青刺。平均苞重50.2 g,苞内坚果个数2.2个,出实率39.4%。坚果红褐色,油亮,边果椭圆形,果顶果肩浑圆,灰白色的茸毛分布在果肩以下,茸毛稀疏,筋线明显,底座小、具有瘤点、接线平滑;整齐度高,平均单粒重9.0 g,最大单粒重18.4 g;果肉乳黄色,炒熟后口感细腻,糯性强,味香甜,涩皮易剥离。坚果含水量53.16%,淀粉35.22%,蛋白质9.14 mg/g,还原糖4.75%,总糖14.62%,脂肪2.66%,维生素C 14.41 mg/100 g,可溶性固形物25.1%。

生物学特性 在河北青龙4月24日萌芽,5月3日展叶,雄花序5月21日开始出现,6月14日进入雄花盛花期,终花期6月20日,9月17日坚果成熟,成熟期集中而整齐,落叶期11月2~5日。幼树生长健壮,雌花易形成,结果早,产量高。嫁接后第2年即可结果,第4年即进入丰产期。丰产稳产性强,

图 1-20-2 '燕丽'结果状(张京政,2013)
Figure 1-20-2 Bearing status of Chinese chestnut 'Yanli'

图 1-20-3 '燕丽'刺苞和坚果(张京政,2013)
Figure 1-20-3 Bar and nut of Chinese chestnut 'Yanli'

图 1-20-4 '燕丽'坚果(张京政,2013)
Figure 1-20-4 Nut of Chinese chestnut 'Yanli'

大小年现象不明显。适应性强,在土壤贫瘠的片麻岩、花岗岩的丘陵、山地均能正常生长结果。

综合评价 坚果个大,红褐色,外观亮丽,茸毛少,底座小;果肉乳黄色,炒食香、甜、糯俱佳,适宜糖炒。结果早,产量高,连续结果能力强。适应性强,耐旱,耐瘠薄,适宜在我国北方板栗产区栽植发展。

图 1-20-1 '燕丽'结果状(张京政,2013)
Figure 1-20-1 Bearing status of Chinese chestnut 'Yanli'

21 '燕龙'
Yanlong

来源及分布 别名'青龙22号'。1996年从河北省青龙满族自治县娄丈子乡后擦岭村实生树中选出。广泛分布于河北的青龙、迁西、遵化、抚宁等地，在河北邢台、北京昌平、山东泰安等地也有少量分布。2009年通过河北省林木品种审定委员会审定，审定编号为 S-SV-CM-003-2009（审定名称为'燕龙'）。

选育单位 河北科技师范学院。

植物学特征 幼树树势较强，树姿半开张。成龄树树势中等，树冠扁圆形，30年生（母株）树高5.0 m，冠幅5.0 m×5.0 m，干周65.5 cm。枝条灰褐色，皮孔较大，圆形，密度中等。结果母枝健壮，均长30.0 cm，粗0.90 cm；结果母枝基部可形成混合花芽，适于进行短截修剪，短截后的果枝率为52.2%~61.7%，适于密植栽培。成龄树雄花枝比率为2.1%；每果枝平均着生雄花序3.6条，雄花序长13.2 cm；平均着生刺苞2.5个；雌雄花序的比例为1∶1.4（幼树为1∶1.8），属寡雄类型。混合芽扁圆形、较大。叶深绿色，长19.3 cm，宽9.1 cm，长椭圆形；叶背茸毛稀疏，叶姿挺立，叶缘锯齿锐、深；叶柄黄绿色，长1.8 cm。刺苞椭圆形，平均质量43.5~68.2 g，黄绿色，成熟时十字裂，苞肉厚度中等；每苞平均含坚果2.8粒，出实率38.0%；刺束密度及硬度中等，斜生，黄绿色，刺长1.3 cm。坚果椭圆形，红褐色，油亮，茸毛较少，筋线不明显，底座中等，接线平滑，整齐度高，平均单粒重8.1~10.2 g；果肉黄色，细糯，味香甜，涩皮易剥离，糖炒品质优良。栗果经贮藏1个月后，干样含糖22.6%，淀粉48.2%，粗蛋白6.01%，脂肪2.51%，维生素C 0.58 mg/g，糊化温度64℃。

生物学特性 在河北昌黎地区4月中旬萌芽，4月下旬展叶，6月中旬雄花盛花期，新梢停长期6月上旬，果实成熟期9月中旬，落叶期11月上旬。幼树生长健壮，雌花易形成，结果早，产量高，嫁接后第2年即进入丰产期。丰产稳产性强，大小年现象小。适应性和抗逆性强，在干旱缺水的片麻岩、花岗岩山地均能正常生长结果。

综合评价 树体中等，树姿半开张；雄花少，结果早，产量高，连续结果能力强；品质优良，口感好，适宜炒食；适应性强，耐旱，耐瘠薄；适宜在我国北方板栗产区栽植发展。

图1-21-2 '燕龙'结果状（张京政，2007）
Figure 1-21-2 Bearing status of Chinese chestnut 'Yanlong'

图1-21-3 '燕龙'刺苞和坚果（张京政，2005）
Figure 1-21-3 Bar and nut of Chinese chestnut 'Yanlong'

图1-21-4 '燕龙'坚果（张京政，2011）
Figure 1-21-4 Nut of Chinese chestnut 'Yanlong'

图1-21-1 '燕龙'树形（张京政，2007）
Figure 1-21-1 Tree form of Chinese chestnut 'Yanlong'

22 '燕明' Yanming

来源及分布 别名'84-3'。1984年从河北省抚宁县后明山村实生树中选出。广泛分布于河北的迁西、遵化、兴隆、迁安等地,为燕山地区原产主栽品种,在河北的邢台,北京的昌平、密云,山东的泰安等地也有分布。2002年通过河北省林木品种审定委员会审定,审定编号为HEBS2002-2201(审定名称为'燕明')。

选育单位 河北省农林科学院昌黎果树研究所。

植物学特征 树体高大,树姿半开张,树冠紧凑度一般。树干灰褐,皮孔大而不规则密布。结果母枝健壮,均长43.0 cm,粗0.70 cm,节间1.87 cm,每果枝平均着生刺苞2.1个,翌年平均抽生结果新梢1.85条。叶浓绿色,椭圆形,背面被稀疏灰白色星状毛,叶缘上翻,锯齿浅,刺针外向;叶柄黄绿色,长2.3 cm。每果枝平均着生雄花序9.0条,花形直立,长9.52 cm。刺苞椭圆形,黄绿色,成熟时十字裂,苞肉厚,平均苞重51.8 g,每苞平均含坚果2.25粒,出实率37.5%;刺束密度中,硬度硬,分枝角度大,淡黄色,刺长1.34 cm。坚果椭圆形,深褐色,明亮,茸毛少,筋线明显,底座大小中等,接线月牙形,整齐度高,平均单粒重8.53 g;果肉淡黄色,半糯,质地较粗,味香甜。坚果含水量50.24%,可溶性糖18.26%,淀粉55.24%,蛋白质4.58%。

生物学特性 在河北北部山区4月16日萌芽,4月27日展叶,6月17日为雄花盛花期,9月25日为果实成熟期,10月底至11月初为落叶期。幼树生长势极旺,雌花易形成,结果早,产量高,嫁接后第3~4年即进入丰产期。成龄大树丰产稳产性强,无大小年现象。适应性和抗逆性强,在干旱缺水的片麻岩山地、土壤贫瘠的河滩沙地均能正常生长结果。果实膨大期恰好避开蛀果性害虫的产卵高峰,食心虫害少。

综合评价 树体高大,树姿半开张;结果早,产量极高,连续结果能力强;坚果粒大,成熟期晚;适应性强,耐旱,耐瘠薄;适宜在我国北方板栗产区栽植发展。

图1-22-2 '燕明'刺苞和坚果(孔德军,2003)
Figure 1-22-2　Bar and nut of Chinese chestnut 'Yanming'

图1-22-1 '燕明'树形(孔德军,2003)
Figure 1-22-1　Tree form of Chinese chestnut 'Yanming'

图1-22-3 '燕明'结果状(孔德军,2003)
Figure 1-22-3　Bearing status of Chinese chestnut 'Yanming'

23 '燕秋' Yanqiu

来源及分布 别名'五指山1号'。2001年从河北省青龙满族自治县肖营子镇五指山村实生树中选出。主要分布在河北的青龙、迁西、迁安、抚宁等地。2014年通过河北省林木品种审定委员会审定，审定编号为冀S-SV-CM-003-2014（审定名称为'燕秋'）。

选育单位 河北科技师范学院。

植物学特征 树体中等，树姿开张，树冠开心形；生长季枝干灰褐色，皮目小、稀密。结果母枝健壮，长38.6 cm、粗1.20 cm，节间长1.45 cm。结果枝长39.3 cm、粗0.75 cm，尾枝长9.4 cm；结果母枝基部可形成3~5个饱满芽，留基部芽短截修剪后，果枝率44.8%~67.2%。每个结果枝上平均有6.2个雄花序，雄花平均长16.3 cm；每个结果枝平均有2.7个雌花，雌花着生节位平均在11.8节；雌雄花序比例为1:2.3。叶片长20.9 cm、宽8.3 cm，阔披针形，浓绿色，质地硬而厚，叶姿挺立，叶缘锯齿锐、深；叶柄中等长；叶背茸毛稀疏。刺苞椭圆形，长82.3 mm、宽72.0 mm、高62.4 mm，苞肉厚2.7 mm，成熟时瓣裂，采摘后的刺苞无花序枯存；刺束软，分枝角中，刺束长15.7 mm，中密，刺束为青刺；平均苞重63.6 g，苞内含坚果2.5个，出实率32.6%。坚果红褐色，油亮，边果椭圆形，果顶果肩浑圆，灰白色的茸毛分布在果肩以下，茸毛稀疏，筋线较明显，底座中，具有瘤点，接线平滑；整齐度高，平均单粒重8.3 g，最大单粒重15.6 g；果肉黄色，炒熟后口感细腻，糯性强，味香甜，涩皮易剥离。坚果含水量52.48%，淀粉36.10%，蛋白质9.52 mg/g，还原糖4.85%、总糖14.07%，脂肪2.53%，维生素C 13.91 mg/100 g；可溶性固形物24.6%。

生物学特性 在河北青龙4月24日萌芽，5月3日展叶，雄花序在5月23日开始出现，6月15日进入雄花盛花期，终花期6月20日，9月5日坚果成熟，落叶期11月2~5日。幼树生长健壮，雌花易形成，结果早，产量高。嫁接后第2年即可结果，第3年即进入丰产期。

综合评价 结果早，产量高，结果母枝短截后有一定结果能力，连续结果能力强，适宜在土层较厚，肥水管理及时的栗园栽植发展。

图1-23-2 '燕秋'结果状（张京政，2014）
Figure 1-23-2 Bearing status of Chinese chestnut 'Yanqiu'

图1-23-3 '燕秋'刺苞和坚果（张京政，2014）
Figure 1-23-3 Bar and nut of Chinese chestnut 'Yanqiu'

图1-23-4 '燕秋'坚果（张京政，2014）
Figure 1-23-4 Nut of Chinese chestnut 'Yanqiu'

图1-23-1 '燕秋'树形（张京政，2014）
Figure 1-23-1 Tree form of Chinese chestnut 'Yanqiu'

24 '燕山短枝' Yanshan Duanzhi

来源及分布 别名'后韩庄20''大叶青'。广泛分布于河北燕山及太行山板栗产区,在山东、北京及河南也有少量栽培。2005年通过河北省林木品种审定委员会审定,审定编号为S-SV-CM-003-2005(审定名称为'燕山短枝')。

选育单位 河北省农林科学院昌黎果树研究所。

植物学特征 树体矮小,树姿半开张,树冠紧凑。树干灰褐,皮孔大,密度中。结果母枝健壮,均长20.15 cm,粗0.80 cm,节间1.4 cm,每果枝平均着生刺苞2.24个,翌年平均抽生结果新梢1.76条。叶片肥大,浓绿色,椭圆形,背面稀疏灰白色星状毛,叶姿平展,锯齿深,刺针外向;叶柄黄绿色,长2.3 cm。每果枝平均着生雄花序7.0条,花形直立,长13.5 cm。刺苞椭圆形,成熟时黄

图 1-24-2 '燕山短枝'结果状(张京政, 2012)
Figure 1-24-2 Bearing status of Chinese chestnut 'Yanshan Duanzhi'

绿色,一字裂或十字裂,苞肉厚,平均苞重60.0 g,每苞平均含坚果1.8粒,出实率30.60%;刺束密度中,硬度大,分枝角度中等。坚果椭圆形,深褐色,油亮,茸毛少,筋线不明显,底座大小中等,接线平滑,整齐度高,平均单粒重8.12 g;果肉黄色,细糯,味香甜,含水量48.7%,可溶性糖23.04%,淀粉49.52%,蛋白质5.23%。

生物学特性 在河北北部山区4月14日萌芽,4月28日展叶,6月12日雄花盛花期,果实成熟期9月12日,落叶期11月5日。幼树枝条生长健壮,树体矮小,结果母枝萌芽率61%,结果枝比率42.2%,前期产量较高,成年后树体紧凑,着光率降低,单位面积产量较低。适应性和抗逆性强,叶片大而厚,对板栗红蜘蛛具有较强的耐害性,在干旱缺水的片麻岩山地能正常生长结果。

综合评价 树体矮小,树冠紧凑;成龄大树产量较低,连续结果能力差;坚果品质极佳,口感好,适宜炒食;适应性强,耐瘠薄,对板栗红蜘蛛抗性强;适宜在我国北方板栗产区适量栽植发展。

图 1-24-3 '燕山短枝'刺苞和坚果(王广鹏, 2009)
Figure 1-24-3 Bar and nut of Chinese chestnut 'Yanshan Duanzhi'

图 1-24-4 '燕山短枝'坚果(王广鹏, 2005)
Figure 1-24-4 Nut of Chinese chestnut 'Yanshan Duanzhi'

图 1-24-1 '燕山短枝'树形(王广鹏, 2009)
Figure 1-24-1 Tree form of Chinese chestnut 'Yanshan Duanzhi'

25 '燕山早丰'
Yanshan Zaofeng

来源及分布 别名'杨家峪3113'。1973年从河北省迁西县汉儿庄乡杨家峪村实生树中选出。广泛分布于河北的迁西、遵化、兴隆、迁安等地，为燕山地区原产主栽品种，在河北的邢台，北京的昌平、密云，山东的泰安等地也有分布。2007年通过河北省林木品种审定委员会审定，并命名为燕山早丰'。

选育单位 河北省农林科学院昌黎果树研究所。

植物学特征 树体中等，树姿半开张，树冠高圆头形。树干深褐，皮孔小而不规则。结果母枝健壮，均长34.8 cm，粗0.71 cm，节间1.23 cm，每果枝平均着生刺苞2.42个，翌年平均抽生结果新梢1.85条。叶浓绿色，长椭圆形，背面密被灰白色星状毛，叶缘上翻，锯齿较大，内向；叶柄黄绿色，长1.9 cm。每果枝平均着生雄花序4.4条，直立，长10.3 cm。刺苞椭圆形，黄绿色，成熟时十字裂，苞肉厚度中等，平均苞重47.2 g，每苞平均含坚果2.8粒，出实率40.1%；刺束密度及硬度中等，斜生，黄绿色，刺长1.42 cm。坚果椭圆形，深褐色，油亮，茸毛较多，筋线不明显，底座中等，接线平滑，整齐度高，平均单粒重7.6 g；果肉黄色，细糯，味香甜，含水量51%，可溶性糖15.2%，淀粉46.1%，蛋白质5.02%。

生物学特性 在河北北部山区4月16~17日萌芽，4月25~26日展叶，6月10日雄花盛花期，新梢停长期6月7日，果实成熟期9月3~4日，落叶期11月2~4日。幼树生长健壮，雌花易形成，结果早，产量高，嫁接后第4年既进入丰产期。丰产稳产性强，无大小年现象。适应性和抗逆性强，在干旱缺水的片麻岩山地、土壤贫瘠的河滩沙地均能正常生长结果。

综合评价 树体中等，树姿半开张；结果早，产量高，连续结果能力强；坚果成熟期极早，品质优良，口感好，适宜炒食。适应性强，耐旱，耐瘠薄；适宜在我国北方板栗产区栽植发展。

图1-25-2 '燕山早丰'结果状（王广鹏，2009）
Figure 1-25-2 Bearing status of Chinese chestnut 'Yanshan Zaofeng'

图1-25-3 '燕山早丰'刺苞和坚果（王广鹏，2009）
Figure 1-25-3 Bar and nut of Chinese chestnut 'Yanshan Zaofeng'

图1-25-4 '燕山早丰'坚果（王广鹏，2009）
Figure 1-25-4 Nut of Chinese chestnut 'Yanshan Zaofeng'

图1-25-1 '燕山早丰'树形（王广鹏，2009）
Figure 1-25-1 Tree form of Chinese chestnut 'Yanshan Zaofeng'

26 '燕兴' Yanxing

来源及分布 母树为河北省承德市兴隆县山地丘陵1株40年生实生栗树,具有丰产、优质、短截可结果、耐瘠薄等特性。适宜在中国燕山板栗栽培区域(河北迁西、宽城、兴隆等县)pH 5.4~7.0的片麻岩山地、丘陵栽培。2012年1月该品种通过河北省林木品种审定委员会审定并命名(审定名为'燕兴')。

选育单位 河北省农林科学院昌黎果树研究所。

植物学特征 燕兴树姿较紧凑,树冠自然圆头形。多年生枝灰褐色,1年生枝绿色。皮孔不规则,小而稀。混合芽近圆形,褐色,饱满。叶片长椭圆形,斜生,浓绿色,叶背绒毛稀疏,叶尖渐尖。雄花序平均长8.52 cm,每果枝平均着生雄花序7.81条。刺苞椭圆形,平均单苞质量50.80 g,苞内平均含坚果2.70粒,成熟时十字或一字开裂。坚果椭圆形,褐色,有光泽,整齐度高,底座大小中等,接线平直。果肉黄色,口感细糯,风味香甜。坚果单果质量8.20 g,含水量49.84%,可溶性糖22.23%,淀粉52.90%,蛋白质4.85%,脂肪2.09%,耐贮藏,适宜炒食。出实率39.05%。

生物学特性 丰产稳产性强,无大小年现象。耐旱,耐瘠薄,在干旱缺水的片麻岩山地、土壤贫瘠的河滩沙地均能正常生长结果。抗寒性强,在中国板栗栽培北缘临界区无明显冻害。适宜在中国燕山板栗栽培区域(河北迁西、宽城、兴隆等县)pH 5.4~7.0的片麻岩山地、丘陵栽培。树形以自然开心形为主,次年采用拉枝刻芽促成花技术,产量可达1500 kg/hm²,盛果期树体采用轮替更新修剪技术来培养层间结果枝组。

图 1-26-2 '燕兴'刺苞和坚果(王广鹏,2009)
Figure 1-26-2　Bar and nut of Chinese chestnut 'Yanxing'

综合评价 坚果椭圆形,褐色,有光泽,整齐度高,底座大小中等,接线平直。果肉黄色,口感细糯,风味香甜,耐贮藏,适宜糖炒。丰产稳产性强,无大小年现象。适应性强,耐旱,耐瘠薄,抗寒,适宜在pH 5.4~7.0的片麻岩山地、丘陵栽培。

图 1-26-1 '燕兴'结果状
Figure 1-26-1　Bearing status of Chinese chestnut 'Yanxing'

27　'燕紫'
Yanzi

来源及分布　别名'高丽铺1号'。2000年从河北省青龙满族自治县肖营子镇高丽铺村实生树中选出。主要分布在河北的青龙、迁西、迁安、抚宁等地。2014年通过河北省林木品种审定委员会审定，审定编号为冀S-SV-CM-002-2014（审定名称为'燕紫'）。

选育单位　河北科技师范学院。

植物学特征　树体中等，树姿半开张，树冠开心形。生长季枝干灰褐色，皮目大小中、密度中。结果母枝健壮，长32.0 cm、粗1.3 cm，节间长1.2 cm；结果枝长35.5 cm、粗0.80 cm，尾枝长12.3 cm。每个结果枝上平均有11.8个雄花序，雄花平均长18.1 cm；每个结果枝平均有2.6个雌花，雌花着生节位平均在14.5节；雌雄花序比例为1∶4.5。叶片长21.24 cm、宽8.16 cm，阔披针形，浓绿，质地硬而厚，叶姿挺立，叶缘锯齿钝、浅；叶柄中等长；叶背茸毛稀疏。刺苞椭圆形，长82.6 mm、宽72.3 mm、高72.4 mm；苞肉厚3.2 mm，成熟时十字裂，采摘后的刺苞无花序枯存；刺束细、软，分枝角大，长16.5 mm，中密，刺束为青刺。平均苞重53.1 g，苞内坚果个数2.4个，出实率38.4%。坚果紫褐色，油亮，边661形，果顶果肩浑圆，灰白色的茸毛分布在果肩以下，茸毛密度中，筋线不明显，底座大、具有瘤点，接线平滑；整齐度高，平均单粒重8.5 g，最大单粒重15.6 g；果肉乳黄色，炒熟后香、甜、糯俱佳，涩皮易剥离，适宜糖炒。坚果含水量52.88%，淀粉34.71%，蛋白质9.42 mg/g，还原糖4.87%，总糖15.01%，脂肪2.72%，维生素C 14.65 mg/100 g；可溶性固形物25.7%。

生物学特性　在河北青龙4月22日萌芽，4月28日展叶，雄花序在5月16日开始出现，6月14日进入雄花盛花期，终花期6月21日，9月15日坚果成熟，成熟期集中而整齐，落叶期11月初。幼树生长健壮，雌花易形成，结果早，产量高。嫁接后第2年即可结果，第4年即进入丰产期。丰产稳产性强，大小年现象不明显。适应性强，在土壤贫瘠的片麻岩、花岗岩的丘陵、山地均能正常生长结果。

综合评价　结果早，产量高，连续结果能力强。适应性强，耐旱、耐瘠薄能力强，耐粗放管理。适宜在我国北方板栗产区栽植发展。

图1-27-2　'燕紫'结果状（张京政，2013）
Figure 1-27-2　Bearing status of Chinese chestnut 'Yanzi'

图1-27-3　'燕紫'刺苞和坚果（张京政，2013）
Figure 1-27-3　Bar and nut of Chinese chestnut 'Yanzi'

图1-27-4　'燕紫'坚果（张京政，2013）
Figure 1-27-4　Nut of Chinese chestnut 'Yanzi'

图1-27-1　'燕紫'树形（张京政，2013）
Figure 1-27-1　Tree form of Chinese chestnut 'Yanzi'

28 '紫珀' Zipo

来源及分布　别名'北峪二号'。1988年从河北省遵化市西三里乡北峪村实生树中选出。广泛分布于河北的遵化、迁西、兴隆、迁安等地，是燕山地区原产主栽品种，在河北的邢台、北京的怀柔等也有栽植。2004年通过河北省林木品种审定委员会审定，良种编号为冀S-SV-CM-001-2004（审定名称为'紫珀'）。

选育单位　遵化市林业局。

植物学特征　树体中等，树姿半开张，树冠紧凑度一般。树干灰褐，皮孔中而稀。结果母枝健壮，部分短截后可结果，均长41.7 cm，粗0.78 cm，节间1.1 cm，每果枝平均着生刺苞2.31个，翌年平均抽生结果新梢3.0条。叶浓绿色，椭圆形，背面稀疏灰白色星状毛，叶缘上翻，锯齿浅，刺针外向；叶柄黄绿色，长1.9 cm。每果枝平均着生雄花序10.6条，花形直立，长9.16 cm。刺苞椭圆形，黄绿色，成熟时一字裂或十字裂，苞肉厚度中等，平均苞重50.2 g，每苞平均含坚果2.48粒，出实率35%；刺束密度中等，硬度中等，分枝角度中等，刺长1.31 cm。坚果椭圆形，深褐色，明亮，茸毛少，筋线不明显，底座大小中等，接线月牙形，整齐度高，平均单粒重8.8 g；果肉淡黄色，糯性，较细，味香甜，含水量52.04%，可溶性糖17.86%，淀粉53.48%。

生物学特性　在河北北部山区4月22日萌芽，5月4日展叶，6月15日雄花盛花期，果实成熟期9月18日，落叶期10月31日。1~4年生幼树以夏季摘心为主，5~8年生树夏季摘心、冬季短截相结合，9~11年生树以冬季短截为主。

综合评价　结果早，丰产性强，单位面积产量高，栗果品质优良，结果母枝适宜短截修剪，易控冠，是适合矮化密植栽培的理想品种。可在沿燕山山脉地区推广。

图 1-28-2　'紫珀'刺苞和坚果（张京政，2011）
Figure 1-28-2　Bar and nut of Chinese chestnut 'Zipo'

图 1-28-3　'紫珀'坚果（张京政，2012）
Figure 1-28-3　Nut of Chinese chestnut 'Zipo'

图 1-28-1　'紫珀'结果状（张京政，2011）
Figure 1-28-1　Bearing status of Chinese chestnut 'Zipo'

29 '遵达栗' Zundali

来源及分布　别名'达志沟3号'。1974年从河北省遵化市大刘庄乡达志沟村百万株实生树中选出，广泛分布于河北的遵化、迁西、兴隆、迁安等地，是燕山地区原产主栽品种。1987年经过专家鉴定，定名为'遵达栗'。2005年通过河北省林木品种审定委员会审定，良种编号为冀S-SV-CM-007-2005（审定名称为'遵达栗'）。

选育单位　遵化市林业局。

植物学特征　树体中等，树姿半开张，树冠紧凑度一般。树干灰褐，皮孔大而不规则，密度稀。结果母枝均长29.75 cm，粗0.65 cm，节间1.45 cm，每果枝平均着生刺苞1.63个，翌年平均抽生结果新梢1.17条。叶浓绿色，椭圆形，背面稀疏灰白色星状毛，叶姿搭垂，锯齿浅，刺针外向；叶柄黄绿色，长2.3 cm。每果枝平均着生雄花序14.2条，花形直立，长14.98 cm。刺苞椭圆形，黄绿色，成熟时十字裂，苞肉薄，平均苞重45.00 g，每苞平均含坚果2.70粒，出实率44.44%；刺束密度中，硬度中，分枝角度大，淡黄色，刺长1.02 cm。坚果椭圆形，深褐色，明亮，茸毛少，筋线不明显，底座大小中等，接线月牙形，整齐度高，平均单粒重7.41 g；果肉淡黄色，糯性，细腻，味香甜。坚果含水量49.68%，可溶性糖22.38%，淀粉46.38%，蛋白质6.66%。

生物学特性　在河北北部山区4月20日萌芽，5月2日展叶，6月16日雄花盛花期，果实成熟期9月14日，落叶期11月上旬。幼树生长健壮，雌花易形成，结果早，产量高，嫁接后第4年即进入丰产期。成龄大树丰

图1-29-1 '遵达栗'树形（王广鹏，2009）
Figure 1-29-1 Tree form of Chinese chestnut 'Zundali'

图1-29-2 '遵达栗'结果状（王广鹏，2009）
Figure 1-29-2 Bearing status of Chinese chestnut 'Zundali'

图1-29-3 '遵达栗'刺苞和坚果（王广鹏，2009）
Figure 1-29-3 Bar and nut of Chinese chestnut 'Zundali'

产稳产性强，无大小年现象。适应性和抗逆性强，在干旱缺水的片麻岩山地、土壤贫瘠的河滩沙地均能正常生长结果。

综合评价 树体中等，树姿半开张；结果早，产量高，连续结果能力强；坚果品质优良，口感好，适宜炒食；适应性强，耐旱，耐瘠薄；适宜在我国北方板栗产区栽植发展。

30 '遵化短刺' Zunhua Duanci

来源及分布 1974年从河北省遵化长城沿线板栗主产区百万株实生树中，广泛分布于河北的遵化、迁西、兴隆、迁安等地，是燕山地区原产主栽品种。1987年经过专家鉴定，定名为'遵化短刺'。2005年通过河北省林木品种审定委员会审定，良种编号为冀S-SV-CM-006-2005（审定名称为'遵化短刺'）。

选育单位 遵化市林业局。

植物学特征 树冠圆头形，半开张。结果枝为中长类型，疏密中等。叶长椭圆形，色绿。雄花长，雌雄花之比为1∶6。刺苞中大，扁椭圆形，刺束较稀，蓬刺短，苞肉薄，出实率高，十字裂。坚果椭圆形，红褐色，有光泽，茸毛少，单果重9 g，大小均匀；果肉细腻，糯性，味香甜。每100 g果实含总糖37.21 g，淀粉38.79 g，脂肪1.89 g。果实鉴评品质上等。

生物学特性 在遵化4月上旬萌芽，4月中旬展叶；6月初雄花初开，6月10日左右盛开，6月15日为末期；雌花5月20日出现，5月26日柱头分叉；6月上旬新梢停止生长，果实膨大期为8月下旬至9月上旬，9月中旬开始成熟；10月下旬落叶。嫁接幼树长势强，结果后树势变中强，新梢生长量大，空蓬率低，自花结实力较高。母枝适宜短截修剪，对防治栗瘿蜂有利。

综合评价 适宜在我国北方板栗产区发展，遵化短刺早实丰产性强，品质上等，结实力强，其幼树早丰后树势较缓，投影产量高，母枝适宜短截修剪，是板栗矮密栽培的理想优种。

图1-30-1 '遵化短刺'树形（任淑艳，2005）
Figure 1-30-1 Tree form of Chinese chestnut 'Zunhua Duanci'

图1-30-2 '遵化短刺'刺苞和坚果（任淑艳，2005）
Figure 1-30-2 Bar and nut of Chinese chestnut 'Zunhua Duanci'

图1-30-3 '遵化短刺'坚果（张京政，2011）
Figure 1-30-3 Nut of Chinese chestnut 'Zunhua Duanci'

31 '遵玉' Zunyu

来源及分布 别名'遵优5号'。1994年河北省遵化市林业局魏进河板栗良繁场通过人工有性杂交选育出的一个优良新品系(母本'燕奎',父本'垂栗2号')。2004年通过河北省林木品种审定委员会审定,良种编号为冀S-SV-CM-002-2004(审定名称为'遵玉')。

选育单位 遵化市林业局。

植物学特征 树姿开张,强壮树的结果枝较长,为40.20 cm,尾枝长14.80 cm,平均有芽8.5个,节间长1.70 cm。叶长舌形,深绿色,较大,有光泽,叶尖钝,叶缘锯齿中等。雄花着生在结果枝第2~8节以上,每个结果枝有雄花序10~13条,雄花序长20.30 cm;雌花着生在结果枝的第10~13个雄花节位上,雌雄花序比为1:3.3。刺苞椭圆形,中等大,刺束较稀,刺长0.60 cm左右,斜生,一字裂或十字裂,平均出实率40.00%左右。坚果椭圆形,平均粒重9.7 g左右,外观整齐均匀,紫褐色,光亮,茸毛少;肉质细腻、性糯、香味浓、味甜。干物质51.72%,总糖37.91%,淀粉40.28%,脂肪2.75%。

生物学特性 在河北遵化地区,4月中下旬萌芽,4月底至5月初展叶,5月中旬至5月底为新梢速长期(幼旺树新梢生长可延续到8月上旬);6月12日左右为雄花开放盛期,6月18日雌花进入开放盛期;8月上旬刺苞进入迅速发育期,8月下旬至9月上旬为果实迅速膨大期,果实9月18日左右成熟;10月下旬至11月上旬落叶。

综合评价 适宜在我国北方板栗产区栽植发展,宜选择土壤条件较好的地方建园,幼龄期长势旺盛,宜采用冬夏结合修剪法。但应注意结果量过大时,果粒变小,需及时疏果。

图1-31-2 '遵玉'结果状(任淑艳,2007)
Figure 1-31-2 Bearing status of Chinese chestnut 'Zunyu'

图1-31-3 '遵玉'刺苞和坚果(任淑艳,2005)
Figure 1-31-3 Bar and nut of Chinese chestnut 'Zunyu'

图1-31-4 '遵玉'坚果(任淑艳,2005)
Figure 1-31-4 Nut of Chinese chestnut 'Zunyu'

图1-31-1 '遵玉'树形(任淑艳,2007)
Figure 1-31-1 Tree form of Chinese chestnut 'Zunyu'

32 '短花云丰' Duanhua Yunfeng

来源及分布 别名'大城子1号'。1997年从北京市密云县大城子乡庄头村实生树中选出。在北京的密云、怀柔、昌平及河北的遵化等地均有分布。2009年通过北京市林木品种审定委员会审定，审定编号为20090015（审定名称为'短花云丰'）。

选育单位 北京农学院。

植物学特征 树冠自然开心形。叶长椭圆形，叶尖渐尖，具浅锯齿，叶片光泽鲜亮，斜生至水平，叶基宽楔形，叶片长15.4 cm，宽7.0 cm；叶柄长1.98 cm，粗0.18 cm；叶脉与主脉分角较大平均为49°。雄花序长0.5~2.8 cm。结果母枝平均抽生结果枝3.26个，每个结果枝平均着生刺苞1.58个。刺苞扁椭圆形，均重45.4 g，外被刺束，每10~15刺成一束，刺较硬，刺长1.2 cm；刺苞肉厚2.7 mm，成熟时黄绿色或浅褐色，一字裂，平均每苞内含坚果2.6粒。坚果均重8.2 g，肾形，外皮深红色至棕红色，厚0.438 mm，有光泽，茸毛较多，主要分布于果尖与果顶，涩皮易剥离；果肉淡黄色，糯质，适宜炒食。坚果含总糖20.5%，淀粉30.5%，蛋白质5.7%，脂肪2.25%。出实率为39.1%。

生物学特性 在北京4月6~12日萌芽，4月22~30日展叶，6月8日雄花盛花期，9月20~30日刺苞开裂采收，11月上旬落叶。

综合评价 树体中等，树姿半开张；雄花序短小。坚果品质优良，口感好，适宜炒食。适应性强，是适于山地及瘠薄地区栽培的优良品种。

图 1-32-2 '短花云丰'花枝（兰彦平，2008）
Figure 1-32-2 Flowering branch of Chinese chestnut 'Duanhua Yunfeng'

图 1-32-1 '短花云丰'结果状（兰彦平，2008）
Figure 1-32-1 Bearing status of Chinese chestnut 'Duanhua Yunfeng'

图 1-32-3 '短花云丰'刺苞和坚果（兰彦平，2008）
Figure 1-32-3 Bar and nut of Chinese chestnut 'Duanhua Yunfeng'

33 '黑山寨7号'
Heishanzhai 7 hao

来源及分布 从北京市昌平区黑山寨乡的实生树中选出。在北京的密云、怀柔、昌平等地均有分布。2008年通过北京市林木品种审定委员会审定，审定编号为"20080019"（审定名称为'黑山寨7号'）。

选育单位 北京市农林科学院林业果树研究所。

植物学特征 叶长椭圆形，叶基部楔形，叶尖渐尖，有光泽，叶缘锯齿外向。雄花序极短（0.3~1.0 cm），偶见个别双性花序（长有雄花的花序）或雄花序长度达8 cm以上，雄花序数量极少，斜生。刺苞椭圆形，刺束密度中，苞肉厚度中，十字开裂；刺苞内坚果数平均为2.1个，坚果的平均单粒重8.7 g，总糖含量 > 16%。坚果椭圆形，外种皮深褐色，果面茸毛少，光泽较亮；果肉甜，糯性，涩皮易剥离。

生物学特性 在北京地区4月中旬萌芽，4月下旬至5月上旬展叶，6月中旬盛花，9月下旬果实开始成熟，11月上旬落叶。

综合评价 雄花序极短；抗性较强，是适用于板栗山地或抗旱栽培的优良品种。

图1-33-1　'黑山寨7号'树形（黄武刚，2008）
Figure 1-33-1　Tree form of Chinese chestnut 'Heishanzhai 7 hao'

图1-33-2　'黑山寨7号'花枝（黄武刚，2008）
Figure 1-33-2　Flowering branch of Chinese chestnut 'Heishanzhai 7 hao'

图1-33-3　'黑山寨7号'坚果（黄武刚，2008）
Figure 1-33-3　Nut of Chinese chestnut 'Heishanzhai 7 hao'

34 '怀丰'
Huaifeng

来源及分布 别名'四渡河2号'。1974年从北京市怀柔区九渡河镇四渡河村的实生树中选出。在北京的密云、怀柔、昌平等地均有分布。2010年通过北京市林木品种审定委员会审定，审定编号为京S-SV-CM-022-2010（审定名称为'怀丰'）。

选育单位 北京市农林科学院农业综合发展研究所。

植物学特征 树冠自然开张，树皮灰褐色，有深纵裂。1年生枝粗壮，灰绿色，皮孔密而明显，灰白色；结果母枝粗壮，平均长30.28 cm，粗1.0 cm。叶片倒卵状椭圆形，先端突尖，基部广楔形，长20.77 cm，宽10.68 cm，叶浓绿色；叶柄长1.41 cm，叶缘钝锯齿形，外向生长。每结果母枝平均抽生结果枝3条，结果枝平均长27.32 cm，粗0.53 cm，每结果母枝平均着生刺苞6.6个，每个刺苞内平

图1-34-1　'怀丰'树形（兰彦平，2009）
Figure 1-34-1　Tree form of Chinee chestnut 'Huaifeng'

图 1-34-2 '怀丰'结果状（兰彦平，2009）
Figure 1-34-2 Bearing status of Chinese chestnut 'Huaifeng'

图 1-34-3 '怀丰'刺苞和坚果（兰彦平，2009）
Figure 1-34-3 Bar and nut of Chinese chestnut 'Huaifeng'

均有坚果 3.05 粒，出实率 45.82%。平均每果枝着生雄花序 5.8 个，雄花序均长 16.8 cm；雌花序着生均匀，每果枝平均着生雌花序 2.2 个；混合芽大而饱满，呈扁圆形。刺苞椭圆形，长 8.50 cm，宽 6.94 cm，高 6.42 cm，刺苞平均重 52.11 g，苞肉厚度中等；刺束中密，较长 1.85 cm。坚果扁圆形，果顶微凸，黑褐色，平均单粒重 8.93 g，平均果径 2.38 cm×2.74 cm×1.86 cm，极少茸毛，果面光滑美观，有光泽，底座中等，接线较平直。果肉含水量 54.8%，总糖 6.73%，淀粉 39.8%，粗纤维 1.30%，脂肪 0.9%，蛋白质 5.25%。内果皮较易剥离，果肉黄色，褐变程度轻，煮食质地甜糯，鲜食味香甜。

生物学特性　北京地区 4 月初至 4 月中旬萌芽，4 月下旬至 5 月上展叶，6 月上旬盛花，9 月中上旬果实成熟，一般年份 9 月 13 日左右刺苞开裂采收。果实发育期 100 天左右。11 月上旬落叶。

综合评价　树形自然开张，生长势中庸；出实率高；坚果果形整齐，煮食甜糯，味香甜，品质优；抗逆性强；产量中等偏上，丰产；综合性状优良。适宜北京及河北燕山板栗产区密植栽培。

35　'怀黄'
Huaihuang

来源及分布　别名 'C3'。1984 年从北京市怀柔县九渡河镇黄花城村实生树中选出。广泛分布于北京的怀柔、密云、延庆、平谷、昌平等地，在河北、贵州等省份也有分布。2001 年通过北京市农作物品种审定第五届委员会第四次会议审定，审定编号为 2001007（审定名称为 '怀黄'）。

选育单位　北京市怀柔区林业局板栗试验站。

植物学特征　树形多为半圆形，树姿开展，主枝分枝角度在 60°～70° 之间，结果母枝平均长度为 32.87 cm，平均粗度为 0.75 cm。一般情况下，短截后均能结果，适宜密植。果前梢较长，平均长 11.5 cm，果前梢平均 7 个混合芽，芽为圆形。结果母枝平均抽生结果枝 1.85 条，结果枝占 45.45%，每个结果枝平均着生刺苞 2.33 个。刺苞椭圆形，中等大，刺束中密，刺苞肉厚 0.4 cm，出实率为 46.03%；刺苞内坚果平均 2.24 粒。坚果圆形，鲜果单粒质量 7.1～8.0 g，栗褐色，有光泽，茸毛较少，坚果种脐较小。适宜炒食。

生物学特性　在北京怀柔地区 4 月 15～16 日萌芽，4 月 24～25 日展叶，6 月 8 日雄花盛花期，新梢停长期 8 月 7 日，果实成熟期 9 月 15 日左右，落叶期 11 月 2～4 日。幼树生长健壮，雌花易形成，结果早，产量高，嫁接后第 4 年即进入丰产期，适宜密植栽培。

综合评价　早期结果能力强。单株产量高，出实率高。坚果品质优良，口感好，适宜炒食。适应性强，耐旱，耐瘠薄；适宜在燕山板栗产区栽植发展。

图 1-35-2 '怀黄'刺苞和坚果（王金宝，2015）
Figure 1-35-2 Bar and nut of Chinese chestnut 'Huaihuang'

图 1-35-1 '怀黄'树形（王金宝，2015）
Figure 1-35-1 Tree form of Chinese chestnut 'Huaihuang'

36 '怀九' Huaijiu

来源及分布 别名'C8'。1984年从北京市怀柔县九渡河镇黄花城村实生树中选出。广泛分布于北京的怀柔、密云、延庆、平谷、昌平等地，在河北、贵州等省份也有分布。2001年通过北京市农作物品种审定第五届委员会第四次会议审定，审定编号为2001008（审定名称为'怀九'）。

选育单位 北京市怀柔区林业局板栗试验站。

植物学特征 树形多为半圆形，主枝分枝角度在50°~60°，结果母枝平均长65 cm，平均粗0.85 cm，属长果枝类型，耐短截，适宜密植。果前梢较长，平均长25 cm，每个果前梢平均有9个混合芽，芽为圆头形。刺苞椭圆形，中等大，刺束中密，刺苞重64.7 g，长7.6 cm，高5.5 cm，宽4.3 cm，皮厚0.45 cm，出实率为48.09%。结果母枝平均抽生结果枝2.06条，结果枝占44.60%，每个结果枝平均着生刺苞2.37个，蓬内坚果平均为2.35粒。坚果圆形，鲜果单粒重7.5~8.3 g，种皮栗褐色，有光泽，茸毛较少，坚果

图 1-36-2 '怀九'刺苞和坚果（王金宝，2015）
Figure 1-36-2　Bar and nut of Chinese chestnut 'Huaijiu'

种脐较小。适宜炒食。

生物学特性 在北京怀柔地区4月17~18日萌芽，4月26~28日展叶，6月10日雄花盛花期，新梢停长期8月9日，果实成熟期9月17日左右，落叶期11月3~5日。幼树生长健壮，雌花易形成，结果早，产量高，嫁接后第4年即进入丰产期，适宜密植栽培。

综合评价 树体中等，树姿半开张；连续结果能力强，适宜短截，单株产量高，出实率高。坚果品质优良，口感好，适宜炒食；适应性和抗逆性强，在干旱缺水的片麻岩山地、土壤贫瘠的坡地均能正常生长结果。抗栗疫病性较强。适宜在燕山板栗产区栽植发展。

37 '怀香' Huaixiang

来源及分布 别名'白毛栗'。2000年从北京市怀柔区渤海镇渤海所村的实生树中选出。在北京的密云、怀柔、昌平，河北的遵化等地均有分布。2013年通过北京市林木品种审定委员会审定，审定编号为京S-SV-CM-032-2013（审定名称为'怀香'）。

选育单位 北京市怀柔区林业局板栗试验站。

植物学特征 树冠自然开张，树皮灰褐色。1年生枝粗壮，灰绿色，皮孔密而明显，灰白色；结果母枝粗壮，平均长25.50 cm，粗0.732 cm。叶倒卵状椭圆形，先端突尖，基部广楔形，长20.77 cm，宽10.68 cm，叶浓绿色；叶柄长1.41 cm；叶缘钝锯齿形，外向生长。平均每个结果枝着生雄花序8.8个，雄花序长13.8 cm；雌花序着生均匀，每个结果枝平均着生雌花序2.1个；混合芽大而饱满，呈扁圆形。刺苞椭圆形，横径6.744 cm，纵径5.504 cm，平均重45.11 g，平均每苞含坚果2.6粒，苞肉厚度中等，刺束中密，较短0.95cm，果实成熟时刺苞外被呈浅白色。坚果

图 1-36-1　'怀九'树形（王金宝，2015）
Figure 1-36-1　Tree form of Chinese chestnut 'Huaijiu'

图 1-37-1　'怀香'树形（刘建玲，2010）
Figure 1-37-1　Tree form of Chinese chestnut 'Huaixiang'

图 1-37-2 '怀香'刺苞（刘建玲，2010）
Figure 1-37-2　Bar of Chinese chestnut 'Huaixiang'

图 1-37-3 '怀香'坚果（刘建玲，2010）
Figure 1-37-3　Nut of Chinese chestnut 'Huaixiang'

整齐，大小均匀，平均单粒重 8.1g，平均果径 2.38 cm×2.74 cm×1.86 cm，坚果扁圆形，果顶微凸，黑褐色，极少茸毛，果面光滑美观，有光泽，底座中等，接线较平直；内果皮较易剥离，果肉黄色，煮食质地甜糯，鲜食味香甜，出实率 46.68%。果实鲜样含水量 61.4%，蛋白质 3.77%，脂肪 0.6%，粗纤维 1.2%，果糖 0.899%，葡萄糖 0.408%，蔗糖 0.734%，淀粉 33.8%，钙 15.05 mg/100 g。

生物学特性　北京地区 4 月下旬萌芽，5 月初至中旬展叶，6 月中旬盛花，9 月下旬果实成熟，一般年份 9 月 20~24 日刺苞开裂采收，11 月上旬落叶。

综合评价　树姿自然开张，生长势中庸；空苞率极低，出实率高；坚果整齐，煮食甜糯，味香甜，品质优；抗逆性强；产量偏上；早果、连续结果能力强、丰产，综合性状优良；成熟期刺苞外被呈浅白色，有观赏价值。抗病虫，耐土壤瘠薄；经济性状表现稳定。

38　'京暑红' Jingshuhong

来源及分布　别名 'H1'。1993 年从北京市怀柔区渤海镇六渡河村的实生树中选出。在北京的密云、怀柔、昌平及河北的遵化等地均有分布。2011 年通过北京市林木品种审定委员会审定，审定编号为京 S-SV-CM-013-2011（审定名称为'京暑红'）。

选育单位　北京农学院。

植物学特征　树势中庸，树冠扁圆头形，树体较开张，主枝分枝角度 40°~60°。树皮灰褐色，有深纵裂。1 年生新梢灰绿色，茸毛少，皮孔圆形至椭圆形，灰白色，小而密。混合芽扁圆形，中大，褐色。叶长椭圆形，基部楔形，先端渐尖，叶长 18.4 cm，宽 7.6 cm，叶色绿且质较厚，正面光亮，较平展，叶姿下垂；叶缘锯齿向外；叶柄黄绿色，平均长 1.6 cm。平均果枝着生雄花序 9.1 个，雄花序平均长 14.4 cm，结果枝均长 25.9 cm，粗 3.6 mm，着生混合花序 2.6 个，结蓬 2.8 个。刺苞椭圆形，长 5.8 cm，宽 4.8 cm，高 5.4 cm，平均质量 40.2 g，每苞平均含坚果 2.1 个，苞肉较薄，刺密，出实率 41.2%。坚果整齐，平均单粒质量 8.2 g，平均果径 2.7 cm×2.2 cm×2.5 cm，红褐色，光滑美观，有光泽；内果皮易剥离，果肉黄色，质地细糯，味香甜。果肉含水量 57.2%，灰分 2.0%，脂肪 4.5%，蛋白质 5.6%，总糖 20.4%，淀粉 38.2%，氨基酸 1.5%。

生物学特性　在北京地区 4 月中旬萌芽，4 月下旬至 5 月上旬展叶，6 月中旬盛花，8 月下旬果实开始成熟，一般年份 8 月 23 日刺苞开裂采收，9 月 5 日前采收完毕。果实发育期 75 天左右。11 月上旬落叶。

综合评价　树体中等，树姿较开张。坚果成熟期极早，品质优良，口感好，适宜炒食。适应性强，耐旱，耐瘠薄。适宜北京及河北燕山板栗产区密植栽培。

图 1-38-1 '京暑红'结果状（秦岭，2012）
Figure 1-38-1　Bearing status of Chinese chestnut 'Jingshuhong'

图 1-38-2 '京暑红'刺苞及果实（秦岭，2012）
Figure 1-38-2　Bar and nut of Chinese chestnut 'Jingshuhong'

39 '良乡1号' Liangxiang 1 hao

来源及分布 别名'北窖1号'。2000年从北京市房山区佛子庄乡北窖村的实生树中选出。在北京的密云、怀柔、昌平等地均有分布。2013年通过北京市林木品种审定委员会审定，审定编号为京 S-SV-CM-033-2013（审定名称为'良乡1号'）。

选育单位 北京市农林科学院农业综合发展研究所。

植物学特征 树冠圆头形，枝条自然开张。树皮灰褐色，有深纵裂。1年生枝粗壮，灰绿色，皮孔密而明显，灰白色；结果母枝粗壮，平均长28.15 cm，粗0.93 cm；结果枝平均长20.42 cm，粗0.62 cm。混合芽呈扁圆形，大而饱满。叶片倒卵状椭圆形，先端突尖，基部广楔形，叶浓绿色，叶片较大，长23.5 cm，宽12.32 cm；叶柄淡绿色，长1.53 cm；叶缘钝锯齿状，外向生长。雄花序较长，平均长度20.30 cm，平均每一结果枝着生纯雄花序10.1条，着生混合花序2.2条。刺苞椭圆形，中等大，长85.20 mm，宽70.50 mm，高66.51 mm，刺苞平均重66.51 g；刺苞肉厚度中等，平均厚度3.5 mm；刺束中密，平均长度17.22 mm。坚果椭圆形，平均单粒重8.2 g，平均果径 24.03 mm×28.77 mm×18.47 mm，褐色，果顶微凸，极少茸毛，果面光滑美观，有光泽，底座中等，接线较平直，长26.87 mm；内果皮较易剥离，果肉黄色，肉质细腻、适宜炒食。平均每结果母枝抽生结果枝2.2~2.7条，每果枝平均着生刺苞2.5个；平均每苞含坚果2.7个，出实率46.8%。果肉含水量51.4%，总糖7.3%，淀粉40.5%，粗纤维1.6%，脂肪1.0%，蛋白质5.1%。

生物学特性 在北京地区4月15日前后萌芽，4月下旬至5月上旬展叶，5月8日前后雄花序出现，5月20日前后雌花初现，6月上中旬雄花序盛开，6月底进入末花期，7月初至8月下旬为果实发育期，一般年份9月18日前后刺苞开裂采收，属于中熟品种。10月下旬至11月上旬落叶。

综合评价 树姿自然开张，生长势中庸。雌花易形成，空苞率极低，出实率高。坚果整齐，煮食甜糯，味香甜，品质优。抗逆性强；早实、丰产、稳产、耐瘠薄、果实品质优。适宜在太行山、燕山等地栗产区推广发展。

图 1-39-3 '良乡1号'坚果（兰彦平，2011）
Figure 1-39-3　Nut of Chinese chestnut 'Liangxiang 1 hao'

图 1-39-1 '良乡1号'树形（兰彦平，2011）
Figure 1-39-1　Tree form of Chinese chestnut 'Liangxiang 1 hao'

图 1-39-2 '良乡1号'结果状（兰彦平，2011）
Figure 1-39-2　Bearing status of Chinese chestnut 'Liangxiang 1 hao'

40 '燕昌' Yanchang

来源及分布　别名'下庄4号'。1975年从北京市昌平县下庄公社下庄大队实生树中选出。广泛分布于北京的密云、昌平等地。1982年通过北京市科学技术委员会审定（审定名称为'燕昌'）。

选育单位　北京市昌平区林业局。

植物学特征　树形多为半圆形，树姿开张。结果枝为长枝类型，质地较软。叶片椭圆形。雄花序数量较多，雌花序于雄花序比例1∶8。刺苞大小中等，短椭圆形。结果枝比率32.2%。结果母枝平均抽生结果枝2.3个，结果枝坐果数平均为2.25个。栗果圆形，外皮黑红褐色，少有光泽，茸毛较多。平均单粒重8.6 g；果仁含糖量21.63%，蛋白质含量7.8%。出实率40.13%。

生物学特性　在北京怀柔地区4月21～24日萌芽，4月30日至5月1日展叶，6月10日雄花盛花期，新梢停长期8月9日，果实成熟期9月20日左右，落叶期11月1～4日。幼树生长健壮，雌花易形成，结果早，产量高，嫁接后第4年即进入丰产期。

综合评价　树体中等，树姿半开张；内膛结果能力强，丰产稳产，空苞率低，早实，品质优良，口感好，适宜炒食；适应性强，在片麻岩山地、土壤贫瘠的坡地均能正常生长结果。适宜在北京、河北、山东等地及西北条件较好的地区栽植。

图1-40-2　'燕昌'坚果（曹庆昌，2011）
Figure 1-40-2　Nut of Chinese chestnut 'Yanchang'

图1-40-1　'燕昌'树形（曹庆昌，2011）
Figure 1-40-1　Tree form of Chinese chestnut 'Yanchang'

图 1-41-1　'燕丰'树形（王金宝，2015）
Figure 1-41-1　Tree form of Chinese chestnut 'Yanfeng'

41　'燕丰' Yanfeng

来源及分布　别名'西台3号'。1973年从北京市怀柔县黄花城乡西台村实生树中选出。广泛分布于北京的怀柔、昌平、密云等地。1989年获得北京市科学技术委员会颁发的科技进步三等奖（获奖名称为'燕丰'）。

选育单位　北京市农林科学院林业果树研究所。

植物学特征　坚果平均重6.6 g；果仁含糖量25.26%，是目前含糖量最高的板栗品种之一，蛋白质含量6.18%。9月中下旬成熟。结果枝比率37.5%。结果母枝平均抽生结果枝2.5个，结果枝结刺苞数平均为3.35个，平均每个刺苞有坚果2.5粒，出实率53.1%。

生物学特性　在北京地区4月20日前后萌芽，4月26日前后展叶，6月15日雄花盛花期，新梢停长期8月9日，果实成熟期9月13～23日，落叶期10月30日至11月4日。本品种有早期结果的习性，嫁接后2～3年大量结果。

综合评价　树姿开张；嫁接树结果早，结果枝粗壮，丰产性强。坚果品质优良，含糖量高，口感好，适宜炒食。适宜在土壤条件好的板栗产区栽植发展。

图 1-41-2　'燕丰'坚果（兰彦平，2006）
Figure 1-41-2　Nut of Chinese chestnut 'Yanfeng'

42　'燕平' Yanping

来源及分布　别名'辛庄2号'。1978年从北京市昌平区长陵镇山地栗园的实生树中选出。在北京的密云、怀柔、昌平等地均有分布。2007年通过北京市林木品种审定委员会审定，审定编号为京S-SV-CM-054-2007（审定名称为'燕平'）。

选育单位　北京市农林科学院农业综合发展研究所。

植物学特征　树冠较开张。树皮灰褐色，有深纵裂。1年生枝粗壮，灰绿色；皮孔密而明显，灰白色。结果母枝粗壮，平均长37.6 cm，粗0.49 cm，节间长3.46 cm。叶椭圆形，先端渐尖，基部楔形，长17.23 cm，宽7.64 cm，浅绿色，叶柄长1.53 cm，叶缘钝锯齿形。每结果母枝平均抽生结果枝4.6条，结果枝平均长37.6 cm，粗0.49 cm。雄花序平均长13.8 cm，平均每果枝着生雄花序8.2个；雌花序着生均匀，每果枝平均着生1.6个。果前梢平均长4.7 cm，着生芽平均4.6个，混合芽大而饱满，扁圆形。刺苞椭圆形，长6.57 cm，宽4.72 cm，高4.21 cm，刺苞平均重58.96 g，每个刺苞内平均有坚果2.8粒，出实率41%；苞肉厚度中等，刺束中密，较短1.5 cm。坚果整齐，平均单粒重12.05 g，平均果径2.63 cm×3.30 cm×2.3 cm，红褐色，果面光滑美观，有光泽，底座中等，接线月牙形，边果底座宽1.43 cm，外侧面弧长6.78 cm；内果皮易剥离，果肉黄色，质地细糯，味香甜。果肉含水量47.59%，总糖20.63%，粗淀粉25.1%，可溶性蛋白1.83%，粗纤维0.97%，脂肪2.37%。

生物学特性　北京地区4月初至4月中旬萌芽，4月下旬至5月上展叶，

图1-42-1 '燕平'母株（兰彦平，2005）
Figure 1-42-1　Seed tree of Chinese chestnut 'Yanping'

图1-42-2 '燕平'树形（兰彦平，2007）
Figure 1-42-2　Tree form of Chinese chestnut 'Yanping'

图1-42-3 '燕平'结果状（兰彦平，2007）
Figure 1-42-3　Bearing status of Chinese chestnut 'Yanping'

图1-42-4 '燕平'刺苞和坚果（兰彦平，2007）
Figure 1-42-4　Bar and nut of Chinese chestnut 'Yanping'

6月上旬盛花，9月中下旬果实成熟，一般年份9月20~30日刺苞开裂采收，果实发育期110天左右，11月上旬落叶。

综合评价　幼树生长健壮，结果后生长势缓和，果前梢芽大而饱满，雌花易形成，较丰产，适应范围广。栽植嫁接苗第2~3年结果。为大果、优质、抗逆、耐贮的板栗优良品种，适宜燕山地区栽培。

43　'燕红' Yanhong

来源及分布　别名'北庄1号'。1974年从北京市昌平县黑山寨乡北庄村实生树中选出。1979年通过品种审定（审定名称为'燕红'），1989年获得北京市科委颁发的科技进步三等奖。

选育单位　北京市农林科学院林业果树研究所。

植物学特征　树形紧凑，分枝角度小，枝条硬、直立。结果母枝长21cm，平均有混合芽3.5个，每个结果母枝平均抽生2.4个结果枝，每个结果枝平均着生1.5个刺苞，平均每个刺苞有坚果2.2个，坚果平均粒重8.9g，出实率46.8%，果仁含糖20.25%，蛋白质7.07%，脂肪2.46%，肉质糯性。

生物学特性　在北京怀柔地区4月20日萌芽，4月28日左右展叶，6月13日雄花盛花期，新梢停长期8月9日，果实成熟期9月15~23日，落叶期11月1~4日。结果母枝连续结果能力强。

综合评价　适宜在北京、河北、山东、西北地区栽培。抗病能力强，抗旱力中等，适宜在条件较好的地区发展；适宜密植，适应性强。

图1-43-1 '燕红'结果状（兰彦平，2015）
Figure 1-43-1　Tree form of Chinese chestnut 'Yanhong'

图1-43-2 '燕红'树形（曹庆昌，2008）
Figure 1-43-2　Tree form of Chinese chestnut 'Yanhong'

图1-43-3 '燕红'坚果（曹庆昌，2010）
Figure 1-43-3　Nut of Chinese chestnut 'Yanhong'

图1-43-4 '燕红'刺苞和坚果（曹庆昌，2010）
Figure 1-43-4　Bar and nut of Chinese chestnut 'Yanhong'

44 '阳光' Yangguang

来源及分布 从北京市密云县丘陵山地实生树中选出。2004年获得国家林业局植物新品种权认定,证书编号为20040002(审定名称为'阳光')。

选育单位 北京市农林科学院林业果树研究所。

植物学特征 树形中等,树冠开张,分枝角度较大,呈半球形。叶长椭圆形,叶尖渐尖,有光泽。雄花序长度中等(8~15 cm),雄花序数量多,斜生。刺苞椭圆形,刺束密度中,苞肉厚度中,呈十字开裂;每个刺苞内坚果数平均为1.3个。坚果椭圆形,外种皮深褐色,果面茸毛多,光泽较暗;果肉甜、糯性,涩皮易剥离。坚果平均单粒质量11.1 g,总糖18%。

生物学特性 在北京地区4月中旬萌芽,4月下旬至5月上旬展叶,6月中旬盛花,9月下旬果实开始成熟,11月上旬落叶。

综合评价 栗仁在100℃热水中可保持栗仁原有颜色。在育种过程中,曾用该品种坚果加工栗熟粉、罐头、蓉、酱和汁在不添加任何护色剂的条件下,加工品可保持栗仁原有的鲜黄或黄色,加工品可在5年内不发生褐变。坚果适合加工需保持栗仁原有颜色的板栗加工品。适于在北京和河北的栗产区种植,在北方土壤pH不超过7的地区也可种植,作为授粉品种可在其他品种群生长良好的区域栽培。

图1-44-2 '阳光'刺苞和坚果(黄武刚,2003)
Figure 1-44-2 Bar and nut of Chinese chestnut 'Yangguang'

图1-44-1 '阳光'母株(黄武刚,2002)
Figure 1-44-1 Seed tree of Chinese chestnut 'Yangguang'

45 '银丰' Yinfeng

来源及分布 别名'下庄2号'。1974年从北京市昌平县下庄乡下庄村实生树中选出。广泛分布于北京的昌平、怀柔、密云等地。1989年获得北京市科学技术委员会颁发的科技进步三等奖(审定名称为'银丰')。

选育单位 北京市农林科学院林业果树研究所、昌平县林业局。

植物学特征 树冠圆头形,树姿开张,主枝分枝角度在50°~60°之间。叶片长椭圆形。结果母枝平均长26.4 cm,平均粗4.6 cm,属长果枝类型,耐短截,适宜密植。果前梢较长,平均长度为2.8 cm,每个果前梢平均有2.8~3.0个混合芽。结果母枝平均抽生结果枝3.2条,结果枝占36.60%,每个结果枝平均着生刺苞2.37个。刺苞椭圆形,黄绿色,成熟时十字形开裂,苞肉厚度中等,平均苞重58.5g,每苞平均含坚果2.35粒,出实率48.92%;刺束密度及硬度中等,斜生,黄绿色。坚果圆形,栗色,稍有光泽,茸毛较少,底座小,接线平滑,整齐度高,平均单粒重7.08 g;果肉黄色,口感细糯,味香甜。坚果含可溶性糖21.17%,脂肪2.30%,蛋白质7.46%。适宜炒食。

生物学特性 在北京怀柔地区4月22~25日萌芽,5月1日前后展叶,6月12日雄花盛花期,新梢停长期8月9日,果实成熟期9月15~23日,落叶期10月30日至11月4日。幼树生长健壮,雌花易形成,丰产、稳产性较好,早期坚果习性明显,嫁接后第4年即进入丰产期。

综合评价 树体中等,树姿开张。连续结果能力强,丰产、稳产性较好,空蓬率降低。坚果品质优良,口感好,适宜炒食。适应性强,耐旱,耐瘠薄,

图 1-45-1 '银丰'树形（兰彦平，2015）
Figure 1-45-1 Tree form of Chinese chestnut 'Yinfeng'

图 1-46-1 '津早丰'结果状
（刘景然，2007）
Figure 1-46-1 Bearing status of Chinese chestnut 'Jinzaofeng'

图 1-45-2 '银丰'刺苞和坚果（兰彦平，2015）
Figure 1-45-2 Bar and nut of Chinese chestnut 'Yinfeng'

树冠圆头形，树体较开张。树皮灰褐色，有纵裂，皮孔圆形至椭圆形、较突出、灰白色、较密。多年生枝条灰褐色，1年生枝条浅灰色，枝条光滑无茸毛；结果母枝连续结果能力强，均长 33.0 cm，粗 0.7 cm，节间 1.5 cm，平均每个结果母枝抽生结果枝 1.86 条，每果枝结刺苞 2.9 个。叶阔披针形，浓绿色，长 22 cm，宽 11 cm，厚 0.22 mm，叶面绿色，光亮，平展。每个结果枝着生雄花序 24 个，花序长 15 cm。刺苞长圆形，苞肉厚 0.50 cm，苞刺长 1.30 cm，苞刺疏密适度，平均每苞含坚果 2.5 个，出实率 39.71%。坚果椭圆形，赤褐色，果面色泽艳丽，光滑美观，平均单果重 11.2 g；果肉黄白色、细糯，味甘甜，内果皮容易剥离。坚果含水 47.74%，总糖 8.30%，淀粉 36.86%，蛋白质 4.96%。

生物学特性 在天津蓟州市 4 月中旬开始萌芽，5 月上旬开始展叶，6 月中旬雄花盛花期，9 月初果实成熟期，10 月下旬落叶。嫁接树生长势强，产量高，属于极早熟品种，幼树嫁接 1 年后即有花序出现，第 2 年开始结果，第 3 年可高产。抗病，较抗寒，抗旱，耐瘠薄，对土壤适应性较强。

综合评价 树体中等，树姿较开张。结果较早，产量高，连续结果能力强。坚果质地细糯，味甘甜，品质优良，适宜炒食。抗病、抗寒、抗旱、早熟、耐瘠薄，对土壤适应性较强。适宜在燕山南麓地区栽培。

图 1-46-2 '津早丰'结果状
（刘景然，2007）
Figure 1-46-2 Bearing status of Chinese chestnut 'Jinzaofeng'

抗病能力也较强。适宜在燕山板栗产区栽植发展。

46 '津早丰' Jinzaofeng

来源及分布 别名'石育早丰'。1995 年天津市蓟州市林业局从天津市蓟县下营镇白滩村石文汉家后院板栗品种短丰中选出的板栗早熟芽变新品种。广泛分布于天津的蓟州市等地，为天津主栽品种，在河北的遵化、兴隆等地也有分布。2013 年通过天津市林木品种审定委员会审定，审定编号为津登板栗 2012001（审定名称为'津早丰'）。

选育单位 蓟县林业局。

植物学特征 树体高约 4.5 m，

图 1-46-3 '津早丰'坚果
（刘景然，2007）
Figure 1-46-3 Nut of Chinese chestnut 'Jinzaofeng'

图 1-47-1 '岱丰'树形（张继亮，2008）
Figure 1-47-1　Tree form of Chinese chestnut 'Daifeng'

图 1-47-2 '岱丰'结果状（张继亮，2008）
Figure 1-47-2　Bearing status of Chinese chestnut 'Daifeng'

47 '岱丰' Daifeng

品种来源　从山东省泰安市岱岳区下港乡赵峪村山地栗园选出。2008年12月通过山东省林木品种审定委员会认定，良种编号为鲁R-SV-CM-009-2008。

选育单位　泰安市泰山林业科学研究院。

植物学特征　树冠直立，圆头形，主枝分枝角度40°~45°；枝条密，灰褐色，长35.60 cm，粗0.68 cm；皮孔扁圆形，稀，无茸毛。果前梢长5.35 cm，节间长1.51 cm，每果枝平均着生尾芽4.6个；混合芽长三角形，芽尖黄色。叶椭圆形，叶尾状，锯齿小、内向，长18.75 cm，宽7.02 cm，平均单叶面积95.04 cm²，单叶平均质量2.25 g，叶面浅绿色，有光泽，叶片平展；叶柄黄绿色，长1.9 cm。雄花序平均长11.6 cm，平均鲜重0.6 g，每条结果枝平均着生雄花序6.7条，中等斜生；每个结果枝平均有雌花簇3.1个，乳黄色。刺苞椭圆形，横径7.48 cm，纵径5.89 cm，单苞质量69.4 g，刺束长0.98 cm，黄绿色，稀疏、短硬、直立，4~5针一束；苞肉厚度0.20 cm，多十字形开裂，每苞含坚果2.31粒，出实率44.6%。坚果平均单粒质量9.30 g，纵径2.2 cm，横径2.5 cm，双果为椭圆形，单果圆形，红褐色，油亮，茸毛少，有光泽，筋线不明显，底座较小，接线波状，整齐度高；果肉黄色，细腻，味香甜，糯性强，涩皮易剥离，含水分52.63%，糖20.54%，淀粉63.03%，粗蛋白9.31%。

生物学特性　在山东鲁中山区，芽萌动期为4月7~8日，展叶期4月20~21日，雄花盛花期在6月5日，雌花盛花期在6月7日，果实成熟期9月11~12日，落叶期在11月上旬，与华丰、烟泉物候期相差不大。幼树生长健壮，采用3~4年生砧木，嫁接第2年结果株率达60%以上，第3年亩产量200 kg以上，盛果期每亩产量稳定在300 kg以上。耐干旱、瘠薄，对板栗红蜘蛛、栗瘿蜂有较强抗性，未发生冻害、栗疫病危害。

适宜种植范围　山东临沂、日照、泰安等地。

图 1-47-3 '岱丰'刺苞和坚果（张继亮，2009）
Figure 1-47-3　Bar and nut of Chinese chestnut 'Daifeng'

图 1-47-4 '岱丰'坚果（张继亮，2008）
Figure 1-47-4　Nut of Chinese chestnut 'Daifeng'

48 '岱岳早丰'

Daiyue Zaofeng

品种来源 原产于山东省泰安市岱岳区道朗镇房庄村。早熟，优质，丰产。2010年通过山东省林木品种审定委员会审定，审定编号为鲁S-SV-CM-010-2010。

选育单位 山东省果树研究所。

植物学特征 树体中等，树姿开张，树冠松散。树干灰褐色，皮孔中大，较密。结果母枝健壮，均长29.5 cm，粗0.6 cm，每果枝平均着生刺苞2.4个，翌年平均抽生结果新梢2.9条；混合芽大，饱满，三角形。叶长椭圆形，长17.1 cm，宽7.4 cm，叶表面深绿色，背面灰绿色，叶尖渐尖，锯齿斜向，两边叶缘向表面微曲，叶姿褶皱波状，斜向；叶柄黄绿色，长2.1 cm，粗0.3 cm。雄花序长24.6 cm，花形下垂。刺苞椭圆形，黄绿色，成熟时一字开裂，苞肉厚度中等，平均苞重50～60 g，出实率48.0%，空苞率2%，每苞平均含坚果2.7粒；刺束中密而硬，黄色，分枝角度大，刺长1.3 cm。坚果椭圆形，红褐色，油亮，茸毛较少，筋线不明显，底座中，接线平滑，整齐度高，平均单粒重10.0 g；果肉黄色，细糯，味香甜，含水量51.5%，可溶性糖28.9%，淀粉55.0%，蛋白质10.2%。

生物学特性 在山东鲁中山区，4月初萌芽，4月9日左右展叶，5月底6月初雄花盛花期，果实成熟期8月底，落叶期11月上中旬。幼树嫁接第2年即能结果，3年形成产量，4～5年丰产，幼砧嫁接后第2年亩产量达到50 kg以上，大树改接后第3年亩产量可达250 kg以上。在山东板栗主产区不同立地条件下引种和栽培，树体生长正常，坐果稳定，能保持早熟、优质、丰产、稳产等特性。耐贮藏，适宜炒食。抗逆性强，适应范围广，在丘陵山地及河滩地均适宜栽植。5月下旬至6月中旬须加强对板栗红蜘蛛的防控。

适宜种植范围 山东板栗适生栽培区。

图1-48-2 '岱岳早丰'结果状（田寿乐，2010）
Figure 1-48-2 Bearing status of Chinese chestnut 'Daiyue Zaofeng'

图1-48-3 '岱岳早丰'刺苞和坚果（田寿乐，2010）
Figure 1-48-3 Bar and nut of Chinese chestnut 'Daiyue Zaofeng'

图1-48-1 '岱岳早丰'树形（田寿乐，2010）
Figure 1-48-1 Tree form of Chinese chestnut 'Daiyue Zaofeng'

图1-48-4 '岱岳早丰'坚果（田寿乐，2010）
Figure 1-48-4 Nut of Chinese chestnut 'Daiyue Zaofeng'

图 1-49-1 '东王明栗'树形（明桂冬，2009）
Figure 1-49-1　Tree form of Chinese chestnut 'Dongwang Mingli'

49 '东王明栗' Dongwang Mingli

品种来源　别名'优选1号'。原产于山东省新泰市楼德镇东王庄村。坚果美观优质，丰产。2009年通过山东省林木品种审定委员会审定，审定编号为鲁 S-SV-CM-013-2009。

选育单位　山东省果树研究所。

植物学特征　树体中等，树姿半开张，树冠紧凑度一般。树干灰褐色，皮孔椭圆形，白色，大小中等，较密，纵向排列有序。结果母枝健壮，均长 25.3 cm，粗 0.7 cm，每果枝平均着生刺苞 2.1 个。混合芽三角形，中大，饱满。叶长椭圆形，长 16.5 cm，宽 7.5 cm，正面深绿色，背面灰绿色，叶尖急尖，锯齿斜向，两边叶缘向表面微曲，叶姿褶皱波状，斜向；叶柄黄绿色，长 2.0 cm，粗 0.26 cm。刺苞椭圆形，成熟时一字开裂，纵径 5.3 cm，横径 6.9 cm，高径 5.9 cm，苞肉厚 0.2 cm，平均苞重 50~60 g，出实率 47.5%，空苞率 1%~2%，平均每苞含坚果 2.6 粒；刺束中密而硬，黄色，分枝角度大，刺长 1.3 cm。坚果椭圆形，深褐色，无茸毛，油亮，底座中，接线月牙形，整齐饱满，平均单粒重 10.5 g；果肉黄色，细糯，味香甜。坚果含水量 50.6%，可溶性糖 22.3%，淀粉 64.7%，蛋白质 7.5%。

生物学特性　在山东鲁中山区，4月初萌芽，4月中旬展叶，5月底至6月初雄花盛花期，果实成熟期9月中下旬，落叶期11月上中旬。中幼砧木嫁接第2年即可结果，早实，丰产，稳产，耐瘠薄。坚果油亮整齐，商品性优，适应性和抗逆性强，在干旱缺水的片麻岩山地、土壤贫瘠的河滩沙地均能正常生长结果。

适宜种植范围　鲁东、鲁中南地区。

图 1-49-3 '东王明栗'刺苞和坚果（田寿乐，2009）
Figure 1-49-3　Bar and nut of Chinese chestnut 'Dongwang Mingli'

图 1-49-2 '东王明栗'结果状（田寿乐，2009）
Figure 1-49-2　Bearing status of Chinese chestnut 'Dongwang Mingli'

图 1-49-4 '东王明栗'刺苞和坚果（田寿乐，2009）
Figure 1-49-4　Bar and nut of Chinese chestnut 'Dongwang Mingli'

50 '东岳早丰'
Dongyue Zaofeng

品种来源 从山东省泰安市岱岳区黄前镇红河村山地栗园选出。早熟，优质，丰产。2009年12月通过山东省林木品种审定委员会审定，审定编号为鲁S-SV-CM-014-2009。

选育单位 山东省果树研究所。

植物学特征 树体中等，树冠圆头形。多年生枝灰白色，1年生枝黄绿色，皮孔扁圆形，白色，中大，中密；结果母枝粗壮，均长25.5 cm，粗0.6 cm，每果枝平均着生刺苞2.4个，翌年平均抽生结果新梢2.3条。混合芽三角形，芽鳞黄褐色，芽体饱满。叶长椭圆形，表面深绿色，背面灰绿色，光滑，叶尖渐尖，叶姿直立；叶柄黄绿色，长1.9 cm。刺苞椭圆形，纵径5.73 cm，横径7.4 cm，高径4.9 cm，苞肉厚0.2 cm，成熟时一字裂，平均苞重60.0 g，出实率48.1%，每苞平均含坚果2.7粒；刺束中密而硬，分枝角度大，刺长1.1 cm。坚果椭圆形，红棕色，光亮美观，充实饱满，底座中大，接线月牙形，大小整齐一致，平均单粒重10.5 g，耐贮藏；果肉黄色，细糯，味香甜。坚果含水量33.7%，可溶性糖31.7%，淀粉52.6%，蛋白质8.7%。

生物学特性 在山东鲁中山区，4月初萌芽，4月中旬展叶，6月初雄花盛花期，果实成熟期8月下旬，落叶期11月上中旬。幼树生长健壮，雌花易形成；结果早，产量高，中幼砧改接后第2年即能结果，第3年亩产量超过250 kg，盛果期每亩产量稳定在320 kg以上。耐旱，耐瘠薄，较抗红蜘蛛，在山岭薄地、贫瘠沙地栽培，仍能丰产、稳产。

适宜种植范围 鲁东、鲁中南地区。

图 1-50-2 '东岳早丰'结果状（田寿乐，2009）
Figure 1-50-2　Bearing status of Chinese chestnut 'Dongyue Zaofeng'

图 1-50-3 '东岳早丰'刺苞和坚果（田寿乐，2009）
Figure 1-50-3　Bar and nut of Chinese chestnut 'Dongyue Zaofeng'

图 1-50-1 '东岳早丰'树形（田寿乐，2009）
Figure 1-50-1　Tree form of Chinese chestnut 'Dongyue Zaofeng'

图 1-50-4 '东岳早丰'刺苞和坚果（田寿乐，2009）
Figure 1-50-4　Bar and nut of Chinese chestnut 'Dongyue Zaofeng'

51 '海丰' Haifeng

来源及分布 别名'红光26'。原产于山东省海阳县姜格庄，广泛分布于胶东及鲁东南板栗主产区。1981年正式鉴定并命名'海丰'。

选育单位 山东省果树研究所。

植物学特征 树体中等，树姿半开张，树冠紧凑度一般。树干灰褐色，皮孔，小而不规则密布。结果母枝健壮，均长23 cm，节间1.2 cm，每果枝平均着生刺苞1.6个，翌年平均抽生结果新梢2.3条。叶片大，浓绿，椭圆形，背面稀疏分布灰白色星状毛，叶姿平展，沿中脉内折，锯齿浅，刺针内向；叶柄黄绿色，长2.3 cm。雄花序花形下垂。刺苞椭圆形，黄绿色，成熟时一字裂或十字裂，苞肉较薄，平均苞

图1-51-2 '海丰'结果状（田寿乐，2011）
Figure 1-51-2　Bearing status of Chinese chestnut 'Haifeng'

图1-51-1 '海丰'树形（田寿乐，2008）
Figure 1-51-1　Tree form of Chinese chestnut 'Haifeng'

重50~60 g，每苞平均含坚果2.5粒，出实率46%；刺束稀、硬，分枝角度较大，刺束黄色，刺长较长。坚果近圆形，红棕色，明亮，茸毛少，筋线不明显，底座小，接线平滑，整齐度高，平均单粒重7.8 g；果肉黄色，糯性，细腻，味香甜。坚果含水量42%，可溶性糖18%，淀粉4.7%，蛋白质8.7%。

生物学特性 在山东胶东地区4月21日萌芽，5月11日展叶，雄花盛花期6月23日，果实成熟期10月上旬，落叶期在11月上中旬。成年树树势中等，结果母枝粗短，栽培性状明显，较矮化。

综合评价 始果期早，丰产性强，在鲁中山区、胶东地区及鲁东南河滩地均有大面积栽植，尤以胶东发展最多。

图 1-51-3 '海丰'刺苞和坚果（田寿乐，2011）

Figure 1-51-3　Bar and nut of Chinese chestnut 'Haifeng'

图 1-51-4 '海丰'刺苞和坚果（田寿乐，2012）

Figure 1-51-4　Bar and nut of Chinese chestnut 'Haifeng'

52 '红光' Hongguang

来源及分布 别名'二麻子'。原产于山东省莱西市店埠乡东庄头村。广泛分布于鲁中南山地、河滩地及胶东浅山丘陵。

选育单位 山东省果树研究所。

植物学特征 树体中等，树姿较开张，树冠紧凑度一般。树干灰绿色至灰褐色，皮孔大而不规则，密度中等。结果母枝健壮，均长27 cm，粗0.6 cm，节间1.5 cm，每果枝平均着生刺苞1.5个，翌年平均抽生结果新梢2.6条。叶绿色，长椭圆形，背面密被灰白色星状毛，叶姿下垂，叶褶皱、波状，锯齿浅，刺针直向至内向；叶柄黄绿色，长2.1 cm。每果枝平均着生雄花序10条，花形斜生，长10 cm。刺苞椭圆形，焦绿色，成熟时一字裂，苞肉厚0.26 cm，平均苞重56 g，每苞平均含坚果2.8粒，出实率42%~50%，空苞率5%左右；刺束疏、硬，分枝角度较大，刺束焦，刺长1.2 cm。坚果近圆形，红褐色，油亮，茸毛少，筋线较明显，底座大小中等，接线波状，整齐度高，平均单粒重9.5 g；果肉黄色，糯性、细腻，味香甜。坚果含水量50.8%，可溶性糖14.4%，淀粉64.2%，蛋白质9.2%。

生物学特性 在鲁中山区4月11日萌芽，雄花盛花期6月18日，果实成熟期9月下旬，落叶期在11月中旬。幼树生长势强，树姿直立，盛果期后树冠开张。结果期较晚，嫁接苗3~4年后进行正常结果期。连续结果能力强，丰产稳产，盛果期每亩产量稳定在300 kg以上。花期较晚，雄花多数不育，花粉极少。

综合评价 树冠较开张，适应性强；早实性稍差，连续结果能力强，丰产稳产，坚果外形美观，品质优良，耐贮藏，适宜炒食。抗病虫力较强，桃蛀螟等蛀果害虫危害较轻，为山东主栽品种之一。

图 1-52-2 '红光'坚果（田寿乐，2011）

Figure 1-52-2　Nut of Chinese chestnut 'Hongguang'

图 1-52-1 '红光'结果状（田寿乐，2011）

Figure 1-52-1　Bearing status of Chinese chestnut 'Hongguang'

53 '红栗'
Hongli

来源及分布 原代号'64-127'。母树位于山东省泰安市黄前镇大地村，于1964年选出。广泛分布于鲁中南板栗产区，已引种至河北、北京、辽宁、陕西、江苏、浙江、广西等地。

选育单位 山东省果树研究所。

植物学特征 树高中等，树姿直立，树冠紧凑度一般。多年生枝深褐色，幼枝红褐色，新梢紫红色。皮孔小而不规则，密度中密。结果母枝健壮，平均长40 cm，粗0.5 cm，节间长2.9 cm，每果枝平均着生刺苞2.4个，翌年平均抽生结果新梢3.0条。叶绿色，卵状椭圆形，背面稀疏分布灰白色星状毛，叶姿下垂，锯齿浅，刺针内向至直向；叶柄背面红色，腹面黄绿色，长1.8 cm。每果枝平均着生雄花序8.6条，花形斜生，长16.4 cm。刺苞椭圆形，黄绿色，成熟时十字裂或三裂，苞肉厚0.27 cm，平均苞重55 g，每苞平均含坚果2.6粒，出实率44%；刺束密度中等，较硬，分枝角度中等，刺束红色，刺长1.4 cm。坚果近圆形或椭圆形，红褐色，光亮，茸毛少，筋线不明显，底座较小，接线波状，整齐度高，平均单粒重9 g；果肉黄色，细糯香甜。坚果含水量46.6%，可溶性糖18.6%，淀粉58.8%，蛋白质10.3%。

生物学特性 在鲁中山区4月7日萌芽，雄花盛花期6月6日，果实成熟期9月下旬。早实性强，形成雌花容易。嫁接苗2~3年开始进入正常结果期，在立地条件好的情况下，连续结果能力强，稳产丰产。

综合评价 丰产性强，大小年不明显，由于单位果枝着生刺苞多，导致坚果易偏小，生产上可适当疏花疏果。喜肥水，不耐瘠薄，宜在河滩平地、沟谷以及土肥水管理较好的地方栽植。枝条、幼叶、刺苞均呈红色，树体美观，有一定观赏价值，可作风景绿化品种。对栗红蜘蛛抗性较差，在5~7月需加强防控。

图 1-53-2 '红栗'刺苞和坚果（孙岩，20世纪90年代）
Figure 1-53-2 Bar and nut of Chinese chestnut 'Hongli'

图 1-53-3 '红栗'结果状（田寿乐，2008）
Figure 1-53-3 Bearing status of Chinese chestnut 'Hongli'

图 1-53-4 '红栗'坚果（孙岩，20世纪90年代）
Figure 1-53-4 Nut of Chinese chestnut 'Hongli'

图 1-53-1 '红栗'树形（田寿乐，2012）
Figure 1-53-1 Tree form of Chinese chestnut 'Hongli'

54 '红栗1号'
Hongli 1 hao

来源及分布 杂交品种,亲本为'红栗'ב泰安薄壳'。广泛分布于鲁中南山地丘陵地区。1998年通过山东省农作物品种审定委员会审定,审定编号为"鲁种审字第235号"(审定名称为'红栗1号')。

选育单位 山东省果树研究所。

植物学特征 树高中等,树姿开张,树冠紧凑度一般。多年生枝皮色深褐,幼枝红褐色,新梢紫红色;皮孔小,中密,不规则分布。结果母枝健壮,均长40 cm,粗0.7 cm,每果枝平均着生刺苞2.3个,翌年平均抽生结果新梢3条。叶浓绿色,长椭圆形,幼叶红色,背面稀疏分布灰白色星状毛,叶姿斜生平展,锯齿浅,刺针直向;叶柄红色,细长。每果枝平均着生雄花序6条,斜生,长16 cm;刺苞椭圆形,红色,成熟时一字裂或十字裂,苞肉薄,平均苞重56 g,每苞平均含坚果2.9粒,出实率48.0%,空苞率2%;刺束深红色,疏、硬,长1.2 cm,分枝角度大。坚果近圆形,红褐色,有暗褐色条纹,光亮,茸毛少,筋线不明显,底座中,接线平滑,整齐度高,平均单粒重9.4 g;果肉黄色,糯性,细腻,味香甜。坚果含水量54%,可溶性糖31%,淀粉51%,脂肪2.7%。

生物学特性 在鲁中山区4月上旬萌芽,6月上旬雄花盛花期,果实成熟期9月20日,落叶期11月上旬。

图1-54-2 '红栗1号'刺苞和坚果(田寿乐,2009)
Figure 1-54-2　Bar and nut of Chinese chestnut 'Hongli 1 hao'

图1-54-3 '红栗1号'坚果(田寿乐,2008)
Figure 1-54-3　Nut of Chinese chestnut 'Hongli 1 hao'

幼树生长旺盛,干性强,盛果期树势强旺,萌芽率较高,成枝力较强,雌雄花同熟,连年丰产稳产,大小年不明显。桃蛀螟等害虫危害极轻。好果率在96%以上,耐贮藏,适宜炒食。

综合评价 生长旺盛,干性强,萌芽率较高,变产幅度小,丰产稳产性强,蛀果类害虫为害轻。适应范围优于'红栗',在水肥较好的河滩平地及立地条件较差的丘陵山地栽培均表现结果良好;适应性及幼叶、枝芽和球苞的紫红色性状超过原'红栗'品种。5~7月需及时防控红蜘蛛。目前,河北、河南、北京、江苏、安徽等省份均已引种。

图1-54-1 '红栗1号'结果状(田寿乐,2009)
Figure 1-54-1　Bearing status of Chinese chestnut 'Hongli 1 hao'

55 '红栗2号'
Hongli 2 hao

品种来源 从山东省新泰市楼德镇东王庄村河滩地板栗园选出。树形美观，优质，丰产。2009年12月通过山东省林木品种审定委员会审定，审定编号为鲁S-SV-CM-015-2009。

选育单位 山东省果树研究所。

植物学特征 树冠高圆头形。多年生枝深褐色，1年生枝紫红色，皮孔近圆形，灰白色，小而密；结果母枝健壮，均长30.2 cm，粗0.6 cm，每果枝平均着生刺苞2.0个，翌年平均抽生结果新梢4.5条。混合芽6.1个。叶片长椭圆形，长16.9 cm，宽6.4 cm，正面深绿色，背面灰绿色，叶尖渐尖，锯齿斜向，两边叶缘向表面微曲；叶柄橘红色，较细，长1.8 cm。刺苞椭圆形，纵径4.6 cm，横径6.4 cm，成熟时十字裂，苞肉厚0.18 cm，出实率50.8%，空苞率4.0%，每苞平均含坚果2.5粒；刺束中密而硬，红色，分枝角度大，刺长1.1 cm。坚果椭圆形，红褐色，光亮美观，底座中等，接线月牙形，整齐度高，平均单粒重10.3 g；果肉黄色，细糯，味香甜，涩皮易剥离。坚果含水量51.1%，可溶性糖18.6%，淀粉69.7%，蛋白质7.4%。

生物学特性 在山东鲁中山区，4月初萌芽，4月中旬展叶，6月初雄花盛花期，果实成熟期9月中下旬，落叶期11月上中旬。嫁接亲和力好，成活率高，早实性强，中幼树嫁接第2年即能形成经济产量，盛果期每亩产量达250 kg以上。抗逆性强，耐瘠薄，适应范围广。1年生枝、刺苞、幼叶均为红色，鲜艳美观，可作绿化树种栽植。高温干旱季节注意防控红蜘蛛。

适宜种植范围 山东板栗适生栽培区。

图1-55-2 '红栗2号'结果状（田寿乐，2009）
Figure 1-55-2 Bearing status of Chinese chestnut 'Hongli 2 hao'

图1-55-3 '红栗2号'刺苞和坚果（田寿乐，2009）
Figure 1-55-3 Bar and nut of Chinese chestnut 'Hongli 2 hao'

图1-55-4 '红栗2号'坚果（沈广宁，2009）
Figure 1-55-4 Nut of Chinese chestnut 'Hongli 2 hao'

图1-55-1 '红栗2号'树形（田寿乐，2009）
Figure 1-55-1 Tree form of Chinese chestnut 'Hongli 2 hao'

56 '华丰' Huafeng

来源及分布 原代号'119'。杂交育成，亲本为野板栗×（板栗混合花粉×板栗混合花粉），1990年通过山东省鉴定。广泛分布于鲁中南山地、丘陵、河滩地。

选育单位 山东省果树研究所。

植物学特征 树体中等，树姿较开张，树冠紧凑度一般。多年生树干灰褐色。1年生枝红绿色至灰绿色，皮孔圆形，小而密，突出；结果母枝健壮，均长31 cm，粗0.72 cm，每果枝平均着生刺苞2.6个，翌年平均抽生结果新梢3条。叶绿色或浅绿色，椭圆形，背面稀疏分布灰白色星状毛，叶姿平展，叶面稍皱，锯齿深，刺针直向；叶柄黄绿色，长1.6 cm。每果枝平均着生雄花序7条，花形下垂。刺苞椭圆形，黄绿色，成熟时一字裂，苞肉薄，平均苞重41 g，每苞平均含坚果2.9粒，出实率56%，空苞率2.5%；刺束黄色，疏、软，分枝角度大。坚果椭圆形，红棕色，特亮，茸毛少，筋线不明显，底座小，接线月牙形至直线形，整齐度高，平均单粒重7.9 g；果肉黄色，细糯香甜。坚果含水量46.92%，可溶性糖19.66%，淀粉49.29%，蛋白质8.5%。

生物学特性 在山东鲁中山区4月上旬萌芽，4月中旬展叶，雄花盛花期6月中旬，果实成熟期9月上中旬，落叶期11月上旬。幼树期生长旺盛；雌花形成容易，结果早，耐贮藏，适于炒食。早实性强，1~2年生苗定植后当年嫁接第2年即可结果。丰产稳产，适应性和抗逆性强。树体健壮，结果母枝粗壮，基部芽结果能力强，适于短截控冠修剪和密植栽培。

综合评价 枝粗芽大，雌花容易形成，尤其枝条中下部甚至基部芽也大而饱满，短截后仍可结果。丰产稳产性强，品质优良，抗逆性强，适应性广，炒食品质优。

图1-56-2 '华丰'结果状（孙岩，20世纪90年代）
Figure 1-56-2　Bearing status of Chinese chestnut 'Huafeng'

图1-56-3 '华丰'刺苞和坚果（孙岩，20世纪90年代）
Figure 1-56-3　Bar and nut of Chinese chestnut 'Huafeng'

图1-56-4 '华丰'坚果（田寿乐，2012年）
Figure 1-56-4　Nut of Chinese chestnut 'Huafeng'

图1-56-1 '华丰'树形（孙岩，20世纪90年代）
Figure 1-56-1　Tree form of Chinese chestnut 'Huafeng'

57 '华光' Huaguang

图 1-57-2 '华光' 结果状（田寿乐，2011）
Figure 1-57-2　Bearing status of Chinese chestnut 'Huaguang'

来源及分布　原代号'109'。杂交育成，亲本为野板栗×（野板栗×板栗混合花粉），1991年通过林业部鉴定。广泛分布于鲁中南山地、丘陵、河滩地。

选育单位　山东省果树研究所。

植物学特征　树高中等，树姿半开张，树冠紧凑。多年生枝干灰褐色，1年生枝绿至灰绿色，皮孔小而密，不规则分布；结果母枝健壮，均长25.4 cm，粗0.6 cm，每果枝平均着生刺苞2.7个，翌年平均抽生结果新梢2.9条。叶绿色或浅绿色，椭圆形，背面稀疏分布灰白色星状毛，叶姿平展，锯齿浅，刺针直向；叶柄黄绿色；雄花序下垂；刺苞椭圆形，黄绿色，成熟时一字裂，苞肉薄，平均苞重43 g，每苞平均含坚果3粒，出实率55%，空苞率2.1%；刺束稀、硬、黄色，分枝角度大，长1.3 cm；坚果椭圆形，红棕色，光亮，茸毛少，筋线不明显，底座小，接线形状月牙形，整齐度高，平均单粒重8.2 g；果肉黄色，糯性强，质地细腻，风味香甜，

图 1-57-3　'华光' 刺苞和坚果（田寿乐，2012）
Figure 1-57-3　Bar and nut of Chinese chestnut 'Huaguang'

含水量45.73%，可溶性糖20.1%，淀粉48.95%，蛋白质8.60%。

生物学特性　在山东鲁中山区4月上旬萌芽，4月中旬展叶，雄花盛花期6月上旬，果实成熟期9月中旬，落叶期11月上旬。幼树生长势强，大量结果后生长势缓和。雌花形成容易，结果早，丰产稳产，幼砧嫁接后3~7年平均每亩产量272 kg，嫁接后第7年每亩产量达337 kg。

综合评价　中小粒型，树体健壮，枝粗芽大，早果丰产，品质优良，耐贮藏。抗逆性强，适宜短截修剪。

图 1-57-1　'华光' 树形（孙岩，20世纪90年代）
Figure 1-57-1　Tree form of Chinese chestnut 'Huaguang'

58 '黄棚' Huangpeng

品种来源 从山东省泰安市黄前镇焦家峪村选出的实生变异优株。优质，丰产，稳产。2004年通过山东省林木品种审定委员会审定，审定编号为鲁S-SV-CM-010-2004。

选育单位 山东省果树研究所。

植物学特征 树冠圆头形，幼树期生长直立，大量结果后树势渐开张，呈开心形。1年生枝灰绿色，皮孔中大，较密；结果母枝健壮，均长37.8 cm，粗0.68 cm，每果枝平均着生刺苞3.1个，翌年平均抽生结果新梢2.1条。混合芽大而饱满，近圆形。叶长椭圆形，深绿色，质地较厚，叶脉清晰，叶姿斜生平展，叶尖急尖，长16.99 cm，宽6.72 cm；叶柄黄绿色，长1.88 cm，锯齿斜向。刺苞椭圆形，黄色，成熟时落地不开裂或很少有开裂，纵径3.49 cm，横径5.42 cm，高径3.51 cm，果柄粗短；苞肉较薄，平均苞重50~80 g，出实率55%以上，每苞平均含坚果2.9粒，空苞率2%；苞刺略稀，黄色，中长，分枝角度稍大。坚果椭圆形，红褐色，油亮，茸毛较少，筋线不明显，底座中，接线平滑，整齐饱满，耐贮藏，平均单粒重10.0 g；果肉黄色，细糯，味香甜。坚果含水量51.37%，可溶性糖27.25%，淀粉57.35%，蛋白质7.67%。

生物学特性 在山东鲁中山区，4月初萌芽，4月中下旬展叶，6月上旬雄花盛花期，果实成熟期9月上中旬，落叶期11月上旬。早实性强，幼树改接第2年结果，并能形成一定的产量；丰产性强，利用3年生砧木嫁接后3年，亩产188.81 kg；无明显大小年，适应性强，耐旱耐瘠薄，在泰安当地，干旱年份产量明显优于'燕山红栗'。抗栗红蜘蛛能力强，综合性状表现良好，为泰安岱岳区黄前镇主要栽培品种。坚果中大粒，整齐美观，品质优良，商品性优，适宜炒食。结果枝长而粗，果前梢混合芽多，形成雌花较容易，耐短截。

适宜种植范围 山东省泰沂山区的山地、丘陵地及鲁东南河滩地。

图1-58-2 '黄棚'结果状（明桂冬，2003）
Figure 1-58-2　Bearing status of Chinese chestnut 'Huangpeng'

图1-58-1 '黄棚'树形（沈广宁，2003）
Figure 1-58-1　Tree form of Chinese chestnut 'Huangpeng'

图1-58-3 '黄棚'刺苞和坚果（明桂冬，2004）
Figure 1-58-3　Bar and nut of Chinese chestnut 'Huangpeng'

59　'金丰'　Jinfeng

来源及分布　别名'徐家1号'。1969年选出，母树位于山东省招远市纪山乡徐家村。集中分布于山东胶东产区。

选育单位　山东省果树研究所。

植物学特征　树体中等，树姿直立，树冠紧凑度一般。树干灰褐色，皮孔小、密，呈不规则分布。结果母枝健壮，均长25~30 cm，节间长3.2 cm，每果枝平均着生刺苞2.4个，翌年平均抽生结果新梢2.2条。叶绿色，椭圆形，背面稀疏分布灰白色星状毛，叶姿较平展，锯齿浅，刺针直向；叶柄黄绿色，长2.4 cm。每果枝平均着生雄花序7条，长17.4 cm，花形下垂。刺苞扁椭圆形，黄绿色，成熟时十字裂或三裂，苞肉厚0.3 cm，平均苞重55 g，每苞平均含坚果2.6粒，出实率38%；刺束中密、硬，分枝角度小，刺束黄色，刺长1.4 cm。坚果近三角形，红褐色，明亮，茸毛少，筋线不明显，底座中小，接线月牙形或小波状，整齐度中，平均单粒重8.0 g；果肉黄色，糯性，细腻，味甜。坚果含水量50.5%，可溶性糖16.8%，淀粉61.2%，蛋白质9.8%。

生物学特性　在山东鲁中山区4月10日萌芽，雄花盛花期6月1日，果实成熟期9月下旬，落叶期11月上中旬。幼树生长势较旺，树姿直立，结果后树势中庸，逐趋开张；始果期早，3年进入正常结果期，在立地条件和管理较好情况下，表现丰产稳产。

综合评价　成花容易，结果早，在栽培条件好时表现丰产稳产。在立地条件和管理差的情况下，树势偏弱，

图 1-59-1　'金丰'树形（田寿乐，2013）
Figure 1-59-1　Bearing status of Chinese chestnut 'Jinfeng'

图 1-59-2　'金丰'刺苞和坚果（田寿乐，2013）
Figure 1-59-2　Bar and nut of Chinese chestnut 'Jinfeng'

图 1-59-3　'金丰'坚果（田寿乐，2011）
Figure 1-59-3　Nut of Chinese chestnut 'Jinfeng'

大小年现象突出，空苞率高，坚果不整齐。栽培时应选择在立地条件较好的地方发展。目前山东省各产区均有栽培。

60　'莱州短枝'　Laizhou Duanzhi

来源及分布　1981年自山东省莱州市柴棚乡连乔村实生树中选出，1995年通过烟台市科委鉴定。

选育单位　山东省莱州市林业局。

植物学特征　树体矮小，树姿较开张，树冠紧凑度一般。树干灰褐色，皮孔大小中等，稀，呈不规则分布。结果母枝健壮，节间1.29 cm。叶浓绿色，长椭圆形，背面稀疏分布灰白色星状毛，叶姿较平展，锯齿深，刺针外向；叶柄绿色。雄花序花形下垂。刺苞椭圆形，黄绿色，成熟时十字裂，苞肉薄，平均苞重70 g；刺束黄色，稀、硬，分枝角度大，刺长较长。坚果椭圆形，深褐色，明亮，茸毛少，筋线不明显，底座中等大小，接线波状，整齐度高，平均单果粒重14.8 g；果肉黄色，糯性、细腻，味甜。坚果含水量54.01%，可溶性糖5.61%，淀粉34.83%。

生物学特性　在山东莱州4月20日萌芽，雄花盛花期6月6日，果实成熟期9月27日，落叶期11月上旬。幼树生长健壮，雌花易形成，结果早，产量高，嫁接后第4年即进入盛果期。丰产稳定，无大小年现象，适应性和抗逆性强，在干旱缺水的片麻岩山地、土壤贫瘠的河滩沙地均能正常生长结果。

综合评价　树体较矮小，雄花序短而数量少，雌花较多。新梢中结果枝比例为46.8%。丰产稳产，抗抽干、抗病虫害，耐干旱瘠薄。

61 '丽抗' Likang

来源及分布 别名'东黄埝1号'。原产山东省莒南县洙边镇东黄埝村，集中分布于山东中南部、沂沭河产区。2002年12月通过山东省科技厅组织的专家鉴定并命名，审定编号为鲁S-SV-CM-011-2005。

选育单位 山东省莒南县林业局。

植物学特征 树体中等，树姿直立，树冠紧凑度一般。树干灰色，皮孔中大而不规则，稀。结果母枝健壮，平均长26.5 cm，粗0.5 cm，每果枝平均着生刺苞2.0个，翌年平均抽生结果新梢2.3条。叶浓绿色，长椭圆形，背面着生稀疏灰白色星状毛，叶姿平展，锯齿浅，刺针直向；叶柄黄绿色，长1.5 cm。每果枝平均着生雄花序5.4条，花形下垂。刺苞近圆形，黄绿色，成熟时一字裂或十字裂，苞肉薄，厚0.14 cm，平均苞重50 g，每苞平均含坚果2.2粒，出实率43%；刺束黄色，密度中等，硬度一般，分枝角度中，刺长1.2 cm。坚果近圆形，深褐色，明亮，茸毛少，筋线不明显，底座小，接线平滑，整齐度高，平均单粒重11.2 g；果肉黄色，糯性，细腻，味香甜。鲜果含可溶性糖5.80%，淀粉33.07%，蛋白质4.46%。适于炒食。

生物学特性 物候期相对晚，在山东莒南县4月下旬萌芽，5月上旬展叶，6月下旬雄花盛花期，果实成熟期9月下旬，落叶期11月中旬。树冠较大，生长势旺盛。抗逆性强，抗旱，耐瘠薄，抗红蜘蛛。在干旱缺水的片麻岩山地、土壤贫瘠的丘陵地均能正常生长结果。早实性强，中幼树嫁接第2年结果，第3年株产1.8 kg；丰产，嫁接后8年每亩产量433.6 kg，每平方米树冠投影面积产量0.91 kg。

适宜种植范围 山东板栗适生栽培区。

图 1-61-2 '丽抗'坚果（鲁刚，2008）
Figure 1-61-2 Nut of Chinese chestnut 'Likang'

图 1-61-1 '丽抗'结果状（鲁刚，2011）
Figure 1-61-1 Bearing status of Chinese chestnut 'Likang'

62 '鲁岳早丰'
Luyue Zaofeng

品种来源 从山东省泰安市岱岳区黄前镇麻塔村选育出的实生变异优株，优质，丰产。2005年通过山东省林木品种审定委员会审定，审定编号为鲁S-SV-CM-010-2005。

选育单位 山东省果树研究所。

植物学特征 树体中等，树姿半开张，树冠圆头形。多年生枝灰白色，1年生枝灰绿色，皮孔突出，中大，密；结果母枝健壮，均长31.2 cm，粗0.8 cm，每果枝平均着生刺苞2.5个，翌年平均抽生结果新梢3.6条。混合芽大而饱满，近圆形。叶长椭圆形，长16.5 cm，宽6.3 cm，叶正面深绿色，背面灰绿色，叶尖渐尖，锯齿斜向，两边叶缘向背面微曲，叶姿褶皱波状，斜向；叶柄黄绿色，长1.89 cm。每果枝着生雄花序7.2条。刺苞椭圆形，苞肉厚0.2 cm，成熟时一字裂，平均苞重51.1 g，出实率55%，每苞平均含坚果2.8粒，空苞率4.8%；刺束长1.3 cm，较硬，分枝角度小。坚

图1-62-2 '鲁岳早丰'结果状（明桂冬，2005）
Figure 1-62-2　Bearing status of Chinese chestnut 'Luyue Zaofeng'

果椭圆形，红褐色，明亮，底座中，接线月牙形，整齐饱满，平均单粒重11.0 g；果肉黄色，细糯，味香甜。坚果含水量51.5%，可溶性糖21.0%，淀粉67.8%，蛋白质9.5%。

生物学特性 在山东鲁中山区，4月初萌芽，4月10日左右展叶，6月初雄花盛花期，果实成熟期8月30日左右，落叶期11月上中旬。结果早，连续结果能力强。幼树嫁接第2年即能结果，3年形成产量，4~5年丰产，5年生树亩产量可达300 kg以上。综合表现为早熟、丰产、优质、耐瘠薄、

耐贮藏等特点，特别适宜在山地、丘陵、河滩种植发展，是当前早熟板栗改良换代的优良品种。

适宜种植范围 山东省板栗产区。

63 '蒙山魁栗'
Mengshan Kuili

来源及分布 1988年从山东省费县马头崖乡大良村实生树中选出，母树树龄50年以上。集中分布于山东沂蒙山地区。

选育单位 费县科学技术局。

植物学特征 树体高大，树姿直立，树冠紧凑。多年生树干灰褐色，1年生枝灰白色，皮孔中大、稀，不规则分布；结果母枝健壮，均长42 cm，粗0.75 cm，每果枝平均着生刺苞2.5个，翌年平均抽生结果新梢2.1条。叶片肥大，浓绿，椭圆形，背面稀疏分布灰白色星状毛，叶姿挺立，锯齿深，刺针直向至外向；叶柄黄绿色。每果枝平均着生雄花序5.5条，花形下垂。

图1-62-1 '鲁岳早丰'树形（田寿乐，2005）
Figure 1-62-1　Tree form of Chinese chestnut 'Luyue Zaofeng'

图1-62-3 '鲁岳早丰'刺苞和坚果（明桂冬，2005）
Figure 1-62-3　Bar and nut of Chinese chestnut 'Luyue Zaofeng'

图 2-63-1　'蒙山魁栗'结果状（田寿乐，2012）
Figure 2-63-1　Bearing status of Chinese chestnut 'Mengshan Kuili'

图 2-64-1　'清丰'坚果（孙岩，20 世纪 90 年代）
Figure 2-64-1　Nut of Chinese chestnut 'Qingfeng'

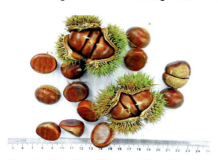

图 2-63-2　'蒙山魁栗'刺苞和坚果（田寿乐，2012）
Figure 2-63-2　Bar and nut of Chinese chestnut 'Mengshan Kuili'

刺苞椭圆形，黄绿色，成熟时十字裂，苞肉厚，平均苞重 70~80 g，每苞平均含坚果 2.3 粒，出实率 47.5%，优于'郯城 207'；刺束黄色，疏、硬、分枝角度中等，刺长 1.6 cm。坚果近圆形，红褐色，属半明栗，茸毛较少，筋线不明显，底座中大，接线波状，整齐度高，平均单粒重 15 g；果肉黄色，糯性、细腻、味甜。坚果含可溶性糖 20%，淀粉 69.9%，蛋白质 5.46%。5年生树平均株产 49.5 kg，每平方米树冠投影面积 0.6 kg。

生物学特性　在山东鲁中山区 4 月上旬萌芽，雄花盛花期 6 月上中旬，果实成熟期 9 月下旬，落叶期 11 月上旬。结果早，丰产。2 年生幼砧嫁接后第 2 年结果，第 3 年平均株产 1.6 kg，盛果期每亩产量 318 kg。

综合评价　优质大粒型品种，早实、丰产、耐贮藏、适于炒食。在原产地已应用于生产，以其独具特点深受广大栗农及消费者喜爱，售价明显高于当地其他品种。

64　'清丰'　Qingfeng

来源及分布　别名'清泉 2 号'。1971 年选自山东海阳县清泉夼，1977 年定名'清丰'。集中分布于山东胶东产区。

选育单位　烟台市林业科学研究所。

植物学特征　树体矮小，树姿半开张，树冠紧凑。多年生树干灰褐色，1 年生枝灰绿色，皮孔小而不规则，密；结果母枝健壮，均长 27 cm，节间长 1.7 cm，每果枝平均着生刺苞 3 个，翌年平均抽生结果新梢 2.4 条。叶浓绿色，长椭圆形，背面稀疏着生灰白色星状毛，叶姿平展，锯齿深，刺针直向；叶柄黄绿色。每果枝平均着生雄花序 6 条，花形下垂，长 8.5 cm；刺苞椭圆形，黄绿色，成熟时十字裂或三裂，苞肉厚，平均苞重 45 g，每苞平均含坚果 2.5 粒，出实率 38%，空苞率 10%；刺束黄色，密、硬、分枝角度小。坚果椭圆形，果顶凹，灰褐色，全果面密披短茸毛，中部以上茸毛浓密，筋线不明显，底座中大，接线波状，整齐度中等，平均单粒重 7.1 g；果肉淡黄色，糯性，质地细，味甜。

生物学特性　在山东胶东 4 月中旬萌芽，雄花盛花期 6 月中下旬，果实成熟期 9 月下旬，落叶期 11 月中下旬。

综合评价　树体较小，树冠紧凑，始果年龄早，产量品质一般。空苞率高，嫁接亲和力差。

65 '山农辐栗' Shannong Fuli

来源及分布 原代号'板栗10-14突变系'。1980年采用快中子处理'粘底板'品种的枝条,1987年选出的突变系。1998年通过山东省林木品种审定委员会审定(审定名称为'山农辐栗')。

选育单位 山东农业大学。

植物学特征 树高中等,树姿半开张,树冠紧凑度一般。树干皮色灰褐,皮孔中大,不规则排列,密度中等。结果母枝粗壮,每果枝平均着生刺苞2.2个,翌年平均抽生结果新梢2.8条。叶浓绿色,椭圆形,背面稀疏分布灰白色星状毛,叶姿平展,锯齿浅,刺针内向;叶柄黄绿色。雄花序下垂。刺苞椭圆形,黄绿色,成熟时三裂或十字裂,苞肉厚度中等,每苞平均含坚果2.5粒;刺束密、硬,分枝角度小,颜色黄色,刺长1.4 cm。坚果椭圆形,红褐色,明亮,茸毛较少,筋线不明显,底座中等大小,接线波状,整齐度一般,平均单粒重13.5 g;果肉黄色,口感糯性,细腻,味甜。

生物学特性 在山东鲁中山区4月上旬萌芽,6月初雄花盛花期,果实成熟期9月底至10月初,落叶期11月上旬。生长势中庸,细弱枝少,枝条粗壮。结果早,苗木定植当年结果株率可达22%。

综合评价 适应性强,结果早,丰产,结果能力强,果粒大,品质优良。

图1-65-2 '山农辐栗'坚果(孙岩,20世纪90年代)
Figure 1-65-2 Nut of Chinese chestnut 'Shannong Fuli'

图1-65-1 '山农辐栗'树形(孙岩,20世纪90年代)
Figure 1-65-1 Tree form of Chinese chestnut 'Shannong Fuli'

66 '石丰' Shifeng

来源及分布 别名'中石现1号'。母树位于山东海阳县中石现村,1971年选出。广泛分布于胶东、鲁中、鲁南产区。

选育单位 山东省果树研究所。

植物学特征 树体较矮,树姿开张,树冠较开张。树干红褐色,皮孔中大、稀,不规则分布。结果母枝健壮,均长25 cm,粗0.5 cm,节间1.5 cm,每果枝平均着生刺苞1.9个,翌年平均抽生结果新梢1.9条。叶灰绿色,长椭圆形,背面密被灰白色星状毛,叶姿下垂,果前梢叶严重下垂,向内纵卷,灰白茸毛密布叶脉周围,是该品种明显特征,锯齿浅,刺针内向;叶柄黄绿色,2.2 cm。每果枝平均着生雄花序6.2条,花形下垂,长10~12 cm。刺苞椭圆形,

图 1-66-1 '石丰'结果状（田寿乐，2012）
Figure 1-66-1　Bearing status of Chinese chestnut 'Shifeng'

图 1-66-3 '石丰'刺苞和坚果（田寿乐，2012）
Figure 1-66-3　Bar and nut of Chinese chestnut 'Shifeng'

黄绿色，成熟时十字裂，苞肉厚2.2 cm，平均苞重59 g，每苞平均含坚果2.4粒，出实率40%；刺束较疏、硬，分枝角度中等，刺束黄色，刺长1.5 cm。坚果椭圆形，深褐色，明亮，茸毛少，筋线明显，底座大小中等，接线如意状，整齐度高，平均单粒重9.5 g；果肉黄色，细糯香甜，涩皮不易剥离。坚果含水量54.3%，可溶性糖15.8%，淀粉63.3%，蛋白质10.1%。

生物学特性　在山东鲁中山区4月上旬萌芽，雄花盛花期6月中旬，果实成熟期9月下旬，落叶期11月上旬。成年树树势中等，树冠较小，适于密植。早实性强，丰产稳产，10年生树连续5年平均每亩产230 kg。

综合评价　结果早，丰产性好，连续结果能力强，树势稳定易于控制，适宜密植；抗逆性强，适应范围广；坚果美观，品质优良，涩皮不易剥离是其不足。为山东板栗产区主栽品种，已引种至北京、河北、辽宁、河南、江苏、安徽、广西、贵州等地。

图 1-66-2 '石丰'树形（田寿乐，2012）
Figure 1-66-2　Tree form of Chinese chestnut 'Shifeng'

67 '宋家早' Songjiazao

来源及分布 1964年从山东省泰安市黄前镇宋家庄实生树中选出。广泛分布于山东中南部山地及丘陵产区。

选育单位 山东省果树研究所。

植物学特征 树体高大，树姿半开张，树冠紧凑度一般。树干棕色，皮孔中等大小、密生，椭圆形，不规则排列。结果母枝健壮，长35 cm，粗0.6 cm，节间2.6 cm，每果枝平均着生刺苞2.6个，翌年平均抽生结果新梢2.9条。叶绿色，长椭圆形，背面稀疏分布灰白色星状毛，叶姿平展略下垂，锯齿深，刺针直向至外向；叶柄黄绿色，长2.4 cm。每果枝平均着生雄花序10条，花形直立，长15.5 cm。刺苞椭圆形至圆形，焦绿色，成熟时一字裂或三裂，苞肉厚0.4~0.5 cm，平均苞重60 g，每苞平均含坚果2.5粒，出实率38%；刺束密，硬度中等，分枝角度中等，焦刺，刺长1.8 cm。坚果椭圆形，深褐色，明亮，茸毛少，筋线不明显，底座大小中等，射线明显，接线波状，整齐度稍低，平均单粒重9.5 g；果肉黄色，糯性，细腻，味香甜。坚果含水量56.5%，可溶性糖14%，淀粉50.6%，蛋白质11.1%。

生物学特性 在山东鲁中山区4月6日萌芽，雄花盛花期5月30日，果实成熟期9月初，落叶期11月上旬。该品种以成熟早而取名，始果期早，在肥水较好条件下表现丰产，瘠薄山地栽植空苞多。受桃蛀螟、皮夜蛾等危害重，嫁接亲和力较差。

综合评价 树体生长势强，早实丰产，是山东主要早熟品种之一。喜肥水，瘠薄条件下空苞率高，需加强肥水管理，坚果美观，耐贮藏较差，适宜炒食。

图1-67-2 '宋家早'结果状（田寿乐，2011）
Figure 1-67-2 Bearing status of Chinese chestnut 'Songjiazao'

图1-67-1 '宋家早'树形（田寿乐，2012）
Figure 1-67-1 Tree form of Chinese chestnut 'Songjiazao'

图1-67-3 '宋家早'刺苞和坚果（田寿乐，2011）
Figure 1-67-3 Bar and nut of Chinese chestnut 'Songjiazao'

图1-67-4 '宋家早'坚果（田寿乐，2011）
Figure 1-67-4 Nut of Chinese chestnut 'Songjiazao'

68 '泰安薄壳'
Tai'an Baoke

来源及分布 1964年从山东省泰安市麻塔区宋家庄实生树中选出。广泛分布于山东中南部山区。

选育单位 山东省果树研究所。

植物学特征 树体高大，树姿半开张，树冠紧凑。树干灰褐色，皮孔中大，密，不规则排列。结果母枝健壮，均长25 cm，粗0.67 cm，节间2.0 cm，每果枝平均着生刺苞1.9个，翌年平均抽生结果新梢2.2条。叶深绿色，长椭圆形，背面稀疏分布灰白色星状毛，叶姿斜生较平展，锯齿深，刺针直向；叶柄黄绿色，长2.4 cm。每果枝平均着生雄花序12条，花形下垂，长20.3 cm。刺苞扁椭圆形，黄绿色，成熟时一字裂或十字裂，苞肉极薄，平均苞重50 g，每苞平均含坚果2.8粒，出实率56%，空苞率极低；刺束短、稀、硬，分枝角度大，刺束黄色，刺长1.0 cm。坚果圆形，深褐色，特亮，

图 1-68-2 '泰安薄壳' 结果状（田寿乐，2011）
Figure 1-68-2 Bearing status of Chinese chestnut 'Tai'an Baoke'

富光泽，茸毛极少，筋线不明显，底座甚小，接线大波状，整齐度高，平均单粒重10 g；果肉黄色，糯性，细腻，味香甜。坚果含水量44.5%，可溶性糖15.4%，淀粉66.4%，脂肪3.0%，蛋白质10.5%。

生物学特性 在山东鲁中山区4月8日萌芽，雄花盛花期6月1日，果实成熟期9月23日。幼树直立旺长，进入结果期晚；盛果期生长势缓和，连续结果能力强。适合瘠薄山地栽植，在立地条件较好的环境易徒长，生长势难以控制。球苞肉极薄，刺束极稀，食果性害虫不易危害。坚果深褐色，油亮美观，极耐贮藏，1974—1975年广西植物研究所进行的全国主要品种耐贮性试验被评为首位；适宜炒食；商品性佳。

综合评价 树势强健，结果晚，连续结果能力强，适宜瘠薄山地栽植，肥水较好条件下易徒长。抗栗红蜘蛛能力强。苞肉极薄，出实率高；坚果极美观，品质优良，适宜炒食。应注意控制中庸树势，方可丰产稳产。

图 1-68-1 '泰安薄壳' 树形（田寿乐，2011）
Figure 1-68-1 Tree form of Chinese chestnut 'Tai'an Baoke'

图 1-68-3 '泰安薄壳' 刺苞和坚果（田寿乐，2011）
Figure 1-68-3 Bar and nut of Chinese chestnut 'Tai'an Baoke'

69 '泰栗1号'
Taili 1 hao

来源及分布 别名'泰山1号'。为'粘底板'变异优株，20世纪80年代于山东省新泰市楼德镇东王庄村选出。广泛分布于鲁中南山地、丘陵、河滩地。2000年通过山东省农作物品种审定委员会审定，审定编号为"鲁种审字第341号"（审定名称为'泰栗1号'）。

选育单位 山东省果树研究所。

植物学特征 树高中等，树姿较开张，树冠紧凑度一般。树干皮色灰褐，皮孔中大，较密，不规则排列。结果母枝健壮，基部略弯曲，前端密生茸毛，均长32 cm，粗0.67 cm，节间长2.2 cm，每果枝平均着生刺苞2.1个，翌年平均抽生结果新梢2.4条。叶浓绿色，质地较厚，阔披针形，背面稀疏分布灰白色星状毛，叶姿斜生平展，锯齿深，刺针内向至直向；叶柄黄绿色，长2.7 cm。每果枝平均着生雄花序12条，花形下垂，长18 cm。刺苞椭圆形至扁椭圆形，黄绿色，成熟时三裂或十字裂，苞肉较厚，厚约0.4 cm；刺苞大型，平均苞重100～120 g，每苞平均含坚果2.8粒，出实率42%，空苞率2%；刺束密度中等，硬，分枝角度一般，刺束焦，刺长1.6 cm。坚果近圆形，红棕色，有暗褐色条纹，光亮，茸毛少，筋线不明显，底座大，接线波纹，整齐度中等，平均单粒重18 g；果肉淡黄色，半糯性，质地较细，味香甜，含水量59.5%，可溶性糖22.5%，淀粉66%，蛋白质7.3%。

生物学特性 在山东泰安山区4月8日萌芽，6月2日雄花盛花期，果实成熟期9月3日，落叶在11月上旬。早熟、丰产、优质大粒型品种，较耐贮藏，适合炒食与加工。结果早，利用中幼砧高接，第2年株产14.4 kg；丰产性强，利用嫁接苗定植建园，4～5年平均株产7.0 kg，每亩产391.99 kg。

综合评价 优质早熟品种，早实性强，丰产；坚果较耐贮藏，为炒食与加工兼用品种。喜肥水，适合土层深厚，肥水条件好的山前平地、河滩地栽植；在瘠薄山地容易出现早衰，需加强肥水管理。耐短截，修剪时适当重剪，维持偏旺树势。高温干旱时节注意防控栗红蜘蛛危害。

图 1-69-2 '泰栗1号'刺苞和坚果（田寿乐，2008）
Figure 1-69-2　Bar and nut of Chinese chestnut 'Taili 1 hao'

图 1-69-3 '泰栗1号'刺苞和坚果（田寿乐，2008）
Figure 1-69-3　Bar and nut of Chinese chestnut 'Taili 1 hao'

图 1-69-1 '泰栗1号'结果状（田寿乐，2008）
Figure 1-69-1　Bearing status of Chinese chestnut 'Taili 1 hao'

70 '泰栗5号'
Taili 5 hao

品种来源 从山东省泰安市岱岳区黄前镇大地村山地栗园选出。2005年12月通过山东省林木品种审定委员会审定，审定编号为鲁S-SV-CM-012-2005。

选育单位 泰安市林业科学研究院。

植物学特性 盛果期树（7年生）高4.5 m左右，干周55 cm左右。树冠投影面积19.63 m²。幼树期长势较旺，树冠较开张，圆头形。枝条稀疏，灰褐色。皮孔中大，扁圆形，密。结果母枝平均抽生结果枝3.88个，每结果枝平均着生刺苞2.35个。混合芽长圆形，芽尖黄色，大而饱满。叶长椭圆形，中大，深绿色，叶渐尖，锯齿小、直向，叶片斜向着生；叶柄黄绿色。雄花序斜生，雌花簇乳黄色，混合花序出现时，雄花段顶端为橙黄色。刺苞椭圆形，单苞质量 80.40 g，每苞含坚果 2.5 个，出实率为 42.5%；刺束中密，较软，直立，黄绿色，刺苞肉较薄，厚约 0.24 cm，成熟时多十字裂。坚果椭圆形，紫褐色，油亮，充实饱满，整齐，底座较小，呈月牙形，单粒质量 9.55 g；果肉黄色，细糯香甜，含水量 52.63%，干样淀粉含量 63.03%、含糖量 20.54%、蛋白质 9.31%、脂肪 3.37%，涩皮易剥离。耐贮藏，适宜炒食，商品性优。

生物学特性 在山东泰安萌芽期 4 月 7~8 日，展叶期 4 月 20~21 日，雄花盛花期 6 月 5 日，雌花盛花期在 6 月 7 日，果实成熟期 9 月 11~12 日，落叶期在 11 月上旬。幼树改接第 2 年结果，4~5 年生树每年产量可达 200 kg 以上。早实、丰产、抗旱、耐瘠薄，对栗红蜘蛛、栗瘿蜂有较强抗性。

适宜种植范围 山东临沂、泰安等地。

图 1-70-2 '泰栗 5 号' 刺苞和坚果（张继亮，2005）
Figure 1-70-2 Bar and nut of Chinese chestnut 'Taili 5 hao'

71 '郯城 207' Tancheng 207

来源及分布 1964 年从山东省郯城县归义乡茅茨村选出，为'郯城大油栗'类型中的典型优株，广泛分布于沂沭河平原、鲁中山区。

选育单位 山东省果树研究所。

植物学特征 树势中庸，树姿直立，树冠紧凑。树干灰褐色，皮孔小而密，不规则排列。结果母枝粗壮而有弯曲，每果枝平均着生刺苞 2 个，翌年平均抽生结果新梢 2.4 条。叶绿色，椭圆形，背面稀疏着生灰白色星状毛，叶姿较平展，锯齿深，刺针外向；叶柄黄绿色。每果枝平均着生雄花序 11 条，花形直立，长 19 cm。刺苞椭圆形，黄绿色，成熟时三裂，苞肉厚 0.4 cm，平均苞重 80 g，每苞平均含坚果 2.6 粒，出实率 35%~39%（苞柄以上一段雄花序宿存直至成熟是其明显特征）；刺束密度中等，硬度一般，分枝角度中等，刺束焦，刺长 1.7 cm。坚果椭圆形，红褐色，油亮，茸毛少，筋线明显，底座中大，接线月牙形，整齐度中等，平均单粒重 9~14 g；果肉淡黄色，半糯性，较细腻，味甜。坚果含水量 53.5%，可溶性糖 11.9%，淀粉 69%，蛋白质 10.5%。

生物学特性 在山东鲁中山区 4 月 7 日萌芽，雄花盛花期 6 月 6 日，果实成熟期 9 月下旬，在肥水条件差时坚果不饱满，易皱皮，果皮浅红，品质下降。嫁接苗 3 年可进入正常结果期，盛果期每亩产量达 250 kg 以上。

综合评价 与'莱西大油栗''蒙山魁栗'并列山东三个大粒资源。枝芽粗壮饱满；刺苞大型，坚果大粒，不甚饱满，纵线突起，品质中，较耐贮藏。桃蛀螟、皮夜蛾等蛀果性害虫危害较重。

图 2-71-1 '郯城 207' 坚果（孙岩，20 世纪 90 年代）
Figure 2-71-1 Nut of Chinese chestnut 'Tancheng 207'

图 1-70-1 '泰栗 5 号' 树形（张继亮，2005）
Figure 1-70-1 Tree form of Chinese chestnut 'Taili 5 hao'

72 '郯城3号'
Tancheng 3 hao

来源及分布 实生树中选出，母树位于山东省郯城县城关乡董庄村。广泛分布于鲁中南山地、丘陵。1998年通过山东省农作物品种审定委员会审定，审定编号为"鲁种审字第236号"（审定名称为'郯城3号'）。

选育单位 山东省果树研究所。

植物学特征 树体高大，树姿直立，树冠紧凑。树干皮色灰褐色带绿色，皮孔中小而不规则，密度中。结果母枝健壮，均长24.3 cm，粗0.7 cm，每果枝平均着生刺苞2.2个，翌年平均抽生结果新梢3条。叶片浓绿色，长椭圆形，背面稀疏分布灰白色星状毛，叶姿平展，锯齿深，刺针直向；叶柄黄绿色，长1.6 cm。每果枝平均着生雄花序7条，花形下垂，长12 cm。刺苞椭圆形，黄绿色，成熟时一字裂或十字裂，苞肉厚0.24 cm，平均苞重80 g，每苞平均含坚果2.8粒，出实率46%，空苞率5%；刺束密疏、硬、分枝角度大，刺束焦。坚果椭圆形，红褐色，光亮，茸毛少，筋线不明显，底座中，接线平直或小波状，整齐度高，平均单粒重12 g；果肉黄色，细糯，味香甜。坚果含水量55%，可溶性糖29%，淀粉53%，脂肪2.7%。

图 1-72-1　'郯城3号'刺苞和坚果（孙岩，20世纪90年代）
Figure 1-72-1　Bar and nut of Chinese chestnut 'Tancheng 3 hao'

生物学特性 在山东鲁中山区4月10日萌芽，6月2日雄花盛花期，果实成熟期9月24日，落叶期11月上旬。树势健壮，干性强；幼树树势直立旺盛，连续结果能力强；强壮枝比例大，纤弱枝较少；嫁接后2~3年结果，品质优良，耐贮藏，适合炒食。早实丰产性强，嫁接第2年结果，2~4年平均株产8.2 kg，盛果期每亩产量420 kg。

综合评价 丰产性强，大小年不明显，坚果属中大粒，大小整齐，品质优良，耐贮藏，适宜炒食。结果母枝粗壮，雌花形成容易，细弱枝少，栗瘿蜂危害甚轻。

73 '威丰'

Weifeng

来源及分布 从山东省乳山市马石店镇井乔家村栗园选出，广泛分布于烟台、威海浅山和丘陵区，鲁中南也有分布。2003年通过山东省林木良种审定，审定编号为鲁S-SV-CM-005-2003。

选育单位 乳山市林业局。

植物学特征 树体中等，树姿直立，树冠紧凑。树干绿褐色，皮孔大而密，排列不规则。结果母枝健壮，平均长40 cm，粗0.7 cm，每果枝平均着生刺苞2.2个，翌年平均抽生结果新梢2~3条。叶片大，浓绿，椭圆形，背面稀疏分布灰白色星状毛，叶姿挺立，锯齿深，刺针直向；叶柄黄绿色。每果枝平均着生雄花序8~12条，花形下垂。刺苞椭圆形，黄绿色，成熟时一字或十字裂，苞肉厚，平均苞重116.5 g，每苞平均含坚果2~3粒，出实率38.8%，空苞率5.5%；刺束密、软，分枝角度小，刺束青，刺长1.8 cm。坚果椭圆形，红褐色，明亮，茸毛少，

图 1-73-1　'威丰'树形（田寿乐，2011）
Figure 1-73-1　Tree form of Chinese chestnut 'Weifeng'

图 1-73-2　'威丰'结果状（田寿乐，2011）
Figure 1-73-2　Bearing status of Chinese chestnut 'Weifeng'

图 1-73-3　'威丰'坚果（田寿乐，2011）
Figure 1-73-3　Nut of Chinese chestnut 'Weifeng'

筋线不明显，底座大小中等，接线波纹，整齐度中，平均单粒重20.4 g；果肉淡黄色，半糯性，较细腻，味甜，含可溶性糖20.61%。

生物学特性 在山东威海5月初萌芽，5月中旬展叶，7月上旬雄花盛花期，果实成熟期9月下旬，落叶期11月中下旬。树体生长健壮，成花容易。结实早，丰产性强，抗逆性强，干旱条件下依然可以取得较高产量。

综合评价 刺苞大型，苞刺细长，手感柔软。树势健壮，树形以自然圆头形为主，夏季应加强摘心控制，促进花芽分化。易受金龟子危害，应注意加强对金龟子的防治。

74 '烟泉' Yanquan

来源及分布 1975年从实生树中选出，广泛分布于山东省烟台、威海栗产区。

选育单位 烟台市林业科学研究所。

植物学特征 树体矮小，树姿较直立，树冠开张。树干及多年生枝灰褐色，1年生枝灰绿色，皮孔中而密；结果母枝健壮，均长30 cm，每果枝平均着生刺苞1.5个，翌年平均抽生结果新梢2.3条。叶浓绿色，长椭圆形，背面稀疏着生灰绿色短茸毛，叶姿挺立，锯齿深，刺针外向；叶柄黄绿色。每果枝平均着生雄花序9条，花形下垂，长10 cm。刺苞扁椭圆形，黄色，成熟时十字裂，苞肉薄，每苞平均含坚果2.4粒，出实率38%，空苞率低于2%；刺束疏而硬，分枝角度大，黄绿色，刺长较短。坚果椭圆形，深褐色，明亮，茸毛少，筋线不明显，平均单粒重8.3 g；果肉深褐色，糯性，味香甜。坚果含水量54.01%，可溶性糖27.49%，淀粉54.4%，脂肪3.21%，蛋白质9.56%。

生物学特性 在山东烟台4月5日萌芽，4月27日展叶，雄花盛花期6月19日，果实成熟期9月下旬，落叶期11月下旬。幼树生长极旺盛，成龄树树冠开张，树势中庸。结果母枝萌发率高，但成枝力稍低，果枝连续结果力强，具有较强的基部芽结实能力。早实性强，嫁接1年生砧木第4年丰产，嫁接在3~5年生砧木上第3年可丰产。

综合评价 品质佳，坚果耐贮性强，早实丰产性较好，品质优良，适应性强。适宜河滩地栽植。

图1-74-2 '烟泉'结果状（田寿乐，2011）
Figure 1-74-2　Bearing status of Chinese chestnut 'Yanquan'

图1-74-1 '烟泉'树形（田寿乐，2011）
Figure 1-74-1　Tree form of Chinese chestnut 'Yanquan'

图1-74-3 '烟泉'刺苞和坚果（田寿乐，2011）
Figure 1-74-3　Bar and nut of Chinese chestnut 'Yanquan'

75 '阳光' Yangguang

来源及分布 原名'日选10号'。1995年在山东省日照市东港区三庄镇北陈家沟村南岭老板栗园中发现的一枝条变异，母株为高接普通乔化品种大树，树龄90余年。分布于山东的济南、烟台、泰安、日照等地。2006年通过山东省林木品种审定委员会审定，审定编号为鲁S-SV-CM-021-2006（审定名称为'阳光'）。

选育单位 山东省经济林管理站、日照市林业局。

植物学特征 树冠圆头形，较小，树形紧凑。多年生枝干灰褐色，1年生枝黄绿色；皮孔椭圆形，白色，大小中等，密度中等，呈不规则排列；枝条直立，较开张，结果枝多，达64%。新梢长度、节间长度明显较短，只有普通型品种'石丰'的2/3左右，短枝性状介于'沂蒙短枝'与'莱州短枝'之间；果前梢粗，混合芽数量多达8.7个，丰产性状明显。叶正面深绿色，背面灰绿色，叶尖渐尖，锯齿浅，针刺直向，叶姿平展。刺苞椭圆形，黄绿色，刺束中密较硬，成熟时一字裂或三裂，苞肉厚度中等，每苞平均含坚果2.6粒，出实率55%，空苞率4.8%。坚果椭圆形，红褐色，茸毛较少，筋线不

图1-75-2 '阳光'刺苞和坚果（公庆党，2006）
Figure 1-75-2 Bar and nut of Chinese chestnut 'Yangguang'

图1-75-3 '阳光'坚果（公庆党，2006）
Figure 1-75-3 Nut of Chinese chestnut 'Yangguang'

明显，底座中，接线波状，整齐度高；平均单粒重12.5 g，明显高于'沂蒙短枝'；果肉黄色，糯性，细腻，味甜。坚果含水量47.1%，总糖20.0%，淀粉53.1%，蛋白质11.9%，脂肪1.6%。品质优，适宜炒食，耐贮藏。

生物学特性 在山东日照4月1~12日萌芽，6月5~13日为雄花盛开期，坚果9月10~20日成熟，比'石丰'早13天；10月25日至11月8日落叶。结果早，丰产性状稳定，适应性强，较耐旱。幼树生长旺盛，试验园嫁接树于第2年开始结果，第3年形成规模产量，连续3年丰产，盛果期树每平方米树冠投影面积产量0.77 kg。

适宜种植范围 山东板栗产区。

图1-75-1 '阳光'树形（公庆党，2006）
Figure 1-75-1 Tree form of Chinese chestnut 'Yangguang'

76 '沂蒙短枝' Yimeng Duanzhi

来源及分布 别名'莒南03号'。于1980年从实生树中选出，母树位于山东省莒南县崖头乡东相沟村，分布于山东鲁中南、胶东产区。

选育单位 莒南县林业局。

植物学特征 树体矮小，树姿半开张，树冠紧凑。树干灰褐色，皮孔圆形，中大，较密而突出。结果母枝健壮，均长12.2 cm，粗0.57 cm，节间1.5~2 cm，每果枝平均着生刺苞1.9个，翌年平均抽生结果新梢2.5条。叶黄绿色，长椭圆形，背面稀疏着生灰白色星状毛，叶姿平展，枝条前端叶片卷曲呈船状，锯齿深，刺针外向；叶柄黄绿色，长1.6 cm。花形直立，长8.5 cm。刺苞球形至椭圆形，绿色，成熟时十字裂，苞肉厚13 mm，平均苞重43.5 g，每苞平均含坚果2.3粒，出实率40.8%，空苞率3%左右；刺束中密较硬，分枝角度中，刺束青色，长1.3 cm。坚果近三角形，红褐色，明亮，茸毛较少，筋线不明显，底座大小中等，接线波状，整齐度中等，平均单粒重7.9 g；果肉黄色，细糯，味香甜。坚果含水量53.03%，糖5.6%，淀粉34.53%，蛋白质3.93%。

生物学特性 在山东鲁中山区4月初萌芽，雄花盛花期6月6日，果实成熟期9月15日，落叶期11月上旬。树体极矮小紧凑，中幼砧嫁接7年树高1.46 m，树冠面积1.63 m²，矮化效果明显优于'燕山短枝'。结果母枝短而粗壮，适合短截修剪；果前梢短而细，粗度不足结果枝粗度的一半；发枝力弱，成枝力强，盛果期结果枝占63.7%，发育枝16.7%，弱枝19.6%。因其矮化性状异常突出，适于宽行矮密植栽培，嫁接后5~7年每亩产量可超过300 kg。

综合评价 短枝性状突出，树体矮小，是国内为数不多的可应用于生产的矮化品种，适于宽行密植栽培。形成雌花多，丰产潜力大。结苞过多容易导致树体衰弱，空苞增多，坚果变小且不整齐。盛果期注意控制结苞数量，盛果后期注意通风透光，维持中庸偏旺树势。该品种栽培水平要求较高，需加强修剪及水肥管理。

图1-76-2 '沂蒙短枝'结果状（田寿乐，2008）
Figure 1-76-2 Bearing status of Chinese chestnut 'Yimeng Duanzhi'

图1-76-3 '沂蒙短枝'刺苞和坚果（田寿乐，2012）
Figure 1-76-3 Bar and nut of Chinese chestnut 'Yimeng Duanzhi'

图1-76-4 '沂蒙短枝'坚果（田寿乐，2012）
Figure 1-76-4 Nut of Chinese chestnut 'Yimeng Duanzhi'

图1-76-1 '沂蒙短枝'树形（田寿乐，2008）
Figure 1-76-1 Tree form of Chinese chestnut 'Yimeng Duanzhi'

77 '杂 18'
Za 18

来源及分布 杂交选育,亲本为无花栗×日本栗,广泛分布于山东鲁中南山地、丘陵产区。1990年鉴定命名。

选育单位 山东省果树研究所。

植物学特征 树体高大,树姿半开张,树冠紧凑度一般。树干灰褐色,皮孔小而中密。结果母枝健壮,均长 22.0 cm,粗 0.55 cm,每果枝平均着生刺苞 2.6 个,翌年平均抽生结果新梢 2 条。叶黄绿色,卵状椭圆形,背面稀疏分布灰白色星状毛,叶姿挺立,锯齿浅,刺针直向;叶柄黄绿色。刺苞椭圆形,黄绿色,成熟时十字裂,苞肉厚 0.25 cm,平均苞重 45 g,每苞平均含坚果 2.6 粒,出实率 45%;刺束较疏而硬,分枝角度大,黄色,刺长 1.0 cm。坚果椭圆形至圆形,红褐色,明亮,茸毛

图 1-77-2 '杂 18' 树形(孙岩,20 世纪 90 年代)
Figure 1-77-2 Tree form of Chinese chestnut 'Za 18'

图 1-77-1 '杂 18' 结果状(孙岩,20 世纪 90 年代)
Figure 1-77-1 Bearing status of Chinese chestnut 'Za 18'

图 1-77-3 '杂 18' 坚果(孙岩,20 世纪 90 年代)
Figure 1-77-3 Nut of Chinese chestnut 'Za 18'

图 1-77-4 '杂 18'刺苞和坚果（孙岩，20 世纪 90 年代）

Figure 1-77-4　Bar and nut of Chinese chestnut 'Za 18'

少，筋线不明显，底座小，接线月牙形，整齐度高，平均单粒重 7.8 g；果肉黄色，细糯，味香甜。坚果含水量 47%，总糖 15%，淀粉 58.7%，蛋白质 9.4%。

生物学特性　在山东鲁中山区 4 月 7 日萌芽，4 月 22 日展叶，雄花盛花期 6 月 1 日，果实成熟期 9 月 14 日，落叶期 11 月 3 日。树势旺盛，雌花形成容易，结果早。果实耐贮藏性良好。7~10 年生母树株产 5 kg 左右；管理较好条件下，成年树每平方树冠投影面积产量 0.6 kg。

综合评价　枝粗芽大，结果早，丰产性强，适宜短截摘心，树冠易控制。

78　'确红栗' Quehongli

来源及分布　从河南省确山县诸多板栗品种中经过 20 多年的选育而获得的优质高产板栗新品种，1996 年该品种选育研究获林业部科技进步三等奖，已经河南省品种审定委员会认定。现为河南省推广主栽品种之一。目前已推广到周边省份。

选育单位　河南省确山县林业局。

植物学特征　树形开展树形开展，树冠半球形。新梢长 24 cm，较粗壮，节间 1.2 cm，皮孔稀疏，混合芽半椭圆形。叶长椭圆形，先端急尖，基部广楔形，长 18.2 cm，宽 7.6 cm，叶缘锯齿形略向内；叶柄长 1.5 cm。雄花长 12.5 cm，小花簇排列紧凑，每一结果枝平均着生 12 条。

树势中强。成年树平均每结果母枝抽生 3.8 个新梢，其中结果枝 1.4 个，纤弱枝 0.4 个，分别占新梢总数的 36.8% 和 10.5%，每一结果枝着苞 2.8 个，出籽率 46% 左右。刺苞大，重 97g 以上，长 9.8cm，高 8 cm，椭圆形，刺苞顶部稍有突起；刺长 1.8cm，密生。坚果三角形，果顶尖，果肩削，重 17.8 g，高 3.9 cm，厚 3.0 cm，果皮红色，油光发亮，果面光滑无毛，有少量灰白色毛茸集中在果顶附近，底座大小中等，接线直。果肉含水量 42.5%，总糖含量 17.5%，淀粉 48.0%，淀粉糊化温度 68.5℃。坚果对桃蛀螟及栗实象鼻虫抗性一般，采收好果率 95% 以上，耐贮藏。

生物学特性　在河南南部萌芽期 4 月 10 日，展叶期 4 月 20 日，雌花盛花期 6 月上旬，雄花期初期 6 月 5 日，盛花期 6 月 11 日，9 月下旬果实成熟。

综合评价　丰产稳产，果中大，红色，具油质光泽，美观，抗逆性及适应性较强。属晚熟品种，耐贮藏。由于果实成熟期较晚，在河南一带的秋旱对果实发育无大影响，引种到四川和河北等地仍保持其丰产和果实品质特性。

79　'确山红油栗' Queshan Hongyouli

来源及分布　原产于河南省确山县。因坚果红色或红褐色，具强烈油质光泽而得名。1995 年获全国林业博览会银奖，已由河南省品种认定，现为河南省主栽品种之一。周边省份引种栽植广泛。

植物学特征　树形开展，树冠半圆头形。新梢长 25.8 cm，较粗，节间长 1.3 cm，皮孔稀，混合芽半圆形。叶长椭圆形，前半部宽于后半部，先端尖，长 15.2 cm，宽 6.4 cm，无齿略内卷；叶柄长 1.4 cm。雄花序长 16.4 cm，小花簇排列疏松，每一结果枝平均着生 12 条。

树势较强。成年树平均每结果母枝抽生 3.7 个新梢，其中结果枝 1.4 个，雄花枝 1.8 个，纤弱枝 0.5 个，分别占新梢总数的 37.8%、48.6%，以及 13.5%，每一结果枝着苞 2.1 个，出籽率 51.4%。刺苞中等大，重 95 g 以上，长 8.5cm，高 6.2 cm，椭圆形；刺长 1.7 cm，密生，硬性。坚果圆形，果顶平或微凸，果肩浑圆，重 14~15 g，高 2.8 cm，厚 2.1 cm，果皮红色或赤褐色，具油质光泽，果面无毛茸，唯果顶处少量灰白色毛茸，底座中小，接线直，粟粒大。果肉含水量 41.7%，总含糖量 17.64%，淀粉 47.45%，淀粉糊化温度 64.9℃。肉质脆而较甜。坚果对桃蛀螟及栗实象鼻虫抗性一般，采收时好果率 98% 以上，耐贮藏。

生物学特性　在河南南部萌芽期 4 月 5 日，展叶期 4 月 17 日，雌花盛花期 5 月 27 日，雄花期初期 5 月 24 日，盛花期 5 月 28 日，9 月中下旬果实成熟。

综合评价　丰产、稳产、果中大、美观，适应性强，属晚熟品种，耐贮藏。此外，该品种雄花序长，花粉量大，花期适中，为其他品种授粉提供了条件，因此也是良好的授粉树种。

80 '桐柏红' Tongbaihong

品种来源 从河南省桐柏县实生栗树中选出，优质，丰产。母树地点在河南省桐柏县大河镇夹山村彭庄组河边，树龄80多年。2009年2月19日通过河南省林木品种审定委员会审定，审定编号为豫S-SV-CM-013-2009。

选育单位 桐柏县林业局。

植物学特征 树体中等，树姿半开张，树冠自然圆头形。树干皮色深褐，皮孔小而不规则，上有深浅不一纵向裂纹。结果母枝健壮，均长38.3 cm，粗0.73 cm，节间1.48 cm，每果枝平均着生刺苞2.23个，翌年平均抽生结果新梢1.86个。混合芽饱满呈长三角形。叶浓绿色，单生，长椭圆形，叶姿较平展，边缘有浅锯齿；叶柄浅绿色，均长1.96 cm。花期每年4月下旬至5月中下旬，每果枝平均着生雄花序6.6条，雄花序平均长12.7 cm，斜生。刺苞椭圆形，刺束密度及硬度中等，成熟刺苞呈焦枯状，成熟时三裂或一字裂，苞肉厚度中等，平均苞重63.9 g，每苞平均含坚果2.6粒。坚果椭圆形，红褐色，有光泽，茸毛较少，筋线不明显，底座小，接线波状，整齐度高，涩皮易剥，平均单果重8.9 g，最大果重9.6 g，出实率42.5%；果肉淡黄色，香甜富糯性。坚果含水量50.5%，总糖40.8%，淀粉34.8%，蛋白质4.9%，维生素C 53.5 mg/100 g，脂肪0.48%。

生物学特性 在河南南部地区4月15~20日萌芽，4月25~30日展叶，5月25~29日雄花盛花期，果实成熟期9月25~30日，落叶期11月8~12日。幼树生长旺盛，雌花易形成，结果早，嫁接后翌年结果，第4年进入盛果期。适应性和抗逆性强，丰产稳产，在干旱缺水的片麻岩山地、土壤贫瘠的河滩沙地均能正常生长结果。果实耐贮藏，抗病虫，是北方栗中的优良中熟品种。盛果期树花量大，坐果率高，注意加强肥水管理。

综合评价 树体中等，树姿半开张；结果早，产量高，连续结果能力强；坚果外观油亮，品质优良，口感好，适宜炒食，耐贮藏，抗病虫；适应性强，耐旱，耐瘠薄。河南南部板栗适生区均可栽植发展。

图1-80-2 '桐柏红'结果状（陈春玲，2009）
Figure 1-80-2 Bearing status of Chinese chestnut 'Tongbaihong'

图1-80-1 '桐柏红'树形（陈春玲，2009）
Figure 1-80-1 Tree form of Chinese chestnut 'Tongbaihong'

图1-80-3 '桐柏红'刺苞和坚果（陈春玲，2009）
Figure 1-80-3 Bar and nut of Chinese chestnut 'Tongbaihong'

图 1-80-4 '桐柏红'坚果（陈春玲，2008）
Figure 1-80-4　Nut of Chinese chestnut 'Tongbaihong'

81 '豫罗红' Yuluohong

来源及分布　原产于河南省罗山县，是河南省林业科学研究所历时13年，从实生油栗中选育出的优良品种。选育研究获1990年林业部及河南省科技进步成果奖，并被国家列为"八五"全国重点推广计划项目，已推广到全国10多个省份。

选育单位　河南省林业科学研究所。

植物学特征　树势中强，树冠紧凑，枝条疏生、粗壮，分枝角度大。连续结果能力为50%。结果母枝抽生结果枝1.75个，结果枝着苞2.03个。每苞含坚果2.77个，单粒重11 g左右，每500 g坚果49.2粒。出实率45%。坚果椭圆形，皮薄，紫红色，鲜艳；果肉淡黄色，甜脆、细腻，香味浓，有糯性，含糖17%、淀粉58.4%。丰产、稳产、耐贮藏、抗病虫，10月初成熟。

结果母枝萌发成枝率为60%，果枝率67.67%，母枝抽生果枝1.75个，结果枝着苞2.032个，每千克坚果98.4粒，最高株产8.2 kg，平均株产5.475 kg，树势中强，耐修剪，具有较强的抗旱能力。果肉淡黄色，甜脆、细腻，香味浓、有糯性。每100 g含可溶性糖17 g，淀粉58.4 g，含水量42.2%。

综合评价　适应性强，具有较强的抗旱能力和抗病虫害能力，丰产稳产，耐贮藏。无论在丘陵岗地或平原均能良好生长。栽植密度，丘陵岗地以3 m×4 m、4 m×4 m为宜，平原区可用3 m×5 m、4 m×5 m，树形宜采用自然开心形。

82 '紫油栗' Ziyouli

来源及分布　原产于河南省确山县。因坚果成熟后呈深紫红色，具油质光泽，因此而得名。已通过河南省品种认定，现为河南主要栽培品种之一。在北方栽培该品种较多，其他省区也有栽培。

选育单位　河南省信阳市平桥区林业局。

植物学特征　树形开展树形开展，树冠较直立，树势旺盛，新梢长26 cm，粗壮，微呈"之"字形，节间长1.4 cm，皮孔中等，混合芽半圆形。叶长椭圆形，先端微尖，基部较前半部窄，长18.1 cm，宽7.4 cm，无锯齿；叶柄长1.5 cm。雄花序长16.2 cm，小花簇排列疏松，每一结果枝平均着生14条。树势较强。成年树平均每结果母枝抽生3.4个新梢，其中结果枝1.3个，雄花枝1.8个，纤弱枝0.3个，分别占新梢总数的38.3%、52.9%、8.8%，每一结果枝着苞1.8个，出籽率43%。刺苞大，重116 g以上，长12 cm，高8 cm，呈球圆形；刺长2.1 cm，密生，硬性。坚果圆形，果顶平或微凹，果肩浑圆，重18.5 g，高3.6 cm，厚2.3 cm，果皮深紫色，具油质光泽，果面毛茸短而少，集中在果顶附近，底座大小中等，接线直，栗粒大。果肉含水量46%，总糖量17.1%，质地硬性。坚果对桃蛀螟及栗实象鼻虫抗性一般，采收时好果率97%以上，耐贮藏。

生物学特性　在河南南部萌芽期4月5日，展叶期4月17日，雌花盛花期5月30日，雄花盛花期5月29日，果实9月下旬成熟。

综合评价　丰产、稳产、果大、美观，适应性强，成熟期适中，雌雄同期，易于授粉，也是其他品种的授粉树种。

83 '处暑红' Chushuhong

来源及分布　原产江苏省宜兴、溧阳二市与安徽省广德县，嫁接型主栽品种，1993年通过江苏省品种认定，现为两省重点发展品种之一。

植物学特征　树体中等，树姿半开张，树冠半圆头形。树干灰褐色。结果枝率30%，结果枝平均着苞1.7个。叶浓绿色，阔披针形，被稀疏茸毛，叶姿挺立，锯齿较浅。刺苞椭圆形，平均苞重100 g，出实率35%左右。坚果大，深赤褐色，有光泽，平均单粒重17.6 g；果肉偏糯性，味甜有微香。坚果含糖16.4%，淀粉46.3%，蛋白质8.7%。

生物学特性　栽后第3年始入结果期，8年生进入盛果期。枝梢芽眼萌发率为79.1%，其中结果枝30%，雄花枝35.1%，营养枝34.9%。结果系数47%，稳产系数39.9%。果枝连续2年抽结果枝的41.1%，连续3年抽结果枝的占39.1%。11年生单株均产7.45 kg，最高单株产12.55 kg。大小年不明显。

综合评价　丰产、稳产，果大，成熟期早，适应性强，宜作菜用栗发展。适宜在长江中下游栗产区大、中城市近郊栽培。

84 '大红光' Dahongguang

来源及分布 产于安徽省太湖县黄镇、罗溪一带，是花凉亭水库周边地区主栽品种，是省审定的优良品种。2000年通过安徽省林木良种审定委员会审定，审定编号为WSLZ13（审定名称为'大红光'）。

选育单位 太湖县林业局。

植物学特征 树体高大，树冠扁圆形。结果母枝长25.4 cm，粗0.8 cm。叶片质厚，深绿色，椭圆形，有光泽，叶背具灰白色茸毛，叶缘锯齿浅，叶尖微突；叶柄黄绿色，长1.9 cm。刺苞椭圆形，每苞平均含坚果2.8粒；刺束硬密斜生，长1.6 cm，苞肉厚0.5 cm。坚果近圆形，果顶微凸，重18 g，淡紫红色，光泽强，被稀疏短茸毛，底座中等偏大，接线平直，坚果密而大小不均；果肉质脆，味较好。坚果含水量31.1%，干物质中蛋白质4.6%，总糖14.6%，淀粉28.2%，灰分1.3%。

生物学特性 成年树势强健，25年生树高10.5 cm。萌芽期4月上旬，果实成熟期9月上旬。嫁接幼苗长势旺盛，早期丰产性较好，嫁接后第4年单株平均产栗3.3 kg，第6年产栗7.1 kg。进入结果盛期以后产量高且稳定。在立地条件中等的栗园中，25年生单株平均产栗25 kg。

综合评价 因树势强健，产量较高较稳，抗逆性强，坚果品质较好，果实成熟期较早，具有市场竞争力，栽培面积正在不断扩大。

85 '大红袍' Dahongpao

来源及分布 别名'大红栗'。产于安徽省舒城河棚乡凤冲一带，嫁接品种，于1997年通过安徽省品种审定。

选育单位 安徽省林业科学研究所。

植物学特征 树体中等，树姿半开张，树冠圆头形。树干灰褐色，皮孔大而密。结果枝长17 cm，粗0.6 cm，每果枝平均着生刺苞1.2个。叶浓绿色，卵状椭圆形，叶背稀疏茸毛，锯齿较锐，较深。结果母枝花芽扁圆肥大。刺苞球形，苞肉厚0.3 cm，平均苞重64.6 g，每苞平均含坚果2.5粒，出实率44%；刺束密较软，黄色，刺长1.18 cm。坚果圆形，红色，有毛，茸毛周身分布，果顶肩浑圆，筋线明显，底座中等，接线平滑，整齐度高，平均单粒重12.5 g。坚果干物质中含糖9.9%，淀粉51.8%，粗蛋白6.0%。

生物学特性 雌花5月底盛开，7月中旬枝条停止生长，果实9月中旬成熟。产量稳定，常年产栗50 kg以上。树体病虫害及蛀果性虫害较轻。3年生嫁接幼树平均株产栗1.5 kg，5年生均产4 kg。果较耐贮藏。

综合评价 树势旺盛，产量高且稳定。雄花序短，花量小，抗逆性强。果实很耐贮藏，果大色艳，具有市场竞争力。在产区历为主栽品种，现已推广至长江流域栗区。

图1-85-2 '大红袍'结果状（王陆军，2012）
Figure 1-85-2 Bearing status of Chinese chestnut 'Dahongpao'

图1-85-1 '大红袍'树形（王陆军，2012）
Figure 1-85-1 Tree form of Chinese chestnut 'Dahongpao'

86 '大油栗'
Dayouli

来源及分布 产于安徽省广德山北、砖桥、新杭等地。是产区群众从实生的油栗类群中选择出大果型单株，经嫁接培育形成的栽培品种。

植物学特征 树体高大，树形张开，树冠圆头形。皮孔扁圆形，较大，较稀。结果母枝均长22.5 cm，粗0.75 cm，果前梢长4.5 cm，节间长1.5 cm。叶浓绿色，椭圆形，有光泽，较平展；叶柄黄绿色，长1.5 cm。雄花序长10 cm，每一果枝平均着生11.2条雄花序。刺苞椭圆形，苞肉厚0.35 cm，平均苞重115 g，每苞平均含坚果2.6粒；刺束密度中等，硬度较硬，绿色，刺长1.6 cm。坚果椭圆形，紫褐色，光泽特亮，茸毛较少，集中分布于果顶部分，底座较小，接线较直，整齐度高，平均单粒重18.3 g；肉质细脆，味香甜，偏糯性。

生物学特性 成年树树势旺盛，50年生树高达12 m。果成熟期9月下旬。嫁接幼树长势旺，开始挂果也早，嫁接后第3年单株平均产栗0.8 kg。进入结果盛期以后产量较高，尤为稳定，在正常年份无明显大小年。在立地条件好的河滩栗园中，40年生单株产栗30 kg。

综合评价 树体高大，树形张开，产量较高，是较好的品种。在河滩栗园中有轻度的球坚介壳虫危害。

87 '二新早'
Erxinzao

来源及分布 原产于安徽省宁国市沙埠乡西坞一带，嫁接型主栽品种。1999年通过安徽省品种审定。

植物学特征 树体中等，树冠紧密，呈圆头形。树干皮孔扁圆形，较大。结果母枝均长9 cm，粗0.75 cm，质脆易脆，基部抽生果枝能力强，每果枝平均着生刺苞1.4个。叶片绿色，倒卵状椭圆形，长18 cm，宽8 cm，叶缘锯齿较大，叶片较厚，平展，有光泽；叶柄黄绿色，长1.5 cm。刺苞椭圆形，顶微凹，黄绿色，苞肉厚0.35 cm，平均苞重101.2 g，每苞平均含坚果2.8粒，出实率41.2%；刺束较稀，较硬，绿色，刺长1.6 cm。坚果椭圆形，红褐色，鲜艳明亮，仅顶处着生茸毛，底座中等，接线比较平直，整齐度高，平均单粒重16.5 g；果肉细脆香甜。坚果干物质中含糖12.1%，淀粉54.8%，粗蛋白6.2%。

生物学特性 成年树树势旺盛，40年生高6 m。果实成熟期9月中旬。嫁接幼树长势甚旺，进入结果期也早，嫁接后第2年单株平均产栗0.4 kg，第4年单株产栗1.5 kg。进入盛果期以后产量高且稳定，40年生单株产栗15 kg。

综合评价 丰产稳产，抗逆性强，结果母枝基部抽生果枝力强，适宜短枝修剪。坚果大小整齐，肉细香甜，果色鲜红亮丽，具有市场竞争力，为安徽省重点推广品种之一。

图1-87-1 '二新早'树形（王陆军，2012）
Figure 1-87-1 Tree form of Chinese chestnut 'Erxinzao'

图1-87-2 '二新早'结果状（王陆军，2012）
Figure 1-87-2 Bearing status of Chinese chestnut 'Erxinzao'

图1-87-3 '二新早'刺苞和坚果（王陆军，2012）
Figure 1-87-3 Bar and nut of Chinese chestnut 'Erxinzao'

88 '黄栗蒲'
Huanglipu

来源及分布　产于安徽省宁国市沙埠乡，嫁接品种。产地主栽品种之一。

植物学特征　树型较大，树冠圆头形。树干皮孔扁圆形，中等大小，较稀。结果母枝均长 20.5 cm，粗 0.71 cm；新梢红褐色，着生茸毛较少。叶黄绿色，椭圆形，长 18.5 cm，宽 8 cm，较薄，平展，水平状着生；叶柄黄绿色，长 2 cm。刺苞椭圆形，顶较平，黄绿色，苞肉厚 0.35 cm，平均苞重 94.7 g，每苞平均含坚果 2.5 粒；刺束较稀较硬，刺长 1.3 cm。坚果椭圆形，顶微凹，肩浑圆，平均重 15 g，红褐色，富光泽，果面茸毛少，仅着生果顶，底座较大且较平，接线平直，栗粒较小，射线明显，坚果整齐度差；果肉味比较淡。坚果含淀粉 54.2%，总糖 14.7%，粗蛋白 8.79%。

生物学特性　成年树树势较旺，25 年生高 6.5 m。果实成熟期 9 月下旬。嫁接幼树进入结果期甚早，嫁接后第 2 年单株平均产栗 0.9 kg，第 4 年单株产栗 1.5 kg。成年树产量较高较稳，在立地条件中等的栗园中，25 年生单株产栗 12.5 kg；连续 3 年结果的枝条占 45%。果实霉烂率较高，贮藏性较差。树体上常见的虫害有栗瘿蜂，幼树也易遭栗链芥危害；抗旱力较强。

综合评价　树体高大，树冠圆头形；幼树产栗期早，虽然风味及贮藏性稍差，但其苞大壳薄，出籽率高，坚果色泽鲜艳明亮，产量高而稳定，能耐干旱。

图 1-88-2　'黄栗蒲'结果状（王陆军，2012）
Figure 1-88-2　Bearing status of Chinese chestnut 'Huanglipu'

89 '节节红'
Jiejiehong

来源及分布　产于安徽省东至县官港镇一株百年实生栗树所结的板栗。该品种单株于 2002 年 7 月通过安徽省林木品种审定委员会审定，审定编号为 WSLZ22（审定名称为'节节红'）。

选育单位　东至县林业局。

植物学特征　树姿直立，紧凑，树冠圆头形。1 年生枝条灰褐色，枝角较小，皮孔小，密，扁圆形。叶片厚，色浓绿，长椭圆形，先端渐尖，多内卷，叶缘锯齿明显。花芽肥大，扁圆形，雄花序长 15～22 cm，雌花为 1 个花簇。刺苞椭圆形，苞顶明显凸起，平均单苞重 162 g，苞肉厚 0.41 cm，刺长 1.67 cm，排列紧密，坚硬直立，平均每苞含 3 个坚果，出实率 43.5%。坚果椭圆形，硕大，平均单粒重 25 g，果面具油脂光泽；果肉淡黄色，质地粳性，味香甜，品质中上。

生物学特性　在安徽省东至县 3

图 1-88-1　'黄栗蒲'树形（王陆军，2012）
Figure 1-88-1　Tree form of Chinese chestnut 'Huanglipu'

图 1-89-1　'节节红'树形（王陆军，2012）
Figure 1-89-1　Tree form of Chinese chestnut 'Jiejiehong'

图 1-89-2 '节节红'结果状（王陆军，2012）
Figure 1-89-2　Bearing status of Chinese chestnut 'Jiejiehong'

图 1-90-1 '蜜蜂球'树形（王陆军，2012）
Figure 1-90-1　Tree form of Chinese chestnut 'Mifengqiu'

月中旬萌芽，3月下旬展叶，雄花序出现期4月上旬，盛花期5月中下旬，雌花盛花期5月下旬，果实成熟期8月下旬至9月初，落叶期11月中旬。耐修剪，重截后枝条下部隐芽能多次抽枝结果，且能正常成熟。嫁接苗当年即能开花结果，2年生树结果株率100%。耐旱，抗病虫能力强，耐瘠薄能力良好。

综合评价　适应性广，抗逆性强。结实率高，适宜长江流域及以南地区栽培。

90　'蜜蜂球' Mifengqiu

来源及分布　别名'早栗子''六月暴''落花红'。原产于安徽省舒城县，嫁接型主栽品种，1998年通过安徽省品种审定。

植物学特征　树形中等，树冠紧凑。枝干灰褐色，皮孔中等大小，密度较大。果枝粗壮，节间较短，果前梢较短且饱满，结果枝率50%以上，结果枝平均着苞2.2个。叶浓绿色，阔披针形，背面有稀疏茸毛，叶缘上翻，锯齿钝，较浅。刺苞椭圆形，成熟时瓣裂，苞肉厚度中等，平均苞重83.7 g，每苞平均含坚果2.4粒；

图 1-90-2 '蜜蜂球'结果状（王陆军，2012）
Figure 1-90-2　Bearing status of Chinese chestnut 'Mifengqiu'

图 1-90-3 '蜜蜂球'刺苞和坚果（王陆军，2012）
Figure 1-90-3　Bar and nut of Chinese chestnut 'Mifengqiu'

刺苞密度中等，刺束硬，较粗，黄色，刺长1.1 cm。坚果圆形，红褐色，半毛，茸毛密度中等，分布于果肩以下，筋线较明显，底座中等，接线平滑，整齐度高，坚果平均重13.5 g；果肉金黄色、细糯、板实、味香。干物质中含糖13.8%，淀粉45.0%，粗蛋白4.2%。

生物学特性　在雌花期从柱头出现到柱头开始反卷时间为20~21天，较其他品种长1~2天，其受精能力最强的柱头分叉期与栗园中雄花散粉盛期的重叠时间也相应长1~2天，这对授粉和促进丰产比较有利。果实在8月底至9月上旬成熟。丰产稳产，无大小年现象。适应性和抗病性较强，抗瘠薄性强于其他品种，耐修剪。

综合评价　成熟期早，能应早市，树冠紧密，枝条中下部芽能抽枝结果，耐修剪，适于密植栽培，丰产稳产，果实品质较好，现已成为长江流域栗区推广品种。

图 1-90-4 '蜜蜂球'坚果（王陆军，2012）
Figure 1-90-4　Nut of Chinese chestnut 'Mifengqiu'

91 '软刺早' Ruancizao

来源及分布 别名'薄壳栗''篜刺早'。原产于安徽省宁国市旱沙埠乡，是20世纪40年代从实生栗树中选育形成的嫁接主栽品种。1999年通过安徽省品种审定。

植物学特征 树体较小，树冠紧密，多呈圆头或扁圆形。树干皮孔扁圆形，中等大小，较稀。结果母枝均长24 cm，粗0.7 cm，每果枝平均着生刺苞1.8个。叶绿色，椭圆形，长19.5 cm，宽7.7 cm，平展，略有光泽，水平状着生；叶柄黄绿色，长2 cm。混合芽圆形，较大，芽尖紫褐色。刺苞椭圆形，苞肉厚0.3 cm，平均苞重92.3 g，每苞平均含坚果2.6粒；刺束

图 1-91-2 '软刺早'结果状（王陆军，2012）
Figure 1-91-2　Bearing status of Chinese chestnut 'Ruancizao'

密度中等，较软，绿色，刺长2.1 cm。坚果椭圆形，红褐色，较明亮，全果稀被短茸毛，接线较直，栗粒较大，射线比较明显，整齐度高，平均单粒重16.8 g；果肉细质脆，香甜可口。坚果干物质中含糖11.8%，淀粉47.3%，粗蛋白5.1%。

生物学特性 成年树树势中等，30年生高4.5 m。果实成熟期9月中旬。嫁接幼树进入结果期较早，早期丰产性能亦好，嫁接后第2年单株产栗0.8 kg，第4年单株产栗1.5 kg。产量高而稳定。在立地条件好的地方，30年生单株产栗12.5 kg。抗虫能力较差，在球坚介壳虫大发生的年份，被害率常达到30%以上。抗旱能力较弱。

综合评价 树体矮小，树冠紧密适于密植丰产栽培；丛果性较强，出籽率很高，产量高而稳定，坚果味好耐贮，所以受到产销双方欢迎。已在安徽省内繁殖推广。

图 1-91-1 '软刺早'树形（王陆军，2012）
Figure 1-91-1　Tree form of Chinese chestnut 'Ruancizao'

92 '叶里藏' Yelicang

来源及分布 又名'刺胃蒲'。原产于安徽省舒城县河棚、汤池、城冲等地,是安徽省主栽品种之一。因该品种叶片水平状着生或下垂而遮掩住刺苞,'叶里藏'因此得名。

植物学特征 树体高大,树姿半开张,树冠圆头形。枝干灰褐色,皮目大小中等,密度中等。结果枝平均着生刺苞2.6个。叶灰绿色,披针形,背面密被茸毛,叶缘上翻,锯齿较锐,较深。每果枝平均着生雄花序2条,长13 cm。刺苞椭圆形,成熟时先纵裂,平均苞重73.4 g,每苞平均含坚果2.8粒,出实率37.4%;刺束密度中等,较软,黄色,刺长1.27 cm。坚果圆形,红褐色,周身密被毛,筋线较明显,底座中等,接线平滑,整齐度高,平均单粒重11.2 g;果肉黄色,细腻,味香甜。

生物学特性 6月中旬雄花盛花期,新梢中结果枝占50%左右。安徽省果实成熟期在9月中旬。嫁接幼树长势旺盛,枝条直立性强。早果丰产,嫁接后3年进入丰产期。丰产、稳产,果枝连续结果力强,大小年不明显。成龄树树势强健,根深叶茂,抗病虫害及抗旱能力均极强,此外其果枝顶部叶片簇生,起到抗风保果的作用。

综合评价 出产量高、早期丰产好、抗逆性较强,树势强健,可在原产地大力发展,在土壤、气候与原产地相似的地方可以推广栽培。

图1-92-1 '叶里藏'树形(王陆军,2012)
Figure 1-92-1 Tree form of Chinese chestnut 'Yelicang'

图1-92-3 '叶里藏'刺苞和坚果(王陆军,2012)
Figure 1-92-3 Bar and nut of Chinese chestnut 'Yelicang'

图1-92-2 '叶里藏'结果状(王陆军,2012)
Figure 1-92-2 Bearing status of Chinese chestnut 'Yelicang'

图1-92-4 '叶里藏'坚果(黄贤圣,2012)
Figure 1-92-4 Nut of Chinese chestnut 'Yelicang'

93 '早栗子'
Zaolizi

图 1-93-2 '早栗子'结果状（王陆军，2012）
Figure 1-93-2　Bearing status of Chinese chestnut 'Zaolizi'

来源及分布　又称'金寨早栗子'。是安徽省金寨县主栽的嫁接品种，产于安徽省金寨县船冲、汪冲、白塔畈一带，为当地主栽品种。1998年通过安徽省品种审定。

植物学特征　树体中等，树姿直立，树冠扁圆形。树干灰褐色，皮目大小中等，较密。结果母枝分枝角度大，结果枝率 45%，每果枝平均着生刺苞 1.5 个。叶浓绿色，椭圆形，背面有稀疏茸毛，叶缘上翻，锯齿钝，锯齿较浅。母枝上花芽扁圆肥大。刺苞椭圆形，成熟时先纵裂，苞肉厚 0.41 cm，平均苞重 84.6 g，每苞平均含坚果 2.6 粒；刺束密度中等，较硬，黄色，刺长 0.98 cm。坚果近圆形，果顶平，重 117.9 g，红褐色，少光泽，稀被茸毛，底座中等大小，接线平直，坚果大小均匀；果肉质地细腻，味香甜，干物质中含糖 9.9%，淀粉 74.9%，粗蛋白 6.8%。

生物学特性　成年树生长旺盛，30 年生树高 5.2 m。萌芽期 4 月上旬，果实成熟期 9 月上旬。嫁接幼树进入结果期早，嫁接后第 3 年单株平均产栗 0.3 kg，第 5 年单株平均产栗 3.9 kg。进入盛果期后产量较高较稳，经济寿命较长。

综合评价　树势旺盛，果枝粗壮，刺苞肉薄，出籽率高，空苞率低，早实丰产，产量稳定，成熟期早，果形大而整齐，坚果品质优良，适宜于长江流域山区栽培推广。

图 1-93-3 '早栗子'刺苞和坚果（蒲发光，2004）
Figure 1-93-3　Bar and nut of Chinese chestnut 'Zaolizi'

图 1-93-1 '早栗子'树形（王陆军，2012）
Figure 1-93-1　Tree form of Chinese chestnut 'Zaolizi'

图 1-93-4 '早栗子'坚果（蒲发光，2004）
Figure 1-93-4　Nut of Chinese chestnut 'Zaolizi'

图 1-94-1 '粘底板'树形（王陆军，2012）
Figure 1-94-1　Tree form of Chinese chestnut 'Zhandiban'

94　'粘底板' Zhandiban

来源及分布　原产于安徽省舒城县，嫁接型主栽品种。1998年通过安徽省品种审定。

选育单位　安徽省舒城县林业科技中心。

植物学特征　树体中等，树冠半开张，开展，呈圆头形。树干灰褐色。结果枝平均着生刺苞1.8个。叶黄绿色，阔披针形，背面有稀疏茸毛，叶缘上翻，锯齿锐，较浅。刺苞椭圆形，成熟时先纵裂，平均苞重91.2 g，每苞平均含坚果2.7粒；刺束较密较硬，黄色刺，刺长1.1 cm。坚果圆形，红褐色，半毛，茸毛分布于果肩以下，果顶果肩平，筋线较明显，底座大，接线平滑，整齐度高，平均单粒重13.7 g；果肉金黄色，细腻、味香甜。坚果干物质中含糖9.2%，淀粉50.1%，粗蛋白6.0%。

生物学特性　3月底至4月初萌芽，4月中下旬雄花穗出现，5月下旬为雄花序开花盛期，6月上旬花落。5月下旬至6月上旬为雌花开放盛期。整个花期50天左右。果实9月中旬开始成熟至9月下旬完全成熟，'粘底板'实生苗4~6年开始结果。应用嫁接繁殖时与共砧、野板栗的亲和力强，嫁接成活率高，定植第2年即可全部结果。8年嫁接树结果可达12.5 kg左右。丰产、稳产，果枝连续结果力强，大小年不明显。对病虫害有很强的抗性，除了栗瘿蜂、栗大黑蚜等有轻度危害外，尚未见到其他虫害。

综合评价　树势较强，产量高、早期丰产性好、抗逆性好、栗实品质佳，特别是栗蓬成熟开裂后坚果不自落这一特点，很有利于劳力少的丘陵、山区大力发展。

图 1-94-2 '粘底板'结果状（王陆军，2012）
Figure 1-94-2　Bearing status of Chinese chestnut 'Zhandiban'

图 1-94-3 '粘底板'结果枝（王陆军，2012）
Figure 1-94-3　Bearing branch of Chinese chestnut 'Zhandiban'

图 1-94-4 '粘底板'刺苞和坚果（王陆军，2012）
Figure 1-94-4　Bar and nut of Chinese chestnut 'Zhandiban'

图 1-94-5 '粘底板'坚果（王陆军，2012）
Figure 1-94-5　Nut of Chinese chestnut 'Zhandiban'

95 '八月红'
Bayuehong

品种来源 从湖北省罗田县实生栗树中选育出的中熟品种。2008年9月通过湖北省林木品种审定委员会审定，审定编号为鄂 S-SC-CM-019-2008。

选育单位 湖北省林业科学院、湖北省农业科学院果茶所。

植物学特征 树势中等，树冠圆头形。叶纺锤形，浓绿色，光滑、平展。果粒大，外观美，品质优良，坚果深红色，平均粒重14.5 g；栗仁金黄色，果肉浅黄色，有香味，味甜，爽脆可口，糯性，品质上等。鲜坚果含淀粉36.0%，总糖4.62%，粗蛋白质3.72%，粗脂肪1.2%，钙235 mg/kg，磷884 mg/kg，铁15.0 mg/kg。

生物学特性 雌花期5月下旬至6月上旬，雄花期4月中旬至5月下旬，果实成熟期9月中旬。丰产、稳产性强，4~5年进入投产期，6年以后进入盛果期，平均亩产200~300 kg，且连年稳产。抗干旱、耐瘠薄，适应性强。

适宜种植范围 大别山区及南方板栗产区。

图 1-95-2 '八月红'结果状（徐育海，2012）
Figure 1-95-2　Bearing status of Chinese chestnut 'Bayuehong'

图 1-95-3 '八月红'刺苞和坚果（徐育海，2012）
Figure 1-95-3　Bar and nut of Chinese chestnut 'Bayuehong'

图 1-95-4 '八月红'坚果（徐育海，2012）
Figure 1-95-4　Nut of Chinese chestnut 'Bayuehong'

96 '鄂栗1号'
Eli 1 hao

品种来源 自然实生的优良板栗单株，经无性繁殖培育而成的板栗品种。2006年通过湖北省农作物品种审定委员会审定，审定编号为'鄂审果2006001'。

选育单位 长江大学。

植物学特征 树势强健，树冠较紧凑，结果后树姿半开张，4年生树高2.88 m，冠幅2.60 m×2.45 m。1年生枝浅绿色，茸毛中多；多年生枝条灰色，茸毛少。叶片中大，长椭圆形，浓绿色，较厚，叶缘钝锯齿。刺苞椭圆形，苞刺较短而斜生，每苞平均含坚果2.75个，3果率73.7%，出实率44.2%，成熟时呈一字或十字裂。坚果平均单粒重11 g，红棕色，有光泽，底座月牙状，涩皮易剥。坚果含粗蛋白9.2%，维生素C 119.8 mg/kg，可溶性总糖（以葡萄糖计）8.47%，淀粉69.52%（干基）。

生物学特性 在湖北中南部，3月底至4月初萌芽，雄花盛花期5月底至6月初，雌花柱头出现期5月22~26日，柱头分叉期5月26~30日，

图 1-95-1 '八月红'树形（徐育海，2012）
Figure 1-95-1　Tree form of Chinese chestnut 'Bayuehong'

图 1-96-1 '鄂栗1号'高接3年树结果状（陈在新，2006）
Figure 1-96-1　Bearing status of Chinese chestnut 'Eli 1 hao'

图 1-96-2 '鄂栗 1 号'坚果（陈在新，2006）
Figure 1-96-2　Nut of Chinese chestnut 'Eli 1 hao'

柱头反卷期 6 月 6 日，新梢停长期 7 月下旬至 8 月上旬，果实 8 月下旬至 9 月初成熟，落叶期 11 月下旬至 12 月上旬；嫁接树第 2 年开始结果，4 年生树平均株产 2.1 kg，亩产 179.5 kg，5 年后进入盛果期；早熟，丰产，适应性和抗逆性强。

适宜种植范围　湖北省板栗产区。

97　'鄂栗 2 号'
Eli 2 hao

品种来源　自然实生的优良板栗单株，经无性繁殖培育而成的板栗品种。2010 年通过湖北省农作物品种审定委员会审定，审定编号为"鄂审果 2010001"。

选育单位　长江大学。

植物学特征　树势中庸，树冠较紧凑，5 年生树高 3.2 m，冠径 3.0 m。结果枝长 28.4 cm，粗 0.42 cm，尾枝长 3.1 cm，尾枝发生率 97%，结果枝占新梢 61.2%，每根结果母枝上抽生结果枝 2.1 根；连续结果能力极强。叶片中大，浓绿色，较厚。刺苞椭圆形，苞刺中密中深，斜生，每刺苞平均含坚果 2.0 个，出实率 46.3%。虫害率低，空苞率少，商品率极高。71.3% 的花粉具有生活力，无孤雌生殖能力，

图 1-97-2　'鄂栗 2 号'刺苞（陈在新，2010）
Figure 1-97-2　Bar of Chinese chestnut 'Eli 2 hao'

图 1-97-3　'鄂栗 2 号'坚果（陈在新，2010）
Figure 1-97-3　Nut of Chinese chestnut 'Eli 2 hao'

具有明显的种子直感现象。坚果单粒重 9~10 g，最大 13 g，果皮红棕色，光亮，底座肾形，涩皮易剥，整齐美观。坚果含淀粉 57.4%（干基）、可溶性总糖 17.4%、粗蛋白 9.7%、维生素 C 184.8 mg/kg。

生物学特性　萌芽 3 月下旬，雄花盛花期 5 月下旬，雌花柱头出现 5 月中旬，柱头反卷 6 月初，果实成熟 8 月上中旬，落叶 11 月下旬。5 年生树株产 3.2 kg，亩产 200 kg 左右。该品种成熟早，丰产稳产，耐干旱、瘠薄，适应性广。

适宜种植范围　湖北省板栗产区。

图 1-97-1　'鄂栗 2 号'结果状（陈在新，2010）
Figure 1-97-1　Bearing status of Chinese chestnut 'Eli 2 hao'

98 '金栗王' Jinliwang

品种来源 从河北省引进日本栗'岳王'与中国栗自然杂种，经实生选种选育出的加工专用型中晚熟品种。2008年9月通过湖北省林木品种审定委员会审定，审定编号为鄂S-SC-CM-017-2008。

选育单位 湖北省农业科学院果树茶叶研究所。

植物学特征 树姿直立，树冠圆头形，8年生树冠径为5.7 m×5.2 m，树高4.5 m，树势较强，结果枝易形成，树干灰褐色。叶长披针形，浓绿色，有光泽，叶缘锯齿明显，中等大小，平均长22.5 cm，宽5.2 cm；叶柄中长，平均1.83 cm。雄花序长15~22 cm，平均每果枝有雄花序7.4个；雌花着生均匀，每果枝有1~4个雌花，雌雄花序比为1:(2~8)。刺苞椭圆形，苞刺较长，细密，平均长2.1 cm，苞肉薄，平均厚0.31 cm，刺苞较大，平均横径8.85 cm，纵径6.90 cm，每苞含坚果2~3粒，出籽率55%。坚果红褐色，椭圆形，硕大，横径4.52 cm，纵径3.80 cm，平均粒重21.9 g，最大粒重34.5 g；果肉淡黄色，粳性，味甜，品质中上等，营养成分高。鲜果含淀粉25.49%；蛋白质3.74%；总糖13.59%；钙206 mg/kg；磷846 mg/kg；铁9.87 mg/kg；维生素C 22.9 mg/kg。

生物学特性 成熟期9月中下旬。早果丰产，嫁接苗定植后3年结果，4~5年以后进入投产期，株产8~10 kg；内涩皮不宜剥离，但加工性好，果肉硬，耐蒸煮，加工破碎率低于6%，产品保质期长；适应性和抗病虫能力强。

适宜种植范围 湖北省板栗适生区，其中以有加工条件的地区最适宜。

图1-98-2 '金栗王'结果状（徐育海，2010）
Figure 1-98-2　Bearing status of Chinese chestnut 'Jinliwang'

图1-98-3 '金栗王'刺苞和坚果（徐育海，2010）
Figure 1-98-3　Bar and nut of Chinese chestnut 'Jinliwang'

图1-98-4 '金栗王'坚果（徐育海，2010）
Figure 1-98-4　Nut of Chinese chestnut 'Jinliwang'

图1-98-5 '金栗王'坚果栗仁（徐育海，2010）
Figure 1-98-5　Nut kernel of Chinese chestnut 'Jinliwang'

图1-98-1 '金栗王'树形（徐育海，2010）
Figure 1-98-1　Tree form of Chinese chestnut 'Jinliwang'

99 '金优2号'
Jinyou 2 hao

来源及分布　从罗田大红袍实生树中选育的优系,暂定名'金优2号'。

选育单位　湖北省农业科学院果茶蚕桑研究所。

植物学特征　树体较高大,树姿半开张。果实大,平均单果重18 g,椭圆形,紫红色,有光泽,外观美;栗仁黄色,果肉乳黄色,肉质脆嫩,香甜,糯性。坚果含淀粉45.32%,总糖12.85%。

生物学特性　雌花期5月下旬至6月上旬,雄花期4月中旬至5月下旬。果实成熟期9月中旬。

综合评价　优良中熟品种。坚果果粒大,有光泽,外观美,品质上等。丰产稳产性强;耐旱,抗逆性强,可在我国南方板栗产区发展。

图 1-99-1　'金优2号'树形（徐育海,2007）
Figure 1-99-1　Tree form of Chinese chestnut 'Jinyou 2 hao'

图 1-99-2　'金优2号'刺苞和坚果（徐育海,2011）
Figure 1-99-2　Bar and nut of Chinese chestnut 'Jinyou 2 hao'

图 1-99-3　'金优2号'坚果（徐育海,2006）
Figure 1-99-3　Nut of Chinese chestnut 'Jinyou 2 hao'

100 '六月暴'
Liuyuebao

来源及分布　别名'早栗''糯米头''竟山红'。主产于湖北省罗田县,大别山区主栽品种。

植物学特征　树势强健较直立,树姿丰满,树冠圆头形,适应性强。结果枝长而粗,30年生树高9~10 m,冠幅7 m,主干干径32 cm,枝梢开张,节间长,新梢灰褐色,有灰色茸毛。叶长椭圆形,叶肉较薄,先端钝尖,叶缘锯齿深向上弯曲。每果枝着刺苞1~3个,刺苞较大、皮薄、刺短而稀,每一刺丛有刺9根,刺平均长1.6 cm。坚果椭圆形,较大,单果重19.3 g,果基部比较瘦削,肩部略宽,底座较小,果顶部尖,毛茸稀少;果皮棕褐色,光泽暗,茸毛多;栗仁黄色,果肉浅黄色,味较淡,糯性。鲜果含淀粉35.6%,蛋白质3.83%,脂肪1.12%,总糖5.58%,维生素C 20.53 mg/kg。

生物学特性　雌花期5月下旬,雄花期4月中旬至5月下旬,幼树能早期结果,嫁接后第2年开始挂果,5年进入盛果期,8月下旬至9月初成熟。

综合评价　树体结果早,产量高;坚果成熟期极早,果粒大,品质优,但贮藏性差。适应性强,耐旱,在我国南方板栗产区可适度发展。

图 1-100-1　'六月暴'树形（雷潇,2011）
Figure 1-100-1　Tree form of Chinese chestnut 'Liuyuebao'

图 1-100-2　'六月暴'结果状（雷潇,2011）
Figure 1-100-2　Bearing status of Chinese chestnut 'Liuyuebao'

图 1-100-3　'六月暴'刺苞和坚果（雷潇,2011）
Figure 1-100-3　Bar and nut of Chinese chestnut 'Liuyuebao'

图 1-100-4　'六月暴'坚果（雷潇,2011）
Figure 1-100-4　Nut of Chinese chestnut 'Liuyuebao'

101 '罗田乌壳栗'
Luotian Wukeli

品种来源 从湖北省罗田县实生栗树中选育出的鲜食、加工兼用型中熟品种。2008年9月通过湖北省林木品种审定委员会审定，审定编号为鄂S-SC-CM-018-2008。

选育单位 湖北省农业科学院果树茶叶研究所。

植物学特征 树冠圆头形，树势中等，树姿开张。6年生树冠径为4.8 m×3.9 m，树高3.6 m，干周38 cm，主枝着生角度大。枝梢开张、细长，深灰色，皮目多、中等大小、散生、圆形；1年生枝中粗，无茸毛，新梢灰绿色，节间平均长度为2.2 cm。叶长椭圆形，浓绿色，光滑，平均长18.19 cm，宽6.66 cm；叶尖渐尖，叶基楔形，叶缘锯齿较浅，中等大小，向上弯曲；叶柄中长，平均1.9 cm。雄花序平均长8.25 cm，每结果枝平均着生1.7个雌花。刺苞球形，较大，苞刺较长而密，每苞含坚果2.5粒，出籽率41%。坚果暗褐色，有光泽，果肩半圆，基部微窄，底座较长，顶部微尖，果顶茸毛很少，横径3.52 cm，纵径3.28 cm，平均单粒重13.3 g，果肉黄色，味甜，有香味，品质上等。坚果含淀粉49.9%，蛋白质3.70%，总糖11.65%，粗脂肪1.52%，维生素C 32.25 mg/100 g，钙258 mg/kg，磷846 mg/kg，铁14.2 mg/kg。

生物学特性 果实成熟期9月中下旬，雌花期5月下旬至6月上旬，雄花期4月中旬至5月下旬。丰产，盛果期单株产量20～25 kg。适宜加工（风味炒栗、速冻栗仁、罐头等），制罐头出整籽率高，破碎率7%以下。耐贮藏，冷藏5个月腐烂率仅为6.2%。抗干旱、耐瘠薄，对桃蛀螟等虫害抵抗性强，适应性广。

适宜种植范围 大别山区及南方板栗产区。

图1-101-2 '罗田乌壳栗'坚果（徐育海，2012）
Figure 1-101-2 Nut of Chinese chestnut 'Luotian Wukeli'

图1-101-3 '罗田乌壳栗'刺苞和浆果（徐育海，2012）
Figure 1-101-3 Bar and nut of Chinese chestnut 'Luotian Wukeli'

图1-101-1 '罗田乌壳栗'树形（徐育海，2012）
Figure 1-101-1 Tree form of Chinese chestnut 'Luotian Wukeli'

102 '花桥特早熟板栗'
Huaqiao Tezaoshubanli

来源及分布 主要分布于湖南省湘潭县。近几年湘潭市有关部门组织推广该品种，现湘潭市及周边县亦有一定规模的栽培。2006年通过省级成果鉴定，2007年通过湖南省林木良种审定委员会审定为推广良种。

选育单位 湘潭市林业科学研究所。

植物学特征 树冠圆头形，主枝较开张。发枝力、成枝力中等，枝条稀疏。老枝褐色，新枝绿褐色，茸毛稀。皮孔扁圆、圆。芽扁圆形，先端褐色。叶片深绿色，卵状椭圆、椭圆形，长18～22 cm，宽7～9 cm；叶缘锯齿状，

图 1-102-1 '花桥特早熟板栗' 树形
（陈景震，2013）
Figure 1-102-1　Tree form of Chinese chestnut 'Huaqiao Tezaoshubanli'

图 1-102-2 '花桥特早熟板栗' 结果状
（陈景震，2013）
Figure 1-102-2　Bearing status of Chinese chestnut 'Huaqiao Tezaoshubanli'

图 1-102-3 '花桥特早熟板栗' 刺苞和坚果（陈景震，2013）
Figure 1-102-3　Bar and nut of Chinese chestnut 'Huaqiao Tezaoshubanli'

图 1-102-4 '花桥特早熟板栗' 坚果
（陈景震，2013）
Figure 1-102-4　Nut of Chinese chestnut 'Huaqiao Tezaoshubanli'

锯齿上向；叶柄微红，长 1.7~1.9 cm；叶尖渐尖，叶基心形。刺苞椭圆形，苞肉中部厚 0.3 cm。针刺黄绿色，中密，较硬，斜展，刺长 1.3~1.7 cm。坚果椭圆形，红褐色，有油光，茸毛多布全果，底座大，接线平直，果大，单粒重 14~18 g，每千克 50~70 粒；果肉细腻，有香味。

生物学特性　3月上中旬树液流动，展叶期3月底，花期5月上旬至中旬，果熟期8月下旬、9月上旬，落叶期11月上旬。生长势强，雌花易形成，果枝占强枝的比例高，母枝连续抽生果枝能力强，丰产性好。早熟，在湘潭比一般良种提早 15~20 天成熟，市场售价较高。经济效益较好。

顶稍密，果顶平，接线马鞍形，底座中大，出籽率 35%~38%，坚果偏大，每千克 60~90 粒；果肉糯性，味甜。坚果含糖 10%~13%，淀粉 48%~50%，粗蛋白 7%~9%。

生物学特性　3月下旬萌动，4月上旬展叶，花期5月下旬至6月上旬，7月下旬至8月下旬幼果迅速膨大，9月中下旬果熟，11月中下旬落叶。树体结构紧凑，雌花形成能力强，丰产。耐瘠薄，对土壤无苛求，在红壤、紫色土壤栽培表现良好。

综合评价　该品种是当地群众从实生油板栗类型中选出，经无性繁殖扩大成规模栽培，为当地表现好主栽品种。性状稳定，雌花形成能力强，丰产性好，耐瘠薄，坚果较大，品质优，较耐贮藏。

103　'结板栗'

Jiebanli

来源及分布　主要分布在湖南省黔阳、怀化、靖县、芷江及次溆浦、麻阳、晨溪等县，尤以黔阳最为集中，约占产区栽培总面积的40%。经湖南省林木良种审定委员会审定为推广良种。

选育单位　怀化市林业局。

植物学特征　树形圆头形、高圆头形，树姿稍直立，树体高大，结构较紧凑，盛果期树高 5~8 m。树干灰褐色，新枝先端披灰白色茸毛，呈灰白色。叶长椭圆形，长 16~21 cm，宽 5~8 cm；叶缘微波状，短锯齿，叶基心形，叶尖渐尖。刺苞椭圆形，棕黄色，苞肉厚 0.4~0.6 cm；针刺稍硬、直立、中密，刺长 1.3~1.7 cm。坚果椭圆形，红褐色，有油光，茸毛中稀，果肩、果

图 1-103-1 '结板栗' 叶和花
Figure 1-103-1　Leaves and flowers of Chinese chestnut 'Jiebanli'

图 1-103-2 '结板栗' 刺苞和坚果
Figure 1-103-2　Bar and nuts of Chinese chestnut 'Jiebanli'

104 '九家种'
Jiujiazhong

来源及分布 在湖南的分布与'铁粒头'基本一致，但栽植面积较'铁粒头'少。1976年经湖南省林木良种审定委员会审定为推广良种（审定名称为'九家种'）。

选育单位 湖南省林业科学院。

植物学特征 树冠高圆头形，树姿直立，盛果期树高4~5 m。树干黑褐色，新枝绿色，枝条粗壮，节间短，先端披灰色茸毛，灰绿色。叶椭圆、长椭圆形，绿色、灰绿色，叶背密披灰色茸毛；果前枝叶两侧多向上卷，锯齿直向；叶长15~17 cm，宽6~7 cm，先端渐尖，叶基心形，对称或不对称，叶缘波状，2/5叶序。刺苞扁圆形，黄绿色，苞肉特薄，仅0.2~0.3 cm；针刺稀、硬、斜展。坚果椭圆形，栗褐色，果顶平或微凹，茸毛少，果顶集中，底座中大，筋线不明显，接线平或波状。母枝抽生果枝数较多，平均达1.8~2.5根，每果枝着果1~2个，但出籽率高，一般51%~54%，最高达60%，出仁率80%~85%。坚果大小均匀，每千克70~90粒；果肉细腻、甜糯。坚果含糖14%~16%，淀粉45%~48%。

生物学特性 3月下旬萌动，4月上旬展叶，花期5月下旬至6月上旬，果实迅速膨大期7月下旬至8月下旬，果熟期9月上中旬。落叶期11月中下旬。早实性一般，但高产稳产。嫁接苗栽植后6~7年亩产250~350 kg。

综合评价 树体结构紧凑，果枝数量多，出籽率高，单位面积产量高，大小年产量变幅少。果实成熟期早，比其他品种可提前半个月上市，售价高。适宜在城镇附近发展。该品种要求肥水条件较高，坚果耐贮性稍差。

图 1-104-1 '九家种'树形（陈景震，2013）
Figure 1-104-1　Tree form of Chinese chestnut 'Jiujiazhong'

图 1-104-2 '九家种'刺苞和坚果（陈景震，2013）
Figure 1-104-2　Bar and nut of Chinese chestnut 'Jiujiazhong'

图 1-104-3 '九家种'坚果（陈景震，2013）
Figure 1-104-3　Nut of Chinese chestnut 'Jiujiazhong'

105 '青扎'
Qingzha

来源及分布 湖南各县市都有不同数量的栽培，与'铁粒头''九家种''它栗'的分布相一致。且多与上述品种混栽，互为授粉种。与上述品种同时引进、鉴定、审定为推广良种。

选育单位 湖南省林业科学院。

植物学特征 树形圆头形，枝稀疏，树姿较开张，树体高大，盛果期树高5~7 m。树干深褐色，新枝绿灰色，阳面黄绿色，茸毛少，节间长。叶椭圆形、倒卵状椭圆形，长16~22 cm，宽7~9 cm，叶缘微波状短锯齿，先端渐尖，叶基心形。刺苞椭圆形或圆形，苞肉厚0.4~0.5 cm；针刺绿色，密、软、

图 1-105-1 '青扎'树形（陈景震，2013）
Figure 1-105-1　Tree form of Chinese chestnut 'Qingzha'

图 1-105-2 '青扎'结果状（陈景震，2013）
Figure 1-105-2　Bearing status of Chinese chestnut 'Qingzha'

直立。坚果椭圆形或圆形，果顶微凸，果皮红褐色，有油光，胴部茸毛极稀，果顶集中，宿留花丝细长，外观极具特色，底座中大，接线平或微波状。母枝萌芽力中等，成枝力稍弱，枝条较稀疏。雌花形成能力强，丛果性好，一果枝着果一般3~4个，多的达12~16个，基芽结果能力强，甚丰产。但坚果大小、产量变幅较大。每千克60~120粒，出籽率34%~36%；果肉细腻味甜，含糖15%~17%，淀粉51%~54%。

生物学特性 在长沙地区，3月下旬萌动，4月上旬展叶，花期5月下旬至6月上旬。果实迅速膨大期7月下旬至8月下旬，果熟期9月中下旬，落叶期11月中下旬。

综合评价 树体生长旺盛，雌花形成能力强，丛果性好，甚丰产。坚果外观艳丽，肉质细腻，味甜，风味好。较耐贮藏。炒食、菜用兼具。但树体高大，结构较松散。产量大小年变幅较大。

图1-105-3 '青扎'刺苞和坚果（陈景震，2013）
Figure 1-105-3　Bar and nut of Chinese chestnut 'Qingzha'

图1-105-4 '青扎'坚果（陈景震，2013）
Figure 1-105-4　Nut of Chinese chestnut 'Qingzha'

106 '它栗' Tali

来源及分布 主要分布于湖南邵阳、武冈、城步、新宁、新田、石门，其他各县市亦有零星分布。湖南地方板栗良种。1996年审定经湖南林木良种审定委员会审定为湖南板栗良种（审定名称为'它栗'）。

选育单位 中南林业科技大学、邵阳市林业科学研究所。

植特学特征 树冠半圆头形、圆头形，幼树树姿稍直立，盛果期后稍开张，盛果期树高4~6 m。树干灰褐色，果枝灰绿色，先端披灰色茸毛。叶长椭圆形、椭圆形，1/2叶序，叶长15~21 cm，宽5~8 cm；叶缘微波状，短锯齿，先端急尖，叶

图1-106-1 '它栗'叶和花
Figure 1-106-1　Leaves and flowers of Chinese chestnut 'Tali'

图1-106-2 '它栗'刺苞和坚果
Figure 1-106-2　Bar and nuts of Chinese chestnut 'Tali'

基心形。刺苞椭圆形，成熟苞黄绿色，苞肉厚0.5~0.8 cm；针刺密、硬、直立，长1.2~1.6 cm。坚果中大，椭圆形，栗褐色，少光泽，茸毛中密、短，胴部稍稀，果顶集中，果顶平，底座中大，接线平直。母枝抽生果枝数1.8~2.0根，每果枝着果1~2个，稀有3个。坚果偏大，每千克60~80粒。果肉粳性。坚果含糖14%~17%，最高达21%，淀粉48%~50%，粗蛋白9%~10%。早实丰产性一般，但稳产。树体结构较紧凑，发枝力强，丛果性中等，适应性广，耐储藏，常规常温贮藏100天，好果率90%以上。

生物学特性 在邵阳市3月中下旬树液流动，3月下旬、4月上旬展叶，花期5月下旬至6月上旬，果迅速膨大期8月至9月上旬，果熟期9月下旬至10月上旬，落叶期11月中下旬。

综合评价 生长势强，适应性好，较耐瘠薄，在低丘红壤、紫色土栽培生长结实良好。对栗疫病、桃蛀螟有一定的抵抗力。早实丰产性一般，但稳产。坚果耐贮藏，颗粒大，适宜炒食。

107 '铁粒头' Tielitou

图1-107-2 '铁粒头'结果状（陈景震，2013）
Figure 1-107-2　Bearing status of Chinese chestnut 'Tielitou'

来源及分布　广泛分布于湖南省各县市，尤以新田、临湘、汨罗、石门、浏阳、攸县、茶陵、临澧、桂东、宁乡最为集中。栽培面积2万 hm² 以上，约占湖南省板栗总面积的1/4。1975年从江苏宜兴引进，经小面积栽培，品种比较试验，区域化对比试验鉴定为早实丰产良种。1976年经湖南省林木良种审定委员会审定为推广良种（审定名称为'铁粒头'）。

选育单位　湖南省林业科学院。

植物学特征　树冠圆头形，稍开张，盛果期树高3~4 m。树干黑褐色，新枝绿色，阳面黄绿色。皮孔椭圆或圆形，稍密。叶椭圆形、卵状椭圆形，长15~17 cm，宽5~8 cm；叶缘波状短锯齿，上向或直向，叶尖急尖，1/2叶序。刺苞椭圆形，苞肉厚0.3~0.4 cm，针刺稍密，刺长1.3~1.5 cm。坚果圆形，果顶凸，果皮红褐色，有油光，胴部茸毛稀，果顶集中，筋线不明显，底座中大，接线平或波状。雌花形成能力强，丛果性好，每果枝着果2~4个。坚果中等大小，每千克60~110粒；果肉糯性，味甜。坚果含糖12%~14%，淀粉49%~51%，蛋白质8%~9%，耐贮藏，常规常温带苞贮藏100天，好果率88%以上。出籽率34%~38%。早实性好，嫁接苗栽植后2~3年结果株率80%以上，5~6年每亩产量150~300 kg。

生物学特性　3月下旬树液流动，4月初展叶，花期5月下旬至6月上旬，果实迅速膨大期7月下旬至8月上旬，果熟期9月中下旬，落叶期11月中下旬。

综合评价　树体紧凑，可适当密植。雌花形成能力强，结果早，单位面积产量较高。坚果耐贮藏，肉质糯性，品质优，炒食、菜用兼备。对不同环境条件有较强的适应能力。但大小年较明显。要加强管理，调控生长与结果的平衡，减少大小年产量变幅，防止树势早衰。与'九家种''青扎'可互为授粉品种。

图1-107-3 '铁粒头'刺苞和坚果（陈景震，2013）
Figure 1-107-3　Bar and nut of Chinese chestnut 'Tielitou'

图1-107-4 '铁粒头'坚果（陈景震，2013）
Figure 1-107-4　Nut of Chinese chestnut 'Tielitou'

图1-107-1 '铁粒头'树形（陈景震，2013）
Figure 1-107-1　Tree form of Chinese chestnut 'Tielitou'

108 '魁栗'
Kuili

来源及分布 别名'集选3号'。原选种地为浙江上虞，目前已在贵州、广西、安徽、江西等省份引种栽培，表现速生、丰产。1991年通过浙江省林木良种审定委员会审定而成为浙江省第一批公布的林木良种，审定编号为浙S-SV-CM-010-1991。

选育单位 浙江省农业科学院。

植物学特征 树势强、树体较直立，树姿开展，成年树呈半圆头形至圆头形。枝条呈灰褐色，皮孔扁圆大而密；结果母枝平均抽生结果枝1.5个，连续3年平均结果枝比例为53.5%，每个结果枝着果1.28个。叶长椭圆形，幼树叶深油绿色，成年树叶深绿色，有光泽，平均叶长16.9 cm。雌雄同株异花，雄花柔荑花序，平均长10.5 cm，着生在雄花枝或结果枝的中上部或全部节上的叶腋间；雌花簇着生在结果枝顶端1~3节叶腋间雄花序的基部，构成混合花序。刺苞大，椭圆形，平均重132.1 g，刺束长1.5 cm，每苞含坚果2.1个，出籽率36.9%。坚果椭圆形，顶部平，肩部浑圆，底座小，接线平直，果皮赤褐色且油亮，茸毛少，坚果大而整齐，单果重16.7~17.8 g，最重可达31.25 g；果肉淡黄，味甜具粳性。坚果含糖7.9%，淀粉57.49%，蛋白质7.64%。

生物学特性 原选种地萌芽期为4月初，展叶期为4月中旬，雄花盛花期为6月中旬，雌花盛花期6月上旬，果实成熟期9月下旬，落叶期11月中旬。连续结果能力强，大小年现象不明显；一般栽植后3年始果，5年亩产量可达50 kg，7年后进入盛果期，一般培育管理水平下大面积栽培亩产可达150 kg，集约经营下可达250 kg。果实涩皮易剥，味香甜，质细腻，久煮不糊，最适宜菜用，也适于加工，但贮藏性能较差。喜肥水，不耐瘠薄，耐干旱，抗栗瘿蜂强。栽植时不宜密植，自花授粉结实率低，应选配授粉品种。

综合评价 树势强，树姿开张；产量高，大小年不明显；坚果大，最适宜菜用，贮藏性能稍差。喜肥水，耐瘠薄，耐干旱，抗栗瘿蜂强。

图 1-108-2 '魁栗'结果状（傅水标，2013）
Figure 1-108-2 Bearing status of Chinese chestnut 'Kuili'

图 1-108-3 '魁栗'刺苞和坚果（傅水标，2013）
Figure 1-108-3 Bar and nut of Chinese chestnut 'Kuili'

图 1-108-4 '魁栗'坚果（傅水标，2013）
Figure 1-108-4 Nut of Chinese chestnut 'Kuili'

图 1-108-1 '魁栗'树形（傅水标，2013）
Figure 1-108-1 Tree form of Chinese chestnut 'Kuili'

109 '集选1号'
Jixuan 1 hao

来源及分布 别名'短刺毛板红'。从1964年开始经24年的栽培筛选育成。于1987年通过省级鉴定，1991年通过浙江省林木良种审定委员会的审定而成为浙江省第一批公布的林木良种，命名为'集选1号'（编号浙 S-SV-CM-008-1991）。自1987年开始大面积推广，至今已在福建、广西、湖南、湖北、江西、贵州、江苏、安徽等11个省(自治区)100余个县(市)种植。

选育单位 浙江省诸暨市林木良种繁育站。

植物学特征 树势中庸，树姿较开张，结构紧凑，树冠较小。树干深褐色；结果母枝粗壮，抽生结果枝1.67个，比例53%~62%，每个结果枝着果1.45个。平均叶长15.7 cm。刺苞大，椭圆形，苞刺短而疏，长1.3~1.5 cm，可见苞被，苞内平均有坚果2.42个，出籽率35.75%。坚果大小均匀，上半部多毛，果形长圆平顶，果较大，平均单粒重15 g；果肉甜粳性。坚果含总糖8%，淀粉59.4%，蛋白质5.67%。

生物学特性 原选种地萌芽期3月下旬，4月上旬抽梢，雄花期4月中旬至6月中旬，雌花期5月中旬至6月中旬，果实9月下旬成熟，落叶期11月上旬。嫁接后第3年始果，7年后进入盛产期，盛产期亩产可达192.8~363.7 kg，且大小年现象不明显；坚果品质较好，不易受桃蛀螟和象鼻虫危害，栗肉不易开裂，护色较容易，是菜用栗良种，也可炒食和加工糖汁栗，较耐贮藏，贮藏4个月腐烂率5%；较耐干旱、瘠薄，适应性强。

110 '集选2号'
Jixuan 2 hao

来源及分布 别名'长刺毛板红'。1991年通过浙江省林木良种审定委员会的审定，命名为'集选2号'（编号浙 S-SV-CM-009-1991）。至今已在福建、广西、湖南、湖北、江西、贵州、江苏、安徽等11个省(自治区)100余个县(市)种植。

选育单位 浙江省诸暨市林木良种繁育站。

植物学特征 树体较矮，较开张，结构紧凑，树冠较小。树干深褐色。结果母枝粗壮，抽生结果枝1.37个，比例53%~62%，每个结果枝着果1.41个。平均叶长15.7 cm。刺苞长椭圆形，苞刺长2 cm，排列紧密，苞被较厚，苞内平均有坚果2.5个，出籽率33.3%。坚果大小均匀，果顶长圆有尖，底部长椭圆状，浑圆突出，周缘有毛，果较大，平均单粒重15 g；果肉甜粳性。坚果含总糖8%，淀粉59.4%，蛋白质5.67%。

生物学特性 原选种地萌芽期3月下旬，4月上旬抽梢，雄花期4月中旬至6月中旬，雌花期5月中旬至6月中旬，落叶期11月上旬。果实10月中旬成熟；嫁接后第3年始果，7年后进入盛产期，盛产期亩产可达271.5 kg，且大小年现象不明显；坚果品质较好，不易受桃蛀螟和象鼻虫危害，栗肉不易开裂，护色较容易，是菜用栗良种，也可炒食和加工糖汁栗，较耐贮藏，贮藏4个月腐烂率5%；较耐干旱、瘠薄，适应性强。

综合评价 树势中庸，树姿较开张；产量高，大小年不明显。坚果大小均匀，耐贮藏，适宜菜食、炒食或加工，口感好。耐干旱、瘠薄，适应性强；具早果、丰产、稳产特性，适宜我国南方各地栽培。

图 1-110-2 '集选2号'结果状(童品璋, 1999)
Figure 1-110-2　Bearing status of Chinese chestnut 'Jixuan 2 hao'

图 1-110-1 '集选2号'树形(童品璋, 1999)
Figure 1-110-1　Tree form of Chinese chestnut 'Jixuan 2 hao'

图 1-110-3 '集选 2 号'刺苞和坚果
（童品璋，2013）
Figure 1-110-3　Bar and nut of Chinese chestnut 'Jixuan 2 hao'

图 1-110-4 '集选 2 号'坚果（童品璋，2013）
Figure 1-110-4　Nut of Chinese chestnut 'Jixuan 2 hao'

111 '浙 903 号' Zhe 903 hao

品种来源　从浙江省诸暨市实生栗树中选出，优质高产，结果早。2002年通过浙江省林木良种审定委员会审定，审定编号为"审字第 008-2002 号"。

选育单位　浙江省板栗良种选育协作组。

植物学特征　树势较强，树冠圆头形，树高 5 m。结果枝长 21.5 cm，粗 0.6 cm，芽眼饱满，母枝平均发果枝 1.5 个，每果枝着果数 1.6 个，结果枝比例 61%。雄花序长 14.2 cm，每果枝着生雄花序 15 条，着生雌花 1.87 个，雌花数和雄花序数之比为 1∶8。刺苞大，刺较密且长，刺长 1.5~1.8 cm，每苞含坚果 2.6 个，出籽率极高，为 42.7%。坚果颗粒大，褐色，有油光，表面有短茸毛，外观好，平均单粒重 15.2 g；质糯味香，品质好，耐贮藏。

生物学特性　芽于 3 月下旬萌动，展叶期 4 月上旬，雄花盛开期 5 月下旬至 6 月上中旬，雌花柱头反卷期 5 月下旬至 6 月中旬，果实成熟期 9 月下旬，落叶期 11 月上旬。嫁接苗定植后第 3 年始果，第 5 年平均单株产量 4.3 kg，亩产量最高可达 310.8 kg。适应性好，耐干旱瘠薄，早实丰产。

适宜种植范围　我国南方丘陵山地。

112 '浙早 1 号' Zhezao 1 hao

品种来源　从浙江省安吉县实生栗树中选出，优质高产，结果早。2002 年通过浙江省林木良种审定委员会的审定，审定编号为"审字第 006-2002 号"。

选育单位　浙江省板栗良种选育协作组。

植物学特征　树冠开展，半圆头形，树高约 5 m。结果枝细长，长 23.6 cm，叶片大，芽眼饱满，母枝平均发果枝 1.7 个，每果枝着果数 1.48 个，结果枝比例 51%。雄花序长 15.3 cm，每果枝有雄花序 12~15 条，着生雌花 1.72 个；雌花数和雄花数之比为 1∶7.8。雄花花粉量多，授粉能力强，是'短刺板红'的良好授粉品种。刺苞大，苞刺长 1.5~1.8 cm，刺长而密，平均每苞含坚果 2.5 个，出籽率 35.1%。坚果颗粒大，平均单粒重 16.1 g，外观好，色泽美。

生物学特性　盛期 5 月中旬至 6 月上旬，雄花盛花期 5 月中旬至 6 月上旬，雌花开放期 5 月中旬至 6 月上旬，果实成熟期 9 月上旬，比'短刺板红'提早约 20 天。嫁接苗定植后第 3 年始果，5 年生平均株产果 3.3 kg，亩产量达 260.4 kg。坚果贮藏性能一般，贮藏 4 个月平均好果率 83.2%。抗性强，适应性广。

适宜种植范围　我国南方丘陵山地。

113 '浙早 2 号' Zhezao 2 hao

品种来源　从浙江省诸暨市实生栗树中选出，优质高产，结果早。2002 年通过浙江省林木良种审定委员会审定，审定编号为"审字第 007-2002 号"。

选育单位　浙江省板栗良种选育协作组。

植物学特征　树体高大，树冠较开展，树高约 5 m。结果枝粗长，平均长 17.3 cm，粗 0.63 cm，芽眼饱满，母枝平均发果枝 1.8 个，每果枝着果数 1.43 个，结果枝比例 56%。雄花序长 16.7 cm，每果枝有雄花序 12 条，着生雌花 1.67 个；雌花数和雄花数之比为 1∶7.2。刺苞大，椭圆形，苞刺长 1.5~1.8 cm，可略见苞被，平均每苞含坚果 2.4 个，出籽率 34.3%。坚果大小均匀，棕褐色，有光泽，平均单粒重 13.3 g，比'短刺板红'大 31.7%。

生物学特性　芽于 3 月下旬萌动，展叶期 4 月上旬，雄花序开放期 4 月中旬至 6 月上旬，雌花开放期 5 月上旬至 6 月上旬，果实成熟期 9 月上旬，比'短刺板红'提早约 15 天，落叶期 11 月上旬。嫁接苗定植后第 3 年始果，5 年生平均株产 2.6 kg，最高年亩产量达 256.2 kg。坚果贮藏 4 个月，平均好果率 82.5%。适应性强，土壤条件较好的可获高产。

适宜种植范围　我国南方丘陵山地。

114 '农大1号'
Nongda 1 hao

品种来源 由'阳山油栗'经辐射诱变而选育的板栗新品种,1991年通过广东省科学技术委员会成果鉴定。

选育单位 华南农业大学。

植物学特征 树体中等偏小,树形矮化,树冠紧凑,自然圆头形。8年生树高3.3 m,冠幅2.7 m。树干灰褐色,较光滑。枝条平均长度26.1 cm,比原品种缩短27.9%,果前枝和节间长度较短,属短枝类型。枝条壮实、芽饱满,结果枝组数量较多,连续结果能力强,大小结果年不明显。叶色浓绿,长椭圆形,先端稍尖,锯齿较小,叶片长19.4 cm,宽9.2 cm,叶柄长1.2 cm。雄花序长度为原品种的69.5%,部分雄花序在发育过程中败育,雌花分化良好,雌花枝比例为69.15%。平均每果枝种苞数1.83个,有4%以上的种苞有坚果4~7粒,平均每苞坚果33.1 g,单果重10.04 g,出实率48.37%,坚果饱满,瘪粒少;种苞刺密度中等,长度1.1 cm,种苞肉较薄。坚果浅褐色,茸毛较多,果肉浅黄绿色,口感稍粉质,品质优良,风味较好。2007年农业部蔬菜水果质量监督检测测试中心(广州)果实分析结果含总糖4.70%,还原糖1.97%,淀粉36.1%,蛋白质3.28%,脂肪1.69%,水分53.46%。

生物学特性 在广州地区5月中旬开花,果实8月下旬至9月上旬成熟,果实发育期90多天,成熟期比原品种提前15~20天,是广东较早上市的板栗品种,11月下旬开始落叶。种植后第4年试结果,第5年开始丰产。8年生树平均株产2.8 kg,最高株产10.7 kg。幼树生长中等,雌花易形成,结果早,产量高,嫁接后第4年进入始果期。具有早熟、矮化、丰产稳产和抗病性强等优良性状。生长势中等,树形矮化,树冠紧凑,成花容易,幼树期要注意控制生殖生长,促进营养生长,连续结果能力强,大小年不明显。株行距可采用4 m×4 m或3 m×4 m,每公顷600~800株,并注意配置适宜授粉树,或2~3个品种一起种植。

适宜种植范围 适宜在我国华南板栗产区种植。

图1-114-1 '农大1号'树形(林志雄,2007)
Figure 1-114-1 Tree form of Chinese chestnut 'Nongda 1 hao'

图1-114-2 '农大1号'结果状(林志雄,2007)
Figure 1-114-2 Bearing status of Chinese chestnut 'Nongda 1 hao'

115 '早香1号'
Zaoxiang 1 hao

品种来源 从广东省封开县长岗镇'封开油栗'老树实生群体中选出。2011年1月通过广东省农作物品种审定委员会审定，审定编号为"粤审果2011001"。

选育单位 广东省农业科学院果树研究所、广东省封开县果树研究所。

植物学特征 树体中等，树形矮化、较开张，树冠自然圆头形。4年生树高2.2 m，冠幅1.53 m×1.65 m。树干灰褐色，纵裂纹较明显。枝条较细长，且开张角度较大，顶端生长优势明显比原品种弱，容易形成自然开张树冠，节间较长为3.35 cm，结果母枝长度50.2 cm，比原品种长17%，基部直径0.85 cm，果前梢较长，达到15~20 cm，属中长枝类型。连续结果能力强，大小结果年不明显。叶长椭圆形至长圆披针形，淡绿色，叶缘锯齿较小，叶片具有独特的卷曲特征，叶长18.74 cm，宽6.48 cm，叶背被茸毛；叶柄具短茸毛，叶柄长1.66 cm。雄花序较长，长度为15~20 cm；雌花枝多数在靠近结果母枝顶端的8个芽抽出，雌花枝长达30~40 cm，雌花主要着生在离雌花枝基部1/3~1/2处，平均每条结果母枝抽出的雌花数6朵，雌花数比对照高26.3%；雄花枝、营养春梢较少，一般0~2条，雌花蕾露出比其他品种早5天；9月常有返花现象。刺苞大小（7.55 cm×6.21 cm）、单果重（11.56 g）均比'封开油栗'（12.57 g）稍小，但每个刺苞含坚果2.75个，苞肉较薄，苞刺比较短（长1.30 cm），分布比较稀疏。出籽率44.06%。坚果外观漂亮，深褐色，有光泽；果肉淡黄色，香味浓，品质优良。坚果含总糖4.53%，还原糖1.62%，淀粉26.40%，蛋白质3.62%，脂肪0.85%，水分48.40%。

生物学特性 在广东封开3月上中旬春芽开始萌动，盛花期在4月下旬，果实成熟期在8月中下旬，是广东较早上市的板栗品种，比'封开油栗'早熟15~20天，11月上中旬开始落叶。而在广州，由于气温较高，物候期比封开推迟5~7天，完全落叶要到12月下旬，8~9月有返花现象。种植后第3年开始少量结果试产，第4年进入结果期，种植株行距可采用4 m×5 m或4 m×4 m，每公顷500~600株，并注意配置适宜授粉树，或2~3个品种一起种植。

适宜种植范围 广东北部、东部等较冷凉地区。

图1-115-3 '早香1号'刺苞和坚果（林志雄，2003）
Figure 1-115-3 Bar and nut of Chinese chestnut 'Zaoxiang 1 hao'

图1-115-4 '早香1号'坚果（林志雄，2003）
Figure 1-115-4 Nut of Chinese chestnut 'Zaoxiang 1 hao'

图1-115-1 '早香1号'树形（林志雄，2009）
Figure 1-115-1 Tree form of Chinese chestnut 'Zaoxiang 1 hao'

图1-115-2 '早香1号'结果状（林志雄，2003）
Figure 1-115-2 Bearing status of Chinese chestnut 'Zaoxiang 1 hao'

116 '早香2号' Zaoxiang 2 hao

品种来源 从广东省封开县长岗镇'封开油栗'老树实生群体中选出。2010年1月通过广东省农作物品种审定委员会审定，审定编号为"粤审果2010009"。

选育单位 广东省农业科学院果树研究所、广东省封开县果树研究所。

植物学特征 树体中等，树势较壮旺，树形较直立，具有分枝能力较强、枝条短壮、树冠紧凑。4年生树高2.5 m，冠幅1.83 m×1.59 m。树干灰褐色。枝条较短，粗壮，节间较短，节间长2.16 cm；结果母枝长36.7 cm，基部直径0.94 cm；果前梢较短或没有，长度多在0~8 cm，属短枝类型。连续结果能力强，大小果年不明显。叶浓绿色，长圆披针形，先端渐尖，叶缘有锯齿，叶背被茸毛，叶片长18.74 cm，宽6.91 cm；叶柄具短茸毛；叶柄长1.64 cm。雄花序较短，长度为12~18 cm，雌花枝多数在靠近结果母枝顶端的5个芽抽出，每条结果母枝抽出的雌花枝和雌花数都原品种高，平均每条结果母枝抽出的雌花数8.4朵，营养春梢也较多，8~9月时有返花现象。刺苞大小（8.49 cm×6.24 cm）、单果重（11.90 g）均比'封开油栗'（12.57 g）稍小，但每个刺苞含坚果2.45个，刺苞肉较薄，刺苞刺较短（长1.50 cm），分布较密。出籽率43.50%。果实外观漂亮，棕褐色有光泽；果肉淡黄色，食味好、香味浓，品质优良。果实含总糖4.27%，还原糖1.36%，淀粉31.4%，蛋白质3.40%，脂肪1.06%，水分48.10%。

生物学特性 在广东封开3月上中旬春芽开始萌动，盛花期在4月下旬，果实成熟期在8月中下旬，是广东较早上市的板栗品种，比'封开油栗'早熟15~20天，11月上中旬开始落叶。8~9月在粗壮的中上部枝条抽生5~15 cm的新梢，并在新梢上开花结果（返花）。种植后第3年开始少量结果，第4年进入结果期，种植株行距可采用4 m×5 m或4 m×4 m，每公顷500~600株，并注意配置适宜授粉树，或2~3个品种一起种植。

适宜种植范围 广东北部、东部等较冷凉地区。

图1-116-1 '早香2号'树形（林志雄，2004）
Figure 1-116-1 Tree form of Chinese chestnut 'Zaoxiang 2 hao'

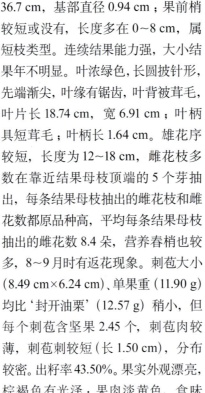

图1-116-3 '早香2号'刺苞和坚果（林志雄，2003）
Figure 1-116-3 Bar and nut of Chinese chestnut 'Zaoxiang 2 hao'

图1-116-2 '早香2号'结果状（林志雄，2006）
Figure 1-116-2 Bearing status of Chinese chestnut 'Zaoxiang 2 hao'

图1-116-4 '早香2号'坚果（林志雄，2003）
Figure 1-116-4 Nut of Chinese chestnut 'Zaoxiang 2 hao'

117 '云丰' Yunfeng

来源及分布 别名'云栗6号'。1990年从云南省昆明市宜良县狗街镇实生树中选出。广泛分布于云南的昆明、玉溪、楚雄、文山、大理、曲靖等地，在四川、贵州、广西等省份也有少量分布。于1999年8月，'云丰'按照《云南省园艺植物新品种注册保护条例》进行了新品种注册登记（云园植新登第19990001号）。

选育单位 云南省林业科学院。

植物学特征 母株实生繁殖，树龄50年。树高6 m，冠幅9.3 m×10.1 m，单株产果70~80 kg。树势中等。嫁接栽培每结果母株平均抽生6.6个新梢，其中结果枝占57.5%，发育枝7.6%，纤弱枝15.2%。单位结果母枝着果总数8.0个。当年生枝黄绿色，皮孔椭圆形，大而密，茸毛多，灰白色。叶片宽披针形，平均长 19.0 cm，宽 7.3 cm，叶柄长 2.0 cm，叶基楔形或圆形，叶尖急尖，锯齿大，直向，叶淡绿色，光泽度亮。刺苞椭圆形，平均重 65.34 g，长 8.8 cm，宽 7.0 cm，高 6.43 cm；刺束稀，刺长 1.38 cm，苞肉厚 0.23 cm，成熟时呈一字裂。坚果椭圆形，果顶平，平均重 10 g，长 3.09 cm，宽 1.92 cm，高 2.52 cm，果皮紫褐色，光泽度亮，茸毛中等，接线如意状，底座大。出籽率 45.3%~50%。坚果含水分 42.7%，粗蛋白 11.55%，总糖 20.75%，淀粉 43.50%，粗脂肪 3.88%，淀粉糊化温度 51℃。

生物学特性 在云南玉溪峨山大树高接，树势中等偏旺，嫁接第 2 年单株产量 2.4 kg，第 6 年 14.6 kg。在新植 2 年生实生密植栗园，嫁接当年开花结果株率 50%，第 2 年单株产量 440 g，结实株率 56.7%，第 4 年平均株产 2.27 kg，结实株率 100%。在玉溪峨山芽萌动期 3 月 1~4 日，展叶期 3 月 5~10 日，抽梢期 3 月 11~19 日，雄雌花盛花期 5 月 5~20 日。果实成熟期 8 月中下旬，落叶期 12 月上旬。中密度栽植，株行距 4 m×5 m。

整形修剪 本品种树势中庸，宜采用开心形或变则主干形。据修剪反应试验，结果母枝休眠期中（剪除枝长 1/2）、重（剪除枝长 2/3）短剪后，萌发新梢难以形成结果枝，幼树修剪应以轻剪缓放为主，采用拉枝开张角度、摘心、对骨干枝延长枝适当短剪，扩大树冠。连年结果后，注意回缩更新修剪，防止树体早衰。

授粉品种 云富、云良。

综合评价 早实丰产性、连年结实能力强，抗性好；坚果含总糖量高，糯性，品质好。适宜云贵高原海拔 1200~1900 m 的广大山区、半山区栽培。

118 '云富' Yunfu

来源及分布 别名'云栗 15 号'。1998 年自云南省峨山县实生树中选出。在云南大部分地区生长发育良好，尤其在滇中地区的峨山、永仁、石林等地广泛种植。

选育单位 云南省林业科学院。

植物学特征 树体中等，树姿开张，树冠高圆头形。树干深褐色，皮孔近圆形，小而密，茸毛多，黄褐色。结果母枝健壮，均长 22.8 cm，每果枝平均着生刺苞 2.52 个。叶浓绿色，披针形，背面密被灰白色星状毛，平均长 14.49 cm，宽 5.6 cm，叶缘上翻，锯齿较大，内向；叶柄黄绿色，长 1.63 cm。每果枝平均着生雄花序 4.8 条，长 14.3 cm。刺苞椭圆形，黄绿色，成熟时十字裂，苞肉厚度中等，平均苞重 94.8 g，每苞平均含坚果 2.0 粒；刺束密度及硬度中等，斜生，黄绿色，刺长 1.52 cm，苞肉厚 0.28 cm。坚果椭圆形，深褐色，光泽度中等，茸毛较多，果顶平或微凸，筋线不明显，底座小，接线平直，整齐度高，平均单粒重 14.4 g；果肉黄色，细糯，味香甜。坚果含水分 47.11%，总糖 17.99%，淀粉 44.68%，粗蛋白 7.70%。

生物学特性 在云南峨山县芽萌动期 3 月 1~5 日，展叶期 3 月 6~10 日，抽梢期 3 月 11~24 日，雄花盛花期 5 月 1~15 日，雌花盛花期 5 月 6~15 日，果实成熟期 8 月下旬，落叶期 12 月上旬。幼树生长健壮，雌花易形成，结果早，产量高，嫁接后第 6 年即进入丰产期。丰产稳产性强，无大小年现象。适应性和抗逆性强，在干旱缺水的沙质壤土、土壤贫瘠的山地均能正常生长结果。

综合评价 树体高大，树姿开张；结果早，产量高，连续结果能力强；坚果成熟期极早，品质优良，口感好，适宜炒食；适应性强，耐旱，耐瘠薄。适宜云南海拔 1300~1900 m 的广大山区、半山区，我国南方与其气候相似的省份种植及在我国西南高原板栗产区栽植发展。

图 2-118-2 '云富'结果状（赵志珩，2012）
Figure 2-118-2　Bearing status of Chinese chestnut 'Yunfu'

图 2-118-3 '云富'刺苞和坚果（赵志珩，2012）
Figure 2-118-3　Bar and nut of Chinese chestnut 'Yunfu'

图 2-118-1 '云富'树形（赵志珩，2012）
Figure 2-118-1　Tree form of Chinese chestnut 'Yunfu'

图 2-118-4 '云富'坚果
Figure 2-118-4　Nut of Chinese chestnut 'Yunfu'

119 '云红' Yunhong

品种来源 从云南省峨山县实生栗树中选出,坚果色泽光亮,含糖量较高,品质特优。2010年通过国家林业局林木良种审定委员会审定,审定编号为国S-SV-CM-020-2010(审定名称为'云红')。

选育单位 云南省林业科学院经济林研究所。

植物学特征 树冠扁圆头形,树势中等,树姿开张。当年生枝条黄绿色,皮孔椭圆形,中等大小,密度大,茸毛少。叶片宽披针形,平均长25.5 cm,宽9.0 cm,叶柄长1.5 cm,叶基楔形,叶尖急尖,叶缘锯齿大,内向。刺苞椭圆形,平均重45.4 g,长7.2 cm,宽6.6 cm,高5.9 cm;刺束密度中等,刺长1.4 cm,球肉厚0.29 cm,成熟时一字裂。坚果椭圆形,果顶平,平均重11.95 g,宽2.9 cm,厚2.1 cm,高2.6 cm,果皮紫褐色,光亮,茸毛少,接线平直,底座小,出籽率41.6%~47.8%。坚果含水量49.2%,粗蛋白9.1%,总糖18.59%,淀粉40.96%,粗脂肪4.17%,淀粉糊化温度59℃。坚果色泽光亮,商品性状好,含糖量较高,品质特优。用该品种枝条在峨山嫁接20年的实生板栗树,第5~7年株产分别为10.3 kg、12.7 kg、14.5 kg,平均12.6 kg,亩产量277.2 kg,在石林嫁接6年生实生板栗,第2年开始结果,第3年树高3.4 m,冠幅3.2 m×3.5 m,平均株产8.9 kg,亩产量267.0 kg。每结果母枝平均抽生3.8个新梢,其中结果枝占63.2%,雄花枝5.3%,纤弱枝31.5%,每结果母枝着生刺苞数7.8个,并且有良好的连续结果能力。

生物学特性 在峨山芽萌动期3月1~5日,展叶期3月6~15日,抽梢期3月16~25日,雄花盛花期5月6~20日,雌花盛花期5月6~15日,幼果开始形成期6月10日,果实成熟期8月下旬,11月底进入落叶休眠。

适宜种植范围 适生范围广,在云南海拔1300~1900 m的广大山区、半山区,以及我国南方与其气候类似的省份种植。

120 '云良' Yunliang

来源及分布 别名'云栗33号'。1994年在云南省峨山县小街乡选出。在云南大部分地区生长发育良好,在云南中部的峨山、永仁、石林等地广泛种植。2008年12月通过国家林业局林木品种审定委员会的审定,审定编号为国S-SV-CM-036-2008(审定名称为'云良')。

选育单位 云南省林业科学院经济林研究所。

植物学特征 树体中等,树姿开张,分枝角度大,树冠圆头形。树干深褐色,皮孔椭圆形。结果母枝健壮,每个结果母枝抽生2个以上的结果枝,结果枝率60%以上,每结果母枝平均抽生新梢5.4个,其中结果枝74.5%,发育枝11%,纤弱枝15%,均长18.5 cm,粗0.81 cm,节间1.63 cm,每果枝平均着生刺苞2.01个。叶浓绿色,披针形、卵状椭圆形,背面密被灰白色星状毛,叶缘上翻,锯齿较大,内向;叶柄黄绿色,长2.1 cm。每果枝平均着生雄花序6.2条,直立,长12.3 cm;刺苞椭圆形,黄绿色,成熟

图1-120-1 '云良'树形(赵志珩,2012)
Figure 1-120-1 Tree form of Chinese chestnut 'Yunliang'

时十字裂，苞肉厚度中等，平均苞重82.2 g，每苞平均含坚果2.5粒，出实率42.1%；刺束密度及硬度中等，斜生，黄绿色，刺长2.52 cm。坚果椭圆形，深褐色，油亮，茸毛较多，筋线不明显，底座中等，接线平滑，整齐度高，平均单粒重11.28 g；果肉黄色，口感细糯，味香甜。坚果含水分50.91%，总糖21.87%，淀粉48.41%，粗蛋白7.23%。

图 1-120-2 '云良'结果状（赵志珩，2012）
Figure 1-120-2　Bearing status of Chinese chestnut 'Yunliang'

图 1-120-3 '云良'刺苞和坚果（赵志珩，2012）
Figure 1-120-3　Bar and nut of Chinese chestnut 'Yunliang'

图 1-120-4 '云良'坚果（赵志珩，2012）
Figure 1-120-4　Nut of Chinese chestnut 'Yunliang'

生物学特性　在云南峨山芽萌动期3月1~5日，展叶期3月6~10日，抽梢期3月11~20日；雄花出现3月20~30日，初花期5月6~10日，盛花期5月11~25日，末花期5月26~30日；雌花现蕾期4月20日至5月5日，初花期5月6~10日，盛花期5月11~20日，末花期5月21~25日；幼果形成期6月10日，果实成熟期8月下旬，落叶期11月下旬。幼树生长健壮，雌花易形成，结果早，产量高，嫁接后第5年即进入丰产期。丰产稳产性强，无大小年现象。适应性和抗逆性强，在干旱缺水的片麻岩山地、土壤贫瘠的山地均能正常生长结果。

综合评价　树体中等，树姿半开张；结果早，产量高，连续结果能力强；坚果成熟期早，品质优良，口感好，适宜炒食；适应性强，耐旱，耐瘠薄。适宜云南海拔1300~2100 m的广大山区、半山区，可在我国西南地区与其气候相似的省份种植发展。

121　'云夏' Yunxia

品种来源　从云南省宜良县实生栗树中选出，成熟早、品质优。2008年通过国家林业局林木品种审定委员会审定，审定编号为国S-SV-CM-035-2008（审定名称为'云夏'）。

选育单位　云南省林业科学院经济林研究所。

植物学特征　树冠圆头形，树势中等偏强。树姿开张，当年生枝深绿色，皮孔椭圆形，大、密、无茸毛，黄褐色。叶片椭圆形，叶基楔形，叶尖急尖，叶缘锯齿平直，叶背茸毛密、灰白色，叶面两边向中脉翘起，平均长20.5 cm，宽9.2 cm，叶柄长1.3 cm。刺苞椭圆形，平均重80.9 g，长8.81 cm，宽7.22 cm，高7.3 cm，球肉厚0.28 cm；刺苞刺束密度中等，刺长1 cm，成熟时一字裂。坚果椭圆形，果顶微凹，平均重16.5 g，宽3.57 cm，厚2.52 cm，高2.95 cm，果皮黄褐色，有光泽，茸毛中等，接线如意状，底座中等。出籽率41.24%，坚果含水量51.91%，粗蛋白7.23%，总糖21.78%，淀粉48.41%，粗脂肪4.81%，淀粉糊化温度52℃。在永仁，用其接穗嫁接3年生实生栗树，第2年开始结果，第8年树高4.6 m，冠幅4.1 m×4.3 m，株产15 kg，每亩产量330 kg。在峨山，嫁接2年生实生栗树，第2年开始结果，第8年树高3.9 m，冠幅3.4 m×3.9 m，株产10.64 kg，每亩产量234 kg。每结果母枝抽生新梢平均3.2个，其中结果枝占65.6%，发育枝9.4%，雄花枝12.5%，纤弱枝12.5%，每结果母枝着生刺苞数平均4.6个，连续结果能力强。

生物学特性　在永仁，芽萌动期2月10~15日，展叶期2月16~25日，抽新梢期3月25~4月10日，雄花盛花期4月20~28日，雌花盛花期4月25~30日，幼果形成期5月10~20日，果实成熟期7月20~25日，10月下旬进入落叶休眠期。在昆明，萌芽期3月1~7日，展叶期3月8~12日，抽新梢期3月12~22日，雄花盛开期5月10~17日，雌花盛开期5月7~15日，幼果形成期6月1~5日，果实成熟期8月10~15日，11月上旬进入落叶休眠期。

综合评价　适应范围广，适宜在云南海拔1300~1800 m的广大山区、半山区，特别是光热资源丰富的干热河谷区，以及我国南方与其气候类似的省份种植。

122 '云雄' Yunxiong

品种来源 从云南省峨山县实生栗树中选出。坚果大、品质优、产量高，既是优良的主栽品种，又是很好的授粉品种。2010年通过国家林业局林木品种审定委员会审定，审定编号为国S-SV-CM-021-2010（审定名称为'云雄'）。

选育单位 云南省林业科学院经济林研究所。

植物学特征 树势强，树姿开张。1年生枝淡绿色，皮孔椭圆形，小，密度中等，茸毛密，黄褐色。叶长椭圆形，叶基楔形，叶尖急尖，叶缘锯齿大，直向，叶平均长21.9 cm，宽7.1 cm，叶柄长1.7 cm。刺苞椭圆形，平均100.7 g，长8.6 cm，宽7.3 cm，高6.7 cm；刺束密度中等，刺长1.6 cm，球肉厚2.3 cm，成熟时十字裂。坚果椭圆形，果顶微凹，平均重15.6 g，宽2.3 cm，厚2.7 cm，高3.6 cm，果皮赤褐色，茸毛少，接线如意状，底座中等。出子率54.3%。坚果含水量46.7%，粗蛋白8.05%，总糖19.71%，淀粉58.42%，粗脂肪3.61%，淀粉糊化温度60℃。用该品种枝条作接穗，在峨山接20年的实生栗树，第2~8年平均株产2.1 kg、3.13 kg、3.22 kg、10.14 kg、10.13 kg、17.22 kg、16.72 kg，平均8.96 kg，亩产量197.2 kg。在石林嫁接4年生实生栗树，第2年开始结果，第3年树高2.5m，冠幅3.2 m×4 m，平均株产9.72 kg，亩产量319 kg，每结果母枝平均抽新梢4.8个，其中结果枝37.5%，发育枝2%，雄花枝43.8%，纤弱枝16.7%，每结果母枝着生刺苞4.6个，并具有良好的连续结果能力。

生物学特性 在峨山芽萌动期3月1~5日，展叶期3月6~10日，抽梢期3月11~19日，雄花盛花5月6~20日，雌花盛花期5月6~15日，幼果开始形成期6月5日，果实成熟期8月25日至9月10日，12月上旬进入落叶休眠期。

综合评价 适生范围广，抗逆性强，适宜在云南海拔1300~2100 m的广大山区、半山区以及我国南方与其气候相似的省份种植。

123 '云腰' Yunyao

来源及分布 别名'云栗9号'。1990年从云南省昆明市寻甸县柯渡镇实生树中选出。广泛分布于云南的昆明、玉溪、楚雄、文山、大理、曲靖等地，在四川、贵州、广西等省份也有少量分布。于1999年8月，'云腰'按照《云南省园艺植物新品种注册保护条例》进行了新品种注册登记（云园植新登第19990002号）。

选育单位 云南省林业科学院。

植物学特征 母株实生繁殖，树龄80年。树高7 m，冠幅9.3 m×7.4 m，单株产量151 kg。嫁接栽培每结果母株平均抽生5个新梢，其中结果枝占64%，发育枝和纤弱枝各占4%，雄花枝28%；单位结果母枝着果总数7个。当年新梢黄绿色，皮孔近圆形，小而稀，茸毛少，黄褐色。叶宽披针形，稀长椭圆形，平均长17.24 cm，宽7.01 cm，叶柄长1.44 cm，叶基楔形或圆形，锯齿大，内向，叶尖急尖，叶浓绿色，光泽度亮。刺苞椭圆形，平均重69.61 g，长8.27 cm，宽7.48 cm，高5.44 cm；刺束稀，刺长1.16 cm，球肉厚0.22 cm，成熟时一字裂。坚果椭圆形，果顶平或微凹，平均单粒重11.7 g，长3.31 cm，宽2.04 cm，厚2.52 cm，果皮紫褐色，光泽度亮，茸毛多，接线如意状，底座中等，出籽率45.2%~55.8%。坚果含物水分49.98%，粗蛋白5.99%，总糖17.9%，淀粉40.10%，粗脂肪3.92%，淀粉糊化温度57℃。

生物学特性 在玉溪峨山大树高接，树势中等，嫁接后第3年株产7.3 kg，第6年株产13.67 kg。在新植2年生实生密植栗园，嫁接当年开花结果，第2年单株产量350 g，结实株率67.7%，第5年平均株产2.39 kg，结实株率100%。在玉溪市峨山县芽萌动期2月25~28日，展叶期3月1~5日，抽梢期3月6~19日，盛花期雄花5月6~25日，雌花5月11~20日。果实成熟期8月下旬至9月上旬，落叶期11月下旬。

整形修剪 树体较矮化，适宜密植栽培，株行距3 m×4 m，树形宜采用开心形或变则主干形。用其枝条对幼林栗园进行改造，形成的当年生壮枝，轻剪（剪除枝长1/3）和中剪（剪除枝条1/2），萌发的枝条均能抽生良好结果枝，重短剪（剪除枝条2/3）则难以形成结果枝。幼树修剪宜采取轻、中短剪为主，的修剪方法，骨干枝延长中、重短截，以扩大树冠，除过弱的枝条疏除外，其他轻剪缓放，促进结果。连年结果后，注意回缩更新修剪。

授粉品种 云富、云早。

综合评价 早实丰产性能好，坚果粗蛋白和总糖含量高，品质优。适宜云贵高原海拔1300~1900 m的广大山区、半山区种植。

124 '云早' Yunzao

来源及分布 别名'云栗22号'。1990年从云南省昆明市寻甸县仁德街道下村实生树中选出。广泛分布于云南的昆明、玉溪、楚雄、文山、大理、曲靖等地,在四川、贵州、广西等省份也有少量分布。于1999年8月,'云早'按照《云南省园艺植物新品种注册保护条例》进行了新品种注册登记(云园植新登第19990004号)。

选育单位 云南省林业科学院。

植物学特征 母株实生繁殖,树龄100年。树高5 m,树冠大,树姿开张,单株产果20 kg。嫁接栽培每结果母株平均抽生8.6个新梢,其中结果枝占69.8%,雄花枝占20.9%,纤弱枝占9.2%;单位结果母枝着果总数8.6个。当年生枝淡绿色,皮孔圆形,大而稀,茸毛少,黄褐色。叶宽披针形,平均长15.08 cm,宽6.26 cm,叶柄长1.96 cm,叶基楔形或圆形,叶尖渐尖,锯齿大、直向,叶绿色、有光泽。刺苞长椭圆形,平均重81.41 g,长9.66 cm,宽7.82 cm,高6.42 cm;刺束稀,刺长1.49 cm,球肉厚0.23 cm,成熟时一字裂。坚果椭圆形,果顶平,稀微凸或凹,平均重12.18 g,长3.19 cm,宽2.09 cm,高2.51 cm,果皮赤褐色,光泽度亮,茸毛中等,接线如意状,底座中等大。出籽率45.6%~57.9%。坚果含水分51.6%,粗蛋白8.72%,总糖24.17%,淀粉42.08%,粗脂肪4.23%,淀粉糊化温度55℃。

生物学特性 在峨山大树高接,树势中等偏旺,嫁接后第2年平均株产1.97 kg,第5年株产12.03 kg。在新植2年生实生密植栗园,嫁接当年开花结实,平均株产第2年1.03 kg,第4年2.37 kg,结实株率100%。在玉溪峨山芽萌动期3月1~5日,展叶期3月6~10日,抽梢期3月11~25日,盛花期雄花5月6~20日,雌花为5月1~10日。果实成熟期8月下旬,落叶期11月下旬。中密度种植,株行距3 m×4 m至4 m×5 m。

整形修剪 树形宜采用开心形或变则主干形。该品种1年生壮枝轻、中短剪均能萌发抽生良好的结果枝,重剪抽生结果枝稍差。宜采用轻重相结合的修剪方法。

授粉品种 云富、云珍。

综合评价 结果极早、特别丰产、坚果含糖量高、品质优良。适宜云贵高原海拔1200~1900 m的广大山区、半山区种植。

125 '云珍' Yunzhen

来源及分布 别名'云栗44号'。1990年从云南省玉溪市峨山县小街镇老凹山村实生树中选出。广泛分布于云南的昆明、玉溪、楚雄、文山、大理、曲靖等地,在四川、贵州、广西等省份也有少量分布。于1999年8月,'云珍'按照《云南省园艺植物新品种注册保护条例》进行了新品种注册登记(云园植新登第19990006号)。

选育单位 云南省林业科学院。

植物学特征 母株实生繁殖,树龄25年。树高7 m,冠幅7 m×7 m。单株产量35 kg,树姿开张,树势中等。嫁接栽培每结果母株平均抽生6.4个新梢,其中结果枝占62.5%,雄花枝12.5%,发育枝9.4%,纤弱枝15.6%;单位结果母枝着果总数14.6个。当年生枝灰绿色,皮孔椭圆形,大而稀,茸毛少,灰白色。叶倒卵圆形,平均长23.5 cm,宽8 cm,叶柄长1.8 cm,叶基楔形或圆形,叶尖渐尖,锯齿稀、平直,叶浓绿色、光泽度亮。刺苞椭圆形,平均重56.5 g,长6.94 cm,宽5.75 cm,高5.2 cm;刺束稀,刺长0.91 cm,球肉厚0.49 cm,成熟时一字裂。坚果椭圆形,果顶平,平均重11.2 g,宽3.1 cm,厚2.2 cm,果皮紫褐色,茸毛较多,接线如意状,底座中。出籽率41%~55.2%。坚果主要内含物:水分49.09%,粗蛋白8.35%,总糖19.49%,淀粉40.89%,粗脂肪4.21%,淀粉糊化温度56℃。

生物学特性 用此品种在峨山大树高接,第2年单株产量2.01 kg,第6年13.56 kg。在新植2年生实生密植栗园,嫁接第2年单株产果0.52 kg,第4年平均株产3.52 kg,结实株率100%。在玉溪市峨山县芽萌动期3月5~10日,展叶期3月11~15日,抽梢期3月16~25日,盛花期雄花5月11~25日,雌花5月11~20日。果实成熟期8月下旬,落叶期12月上旬。

整形修剪 本品种具有当年枝基部芽能抽生结果枝的特点,适宜人工控冠矮化密植栽培,株行距3 m×4 m。冬季修剪以短剪为主,短剪和疏相结合的修剪方法。

授粉品种 云富、云早。

综合评价 早实丰产,适宜密植。适宜云贵高原海拔1200~2000 m的广大山区、半山区种植。

126 '川栗早' Chuanlizao

来源及分布 别名'蒲坝3'。广泛分布于四川的德昌、盐源等地。2011年通过四川省林木品种审定委员会审定，审定编号为川R-SC-CM-009-2010（审定名称为'川栗早'）。

选育单位 四川省林业科学研究院、德昌县林业局。

植物学特征 母树生长于海拔1310 m的坡地，土层较深厚，土壤肥力好。树龄50年，树高12.3 m，干径28.4 cm，冠幅10.7 m，主干较明显，树姿较开张，无任何管护措施，属放任生长树。枝条粗壮。叶片大，肥厚。刺苞大，椭圆形，刺束较密，较硬。新梢中结果枝占45%，平均每一结果母枝抽生结果枝1.4个，平均每个结果枝着生刺苞2.3个，出实率47.04%。平均每苞含坚果2.8个。坚果椭圆形，果顶微凹，平均单果重17.25 g，每千克60粒左右，果皮红褐色，略有光泽，果面茸毛较少，坚果大小整齐，美观；果肉细腻香甜，粗蛋白质8.26%，粗淀粉62.5%，总糖27.01%，粗脂肪4.15%，钙506 mg/kg。

生物学特性 芽萌动期3月6~11日，展叶期3月12~18日，抽梢期3月19~26日，盛花期5月8~20日，果实成熟期8月上旬，结果枝平均着生刺苞1.8个。单株常年产量稳定在70 kg以上。大小年不明显，连续3年结果的枝条占55%。适应性广，抗逆性强。

综合评价 树体中等，树姿半开张。结果早，产量高，连续结果能力强；坚果成熟期早，品质优良，口感好，适宜炒食。适应性强，耐旱，耐瘠薄，适宜在四川西南山地海拔1600 m以下、土层深厚肥沃的地带栽培发展。

图1-126-4 '川栗早'高接当年状况（宋鹏，2008）
Figure 1-126-4 The situation of top grafting of Chinese chestnut 'Chuanlizao' in first year

图1-126-5 '川栗早'高接5年状况（宋鹏，2008）
Figure 1-126-5 The situation of top grafting of Chinese chestnut 'Chuanlizao' in 5 year

图1-126-1 '川栗早'母树（宋鹏，2008）
Figure 1-126-1 The mother plant of Chinese chestnut 'Chuanlizao'

图1-126-2 '川栗早'结果状（宋鹏，2008）
Figure 1-126-2 Bearing status of Chinese chestnut 'Chuanlizao'

图1-126-3 '川栗早'刺苞和坚果（宋鹏，2008）
Figure 1-126-3 Bar and nut of Chinese chestnut 'Chuanlizao'

127 '城口小香脆板栗'
Chengkou Xiaoxiangcuibanli

来源及分布 广泛分布于重庆城口海拔800~1600 m的山区，为大巴山地区原产主栽品种。2009年重庆市林木品种审定委员会审定为良种，审定编号为渝-S-SITS-CM-003-2008（审定名称为'城口小香脆板栗'）。

选育单位 城口县林业局。

植物学特征 树体高大，树冠伞形，枝干粗直。叶片肥厚中大，平均叶长200 mm，宽85 mm，叶缘缺刻浅、锯齿小、向前，叶先端急尖，叶绿色至暗绿色，有光泽。每果枝结刺苞数2.2个，刺苞长圆形，成熟时多一字裂；刺束长度中等，长约52 mm，苞径46 mm，刺束直立、较密而硬，浅绿色，苞肉厚2.1 mm，每苞平均含坚果2个。坚果重10 g，椭圆形，果顶稍高于果肩，红褐色、红棕色，油亮，茸毛较少（仅分布在果肩以上范围），肉质较脆，甜糯，有香气。坚果含总糖6.99%，总酸0.23%，维生素C 48.2 mg/100 g，淀粉30.0 g/100 g，蛋白质9.02 g/100 g，水分49.9%，脂肪4.34 g/100 g，铁0.88 mg/100 g，硒0.005 mg/kg。

图1-127-2 '城口小香脆板栗'刺苞和坚果（王彬，2008）
Figure 1-127-2 Bar and nut of Chinese chestnut 'Chengkou Xiaoxiangcuibanli'

生物学特性 在重庆城口山区4月上旬开始萌芽，5月下旬雄花盛花期，果实成熟期9月下旬，10月下旬开始落叶。结果早，产量高，无大小年现象。耐严寒抗高温干旱能力强，抗病能力强。在土壤贫瘠的岩石地均能正常生长结果。

综合评价 树体高大，树冠伞形，枝干粗直。结果早，产量高，无大小年现象；果实小，果形美观，肉质香脆，适宜生食或菜用。耐严寒抗高温干旱，耐贫瘠；适宜在海拔800~1600 m的山区栽植。

图1-127-1 '城口小香脆板栗'树形及结果状（王彬，2008）
Figure 1-127-1 Tree form and bearing status of Chinese chestnut 'Chengkou Xiaoxiangcuibanli'

图1-127-3 '城口小香脆板栗'坚果（王彬，2000）
Figure 1-127-3 Nut of Chinese chestnut 'Chengkouxiao Xiangcuibanli'

128 '泰山1号'
Taishan 1 hao

来源及分布 2001年从山东省果树研究所引入'泰山1号'。2010年6月通过陕西省林木品种审定委员会审定,审定编号为QLR015-J015-2009。

选育单位 西北农林科技大学。

植物学特征 树冠较开张,多呈开心形,树势强旺。8年生树高平均3.66 m,枝下高23.7 cm,地径10.96 cm,冠幅3.1 m×3.2 m,平均刺苞数254个。结果母枝长32 cm,粗0.67 cm,节间长2.2 cm。枝条灰褐色,皮孔椭圆形,黄白色,较密。混合芽椭圆形,大而饱满。叶长椭圆形,先端渐尖,叶面深绿色,叶姿斜生平展,质地较厚,叶长21.6 cm,宽8.2 cm;叶柄长2 cm,百叶重219.3 g。雄花序斜生。刺苞椭圆形,单苞重100~118.9 g,苞肉较厚,成熟时十字裂或三裂;刺长1.6 cm,绿色,较硬,分枝角度小。出实率42%,每苞含坚果2.8个。坚果大,红褐色,果面茸毛少,光亮美观,平均单粒重18 g,大小整齐饱满;果肉黄色,质地细糯香甜,皮易剥离。坚果含水分59.5%,可溶性糖12.8 g/100 g,粗蛋白4.68 g/100 g,粗脂肪0.98 g/100 g,淀粉24.78 g/100 g。

生物学特性 在宝鸡市陈仓区坪头镇,3月下旬萌芽,4月上旬展叶,6月上旬盛花,9月上旬果实成熟,11月上旬落叶,果实发育期100天,营养生长期210天左右。幼树生长旺盛,新梢粗壮。果前梢大而饱满,连续结果能力强,抽生强壮枝多,无效细弱枝少,空苞率低,基部芽能抽生结果,矮枝修剪效果好,结果枝粗壮,形成雌花容易,嫁接后2年开花结果,3~4年丰产,7年生树年均高产板栗175 kg以上。抗病虫能力强。属早实丰产、品质优良、较耐贮藏的炒食兼加工品种。

适宜种植范围 山东泰安,陕西商洛、安康、汉中,以及宝鸡、西安、渭南等秦巴山区同类地区。市场前景看好。

图 1-128-2 '泰山1号'结果状(何佳林,2009)
Figure 1-128-2 Bearing status of Chinese chestnut 'Taishan 1 hao'

图 1-128-1 '泰山1号'树形(何佳林,2010)
Figure 1-128-1 Tree form of Chinese chestnut 'Taishan 1 hao'

图 1-128-3 '泰山1号'刺苞和坚果(何佳林,2009)
Figure 1-128-3 Bar and nut of Chinese chestnut 'Taishan 1 hao'

图 1-128-4 '泰山1号'坚果(何佳林,2012)
Figure 1-128-4 Nut of Chinese chestnut 'Taishan 1 hao'

129 '镇安1号'
Zhen'an 1 hao

来源及分布 从陕西省镇安县实生栗树中选出，优质，丰产。2005年12月通过陕西省林木品种审定委员会审定，良种编号为LS063-J045-2005。2006年12月通过国家林木良种委员会审定，良种编号为国S-SV-CM-020-2006。

选育单位 西北农林科技大学。

植物学特征 树体中等，树姿半开张，自然圆头形。树干颜色灰褐，皮孔小而不规则。结果枝健壮，每果枝平均着生刺苞2.6个，翌年抽生结果新梢1.9个。混合芽长三角形，基部芽体饱满，短截后翌年仍能抽生结果枝。叶绿色，长椭圆形，先端极尖，斜生，叶姿较平展；叶柄浅绿色，长1.8 cm。每果枝平均着生雄花序6.9条，雄花序长13.4 cm，斜生。刺苞椭圆形，黄绿色，成熟时十字裂或一字裂，苞肉厚度中等，平均每苞含坚果2.5个，出实率35.3%左右，平均苞重59.8 g，出实率39.7%；刺束密度及硬度中等，斜生，刺长2.3 cm，每丛8~12根。坚果大，扁圆形，单果重13.15 g，纵径2.72 cm，横径3.15 cm，果皮红褐色，有光泽；种仁涩皮易剥离；果肉黄色，细糯，味香甜。坚果含可溶性糖10.1%，蛋白质3.68%，脂肪1.05%，维生素C 37.65 mg/100 g。

生物学特性 在陕西秦巴山区地区3月下旬萌芽，4月上旬展叶，6月上旬雄花盛花期，果实成熟期9月上旬，落叶期11月上旬。幼树生长旺盛，雌花易形成，结果早，产量高，嫁接后第4年即进入盛果期。早实、丰产。适应性和抗逆性强。盛果期树花量大，坐果率高，应加强肥水管理和病虫害防治工作。

适宜种植范围 陕西商洛、安康、汉中以及宝鸡、西安、渭南等秦巴山区同类地区。市场前景看好。

图1-129-1 '镇安1号'树形（齐荣水，2012）
Figure 1-129-1　Tree form of Chinese chestnut 'Zhen'an 1 hao'

图1-129-2 '镇安1号'结果状（齐荣水，2012）
Figure 1-129-2　Bearing status of Chinese chestnut 'Zhen'an 1 hao'

图1-129-3 '镇安1号'刺苞和坚果（何佳林，2012）
Figure 1-129-3　Bar and nut of Chinese chestnut 'Zhen'an 1 hao'

图1-129-4 '镇安1号'坚果（何佳林，2012）
Figure 1-129-4　Nut of Chinese chestnut 'Zhen'an 1 hao'

130 '八月香' Bayuexiang

来源及分布 别名'处暑红''顺阳红'。主要分布在建瓯顺阳、东游和八月香果场。

选育单位 福建省农业科学院果树研究所、建瓯市林业技术推广中心和建瓯市八月香果场。

植物学特征 幼龄树树姿直立，成年树开张松散。多年生枝干灰褐色；1年生枝绿褐色，叶基有2片小叶托，新梢呈现红褐色，皮目较小而稀，节间长。花序母枝先端混合芽半圆形，近先端混合芽半卵圆形，基部叶芽三角形。叶浓绿色，长椭圆形，叶片大，长19.5 cm，宽6.5 cm，叶缘锯齿粗、深，齿尖稍内钩，叶尖渐尖细长。雄花序长21.5 cm，狗尾状，花白色；两性花序长17.0 cm。刺苞球形，较大；刺束长而密；成熟出籽单粒。坚果皮薄、个大、均匀，平均单重12.3~14.6 g，早熟，呈鲜红色，口感与'长芒仔'略同，但不耐贮。

生物学特性 在福建建瓯一般芽萌动期3月上中旬，梢叶旺长期5月中旬至6月中旬，雄花盛开期5月上中旬，雌花盛开期5月中旬，刺苞迅速增大期6月上旬至7月下旬，坚果成熟期8月下旬至9月上旬，落叶期11月下旬至翌年1月上旬初。喜肥，适应山凹地里成长。该品种早实丰产性好，嫁接苗定植第2年可少量结果，第3年具有一定产量，第5~6年进入盛果期，亩产可达75 kg以上。

综合评价 树体健壮、高大，树姿较开张；结果早、产量高，主要性状就是个大、早熟，但不耐贮，不适合糖炒。适应性中上，适宜在闽北地区种植。

图1-130-1 '八月香'树形（郑诚乐）
Figure 1-130-1 Tree form of castanea henryi 'Bayuexiang'

图1-130-2 '八月香'结果状（郑诚乐）
Figure 1-130-2 Bearing status of castanea henryi 'Bayuexiang'

图1-130-3 '八月香'坚果（郑诚乐）
Figure 1-130-3 Nut of castanea henryi 'Bayuexiang'

131 '大峰' Dafeng

品种来源 为日本实生选优品种。1997年引进，2009年9月通过辽宁省林木良种审定委员会审定，审定编号为辽-SV-CC-001-2009。

选育单位 辽宁省经济林研究所。

植物学特征 树姿较开张，树体、冠幅较小，嫁接初期树势旺，结果枝粗壮；1年生枝条红褐色，皮孔较少；每母枝平均着生刺苞1.6个，翌年抽生结果新梢3.2个。叶浓绿色，阔披针形。刺苞球形或椭圆形，黄绿色，成熟时一字裂或十字裂，苞肉较厚，出实率46.5%，每苞平均含坚果2.8粒。坚果圆三角形，红褐色，有光泽，底座大小中等，整齐度高，平均单粒重20.7 g；果肉淡黄色，加工品质好。坚果含水量63.0%，可溶性糖17.3%，淀粉54.2%，蛋白质7.8%，维生素C 25.7 mg/100 g。

生物学特性 在辽宁南部地区9月中下旬果实成熟。树体、冠幅较小，适宜密植。丰产、稳产性强，连续3年结果枝数达43.7%，嫁接3~5年生平均株产5.03 kg，平均冠影面积产量1.34 kg/m²。抗栗瘿蜂能力较强，抗寒性中等，适宜在年平均气温8℃以上地区栽培。不耐瘠薄，应选择土壤肥沃地块建园，并实施集约化栽培管理，修剪时应严格控制结果母枝留量。

适宜种植范围 辽宁凤城、宽甸南部、东港、庄河、绥中、兴城等地。

图 1-131-2 '大峰'结果状（郑瑞杰，2012）
Figure 1-131-2 Bearing status of chestnut 'Dafeng'

图 1-131-1 '大峰'树形（王德永，2012）
Figure 1-131-1 Tree form of Chinese chestnut 'Dafeng'

图 1-131-3 '大峰'刺苞和坚果（郑瑞杰，2012）
Figure 1-131-3 Bar and nut of chestnut 'Dafeng'

132 '丹泽' Danze

品种来源 日本农林省农业技术研究所园艺部1959年育成品种，亲本为'乙宗'בׂ'大正早生'。1981年引进，1996年通过辽宁省林木良种审定委员会审定，审定编号为LC96033。

选育单位 辽宁省经济林研究所。

植物学特征 树体较大，树势较强，树姿开张。一年生枝条淡褐色，枝梢粗壮，密生，皮孔圆形；每母枝平均着生刺苞1.6个，翌年抽生结果新梢2.6个。叶灰绿色，披针形或阔披针形，叶姿平展。刺苞椭圆形，黄绿色，成熟时十字裂，出实率58.1%，每苞平均含坚果2.8粒；刺束较硬。坚果长三角形，淡褐色，有光泽，底座大小中等，整齐度高，平均单粒重19.7 g；果肉淡黄白色，粉质，甜味较淡。

生物学特性 在辽宁丹东地区9月上旬果实成熟。丰产、稳产，连续2年结果枝数达20.0%，幼树期结实量大，但到盛果期树势衰老早。抗桃蛀螟能力较弱，耐瘠薄能力较强。抗寒性中等，适宜在年平均气温10℃以上地区栽培，通过高接换头方式可以在年平均气温8℃以上地区栽培。

适宜种植范围 辽宁凤城、宽甸、东港、岫岩、大连及以南地区。

图1-132-2 '丹泽'结果状（王德永，2012）
Figure 1-132-2　Bearing status of chestnut 'Danze'

图1-132-3 '丹泽'刺苞和坚果（郑瑞杰，2012）
Figure 1-132-3　Bar and nut of chestnut 'Danze'

图1-132-1 '丹泽'树形（郑瑞杰，2012）
Figure 1-132-1　Tree form of chestnut 'Danze'

133 '高城' Gaocheng

品种来源 朝鲜国家山林科学院育成。1997年引进，2009年9月通过辽宁省林木良种审定委员会审定，审定编号为辽S-SV-CC-003-2009。

选育单位 辽宁省经济林研究所。

植物学特征 树体较大，树姿开张。一年生枝条密生，红褐色，每母枝平均着生刺苞2.0个，翌年抽生结果新梢2.7个。叶灰绿色，阔披针形，较大，叶缘上卷，呈船形。刺苞椭圆形，黄绿色，成熟时一字裂或丁字裂，苞肉薄，出实率61.1%，每苞平均含坚果2.8粒；刺束较密。坚果高三角形，顶端不对称，略微"歪嘴"，红褐色，有光泽，底座大小中等，接线平滑，整齐度高，平均单粒重20.1 g；果肉淡黄色，加工品质好。坚果含可溶性糖17.3%，淀粉56.0%，蛋白质5.8%，维生素C 27.0 mg/100 g。

图1-133-2 '高城'结果状（郑瑞杰，2010）
Figure 1-133-2　Bearing status of chestnut 'Gaocheng'

生物学特性 在辽宁南部地区9月中下旬果实成熟。丰产、稳产，连续2年结果枝数达23.9%，嫁接3~5年生平均株产5.75 kg，平均冠影面积产量1.04 kg/m²。抗栗瘿蜂能力和耐瘠薄性强。抗寒性中等，适宜在年平均气温8℃以上地区栽培。幼树枝势强，结果后迅速减弱，由于1年生枝密生，且结实性好，修剪时应严格控制结果母枝留量。

适宜种植范围 辽宁凤城、东港、庄河、绥中、兴城及以南地区。

图1-133-1 '高城'树形（郑瑞杰，2010）
Figure 1-133-1　Tree form of chestnut 'Gaocheng'

图1-133-3 '高城'刺苞和坚果（郑瑞杰，2010）
Figure 1-133-3　Bar and nut of chestnut 'Gaocheng'

134 '广银' Guangyin

品种来源 韩国国立山林科学院育成,亲本为'广州早栗'ב银寄'。1998年引进,2009年9月通过辽宁省林木良种审定委员会审定,审定编号为辽S-SV-CMC-002-2009。

选育单位 辽宁省经济林研究所。

植物学特征 树体中等偏大,树姿较开张。一年生枝条红褐色;每母枝平均着生刺苞2.5个,翌年抽生结果新梢3.2个。叶浓绿色,阔披针形。刺苞球形或椭圆形,黄绿色,成熟时一字裂或丁字裂,苞肉薄,出实率59.6%,每苞平均含坚果2.9粒;刺束长且软。坚果三角形,红褐色,有光泽,底座大小中等,整齐度高,平均单粒重20.2 g;果肉黄色,甜度高,

图1-134-2 '广银'结果状(郑瑞杰,2009)
Figure 1-134-2　Bearing status of chestnut 'Guangyin'

图1-134-3 '广银'刺苞和坚果(郑瑞杰,2012)
Figure 1-134-3　Bar and nut of chestnut 'Guangyin'

加工品质优。坚果含可溶性糖19.4%,淀粉55.5%,蛋白质6.8%,维生素C 25.7 mg/100 g。

生物学特性 在辽宁南部地区9月中旬果实成熟。丰产稳产性强,连续3年结果枝数达47.3%,嫁接3~5年生平均株产5.53 kg,平均冠影面积产量1.28 kg/m²。抗栗瘿蜂能力强。抗寒性较差,适宜在年平均气温10℃

图1-134-1 '广银'树形(王德永,2012)
Figure 1-134-1　Tree form of chestnut 'Guangyin'

以上地区栽培。由于结实性好，修剪时应严格控制结果母枝留量。

适宜种植范围 辽宁大连金州及以南地区。

135 '国见' Guojian

品种来源 日本农林省园艺试验场1983年育成品种，亲本为'丹泽'ב石樵'。1995年引进，2004年通过辽宁省林木良种审定委员会审定，审定编号为辽-SV-CC-001-2004。

选育单位 辽宁省经济林研究所。

植物学特征 树势中等偏弱，树姿较开张，幼树长势旺，盛果期树冠扩张放缓，树冠较小。一年生枝条红褐色，每母枝平均着生刺苞1.9个，翌年抽生结果新梢3.1个。叶浓绿色，阔披针形。刺苞椭圆形，较大，黄绿色，成熟时一字裂或丁字裂，苞肉较厚，出实率49.3%，每苞平均含坚果2.5粒；刺束较密。坚果圆三角形，红褐色，有光泽，底座大小中等，整齐度高，平均单粒重22.3 g，涩皮向果肉中陷入较深，出籽率较低；果肉淡黄色，甜度较低。坚果含水量61.3%，可溶性糖19.4%，淀粉49.9%，蛋白质5.8%，维生素C 33.0 mg/100 g。

生物学特性 在辽宁南部地区9月中下旬果实成熟。丰产、稳产，连续2年结果枝数达19.6%，嫁接3年生平均株产3.25 kg，平均冠影面积产量0.88 kg/m²。抗病虫害能力强，耐瘠薄性较差。抗寒性中等，适宜在年平均气温8℃以上地区栽培。由于其盛果期树势衰弱较快，应选择土壤肥沃的地块建园，并实施集约化栽培管理。

适宜种植范围 辽宁凤城、宽甸、东港、岫岩、大连及以南地区。

图1-135-2 '国见'结果状（郑瑞杰，2012）
Figure 1-135-2 Bearing status of chestnut 'Guojian'

图1-135-1 '国见'树形（郑瑞杰，2012）
Figure 1-135-1 Tree form of chestnut 'Guojian'

图1-135-3 '国见'刺苞和坚果（郑瑞杰，2009）
Figure 1-135-3 Bar and nut of chestnut 'Guojian'

图1-135-4 '国见'坚果（郑瑞杰，2011）
Figure 1-135-4 Nut of chestnut 'Guojian'

136 '金华' Jinhua

品种来源 日本岐阜县中山间地农业试验场育成,亲本为'大正早生'ב金赤'。1981年引进,1997年8月通过辽宁省林木良种审定委员会审定。

选育单位 辽宁省经济林研究所。

植物学特征 树体中等,树姿较直立,树冠圆头形。一年生枝条褐色,每母枝平均着生刺苞2.3个,翌年抽生结果新梢3.2个。叶浓绿色,阔披针形,叶姿平展。刺苞圆形或椭圆形,黄绿色,成熟时一字裂或丁字裂,出实率50.5%,每苞平均含坚果2.2粒;刺束较短,密且硬。坚果椭圆形或圆三角形,紫褐色,有光泽,底座大小中等,平均单粒重20.1 g;果肉乳白色,粉质,甜味较淡,加工品质较差。

生物学特性 在辽宁丹东地区9月中下旬果实成熟。丰产、稳产,嫁接5年生以上平均株产6.98 kg,连续3年结果枝数达23.9%。耐瘠薄,抗病虫害和抗寒能力较强,适宜在年平均气温8℃以上地区栽培,通过高接换头方式可以在年平均气温7.5℃以上地区栽培。由于生理落果较重,冬季修剪时,应根据树势强弱,确定结果母枝的保留量。

适宜种植范围 辽宁凤城、宽甸、东港、岫岩、大连及以南地区。

图 1-136-2 '金华'结果状(王德永,2012)
Figure 1-136-2　Bearing status of chestnut 'Jinhua'

图 1-136-3 '金华'刺苞和坚果(郑瑞杰,2012)
Figure 1-136-3　Bar and nut of chestnut 'Jinhua'

137 '宽优9113' Kuanyou 9113

品种来源 1991年从辽宁省宽甸满族自治县丹东栗实生树中选出。2011年12月通过辽宁省林木良种审定委员会审定,审定编号为辽S-SV-CCM-004-2011。

选育单位 宽甸满族自治县板栗试验站。

植物学特征 树体中等,树姿较开张。一年生枝条灰褐色,皮孔小、圆形、密而突出;结果枝粗壮,每母枝平均着生刺苞1.9个,翌年抽生结果新梢3.2个。混合芽长圆形,大小中等,紫褐色。叶灰绿色,长椭圆形,质地较厚,稍向下搭垂;叶柄淡绿色。刺苞椭圆形,黄绿色,成熟时一字裂或丁字裂,苞肉较厚,出实率46.1%,每苞平均含坚果2.3粒;刺束密而硬。坚果圆至椭圆形,红褐至紫褐色,有光泽,茸毛较多,接线月牙形,底座大小中等,涩皮较易剥离,平均单粒重12.4 g;果肉淡黄色,味甜,宜作炒栗用。坚果含水量66.7%,总糖65.8%,淀粉53.9%,还原糖4.2%,蔗糖0.47%,蛋白质14.9%,维生素C 23.8 mg/100 g。

生物学特性 在宽甸中北部地区

图 1-136-1 '金华'树形(王德永,2012)
Figure 1-136-1　Tree form of chestnut 'Jinhua'

图 1-137-1　'宽优 9113' 树形（郑瑞杰，2012）
Figure 1-137-1　Tree form of chestnut 'Kuanyou 9113'

图 1-137-2　'宽优 9113' 结果状（王德永，2012）
Figure 1-137-2　Bearing status of chestnut 'Kuanyou 9113'

图 1-137-3　'宽优 9113' 刺苞和坚果（郑瑞杰，2012）
Figure 1-137-3　Bar and nut of chestnut 'Kuanyou 9113'

9 月中旬果实成熟。丰产稳产，适应性强，幼树生长旺盛，嫁接后第 2 年开始结果，3~4 年进入丰产期，平均冠影面积产量 0.91 kg/m²。对栗实蛾、栗实象甲具有较高抗性，对栗瘿蜂、刺苞蚜及栗炭疽病抗性较差。抗寒性极强。在栽培管理不到位的情况下易出现空苞现象，可通过合理配备授粉树，加强技术管理予以克服。

适宜种植范围　辽宁凤城、宽甸、岫岩北部及吉林集安以南地区。

138　'利平'　Liping

品种来源　是日本岐阜县山县郡大桑村土田健吉 1950 年从自家宅地选出的有中国板栗和日本栗血统的自然杂交品种。1996 年引进，2004 年通过辽宁省林木良种审定委员会审定，审定编号为辽 S-SV-CC-002-2004。

选育单位　辽宁省经济林研究所。

植物学特征　树体中等，树姿较开张，树势强。一年生枝条灰褐色，枝条粗长，枝梢黄色茸毛多。叶浓绿色，椭圆形或阔披针形，叶缘多为细锯齿，个别刺芒状，叶背有少量星状毛，腺鳞极少；冬芽卵圆形。刺苞扁球状，较大，黄绿色，成熟时一字裂或丁字裂，苞肉极厚，出实率 29.3%，每苞平均含坚果 2.0 粒；刺束密且硬。坚果椭圆形，深紫褐色，有光泽，顶端多茸毛，底座小，接线平滑，整齐度高，平均单粒重 21.7 g；果肉黄色，涩皮较易剥离，甜度高，肉质较硬，宜鲜食或炒食。

生物学特性　在辽宁丹东地区 9 月下旬或 10 月上旬果实成熟。丰产、稳产。抗病虫害能力较强。抗寒性中等，适宜在年平均气温 8℃以上地区栽培。属中日自然杂种，嫁接亲和性好。

适宜种植范围　辽宁凤城、宽甸、东港、岫岩、大连及以南地区。

图 1-138-1　'利平' 树形（郑瑞杰，2009）
Figure 1-138-1　Tree form of chestnut 'Liping'

图 1-138-2　'利平' 结果状（郑瑞杰，2008）
Figure 1-138-2　Bearing status of chestnut 'Liping'

图 1-138-3　'利平' 刺苞和坚果（郑瑞杰，2012）
Figure 1-138-3　Bar and nut of chestnut 'Liping'

139 '辽丹58号'
Liaodan 58 hao

来源及分布 别名'EC058'。1972年在辽宁省宽甸县实生选种品种。原分布于辽宁的凤城、宽甸、东港、岫岩、桓仁、庄河等地，本溪、抚顺等地也有少量引种栽培。1986年通过辽宁省林木良种审定委员会审定。

选育单位 辽宁省栗树选优协作组。

植物学特征 树冠较小，树姿直立，呈圆头形。一年生枝条浅褐色，光滑，皮孔小而稀，不明显；每母枝平均着生刺苞1.5个，翌年抽生结果新梢1.2个；冬芽较小，长椭圆形，芽鳞深褐色，光滑无毛。叶绿色，阔披针形，微有皱褶，边缘为细锯齿，叶背淡绿，有腺点。刺苞圆形，黄绿色，成熟时十字裂或丁字裂，每苞平均含坚果1.9粒；刺束长。坚果圆形或椭圆形，浅褐色，有光泽，果面有少量短茸毛，平均单粒重9.3 g。坚果果肉黄色，内含可溶性糖27.5%、淀粉50.4%、蛋白质8.6%。

生物学特性 在辽宁丹东地区9月下旬果实成熟。早实、丰产、稳产。不抗栗瘿蜂。适应性和抗寒性较强。

综合评价 辽宁推广的第一代良种，树冠较小，具有早实、丰产、稳产特性。因坚果较小，且不抗栗瘿蜂，现已被生产淘汰。适应性和抗寒性较强，可作为育种亲本材料。

图 1-139-2 '辽丹58号'结果状（郑瑞杰，2012）
Figure 1-139-2 Bearing status of Chinese chestnut 'Liaodan 58 hao'

140 '辽丹61号'
Liaodan 61 hao

来源及分布 别名'EC061'。1972年在辽宁省宽甸县实生选种品种。原分布于辽宁的凤城、宽甸、东港、岫岩、桓仁、庄河等地。1986年通过

图 1-139-1 '辽丹58号'树形（陈喜忠，2012）
Figure 1-139-1 Tree form of Chinese chestnut 'Liaodan 58 hao'

图 1-140-1 '辽丹61号'树形（陈喜忠，2012）
Figure 1-140-1 Tree form of Chinese chestnut 'Liaodan 61 hao'

图1-140-2 '辽丹61号'结果状（郑瑞杰，2012）

Figure 1-140-2　Bearing status of Chinese chestnut 'Liaodan 61 hao'

辽宁省林木良种审定委员会审定。

选育单位　辽宁省栗树选优协作组。

植物学特征　树冠中等，树姿开张，呈圆头形。一年生枝条灰褐色，光滑，皮孔较大；每母枝平均着生刺苞2.1个，翌年抽生结果新梢2.6个；冬芽较小，长椭圆形，芽鳞深褐色。叶浓绿色，有光泽，披针形，叶缘有细锐锯齿，叶背腺点不明显。刺苞椭圆形，黄绿色，成熟时十字裂或丁字裂，每苞平均含坚果2.2粒；刺束长而密，分叉角度小。坚果圆形，红褐色，果面有稀疏茸毛，平均单粒重11.6 g。坚果果肉黄色，内含可溶性糖29.4%、淀粉46.6%、蛋白质8.7%。

生物学特性　在辽宁丹东地区9月中下旬果实成熟。早实，丰产稳产。不抗栗瘿蜂。适应性和抗寒性较强。

综合评价　辽宁推广的第一代良种，树冠大小中等，具有早实、丰产、稳产特性。因坚果较小，且不抗栗瘿蜂，现已被生产淘汰。适应性和抗寒性较强，可作为育种亲本材料。

图1-141-1 '辽栗10号'树形（郑瑞杰，2012）

Figure 1-141-1　Tree form of Chinese chestnut 'Liaoli 10 hao'

图1-141-2 '辽栗10号'结果状（王德永，2012）

Figure 1-141-2　Bearing status of Chinese chestnut 'Liaoli 10 hao'

141 '辽栗10号' Liaoli 10 hao

品种来源　辽宁省经济林研究所2002年育成，亲本为'丹东栗10-10'דzun化11'。2002年9月通过辽宁省林木良种审定委员会审定，审定编号为辽S-SV-CDM-003-2002。

选育单位　辽宁省经济林研究所。

植物学特征　树体较高大，树姿开张，幼树树势健壮。一年生枝粗壮，浅褐色，多年生枝条灰绿色，毛少，皮孔菱形较大、白色；每母枝平均着生刺苞1.8个，翌年抽生结果新梢2.4个；冬芽卵圆形，鳞片上无毛。叶椭圆形或阔披针形，叶缘多为细锯齿，个别刺芒状，浓绿色，少光泽，叶背有少量星状毛，腺鳞极少。刺苞球形至椭圆形，黄绿色，成熟时十字裂或丁字裂，苞肉薄，每苞平均含坚果2.6粒，出实率61.2%；刺束密度和硬度中等。坚果椭圆形，褐色，有光泽，果顶有白色茸毛，涩皮较易剥离，坚果整齐度高，平均单粒重18.4 g。坚果果肉黄色，有香味，加工品质好，含水量61.0%，可溶性糖28.3%，淀粉52.6%，蛋白质8.8%，维生素C 7.9 mg/100 g。

生物学特性　在辽宁丹东地区9月下旬果实成熟。丰产稳产性强，连续2年结果枝数达43.3%，嫁接3年平均株产4.50 kg，最高株产达6.80 kg，平均冠影面积产量1.34 kg/m²。结果习性极好。一年生壮枝，中短截后抽生的新枝仍具有结果能力。耐瘠薄，适应性强，抗病虫害和抗寒能力强，适宜在年平均气温8℃以上地区栽培。由于结实性好，修剪时应严格控制结果母枝留量。

适宜种植范围　辽宁丹东、大连、岫岩、兴城、绥中及以南地区。

图1-141-3 '辽栗10号'刺苞和坚果（郑瑞杰，2012）

Figure 1-141-3　Bar and nut of Chinese chestnut 'Liaoli 10 hao'

142 '辽栗15号'
Liaoli 15 hao

品种来源 辽宁省经济林研究所2002年育成,亲本为'辽丹58号'×'中国栗'+'日本栗'。2002年9月通过辽宁省林木良种审定委员会审定,审定编号为辽S-SV-CDMC-004-2002。

选育单位 辽宁省经济林研究所。

品种特征特性 树体中等偏小,树姿直立。一年生枝黄绿或浅褐色,光滑,皮孔小而稀;每母枝平均着生刺苞1.6个,翌年抽生结果新梢1.8个;冬芽较小,长椭圆形,芽鳞深褐色,光滑无毛。叶椭圆形或阔披针形,浓绿色。刺苞球形至椭圆形,黄绿色,成熟时十字裂或丁字裂,每苞平均含坚果2.5粒,出实率47.4%;刺束细长且较密。坚果圆形或椭圆形,红褐色,有光泽,整齐度高,平均单粒重15.2 g;果肉淡黄色,加工品质较好,可溶性糖27.5%,淀粉50.4%,蛋白质8.6%,维生素C 9.2 mg/100 g。

生物学特性 在辽宁丹东地区9月中旬果实成熟。树冠小,早期丰产性强,稳产,连续2年结果枝数达36.0%。耐瘠薄性、抗病虫害和抗寒

图1-142-2 '辽栗15号'结果状(郑瑞杰,2012)
Figure 1-142-2 Bearing status of Chinese chestnut 'Liaoli 15 hao'

图1-142-3 '辽栗15号'刺苞和坚果(郑瑞杰,2012)
Figure 1-142-3 Bar and nut of Chinese chestnut 'Liaoli 15 hao'

能力较强,适宜在年平均气温8℃以上地区栽培,通过高接换头方式可以在年平均气温7.5℃以上地区栽培。由于结实性好,修剪时应严格控制结果母枝留量。

适宜种植范围 辽宁丹东、大连、岫岩、兴城、绥中及以南地区。

143 '辽栗23号'
Liaoli 23 hao

品种来源 辽宁省经济林研究所2002年育成,亲本为'辽丹24号'×'中国栗'+'日本栗'。2002年9月通过辽宁省林木良种审定委员会审定,审定编号为辽S-SV-CDMC-005-2002。

选育单位 辽宁省经济林研究所。

品种特征特性 树体中等偏小,树姿较直立。一年生枝黄绿或浅褐色,光滑,密生;每母枝平均着生刺苞1.5个,翌年抽生结果新梢2.0个。叶椭圆形或阔披针形,浓绿色。刺苞球形,黄绿色,成熟时十字裂或丁字裂,每苞平均含坚果2.0粒;刺束长且密。坚果圆形或椭圆形,淡褐色,少光泽,果面有少量短茸毛,整齐度高,平均单粒重14.7 g;果肉黄色,加工品质较好,可溶性糖21.7%,淀粉54.1%,蛋白质7.7%,维生素C 6.9 mg/100 g。

生物学特性 在辽宁丹东地区9月中旬果实成熟。树冠小,早期丰产性强,稳产。耐瘠薄,抗病虫害和抗寒能力较强,适宜在年平均气温8℃以上地区栽培,通过高接换头方式可

图1-142-1 '辽栗15号'树形(郑瑞杰,2012)
Figure 1-142-1 Tree form of Chinese chestnut 'Liaoli 15 hao'

图1-143-1 '辽栗23号'树形(王德永,2012)
Figure 1-143-1 Tree form of Chinese chestnut 'Liaoli 23 hao'

图 1-143-2 '辽栗 23 号'结果状（王德永，2012）
Figure 1-143-2　Bearing status of Chinese chestnut 'Liaoli 23 hao'

图 1-143-3 '辽栗 23 号'刺苞和坚果（郑瑞杰，2012）
Figure 1-143-3　Bar and nut of Chinese chestnut 'Liaoli 23 hao'

图 1-144-1 '土 13 栗'树形（王德永，2012）
Figure 1-144-1　Tree form of Chinese chestnut 'Tu 13 li'

以在年平均气温 7.5℃以上地区栽培。由于结实性好，修剪时应严格控制结果母枝留量。

适宜种植范围　辽宁丹东、大连、岫岩、兴城、绥中及以南地区。

144 '土 13 栗' Tu 13 li

品种来源　朝鲜国家山林科学院育成。1983 年引进，1996 年通过辽宁省林木良种审定委员会审定，审定编号为 LC96034。

选育单位　辽宁省经济林研究所。

植物学特征　树体中等，树姿较开张，树冠圆头形。1 年生枝条绿褐色，皮孔小，密度中等；每母枝平均着生刺苞 3.1 个，翌年抽生结果新梢 2.8 个。叶浓绿色，披针形，叶姿平展，锯齿较小。刺苞球形，黄绿色，成熟时一字裂或丁字裂，出实率 46.5%，每苞平均含坚果 2.5 粒；刺束细长且密，较硬。坚果半圆形，黄褐色，有光泽，底座中等，整齐度高，平均单粒重 12.3 g；果肉淡黄色，口感细糯，加工品质好，可溶性糖 21.6%，淀粉 51.1%，蛋白质 7.8%，维生素 C 27.0 mg/100 g。

生物学特性　在辽宁丹东地区 10 月上旬果实成熟。丰产、稳产。抗病虫害和耐瘠薄能力强。抗寒性较强，适宜在年平均气温 8℃以上地区栽培。

适宜种植范围　辽宁东港、大连等地。

图 1-144-2 '土 13 栗'结果状（王德永，2012）
Figure 1-144-2　Bearing status of Chinese chestnut 'Tu 13 li'

图 1-144-3 '土 13 栗'刺苞和坚果（郑瑞杰，2012）
Figure 1-144-3　Bar and nut of Chinese chestnut 'Tu 13 li'

第四章
地方品种

1 '1209'

来源及分布 原产河北省迁西县杨家峪村，1973自实生栗树中选出。目前在河北迁西有零星分布。

植物学特征 树体中等，树姿直立，树冠紧凑。树干灰褐色，皮孔小而不规则密布。结果母枝均长28.32 cm，粗0.45 cm，节间1.67 cm，每果枝平均着生刺苞1.21个，翌年平均抽生结果新梢1.15条。叶浓绿色，椭圆形，背面被稀疏灰白色星状毛，叶姿平展，锯齿浅，刺针外向；叶柄黄绿色，长1.4 cm。每果枝平均着生雄花序9.4条，花形直立，长12.68 cm。刺苞椭圆形，黄绿色，成熟时十字裂，苞肉薄，平均苞重27.40 g，每苞平均含坚果2.55粒，出实率47.45%；刺束疏、硬，分枝角度大，刺束青色，刺长1.02 cm。坚果近圆形，深褐色，明亮，茸毛少，筋线不明显，底座大小中，接线平直，整齐度中等，平均单粒重5.10 g；果肉淡黄色，糯性，细腻，味香甜，含水量52.36%，可溶性糖21.56%，淀粉48.65%。

生物学特性 在河北北部山区4月19日萌芽，5月1日展叶，雄花盛花期6月12日，果实成熟期9月13日，落叶期11月9日。

综合评价 树体中等，树姿直立；单位面积产量一般，但连续结果能力较强。坚果品质优良，口感好，但果粒较小，适宜炒食。适应性强，耐旱，耐瘠薄。适宜在我国北方板栗产区栽植发展。

图2-1-1 '1209'树形
Figure 2-1-1 Tree form of Chinese chestnut '1209'

图2-1-2 '1209'结果状
Figure 2-1-2 Bearing status of Chinese chestnut '1209'

图2-1-3 '1209'花序
Figure 2-1-3 Inflorescence of Chinese chestnut '1209'

图2-1-4 '1209'叶和花
Figure 2-1-4 Leaves and flower of Chinese chestnut '1209'

图2-1-5 '1209'刺苞和坚果
Figure 2-1-5 Bar and nut of Chinese chestnut '1209'

2 '孛1' Bo 1

来源及分布 1973年由河北省农林科学院昌黎果树研究所从河北省承德市宽城满族自治县孛罗台村实生栗树中选出。目前在河北宽城、青龙有一定栽培面积。

植物学特征 树体中等，树姿直立，树冠紧凑度一般。树干灰褐色，皮孔大而不规则，密度中。结果母枝均长32.25 cm，粗0.76 cm，节间1.85 cm，每果枝平均着生刺苞1.25个，翌年平均抽生结果新梢0.88条。叶浓绿色，椭圆形，背面被稀疏灰白色星状毛，叶姿平展，锯齿深，刺针外向；叶柄黄绿色，长2.1 cm。每果枝平均着生雄花序9.0条，花形直立，长12.1 cm。刺苞椭圆形，黄绿色，成熟时十字裂，苞肉（厚、中、薄），平均苞重54.30 g，每苞平均含坚果2.70粒，出实率39.59%；刺束密度中等，硬度中等，分枝角度中等。坚果椭圆形，深褐色，明亮，茸毛少，筋线不明显，底座大小中等，接线平直，整齐度中等，平均单粒重7.96 g；果肉黄色，糯性，细腻，味香甜。

生物学特性 在河北北部山区4月19日萌芽，5月4日展叶，雄花盛花期6月17日，果实成熟期9月中旬，

图 2-2-2 '孛1' 叶和花
Figure 2-2-2 Leaves and flower of Chinese chestnut 'Bo 1'

图 2-2-3 '孛1' 刺苞和坚果
Figure 2-2-3 Bar and nut of Chinese chestnut 'Bo 1'

图 2-2-4 '孛1' 坚果（王广鹏，2010）
Figure 2-2-4 Nut of Chinese chestnut 'Bo 1'

落叶期11月上旬。幼树枝条生长势较旺，嫁接后第4~6年进入丰产期。成龄大树丰产稳产性一般，单位面积产量一般。适应性强，在干旱缺水的片麻岩山地、土壤贫瘠的河滩沙地均能正常生长结果。

综合评价 树体中等，树姿直立；单位面积产量一般；属中熟品种，坚果品质优良，口感好，适宜炒食。适应性强。适宜在我国北方板栗产区限制性栽植发展。

图 2-2-1 '孛1' 树形
Figure 2-2-1 Tree form of Chinese chestnut 'Bo 1'

3 '岔3'

Cha 3

来源及分布 1973年由河北省农林科学院昌黎果树研究所自河北省宽城满族自治县化皮溜子乡西岔沟村实生栗树中选出。目前在河北宽城、兴隆有一定面积分布。

植物学特征 树体中等，树姿半开张，树冠紧凑度一般。树干灰褐色，皮孔小而不规则密布。结果母枝均长32.38 cm，粗0.69 cm，节间1.40 cm，每果枝平均着生刺苞1.25个，翌年平均抽生结果新梢1.06条。叶浓绿色，椭圆形，背面被稀疏灰白色星状毛，叶姿平展，锯齿深，刺针外向；叶柄黄绿色，长1.9 cm。每果枝平均着生雄花序12.6条，花形直立，长13.6 cm。刺苞椭圆形，黄绿色，成熟时十字裂，苞肉薄，平均苞重43.93 g，每苞平均含坚果2.47粒，出实率43.25%；刺束密度中，硬度中，分枝角度中。坚果椭圆形，褐色，油亮，茸毛少，筋线较明显，底座大小中等，接线月牙形，整齐度高，平均单粒重7.70 g；果肉黄色，糯性，细腻，味香甜。

图 2-3-2 '岔3'花序
Figure 2-3-2 Inflorescence of Chinese chestnut 'Cha 3'

生物学特性 在河北北部山区4月19日萌芽，4月28日展叶，雄花盛花期6月11日，果实成熟期9月6日，落叶期11月上旬。幼树生长健壮，结果早，产量较高，嫁接后第4年既进入丰产期。丰产稳产性强，无大小年现象。适应性和抗逆性强，在干旱缺水的片麻岩山地、土壤贫瘠的河滩沙地均能正常生长结果。

综合评价 树体中等，树姿半开张；结果早，连续结果能力强；坚果成熟期早，品质优良，口感好，适宜炒食，但果粒较小。适应性强，耐旱，耐瘠薄。适宜在我国北方板栗产区栽植发展。

图 2-3-1 '岔3'树形
Figure 2-3-1 Tree form of Chinese chestnut 'Cha 3'

图 2-3-3 '岔3'结果状
Figure 2-3-3 Bearing status of Chinese chestnut 'Cha 3'

图 2-3-4 '岔3'叶和花
Figure 2-3-4 Leaves and flower of Chinese chestnut 'Cha 3'

图 2-3-5 '岔3'坚果（王广鹏，2009）
Figure 2-3-5 Nut of Chinese chestnut 'Cha 3'

4 '大碌洞' Daludong

来源及分布 1973年由河北省农林科学院昌黎果树研究所从河北省兴隆县半壁山镇大碌洞村实生栗树中选出。目前在河北兴隆、宽城有一定栽培面积。

植物学特征 树体中等，树姿直立，树冠紧凑。树干灰褐色，皮孔大小中等而不规则。结果母枝均长34.88 cm，粗0.71 cm，节间1.72 cm，每果枝平均着生刺苞2.5个，翌年平均抽生结果新梢1.45条。叶浓绿色，椭圆形，背面被稀疏灰白色星状毛，叶缘上翻，锯齿深，刺针外向；叶柄黄绿色，长2.2 cm。每果枝平均着生雄花序9.4条，花形直立，长15.74 cm；刺苞椭圆形，黄绿色，成熟时十字裂，苞肉厚度（厚，中，薄），平均苞重49.00 g，每苞平均含坚果2.20粒，出实率34.69%；刺束密度中等，硬，分枝角度大，长1.97 cm。坚果椭圆形，褐色，明亮，茸毛较多，筋线较明显，底座大小中等，接线月牙形，整齐度中等，平均单粒重7.73 g；果肉黄色，糯性，细腻，味香甜。坚果含水量48.68%，可溶性糖19.87%，淀粉49.87%。

生物学特性 在河北北部山区4月25日萌芽，5月5日展叶，6月20

图 2-4-2 '大碌洞'结果状
Figure 2-4-2 Bearing status of Chinese chestnut 'Daludong'

图 2-4-1 '大碌洞'树形
Figure 2-4-1 Tree form of Chinese chestnut 'Daludong'

图 2-4-3 '大碌洞'叶和花
Figure 2-4-3 Leaves and flowers of Chinese chestnut 'Daludong'

图 2-4-4 '大碌洞'刺苞和坚果（王广鹏，2010）
Figure 2-4-4 Bar and nut of Chinese chestnut 'Daludong'

图 2-4-5 '大碌洞'坚果（王广鹏，2010）
Figure 2-4-5 Nut of Chinese chestnut 'Daludong'

日雄花盛花期，果实成熟期9月19日，落叶期11月上旬。幼树生长健壮，嫁接后第4年即进入丰产期。成龄大树丰产稳产性一般，有大小年现象。适应性和抗逆性强，在干旱缺水的片麻岩山地、土壤贫瘠的河滩沙地均能正常生长结果，但抗栗红蜘蛛能力较差。

综合评价 树体中等，树姿直立；丰产稳产性一般，连续结果能力差；坚果品质优良，口感好，适宜炒食。适应性强，耐旱，耐瘠薄，但抗虫性较差。适宜在我国北方板栗产区栽植发展。

5 '东沟峪39' Donggouyu 39

来源及分布 1973年由河北省农林科学院昌黎果树研究所从河北省遵化市东沟峪村实生栗树中选出。目前在河北遵化有一定面积的分布。

植物学特征 树体中等，树姿半开张，树冠紧凑度一般。树干灰褐色，皮孔大而不规则密布。结果母枝均长31.13 cm，粗0.61 cm，节间1.63 cm，每果枝平均着生刺苞1.0个，翌年平均抽生结果新梢0.88条。叶浓绿色，椭圆形，背面被稀疏灰

图 2-5-2 '东沟峪39'叶和花
Figure 2-5-2 Leaves and flowers of Chinese chestnut 'Donggouyu 39'

图 2-5-3 '东沟峪39'坚果
Figure 2-5-3 Nut of Chinese chestnut 'Donggouyu 39'

白色星状毛，叶姿平展，锯齿深，刺针外向；叶柄黄绿色，长2 cm。每果枝平均着生雄花序6.5条，花形下垂，长15.0 cm。刺苞椭圆形，黄绿色，成熟时十字裂，苞肉厚，平均苞重39.36 g，每苞平均含坚果1.95粒，出实率35.00%；刺束密度及硬度中等，分枝角度大。坚果椭圆形，褐色，明亮，茸毛较多，筋线较明显，底座大小中等，接线平直，整齐度中等，平均单粒重7.67 g；果肉黄色，糯性，细腻，味香甜。

生物学特性 在河北北部山区4月22日萌芽，5月5日展叶，雄花盛花期6月14日，果实成熟期9月16日，落叶期11月上旬。

综合评价 树体中等，树姿半开张；单位面积产量较低；坚果品质优良，口感好，适宜炒食。属淘汰品种，不宜在我国板栗产区栽植发展。

图 2-5-1 '东沟峪39'树形
Figure 2-5-1 Tree form of Chinese chestnut 'Donggouyu 39'

6 '凤2' Feng 2

来源及分布　原产河北省青龙县牛角沟村1997年从实生栗树中选出。目前在河北青龙有零星分布。

植物学特征　树体中等，树姿直立，树冠紧凑。树干灰褐色，皮孔大小中等，不规则密布。结果母枝均长22.0 cm，粗0.5 cm，节间0.90 cm，每果枝平均着生刺苞1.2个，翌年平均抽生结果新梢1.85条。叶浓绿色，椭圆形，背面被稀疏灰白色星状毛，叶姿平展，锯齿浅，刺针外向；叶柄黄绿色，长2.4 cm。每果枝平均着生雄花序13条，花形直立，长11.42 cm。刺苞椭圆形，黄绿色，成熟时十字裂，苞肉厚度及平均苞重52.4 g，每苞平均含坚果2.0粒，出实率30.5%；刺束密度及硬度中等，分支角度中等。坚果椭圆形，深褐色，油亮，茸毛少，筋线不明显，底座大小中等，接线月牙形，整齐度中等，平均单粒重7.50 g；果肉黄色，细糯，

图2-6-2　'凤2'叶和花
Figure 2-6-2　Leaves and flowers of Chinese chestnut 'Feng 2'

图2-6-3　'凤2'刺苞和坚果（王广鹏，2009）
Figure 2-6-3　Bar and nut of Chinese chestnut 'Feng 2'

味香甜。

生物学特性　在河北北部山区4月27日萌芽，5月8日展叶，雄花盛花期6月18日，果实成熟期9月20日，落叶期11月9日。

综合评价　树体中等，树姿直立；产量较低，成熟期较晚，但品质极佳，口感好。适宜在我国北方板栗产区少量栽植，用于礼品栗发展。

图2-6-1　'凤2'树形
Figure 2-6-1　Tree form of Chinese chestnut 'Feng 2'

7 '干2-2' Gan 2-2

来源及分布　1973年由河北省农林科学院昌黎果树研究所从河北省唐山市迁西县尹庄乡干柴峪村实生栗树中选出。目前在河北迁安、迁西有零星分布。

植物学特征　树体中等，树姿半开张，树冠紧凑度一般。树干灰褐

色，皮孔大小中等而不规则密布。结果母枝均长43.50 cm，粗0.7 cm，节间2.13 cm，每果枝平均着生刺苞1.00个，翌年平均抽生结果新梢1.00条。叶浓绿色，椭圆形，背面被稀疏灰白色星状毛，叶姿平展，锯齿浅，刺针外向；叶柄黄绿色，长1.7 cm。每果枝平均着生雄花序17.5条，花形直立，长12.2 cm。刺苞椭圆形，黄绿色，成熟时一字裂或十字裂，苞肉厚度中等，平均苞重49.42 g，每苞平均含坚果1.81粒，出实率34%；刺束密度及硬度中等，分枝角度中等，刺束青色，长1.10 cm。坚果椭圆形，红褐色，明亮，茸毛多，筋线不明显，底座大小中等，接线平直，整齐度中等，平均单粒重9.33 g；果肉淡黄色，糯性，细腻，味香甜。

生物学特性 在河北北部山区4月17日萌芽，4月28日展叶，雄花盛花期6月12日，果实成熟期9月18日，落叶期11月上旬。

综合评价 树体中等，树姿半开张；枝条生长势旺，单位面积产量较低；坚果粒大，品质优良，口感好，适宜炒食。

图2-7-2 '干2-2'结果状
Figure 2-7-2 Bearing status of Chinese chestnut 'Gan 2-2'

图2-7-3 '干2-2'叶和花
Figure 2-7-3 Leaves and flowers of Chinese chestnut 'Gan 2-2'

图2-7-4 '干2-2'刺苞和坚果（王广鹏，2010）
Figure 2-7-4 Bar and nut of Chinese chestnut 'Gan 2-2'

图2-7-1 '干2-2'树形
Figure 2-7-1 Tree form of Chinese chestnut 'Gan 2-2'

8 '关堂64'
Guantang 64

来源及分布 1976年由河北省农林科学院昌黎果树研究所从河北省承德市宽城满族自治县孛罗台村实生栗树中选出。目前在河北宽城、青龙有一定栽培面积。

植物学特征 树体中等，树姿直立，树冠紧凑度一般。树干灰褐色，皮孔大小中等而不规则，密度中等。结果母枝均长38.25 cm，粗0.62 cm，节间1.52 cm，每果枝平均着生刺苞2.31个，翌年平均抽生结果新梢1.87条。叶浓绿色，椭圆形，背面被稀疏灰白色星状毛，叶姿边缘上翻，锯齿深，刺针外向；叶柄黄绿色，长1.6 cm。每果枝平均着生雄花序12.2条，花形直立，长13.68 cm。刺苞椭圆形，黄绿色，成熟时一字裂或十字裂，苞肉厚度中等，平均苞重44.0 g，每苞平均含坚果1.93粒，出实率38.18%；刺束密度中等，硬度中等，分枝角度中等。坚果椭圆形，褐色，半透明，茸毛多，筋线明显，底座大小中等，接线月牙形，整齐度高，平均单粒重8.69 g；果肉淡黄色，糯性，细腻，味香甜。坚果含水量52.25%，性糖21.35%，淀粉49.35%，蛋白质6.35%。

生物学特性 在河北北部山区4月20日萌芽，4月31日展叶，雄花盛花期6月15日，果实成熟期9月16日，落叶期11月8日。幼树生长健壮，雌花易形成，结果早，产量高，嫁接后第4年即进入丰产期。丰产稳产性强，无大小年现象。适应性和抗逆性强，在干旱缺水的片麻岩山地、土壤贫瘠的河滩沙地均能正常生长结果，但偶有嫁接不亲和现象。

综合评价 树体中等，树姿直立；结果早，产量高，连续结果能力强；属中熟品种，坚果品质优良，口感好，适宜炒食。适应性强，耐旱，耐瘠薄，偶有嫁接不亲和现象。适宜在我国北方板栗产区栽植发展。

图 2-8-2 '关堂64'结果状（王广鹏，2010）
Figure 2-8-2　Bearing status of Chinese chestnut 'Guantang 64'

图 2-8-1 '关堂64'树形
Figure 2-8-1　Tree form of Chinese chestnut 'Guantang 64'

9 '侯庄2号'
Houzhuang 2 hao

来源及分布 1973年由河北省农林科学院昌黎果树研究所从河北省迁西县侯庄村实生栗树中选出。目前在河北迁西有零星分布。

植物学特征 树体中等，树姿直立，树冠紧凑度一般。树干灰褐色，皮孔大而不规则密布。结果母枝均长38.63 cm，粗0.76 cm，节间1.65 cm，每果枝平均着生刺苞1.50个，翌年平均抽生结果新梢1.38条。叶浓绿色，椭圆形，背面被稀疏灰白色星状毛，叶姿平展，锯齿浅，刺针外向；叶柄黄绿色，长2.0 cm。每果枝平均着生雄花序12.8条，花形直立，长16.52 cm。刺苞椭圆形，黄绿色，成熟时十字裂，苞肉厚，平均苞重46.80 g，每苞平均含坚果2.50粒，出实率33.76%；刺束密度中等，分枝角度大；刺束淡黄色，刺长0.86 cm。坚果椭圆形，深褐色，明亮，茸毛多，筋线不明显，底座大，接线月牙形，整齐度高，平均单粒重6.63 g；果肉黄色，糯性，细腻，味香甜。坚果含水量50.25%，可溶性糖19.85%，淀粉47.26%。

生物学特性 在河北北部山区4月24日萌芽，5月3日展叶，雄花盛花期6月16日，果实成熟期9月20日，落叶期11月10日。幼树生长势中庸，但果枝比率较低。成龄大树连续结果能力差，丰产稳产性一般。

综合评价 树体中等，树姿直立；单位面积产量和树体连续结果能力一般；坚果品质优良，口感好，但单粒略小，适宜炒食。适宜在我国北方板栗产区限制性栽植发展。

图 2-9-1 '侯庄 2 号'树形
Figure 2-9-1 Tree form of Chinese chestnut 'Houzhuang 2 hao'

图 2-9-2 '侯庄 2 号'叶和花
Figure 2-9-2 Leaves and flowers of Chinese chestnut 'Houzhuang 2 hao'

图 2-9-3 '侯庄 2 号'刺苞
Figure 2-9-3 Bar of Chinese chestnut 'Houzhuang 2 hao'

10 '后丰 1 号' Houfeng 1 hao

来源及分布 1998 年由河北省农林科学院昌黎果树研究所从河北省邢台县后南峪村实生栗树中选出。目前在河北邢台、内丘有一定面积的分布。

植物学特征 树体中等，树姿半开张，树冠紧凑度一般。树干灰褐色，皮孔大而不规则密布。结果母枝健壮，均长 40.63 cm，粗 0.74 cm，节间 1.65 cm，每果枝平均着生刺苞 1.93 个，翌年平均抽生结果新梢 1.07 条。叶浓绿色，椭圆形，背面被稀疏灰白色星状毛，叶缘上翻，锯齿深，刺针外向；叶柄黄绿色，长 2.4 cm。每果枝平均着生雄花序 13.8 条，花形直立，长 13.16 cm。刺苞椭圆形，黄绿色，成熟时十字裂，苞肉厚度中，平均苞重 52.00 g，每苞平均含坚果 2.60 粒，出实率 40.96%；刺束密度中等，硬度中等，分枝角度中等，刺长 1.10 cm。坚果椭圆形，红褐色，明亮，茸毛少，筋线较明显，底座大小中等，接线月牙形，整齐度高，平均单粒重 8.20 g；果肉淡黄色，糯性，细腻，味香甜。坚果含水量 53.25%，可溶性糖 20.01%，淀粉 53.64%，蛋白质 5.02%。

生物学特性 在河北北部山区 4 月 21 日萌芽，5 月 3 日展叶，雄花盛花期 6 月 15 日，果实成熟期 9 月 18 日，落叶期 11 月上旬。幼树生长健壮，雌花易形成，结果早，产量高，嫁接后第 4 年即进入丰产期。成龄大树丰产稳产性强，无大小年现象。适应性和抗逆性强，在干旱缺水的片麻岩山地、土壤贫瘠的河滩沙地均能正常生长结果。对栗红蜘蛛抗性一般。

综合评价 树体中等，树姿半开张；结果早，产量高，连续结果能力强；坚果品质优良，口感好，适宜炒食；适应性强，耐旱，耐瘠薄。适宜在我国北方板栗产区栽植发展。

图 2-10-1 '后丰 1 号'树形
Figure 2-10-1 Tree form of Chinese chestnut 'Houfeng 1 hao'

图 2-10-2 '后丰 1 号'结果状
Figure 2-10-2 Bearing status of Chinese chestnut 'Houfeng 1 hao'

图 2-10-3 '后丰 1 号'刺苞和坚果
Figure 2-10-3 Bar and nut of Chinese chestnut 'Houfeng 1 hao'

图 2-10-4 '后丰 1 号'坚果
Figure 2-10-4 Nut of Chinese chestnut 'Houfeng 1 hao'

11 '后南峪垂枝'
Hounanyu Chuizhi

来源及分布 1998年由河北省农林科学院昌黎果树研究所从河北省邢台县后南峪村实生栗树中选出。目前在河北邢台、内丘有一定面积的分布。

植物学特征 树体矮小，树姿开张，树冠松散。树干灰褐色，皮孔大而密。结果母枝均长32.56 cm，粗0.68 cm，节间1.67 cm，每果枝平均着生刺苞2.31个，翌年平均抽生结果新梢1.68条。叶浓绿色，椭圆形，背面被稀疏灰白色星状毛，叶姿平展，锯齿浅，刺针外向；叶柄黄绿色，长2.5 cm。每果枝平均着生雄花序10.4条，花形下垂，长12.4 cm。刺苞椭圆形，黄绿色，成熟时十字裂，苞肉厚，平均苞重49.52 g，每苞平均含坚果2.0粒，出实率34.02%；刺束密度中等，硬度中等，分枝角度中等，刺束淡黄色，刺长1.15 cm。坚果椭圆形，褐色，明亮，茸毛较多，筋线较明显，底座大小中等，接线（平滑、波纹），整齐度高，平均单粒重8.42 g；果肉淡黄色，糯性，细腻，味香甜。坚果含水量53.67%，可溶性糖18.85%，淀粉53.85%。

图 2-11-1 '后南峪垂枝'树形1
Figure 2-11-1 Tree form of Chinese chestnut 'Hounanyu Chuizhi' 1

图 2-11-2 '后南峪垂枝'树形2
Figure 2-11-2 Tree form of Chinese chestnut 'Hounanyu Chuizhi' 2

图 2-11-3 '后南峪垂枝'花序
Figure 2-11-3 Inflorescence of Chinese chestnut 'Hounanyu Chuizhi'

图 2-11-4 '后南峪垂枝'结果状
Figure 2-11-4 Bearing status of Chinese chestnut 'Hounanyu Chuizhi'

图 2-11-5 '后南峪垂枝'刺苞
Figure 2-11-5 Bar of Chinese chestnut 'Hounanyu Chuizhi'

生物学特性 在河北北部山区4月17日萌芽，4月28日展叶，雄花盛花期6月11日，果实成熟期9月15日，落叶期11月上旬。幼树生长健壮，枝条披垂不明显，随树龄增大，枝条披垂逐渐明显。嫁接第3～4年进入丰产期，连续结果能力强。

综合评价 树体矮小，树姿开张，适宜密植栽培；结果早，产量高，连续结果能力强；中熟品种，栗果整齐度高。适宜在我国北方板栗产区栽植发展。

12 '贾庄1号'
Jiazhuang 1 hao

来源及分布 1973年由河北省农林科学院昌黎果树研究所从河北省迁西县东贾庄村实生栗树中选出。目前在河北迁西有零星分布。

植物学特征 树体中等，树姿半开张，树冠紧凑度一般。树干灰褐色，皮孔大而不规则密布。结果母枝均长33.13 cm，粗0.68 cm，节间1.85 cm，每果枝平均着生刺苞1.70个，翌年平均抽生结果新梢1.15条。叶浓绿色，椭圆形，背面被稀疏灰白色星状毛，叶姿平展，锯齿深，刺针外向；叶柄黄绿色，长1.8 cm。每果枝平均着生雄花序9.8条，花形下垂，长14.15 cm。刺苞椭圆形，黄绿色，成熟时十字裂，苞肉薄，平均苞重57.22 g，每苞平均含坚果1.83粒，出实率35.92%；刺束密度中等，硬度中等，分枝角度大，刺束淡黄色，刺长1.08 cm。坚果椭圆形，褐色，半透明，茸毛较多，筋线较明显，底座大小中等，接线月牙形，整齐度高，平均单粒重11.21 g；果肉淡黄色，糯性，细腻，味香甜。坚果含水量48.32%，可溶性糖23.38%，淀粉51.02%，蛋白质6.15%。

生物学特性 在河北北部山区4月20日萌芽，5月1日展叶，雄花盛花期6月12日，果实成熟期9月17日，落叶期11月9日。适应性强，在干旱缺水的片麻岩山地、土壤贫瘠的河滩沙地均能正常生长结果。但对栗红蜘蛛抗性差。

综合评价 树体中等，树姿半开张；单位面积产量一般；是北方板栗中少有的大粒型板栗品种，品质优良，口感好，适宜炒食；适应性强，耐旱，耐瘠薄；适宜在我国北方板栗产区栽植发展。

图 2-12-2 '贾庄1号'结果状
Figure 2-12-2 Bearing status of Chinese chestnut 'Jiazhuang 1 hao'

图 2-12-3 '贾庄1号'刺苞和坚果（王广鹏，2010）
Figure 2-12-3 Bar and nut of Chinese chestnut 'Jiazhuang 1 hao'

图 2-12-4 '贾庄1号'坚果（王广鹏，2009）
Figure 2-12-4 Nut of Chinese chestnut 'Jiazhuang 1 hao'

图 2-12-1 '贾庄1号'树形
Figure 2-12-1 Tree form of Chinese chestnut 'Jiazhuang 1 hao'

13 '宽城大屯栗' Kuancheng Datun Li

来源及分布 从河北省宽城县碾子峪镇大屯村实生栗树中选出。目前在河北宽城有一定面积的分布。

植物学特征 树体中等，树姿半开张，树冠圆头形。树干灰褐色，皮孔大而密。结果母枝均长 40.0 cm，粗 0.63 cm，节间 1.61 cm，每果枝平均着生刺苞 2.35 个，翌年平均抽生结果新梢 1.65 条。叶浓绿色，椭圆形，背面被稀疏灰白色星状毛，叶边缘上翻，锯齿浅，刺针外向；叶柄黄绿色，长 2.35 cm。每果枝平均着生雄花序 12.8 条，花形下垂，长 13.4 cm。刺苞椭圆形，黄绿色，成熟时一字裂或十字裂，苞肉厚度中等，平均苞重 54.70 g，每苞平均含坚果 2.9 粒，出实率 42.78%；刺束密度中等，硬度中等，分枝角度中等，刺束淡黄色，刺长 0.87 cm。坚果椭圆形，褐色，明亮，茸毛较多，筋线较明显，底座大小中等，接线平直，整齐度高，平均单粒重 8.07 g；果肉淡黄色，细糯，味香甜。坚果含水量 53.2%，可溶性糖 22.50%，淀粉 46.52%。

生物学特性 在河北北部山区 4 月 16 日萌芽，4 月 30 日展叶，雄花盛花期 6 月 15 日，果实成熟期 9 月 20 日，落叶期 11 月 8 日。嫁接后 2~3 年就进入正常结果期，连续结果能力强，丰产稳产。较喜肥水，立地条件差的情况下，生长势弱，坐果率低，并且空苞率高。

综合评价 树体中等，树姿半开张；立地条件好，结果早，产量高，连续结果能力强；中熟品种，品质优良，口感好，适宜炒食。适宜在我国北方板栗产区肥水条件较好区域栽植发展。

图 2-13-1 '宽城大屯栗'树形
Figure 2-13-1　Tree form of Chinese chestnut 'Kuancheng Datun Li'

图 2-13-2 '宽城大屯栗'结果状
Figure 2-13-2　Bearing status of Chinese chestnut 'Kuancheng Datun Li'

图 2-13-3 '宽城大屯栗'刺苞和坚果（王广鹏，2010）
Figure 2-13-3　Bar and nut of Chinese chestnut 'Kuancheng Datun Li'

图 2-13-4 '宽城大屯栗'坚果（王广鹏，2010）
Figure 2-13-4　Nut of Chinese chestnut 'Kuancheng Datun Li'

14 '龙湾1号'
Longwan 1 hao

来源及分布 1973年由河北省农林科学院昌黎果树研究所从河北省承德市兴隆县龙湾子村实生栗树中选出。目前在河北兴隆、宽城有一定栽培面积。

植物学特征 树体中等，树姿直立，树冠紧凑。树干灰褐色，皮孔大而不规则密布。结果母枝均长40.5 cm，粗0.68 cm，节间2.17 cm，每果枝平均着生刺苞1个，翌年平均抽生结果新梢1.05条。叶浓绿色，椭圆形，背面被稀疏灰白色星状毛，叶姿平展，锯齿浅，刺针外向；叶柄黄绿色，长1.98 cm。每果枝平均着生雄花序16条，花形直立，长11.32 cm。刺苞椭圆形，黄绿色，成熟时十字裂，苞肉厚度中等，平均苞重41.15 g，每苞平均含坚果1.81粒，出实率36.21%；刺束密度中等，硬，分枝角度大。坚果椭圆形，褐色，明亮，茸毛少，筋线不明显，底座小，接线月牙形，整齐度低，平均单粒重8.23 g；果肉黄色，糯性，细腻，味香甜。

生物学特性 在河北北部山区4月18日萌芽，4月31日展叶，雄花盛花期6月14日，果实成熟期9月中旬，落叶期11月上旬。幼树生长势极旺，产量低，结果晚，嫁接后第6年进入丰产期。成龄大树丰产稳产性一般，大小年现象严重。抗逆性强，在干旱缺水的片麻岩山地、土壤贫瘠的河滩沙地均能正常生长结果，立地水肥条件好，树势有旺长现象。

综合评价 树体中等，树姿直立，单位面积产量一般，连续结果能力差；坚果品质优良，口感好，适宜炒食；抗逆性强，耐旱，耐瘠薄。在我国北方板栗产区属淘汰品种。

图 2-14-1 '龙湾1号' 结果状
Figure 2-14-1　Bearing status of Chinese chestnut 'Longwan 1 hao'

图 2-14-2 '龙湾1号' 树形
Figure 2-14-2　Tree form of Chinese chestnut 'Longwan 1 hao'

图 2-14-3 '龙湾1号' 叶和花
Figure 2-14-3　Leaves and flowers of Chinese chestnut 'Longwan 1 hao'

图 2-14-4 '龙湾1号' 刺苞和坚果（王广鹏，2009）
Figure 2-14-4　Bar and nut of Chinese chestnut 'Longwan 1 hao'

图 2-14-5 '龙湾1号' 坚果（王广鹏，2009）
Figure 2-14-5　Nut of Chinese chestnut 'Longwan 1 hao'

15 '南垂5号'
Nanchui 5 hao

来源及分布 '南垂5号'是河北省农林科学院昌黎果树研究所以'垂枝'为母本，'南沟1号'为父本杂交育成的板栗新品种。2003年杂交并获得种子，2004年将实生苗定植于育种圃，2006—2007年在杂交群体评价过程中发现一单株（代号：X2-120），树姿开张，坚果单粒质量13.82 g，丰产稳产性好，确定为优株；2007年始在河北省迁安市、宽城县、兴隆县等地进行高接试验，2014年6月通过国家林业局审查并命名，获其颁发的植物新品种权证书（审定名称为'南垂5号'）。

植物学特征 该品种树体高度中等，树姿开张。多年生树干灰褐色，1~3年生枝绿色，皮孔小而稀；结果母枝健壮，无茸毛，分枝角度大，每果枝平均着生刺苞1.87个，次年平均抽生结果新梢1.35条。叶片椭圆形，深绿色，先端渐尖，锯齿小。每果枝平均着生雄花序8.78条，花姿下垂。刺苞椭圆形，每苞内平均含坚果2.0粒，成熟时十字开裂，黄绿色。坚果椭圆形，褐色，明亮，茸毛少，筋线不明显，底座大小中等，接线月牙形，整齐度高。果肉淡黄色，口感细糯，风味香甜。坚果平均单粒质量12.51 g，含水量51.26%，可溶性糖19.52%，淀粉50.12%，蛋白质5.56%，耐贮性强，适宜炒食。出实率38.84%。

生物学特征 在河北省燕山地区芽萌动期4月16日，展叶期5月7日，雄花盛花期6月12日，雌花盛花期6月17日，果实成熟期9月10日，落叶期11月上旬。适宜中国北方板栗栽培区pH 5.5~7.5的缓坡丘陵及沙地种植。

综合评价 坚果椭圆形，个大，褐色，明亮，茸毛少，筋线不明显，底座大小中等，接线月牙形，整齐度高。果肉淡黄色，口感细糯，风味香甜。丰产稳产性好。适宜中国北方板栗栽培区pH 5.5~7.5的缓坡丘陵及沙地种植。

图2-15-1　'南垂5号'结果状
Figure 2-15-1　Bearing status of Chinese chestnut 'Nanchui 5 hao'

图2-15-2　'南垂5号'刺苞和坚果
Figure 2-15-2　Bar and nut of Chinese chestnut 'Nanchui 5 hao'

图2-15-3　'南垂5号'坚果
Figure 2-15-3　Nut of Chinese chestnut 'Nanchui 5 hao'

16 '牛1'
Niu 1

来源及分布 原产河北省迁西县洒河桥镇牛店子村,1973年从实生栗树中选出。目前在河北迁西有零星分布。

植物学特征 树体中等,树姿直立,树冠紧凑。树干灰褐色,皮孔小而不规则密布。结果母枝均长28.35 cm,粗0.61 cm,节间1.42 cm,每果枝平均着生刺苞1.41个,翌年平均抽生结果新梢1.06条。叶浓绿色,椭圆形,背面稀疏灰白色星状毛,叶姿平展,锯齿深,刺针外向;叶柄黄绿色,长2.12 cm。每果枝平均着生雄花序8.4条,花形下垂,长15.26 cm。刺苞椭圆形,黄绿色,成熟时十字裂,苞肉厚度中等,平均苞重38.4 g,每苞平均含坚果2.01粒,出实率40.01%;刺束密度中等,硬度中等,分枝角度中等,刺束淡黄色,刺长1.23 cm。坚果椭圆形,深褐色,油亮,茸毛少,筋线不明显,底座小,接线平直,整齐度高,平均单粒重7.68 g;果肉黄色,糯性,细腻,味香甜。坚果含水量53.26%,可溶性糖19.65%,淀粉46.32%。

生物学特性 在河北北部山区4月20日萌芽,4月30日展叶,雄花盛花期6月13日,果实成熟期9月12日,落叶期11月6日。幼树生长健壮,雌花易形成,结果早,嫁接后第4~5年即进入丰产期。成龄大树树势较弱,无大小年现象。

综合评价 树体高度中等,树姿直立;结果早,单位面积产量较高,连续结果能力强;坚果品质优良,口感好,适宜炒食,但单粒重较小。适宜在我国北方板栗产区栽植发展。

图 2-16-1 '牛1'树形
Figure 2-16-1　Tree form of Chinese chestnut 'Niu 1'

图 2-16-2 '牛1'叶和花
Figure 2-16-2　Leaves and flowers of Chinese chestnut 'Niu 1'

图 2-16-3 '牛1'刺苞和坚果(王广鹏,2009)
Figure 2-16-3　Bar and nut of Chinese chestnut 'Niu 1'

17 '前3'　Qian 3

来源及分布　1993年由河北省农林科学院昌黎果树研究所从河北省邢台县前南峪村实生栗树中选出。目前在河北邢台、内丘广泛分布。

植物学特征　树体中等，树姿开张，树冠松散。树干灰褐色，皮孔大、稀而不规则。结果母枝均长41.25 cm，粗0.7 cm，节间1.67 cm，每果枝平均着生刺苞1.31个，翌年平均抽生结果新梢1.21条。叶浓绿色，椭圆形，背面被稀疏灰白色星状毛，叶姿平展，锯齿浅，刺针外向；叶柄黄绿色，长2.8 cm。每果枝平均着生雄花序16.8条，花形直立，长13.94 cm。刺苞椭圆形，黄绿色，成熟时一字裂或十字裂，苞肉厚度中等，平均苞重51.56 g，每苞平均含坚果2.41粒，出实率38.51%；刺束密度中等，硬度中等，分枝角度中等，刺束黄色，刺长1.02 cm。坚果椭圆形，褐色，明亮，茸毛较多，筋线较明显，底座大小中等，接线平直，整齐度高，平均单粒重8.24 g；果肉淡黄色，糯性，质地中，味香甜。坚果含水量54.67%，可溶性糖20.10%，淀粉45.32%，蛋白质4.35%。

生物学特性　在河北北部山区4月16~17日萌芽，4月29日展叶，雄花盛花期6月15日，果实成熟期9月15日，落叶期11月上旬。幼树生长健壮，雌花易形成，结果早，产量高，嫁接后第4年即进入丰产期。成龄大树丰产稳产性强，无大小年现象。适应性和抗逆性强，在干旱缺水的片麻岩山地、土壤贫瘠的河滩沙地均能正常生长结果。

综合评价　树体中等，树姿开张；结果早，产量高，连续结果能力强；坚果品质优良，口感好，适宜炒食；适应性强，耐旱，耐瘠薄。适宜在我国北方板栗产区栽植发展。

图 2-17-2　'前3'叶和花
Figure 2-17-2　Leaves and flowers of Chinese chestnut 'Qian 3'

图 2-17-3　'前3'刺苞和坚果（王广鹏，2009）
Figure 2-17-3　Bar and nut of Chinese chestnut 'Qian 3'

图 2-17-4　'前3'坚果（王广鹏，2009）
Figure 2-17-4　Nut of Chinese chestnut 'Qian 3'

图 2-17-1　'前3'树形
Figure 2-17-1　Tree form of Chinese chestnut 'Qian 3'

18 '桑1'
Sang 1

来源及分布 1973年由河北省农林科学院昌黎果树研究所从河北省迁安市大崔庄镇桑园村实生栗树中选出。目前在河北迁安有一定面积分布。

植物学特征 树体中等，树姿直立，树冠紧凑。树干灰褐色，皮孔大小中等而不规则，密度中等。结果母枝均长31.74 cm，粗0.64 cm，节间1.90 cm，每果枝平均着生刺苞1.40个，翌年平均抽生结果新梢1.10条。叶浓绿色，椭圆形，背面被稀疏灰白色星状毛，叶边缘上翻，锯齿深，刺针外向；叶柄黄绿色，长2.0 cm。每果枝平均着生雄花序13.8条，花形直立，长13.32 cm。刺苞椭圆形，

图 2-18-2 '桑1'结果状
Figure 2-18-2 Bearing status of Chinese chestnut 'Sang 1'

黄绿色，成熟时一字裂或十字裂，苞肉薄，平均苞重48.60 g，每苞平均含坚果2.4粒，出实率41.56%；刺束密度中等，硬度中等，分枝角度中等。坚果椭圆形，深褐色，明亮，茸毛少，筋线不明显，底座大小中等，接线月牙形，整齐度高，平均单粒重8.42 g；果肉黄色，糯性、细腻，味香甜。坚果含水量48.5%，可溶性糖19.5%，淀粉58.32%，蛋白质4.89%。

生物学特性 在河北北部山区4月24日萌芽，5月4日展叶，雄花盛花期6月17日，果实成熟期9月19日，落叶期11月12日。幼树生长势旺，前期产量较低，嫁接4~5年后进入丰产期，连续结果能力、丰产稳产性均可。

综合评价 树体中等，树姿直立；成龄大树产量高，连续结果能力强；坚果品质优良，口感好，适宜炒食。适宜在我国北方板栗产区栽植发展。

图 2-18-1 '桑1'树形
Figure 2-18-1 Tree form of Chinese chestnut 'Sang 1'

图 2-18-3 '桑1'刺苞和坚果（王广鹏，2009）
Figure 2-18-3 Bar and nut of Chinese chestnut 'Sang 1'

图 2-18-4 '桑1'坚果（王广鹏，2009）
Figure 2-18-4 Nut of Chinese chestnut 'Sang 1'

19 '桑6' Sang 6

来源及分布 1973年由河北省农林科学院昌黎果树研究所从河北省迁安市大崔庄镇桑园村实生栗树中选出。目前在河北迁安有一定面积分布。

植物学特征 树体中等，树姿直立，树冠紧凑度一般。树干灰褐色，皮孔大小中等而不规则密布。结果母枝均长35.13 cm，粗0.7 cm，节间1.77 cm，每果枝平均着生刺苞2.4个，翌年平均抽生结果新梢1.05条。叶浓绿色，椭圆形，背面被稀疏灰白色星状毛，叶边缘上翻，锯齿浅，刺针外向；叶柄黄绿色，长2.7 cm。每果枝平均着生雄花序10.8条，花形直立，长18.2 cm。刺苞椭圆形，黄绿色，成熟时十字裂，苞肉厚，平均苞重68.70 g，每苞平均含坚果2.30粒，出实率35.81%；刺束密度中等，硬度中等，分枝角度大。坚果椭圆形，深褐色，油亮，茸毛多，筋线明显，底座大小中等，接线平直，整齐度高，平均单粒重10.7 g；果肉黄色，糯性，细腻，味香甜。坚果含水量50.15%，可溶性糖19.86%，淀粉45.63%，蛋白质7.01%。

生物学特性 在河北北部山区4月21日萌芽，5月3日展叶，雄花盛花期6月11日，果实成熟期9月中旬，落叶期11月上旬。幼树生长健壮，雌花易形成，结果早，产量高，嫁接后第4年即进入丰产期。丰产稳产性强，无大小年现象。适应性和抗逆性强，在干旱缺水的片麻岩山地、土壤贫瘠的河滩沙地均能正常生长结果。

综合评价 树体中等，树姿半开张；结果早，产量高，连续结果能力强；坚果成熟期中等，果粒大，整齐度高，品质优良，口感好，适宜炒食；适应性强，耐旱，耐瘠薄。适宜在我国北方板栗产区栽植发展。

图2-19-2 '桑6'树形
Figure 2-19-2 Tree form of Chinese chestnut 'Sang 6'

图2-19-3 '桑6'刺苞和坚果（王广鹏，2009）
Figure 2-19-3 Bar and nut of Chinese chestnut 'Sang 6'

图2-19-4 '桑6'坚果（王广鹏，2009）
Figure 2-19-4 Nut of Chinese chestnut 'Sang 6'

图2-19-1 '桑6'结果状
Figure 2-19-1 Bearing status of Chinese chestnut 'Sang 6'

20 '沙坡峪1号'
Shapoyu 1 hao

来源及分布 1973年由河北省农林科学院昌黎果树研究所从河北省承德市兴隆县孤山子乡沙坡峪村实生栗树中选出。目前在河北兴隆有零星分布。

植物学特征 树体中等，树姿直立，树冠紧凑度一般。树干灰褐色，皮孔小而不规则，密度中等。结果母枝均长39.57 cm，粗0.73 cm，节间1.72 cm，每果枝平均着生刺苞1.14个，翌年平均抽生结果新梢1.00条。叶浓绿色，椭圆形，背面被稀疏灰白色星状毛，叶姿平展，锯齿浅，刺针外向；叶柄黄绿色，长2.3 cm。每果枝平均着生雄花序15.8条，花形直立，长9.1 cm。刺苞椭圆形，黄绿色，成熟时十字裂，苞肉厚，平均苞重67.40 g，每苞平均含坚果2..05粒，出实率33.38%；刺束密度中等，硬，分枝角度大。坚果椭圆形，深褐色，明亮，茸毛少，筋线不明显，底座大小中等，接线月牙形，整齐度高，平均单粒重10.98 g；果肉淡黄色，糯性，细腻，味香甜。坚果含水量54.06%，可溶性糖18.56%，淀粉46.98%，蛋白质6.87%。

生物学特性 在河北北部山区4月18日萌芽，4月28日展叶，雄花盛花期6月11日，果实成熟期9月19日，落叶期11月上旬。幼树生长健壮，嫁接后第4~5年进入丰产期。成龄大树单位面积产量较高，有大小年现象。在干旱缺水的片麻岩山地、土壤贫瘠的河滩沙地均能正常生长结果，在立地条件较好的山谷平原土地，有旺长现象。

综合评价 树体中等，树姿直立；单位面积产量较高，有大小年现象；坚果粒大，整齐，品质优良，口感好，适宜炒食。适宜在我国北方板栗产区栽植发展。

图 2-20-2 '沙坡峪1号'结果状
Figure 2-20-2 Bearing status of Chinese chestnut 'Shapoyu 1 hao'

图 2-20-3 '沙坡峪1号'叶和花
Figure 2-20-3 Leaves and flowers of Chinese chestnut 'Shapoyu 1 hao'

图 2-20-4 '沙坡峪1号'刺苞和坚果
（王广鹏，2009）
Figure 2-20-4 Bar and nut of Chinese chestnut 'Shapoyu 1 hao'

图 2-20-1 '沙坡峪1号'树形
Figure 2-20-1 Tree form of Chinese chestnut 'Shapoyu 1 hao'

21 '沙坡峪3号'
Shapoyu 3 hao

来源及分布 1973年由河北省农林科学院昌黎果树研究所从河北省承德市兴隆县孤山子乡沙坡峪村实生栗树中选出。目前在河北兴隆有零星分布。

植物学特征 树体中等，树姿开张，树冠紧凑度一般。树干灰褐色，皮孔大小中等而不规则，密度中等。结果母枝均长26.50 cm，粗0.38 cm，节间1.76 cm，每果枝平均着生刺苞2.63个，翌年平均抽生结果新梢1.65条。叶浓绿色，椭圆形，背面被稀疏灰白色星状毛，叶姿平展，锯齿浅，刺针外向；叶柄黄绿色，长2.9 cm。每果枝平均着生雄花序10.8条，花形直立，长11.04 cm。刺苞椭圆形，淡绿色，成熟时一字裂，苞肉厚，平均苞重40.00 g，每苞平均含坚果2.30粒，出实率31.25%；刺束密度中等，硬，分枝角度中等，刺束青色，刺长1.12 cm。坚果椭圆形，深褐色，油亮，茸毛较多，筋线不明显，底座大小中等，接线月牙形，整齐度中，平均单粒重5.43 g；果肉淡黄色，糯性，细腻，味香甜。

生物学特性 在河北北部山区4月22日萌芽，5月4日展叶，雄花盛花期6月18日，果实成熟期9月18日，落叶期11月上旬。幼树生长健壮，单位面积产量一般，嫁接后第4年进入丰产期。成龄大树丰产性一般，有大小年现象。适应性和抗逆性强，在干旱缺水的片麻岩山地、土壤贫瘠的河滩沙地均能正常生长结果。对栗红蜘蛛抗性强。

综合评价 树体中等，树姿开张；单位面积产量一般；坚果品质优良，口感好，适宜炒食；适应性强，耐旱，耐瘠薄，对板栗红蜘蛛抗性强。适宜在我国北方板栗产区少量栽植发展。

图 2-21-2 '沙坡峪3号'结果状
Figure 2-21-2 Bearing status of Chinese chestnut 'Shapoyu 3 hao'

图 2-21-1 '沙坡峪3号'树形
Figure 2-21-1 Tree form of Chinese chestnut 'Shapoyu 3 hao'

图 2-21-3 '沙坡峪3号'叶和花
Figure 2-21-3 Leaves and flowers of Chinese chestnut 'Shapoyu 3 hao'

图 2-21-4 '沙坡峪 3 号'刺苞和坚果
（王广鹏，2009）
Figure 2-21-4　Bar and nut of Chinese chestnut 'Shapoyu 3 hao'

22　'上庄 5 号'　Shangzhuang 5 hao

来源及分布　1973 年由河北省农林科学院昌黎果树研究所从河北省青龙县上庄村实生栗树中选出。目前在河北宽城、青龙有一定栽培面积。

植物学特征　树体矮小，树姿半开张，树冠紧凑度一般。树干灰褐色，皮孔大小中等而不规则，密度中等。结果母枝均长 37.25 cm，粗 0.66 cm，节间 1.86 cm，每果枝平均着生刺苞 2.13 个，翌年平均抽生结果新梢 1.25 条。叶浓绿色，椭圆形，背面被稀疏灰白色星状毛，叶边缘上翻，锯齿深，刺针外向；叶柄黄绿色，长 2.3 cm。每果枝平均着生雄花序 13.4 条，花形直立，长 8.44 cm。刺苞椭圆形，黄绿色，成熟时一字裂或十字裂，苞肉薄，平均苞重 35.94 g，每苞平均含坚果 2.30 粒，出实率 40.0%；刺束密度中等，硬，分枝角度中等。坚果椭圆形，红褐色，明亮，茸毛多，筋线明显，底座大小中等，接线月牙形，整齐度高，平均单粒重 6.25 g；果肉淡黄色，糯性，细腻，味香甜。

生物学特性　在河北北部山区 4 月 17 日萌芽，5 月 1 日展叶，雄花盛花期 6 月 13 日，果实成熟期 9 月 15 日，落叶期 11 月上旬。幼树生长势旺，结果早，但前期产量较低，嫁接后第 6 年进入丰产期。成龄大树单位面积产量较高，但存在大小年现象。适应性和抗逆性强，在干旱缺水的片麻岩山地、土壤贫瘠的河滩沙地均能正常生长结果。

综合评价　树体矮小，树姿半开张，幼树产量低，成龄大树单位面积产量较高，但存在大小年现象；坚果品质优良，口感好，适宜炒食；适应性强，耐旱，耐瘠薄。适宜在我国北方板栗产区栽植发展。

图 2-22-2　'上庄 5 号'刺苞和坚果
（王广鹏，2010）
Figure 2-22-2　Bar and nut of Chinese chestnut 'Shangzhuang 5 hao'

图 2-22-1　'上庄 5 号'结果状
Figure 2-22-1　Bearing status of Chinese chestnut 'Shangzhuang 5 hao'

图 2-22-3　'上庄 5 号'坚果（王广鹏，2010）
Figure 2-22-3　Nut of Chinese chestnut 'Shangzhuang 5 hao'

23 '上庄52号' Shangzhuang 52 hao

来源及分布 1982年由河北省农林科学院昌黎果树研究所从河北省青龙县上庄村实生栗树中选出。目前在河北兴隆有零星分布。

植物学特征 树体中等，树姿半开张，树冠紧凑度一般。树干灰褐色，皮孔大而不规则密布。结果母枝均长33.13 cm，粗0.61 cm，节间1.59 cm，每果枝平均着生刺苞2.89个，翌年平均抽生结果新梢1.56条。叶浓绿色，椭圆形，背面被稀疏灰白色星状毛，叶姿平展，锯齿深，刺针外向；叶柄黄绿色，长2.2 cm。每果枝平均着生雄花序13.2条，花形下垂，长11.56 cm。刺苞椭圆形，黄绿色，成熟时一字裂或十字裂，苞肉厚度中等，平均苞重31.93 g，每苞平均含坚果1.65粒，出实率38.5%；刺束密度中等，硬度中等，分枝角度大小中等，刺束淡黄色，刺长1.26 cm。坚果椭圆形，深褐色，光泽度明亮，茸毛少，筋线不明显，底座大小中等，接线平直，整齐度中，平均单粒

图2-23-2 '上庄52号'结果状
Figure 2-23-2 Bearing status of Chinese chestnut 'Shangzhuang 52 hao'

图2-23-3 '上庄52号'花序
Figure 2-23-3 Inflorescence of Chinese chestnut 'Shangzhuang 52 hao'

图2-23-1 '上庄52号'树形
Figure 2-23-1 Tree form of Chinese chestnut 'Shangzhuang 52 hao'

图2-23-4 '上庄52号'叶和花
Figure 2-23-4 Leaves and flowers of Chinese chestnut 'Shangzhuang 52 hao'

图 2-23-5 '上庄 52 号'刺苞和坚果
（王广鹏，2010）
Figure 2-23-5　Bar and nut of Chinese chestnut 'Shangzhuang 52 hao'

重 7.45 g；果肉淡黄色，糯性，细腻，味香甜。坚果含水量 53.889%，可溶性糖 18.53%，淀粉 55.34%，蛋白质 6.87%。

生物学特性　在河北北部山区 4 月 18 日萌芽，5 月 1 日展叶，雄花盛花期 6 月 15 日，果实成熟期 9 月 20 日，落叶期 11 月上旬。幼树生长健壮，嫁接后第 4~5 年进入丰产期。成龄大树着苞率高，空苞率低，连续结果能力强，但单粒重小，单位面积产量较高。

综合评价　树体中等，树姿半开张；单位面积产量较高，连续结果能力强；坚果品质优良，口感好，适宜炒食。适宜在我国北方板栗产区栽植发展。

24　'石场子 1-1'　Shichangzi 1-1

来源及分布　1973 年由河北省农林科学院昌黎果树研究所从河北省遵化市东沟峪村实生栗树中选出。目前在河北遵化一定面积的分布。

植物学特征　树体矮小，树姿半开张，树冠紧凑度一般。树干灰褐色，皮孔大而不规则密布。结果母枝均长 37.85 cm，粗 0.58 cm，节间 1.54 cm，每果枝平均着生刺苞 1.86 个，翌年平均抽生结果新梢 1.2 条。叶浓绿色，椭圆形，背面被稀疏灰白色星状毛，叶姿平展，锯齿浅，刺针外向；叶柄黄绿色，长 2.5 cm。每果枝平均着生雄花序 8.5 条，花形直立，长 13.2 cm。刺苞椭圆形，黄绿色，成熟时十字裂，苞肉厚度中等，平均苞重 50.4 g，每苞平均含坚果 2.40 粒，出实率 34.5%；刺束密度中等，硬，分枝角度大。坚果椭圆形，褐色，明亮，茸毛少，筋线不明显，底座小，接线月牙形，整齐度中等，平均单粒重 7.25 g；果肉黄色，糯性，细腻，味香甜。

生物学特性　在河北北部山区 4 月 22 日萌芽，5 月 4 日展叶，雄花盛花期 6 月中旬，果实成熟期 9 月 12 日，落叶期 11 月上旬。

综合评价　树体矮小，树姿半开张；坚果品质优良，口感好，适宜炒食。适宜在我国北方板栗产区栽植发展。

图 2-24-1　'石场子 1-1'树形
Figure 2-24-1　Tree form of Chinese chestnut 'Shichangzi 1-1'

图 2-24-2　'石场子 1-1'结果状
Figure 2-24-2　Bearing status of Chinese chestnut 'Shichangzi 1-1'

25 '石场子2-2' Shichangzi 2-2

来源及分布 原产河北省迁西县石场子村，1973年从实生栗树中选出。目前在河北省迁西县石场子村有零星分布。

植物学特征 树体中等，树姿直立，树冠紧凑。树干灰褐色，皮孔大而不规则密布。结果母枝均长25.8 cm，粗1.06 cm，节间1.6 cm，每果枝平均着生刺苞2.20个，翌年平均抽生结果新梢1.4条。叶浓绿色，椭圆形，背面被稀疏灰白色星状毛，叶姿平展，锯齿浅，刺针外向；叶柄黄绿色，长1.8 cm；每果枝平均着生雄花序9.2条，花形直立，长17.3 cm。刺苞近圆形，黄绿色，成熟时一字裂或十字裂，苞肉薄，平均苞重48.10 g，每苞平均含坚果2.5粒，出实率36.8%；刺束密度中等，硬，分枝角度大，刺长0.75 cm。坚果椭圆形，深褐色，油亮，茸毛少，筋线明较明显，底座小，接线月牙形，整齐

图2-25-2 '石场子2-2'结果状
Figure 2-25-2 Bearing status of Chinese chestnut 'Shichangzi 2-2'

图2-25-3 '石场子2-2'叶和花
Figure 2-25-3 Leaves and flowers of Chinese chestnut 'Shichangzi 2-2'

度中等，平均单粒重7.1 g；果肉淡黄色，细糯，香甜。坚果含水量48.5%，可溶性糖21.75%，淀粉55.32%，蛋白质4.87%。

生物学特性 在河北北部山区4月15日萌芽，5月4日展叶，雄花盛花期6月13日，果实成熟期9月13日，落叶期11月10日。幼树生长健壮，结果枝比例低，雌花分化率低，产量差，随树龄增长，雌花分化率逐渐提高，连续结果能力差，雄花序长，消耗大量营养，单位面积产量一般。

综合评价 树体中等，树姿直立；结果枝比例较低，连续结果能力差，单位面积产量较低；坚果品质优良，口感好，适宜炒食。适宜在我国北方板栗产区用于授粉树适量栽植发展。

26 '塔14' Ta 14

来源及分布 1982年由河北省农林科学院昌黎果树研究所从河北省唐山市遵化市西下营乡塔寺村实生栗树中选出。目前在河北遵化、迁安有零星分布。

植物学特征 树体中等，树姿直立，树冠紧凑度一般。树干灰褐

图2-25-1 '石场子2-2'树形
Figure 2-25-1 Tree form of Chinese chestnut 'Shichangzi 2-2'

图2-26-1 '塔14'树形
Figure 2-26-1 Tree form of Chinese chestnut 'Ta 14'

图 2-26-2 '塔 14'叶和花
Figure 27-26-2 Leaves and flowers of Chinese chestnut 'Ta 14'

图 2-26-3 '塔 14'结果状
Figure 2-26-3 Bearing status of Chinese chestnut 'Ta 14'

图 2-26-4 '塔 14'坚果
Figure 2-26-4 Nut of Chinese chestnut 'Ta 14'

色，皮孔大而不规则密布。结果母枝健壮，均长 39.9 cm，粗 0.77 cm，节间 2.3 cm，每果枝平均着生刺苞 2.67 个，翌年平均抽生结果新梢 1.0 条。叶波状褶皱，浓绿色，椭圆形，背面被稀疏灰白色星状毛，叶姿平展，锯齿深，刺针外向；叶柄黄绿色，长 1.8 cm。每果枝平均着生雄花序 11.2 条，花形直立，长 15.2 cm。刺苞椭圆形，黄绿色，成熟时十字裂，苞肉厚度中等，平均苞重 42.10 g，每苞平均含坚果 1.85 粒，出实率 35.6%；刺束密度中等，硬，分枝角度大，刺束淡黄色，刺长 1.0 cm。坚果椭圆形，褐色，明亮，茸毛较多，筋线较明显，底座大小中等，接线平直，整齐度中等，平均单粒重 8.10 g；果肉淡黄色，糯性，细腻，味香甜。

生物学特性 在河北北部山区 4 月 16 日萌芽，4 月 27 日展叶，雄花盛花期 6 月 13 日，果实成熟期 9 月 24 日，落叶期 11 月初。

综合评价 树体中等，树姿直立；叶褶皱，具有一定的观赏价值，可作为绿化树品种加以利用。适宜在我国北方板栗产区栽植发展。

27 '塔 54' Ta 54

来源及分布 1982 年由河北省农林科学院昌黎果树研究所从河北省唐山市遵化市西下营乡塔寺村实生栗树中选出。目前在河北遵化、迁安有零星分布。

植物学特征 树体中等，树姿半开张，树冠紧凑。树干灰褐色，皮孔大而不规则密布。结果母枝均长 38.38 cm，粗 0.79 cm，节间 1.75 cm，每果枝平均着生刺苞 2.44 个，翌年平均抽生结果新梢 1.22 条。叶褶皱，浓绿色，披针形，背面被稀疏灰白色星状毛，叶边缘上翻，锯齿深，刺针外向；叶柄黄绿色，长 2.2 cm。每果枝平均着生雄花序 9 条，花形直立，长 14.8 cm。刺苞椭圆形，淡绿色，成熟时十字裂，苞肉厚，平均苞重 27.00 g，每苞平均含坚果 2.20 粒，出实率 33.33%；刺束密度中等，硬，分枝角度大，淡绿色。坚果椭圆形，褐色，明亮，茸毛多，筋线不明显，底座大小中等，接线月牙形，整齐度中等，平均单粒重 4.09 g；果肉淡黄色，糯性，细腻，味香甜。

生物学特性 在河北北部山区 4 月 19 日萌芽，4 月 30 日展叶，雄花盛花期 6 月 16 日，果实成熟期 9 月 18 日，落叶期 11 月上旬。

综合评价 树体中等，树姿直立；叶褶皱，具有一定的观赏价值，可作为绿化树品种加以利用。适宜在我国北方板栗产区栽植发展。

图 2-27-1 '塔 54'树形
Figure 2-27-1 Tree form of Chinese chestnut 'Ta 54'

图 2-27-2 '塔 54'叶和花
Figure 2-27-2 Leaves and flowers of Chinese chestnut 'Ta 54'

图 2-27-3 '塔 54'刺苞和坚果（王广鹏，2009）
Figure 2-27-3 Bar and nut of Chinese chestnut 'Ta 54'

28 '西寨1号'
Xizhai 1 hao

来源及分布 原产河北省迁西县二拔子乡西寨村，1973年从实生栗树中选出。目前在河北迁西有零星分布。

植物学特征 树体中等，树姿半开张，树冠紧凑度一般。树干灰褐色，皮孔大而不规则密布。结果母枝均长40.63 cm，粗0.73 cm，节间1.75 cm，每果枝平均着生刺苞2.00个，翌年平均抽生结果新梢1.38条。叶浓绿色，椭圆形，背面被稀疏灰白色星状毛，叶姿平展，锯齿深，刺针外向；叶柄黄绿色，长1.5 cm。每果枝平均着生雄花序9.8条，花形下垂，长12.5 cm。刺苞球形，黄绿色，成熟时十字裂，苞肉厚度中等，平均苞重48.46 g，每苞平均含坚果2.32粒，出实率36.2%；刺束密度中等，硬，分枝角度中等，刺束淡黄色，刺长0.98 cm。坚果近圆形，深褐色，油亮，茸毛少，筋线不明显，底座小，接线平直，整齐度高，平均单粒重7.52 g；果肉黄色，糯性，细腻，味香甜。坚果含水量52.34%，可溶性糖21.66%，淀粉52.14%，蛋白质7.28%。

生物学特性 在河北北部山区4月19日萌芽，4月31日展叶，雄花盛花期6月16日，果实成熟期9月20日，落叶期11月10日。幼树生长健壮，雌花易形成，但易抽生二次花；结果早，产量高，嫁接后第4年即进入丰产期。成龄大树丰产稳产性强，大小年幅度小。适应性，在干旱缺水的片麻岩山地、土壤贫瘠的河滩沙地均能正常生长结果，但抗病虫能力较差。

综合评价 树体中等，树姿半开张；结果早，产量高，连续结果能力强；坚果品质优良，口感好，适宜炒食；适应性强，抗旱，抗瘠薄，但抗病虫能力较差。适宜在我国北方板栗产区栽植发展。

图 2-28-2 '西寨1号'结果状
Figure 2-28-2 Bearing status of Chinese chestnut 'Xizhai 1 hao'

图 2-28-3 '西寨1号'叶和花
Figure 2-28-3 Leaves and flowers of Chinese chestnut 'Xizhai 1 hao'

图 2-28-1 '西寨1号'树形
Figure 2-28-1 Tree form of Chinese chestnut 'Xizhai 1 hao'

图 2-28-4 '西寨1号'刺苞和坚果
Figure 2-28-4 Bar and nut of Chinese chestnut 'Xizhai 1 hao'

29 '西寨2号'
Xizhai 2 hao

来源及分布 1973年由河北省农林科学院昌黎果树研究所从河北省唐山市迁西县罗家屯镇西寨村实生栗树中选出。目前在河北迁安、迁西有零星分布。

植物学特征 树体中等，树姿半开张，树冠紧凑度一般。树干灰褐色，皮孔大而不规则，密度中等。结果母枝均长30.1 cm，粗0.73 cm，节间1.5 cm，每果枝平均着生刺苞1.33个，翌年平均抽生结果新梢1.00条。叶浓绿色，椭圆形，背面被稀疏灰白色星状毛，叶边缘上翻，锯齿深，刺针外向；叶柄黄绿色，长2.9 cm。每果枝平均着生雄花序13.8条，花形直立，长15.54 cm。刺苞圆形，黄绿色，成熟时十字裂，苞肉厚度中等，平均苞重44.10 g，每苞平均含坚果2.20粒，出实率32.88%；刺束密度中等，硬，分枝角度中等；坚果椭圆形，深褐色，油亮，茸毛少，筋线不明显，底座小，接线平直，整齐度高，平均单粒重7.25 g；果肉黄色，糯性，细腻，味香甜。坚果含水量48.56%，可溶性糖23.5%，淀粉48.87%，蛋白质5.56%。

生物学特性 在河北北部山区4月19日萌芽，5月1日展叶，雄花盛花期6月13日，果实成熟期9月20日，落叶期11月上旬。幼树生长健壮，雌花易形成，结果早，嫁接后第4年即进入丰产期，但秋后二次花现象略显严重。成龄大树丰产稳产性强，无大小年现象，二次花现象不明显。适应性和抗逆性强，在干旱缺水的片麻岩山地、土壤贫瘠的河滩沙地均能正常生长结果。但对栗红蜘蛛抗性差。

综合评价 树体中等，树姿半开张；结果早，单位面积产量较高，连续结果能力强；坚果成熟期极早，品质优良，口感好，适宜炒食；适应性强，耐旱，耐瘠薄。适宜在我国北方板栗产区栽植发展。

图 2-29-3 '西寨2号'刺苞
Figure 2-29-3　Bar of Chinese chestnut 'Xizhai 2 hao'

图 2-29-4 '西寨2号'刺苞和坚果
（王广鹏，2009）
Figure 2-29-4　Bar and nut of Chinese chestnut 'Xizhai 2 hao'

图 2-29-1 '西寨2号'树形
Figure 2-29-1　Tree form of Chinese chestnut 'Xizhai 2 hao'

图 2-29-2 '西寨2号'结果状
Figure 2-29-2　Bearing status of Chinese chestnut 'Xizhai 2 hao'

30 '下庄2号' Xiazhuang 2 hao

来源及分布 1973年由河北省农林科学院昌黎果树研究所从河北省青龙县下庄村实生栗树中选出。目前在河北青龙有一定栽培面积。

植物学特征 树体中等，树姿半开张，树冠紧凑度一般。树干灰褐色，皮孔大而不规则，密度中等。结果母枝均长38.00 cm，粗0.67 cm，节间1.55 cm，每果枝平均着生刺苞2.31个，翌年平均抽生结果新梢1.62条。叶浓绿色，椭圆形，背面被稀疏灰白色星状毛，叶边缘上翻，锯齿深，刺针外向；叶柄黄绿色，长2.10 cm。每果枝平均着生雄花序12.63条，花形直立，长14.5 cm。刺苞椭圆形，黄绿色，成熟时一字裂或十字裂，苞肉厚，平均苞重64.80 g，每苞平均含坚果3.10粒，出实率42.90%；刺束密度中等，硬度中等，分枝角度中等。坚果椭圆形，深褐色，明亮，茸毛少，筋线不明显，底座大小中等，接线平直，整齐度中等，平均单粒重8.97 g；果肉淡黄色，糯性，细腻，味香甜。坚果含水量54.32%，可溶性糖18.85%，淀粉47.65%，蛋白质5.89%。

生物学特性 在河北北部山区4月24日萌芽，5月3日展叶，雄花盛花期6月14日，果实成熟期9月15日，落叶期11月上旬。幼树生长健壮，产量较低，嫁接后第4~5年进入丰产期。成龄大树单位面积产量较高，丰产稳产性强，无大小年现象。适应性和抗逆性强，在干旱缺水的片麻岩山地、土壤贫瘠的河滩沙地均能正常生长结果。

综合评价 树体中等，树姿半开张；单位面积产量较高；属中熟品种，坚果品质优良，口感好，适宜炒食；适应性强，耐旱，耐瘠薄。适宜在我国北方板栗产区栽植发展。

图 2-30-2 '下庄2号'叶和花
Figure 22-30-2 Leaves and flowers of Chinese chestnut 'Xiazhuang 2 hao'

图 2-30-3 '下庄2号'坚果（王广鹏，2009）
Figure 2-30-3 Nut of Chinese chestnut 'Xiazhuang 2 hao'

图 2-30-1 '下庄2号'树形
Figure 2-30-1 Tree form of Chinese chestnut 'Xiazhuang 2 hao'

31 '邢台薄皮' Xingtai Baopi

来源及分布 2003年从河北省邢台县将军墓村实生栗树中选出。在河北邢台将军墓乡、浆水镇有大量分布。

植物学特征 树体较高，树姿半开张，树冠圆头形。树干灰褐色，皮孔小而不规则密布。结果母枝健壮，均长22.81 cm，粗0.51 cm，每果枝平均着生刺苞1.8个，翌年平均抽生结果新梢1.8条。叶浓绿色，椭圆形，背面被稀疏灰白色星状毛，叶边缘上翻，锯齿浅，刺针外向；叶柄黄绿色，长1.5 cm。每果枝平均着生雄花序10.2条，花形下垂，长13.56 cm。刺苞椭圆形，黄绿色，成熟时十字裂，苞肉薄，平均苞重43.21 g，每苞平均含坚果2.3粒，出实率45.01%；刺束稀疏，硬度中等，分枝角度大。坚果椭圆形，褐色，色泽亮度一般，茸毛少，筋线明显较明显，底座大小中等，接线月牙形，整齐度高，平均单粒重8.25 g；果肉淡黄色，细糯，味香甜。坚果含水量52.4%，可溶性糖18.9%，淀粉49.8%。

生物学特性 在河北中南部山区4月20日萌芽，4月30日展叶，6月

图 2-31-1 '邢台薄皮'母株（王广鹏，2006）
Figure 2-31-1 The mother plant of Chinese chestnut 'Xingtai Baopi'

图 2-31-2 '邢台薄皮'刺苞和坚果（王广鹏，2009）
Figure 2-31-2 Bar and nut of Chinese chestnut 'Xingtai Baopi'

32 '邢台短枝' Xingtai Duanzhi

来源及分布 从河北省邢台县将军墓镇实生栗树中选出。目前在河北邢台有一定栽培面积。

植物学特征 树体矮小，树姿直立，树冠紧凑。树干灰褐色，皮孔大小中等而不规则密布。结果母枝健壮，均长14.17 cm，粗0.5 cm，节间1.2 cm，每果枝平均着生刺苞1.2个，翌年平均抽生结果新梢1条。叶浓绿色，椭圆形，背面被稀疏灰白色星状毛，叶姿平展，锯齿浅，刺针外向；叶柄黄绿色，长1.6 cm。每果枝平均着生雄花序8.6条，花形下垂，长13.34 cm。刺苞椭圆形，黄绿色，成熟时十字裂，苞肉厚，平均苞重50.28 g，每苞平均含坚果2.00粒，出实率35.00%；刺束密、硬，分枝角度大，刺束淡黄色，刺长0.56 cm。坚果椭圆形，深褐色，明亮，茸毛少，筋线不明显，底座大小中等，接线平直，整齐度高，平均单粒重8.00 g；果肉淡黄色，糯性，细腻，味香甜。坚果含水量54.35%，可溶性糖18.78%，淀粉48.52%，蛋白质5.34%。

生物学特性 在河北南部山区4月16日萌芽，4月27日展叶，雄花盛花期6月10日，果实成熟期9月11日，落叶期11月7日。幼树生长枝条健壮，结果枝比例高，雌花易形成，结果早，产量高，连续结果能力强，嫁接后第4~5年即进入丰产期。丰产稳产性强，适应性和抗逆性强。

综合评价 树体矮小，树姿直立，适宜密植栽培；结果早，产量高，连续结果能力强；属中熟品种，品质优良。适应性强。适宜在我国北方板栗产区栽植发展。

图 2-32-1 '邢台短枝'树形
Figure 2-32-1 Tree form of Chinese chestnut 'Xingtai Duanzhi'

图 2-32-2 '邢台短枝'结果状
Figure 2-32-2 Bearing status of Chinese chestnut 'Xingtai Duanzhi'

图 2-32-3 '邢台短枝'刺苞和坚果（王广鹏，2009）
Figure 2-32-3 Bar and nut of Chinese chestnut 'Xingtai Duanzhi'

15日雄花盛花期，果实成熟期9月12日，落叶期11月8日。幼树生长势极旺，雌花易形成，结果早，产量高，嫁接后第3年即进入丰产期。丰产稳产性强，无大小年现象。适应性和抗逆性强，在土壤瘠薄的丘陵山地能正常结果，在土壤肥沃的平原沙壤地，植株新梢亦无旺长现象，能正常结果。

综合评价 树体较高大，树姿半开张；结果早，连续结果能力强；坚果品质优良，口感好，适宜炒食；适应性和抗逆性强。河北省北部燕山和南部太行山板栗产区区均可栽植发展。

33 '邢台丰收1号'
Xingtai Fengshou 1 hao

图 2-33-2 '邢台丰收1号'结果状
Figure 2-33-2　Bearing status of Chinese chestnut 'Xingtai Fengshou 1 hao'

来源及分布　2003年从河北省邢台县将军墓村实生栗树中选出。在河北邢台将军墓村及浆水镇有零星分布。

植物学特征　树体中等，树姿半开张，树冠紧凑度一般。树干灰褐色，皮孔大小中等而不规则密布。结果母枝健壮，均长36.0 cm，粗0.61 cm，节间1.8 cm，每果枝平均着生刺苞3.2个，翌年平均抽生结果新梢1.63条。叶浓绿色，椭圆形，背面被稀疏灰白色星状毛，叶姿平展，锯齿浅，刺针外向；叶柄黄绿色，长2.4 cm。每果枝平均着生雄花序14条，花形直立，长12.48 cm。刺苞椭圆形，黄绿色，成熟时十字裂，苞肉厚度中等，平均苞重44.8 g，每苞平均含坚果2.40粒，出实率37.05%；刺束密度中等，硬度中等，分枝角度中等。坚果椭圆形，深褐色，半透明，茸毛少，筋线不明显，底座大小中等，接线月牙形；整齐度高，平均单粒重7.52 g；果肉淡黄色，细糯，味香甜。坚果含水量52.45%，可溶性糖18.54%，淀粉49.87%。

生物学特性　在河北北部山区4月21日萌芽，5月1日展叶，雄花盛花期6月14日，果实成熟期9月15日，落叶期11月7日。幼树生长势中庸，成年大树内膛枝条具有一定的结果能力，产量高，嫁接后第4年即进入丰产期。丰产稳产性强，无大小年现象。抗逆性极强，在干旱缺水的片麻岩山地、土壤贫瘠的河滩沙地均能正常生长结果。

综合评价　树体中等，树姿半开张；产量高，连续结果能力强，成年大树内膛可结果；坚果品质优良，适宜炒食；抗逆性极强，耐旱，耐瘠薄。适宜在我国北方板栗产区栽植发展。

图 2-33-1 '邢台丰收1号'树形
Figure 2-33-1　Tree form of Chinese chestnut 'Xingtai Fengshou 1 hao'

34 '燕栗1号'
Yanli 1 hao

来源及分布 由河北省农林科学院昌黎果树研究所以板栗品种'邢台垂枝'为母本、'南沟1号'为父本,通过人工杂交培育获得。2002年,自父本采集花粉,采用人工授粉的方式,在母本上杂交获得种子;2003年将杂交种子培育成实生苗,同年5月定植于板栗杂交选育圃;2005—2007年间在杂交苗评价过程中,发现杂交群体中一单株,其树姿开张,结果枝向阳面红褐色,叶腹叶脉上茸毛多,坚果中,丰产性较好,遂确定为优株,编号为X 19-94;2007—2017年,采用无性嫁接繁殖技术,反复繁育该优株数百株,证实该品种性状遗传稳定,所有世代均保持一致。2020年12月通过国家林业和草原局审查并命名,获其颁发的植物新品种权证书(审定名称为'燕栗1号')。

植物学特征 该品种植株主要特性是:树姿开张,结果枝向阳面红褐色,皮孔形状扁圆,皮孔密度中。叶片椭圆形,深绿色,叶尖渐尖,叶基钝形,叶柄黄绿色,叶缘具锯齿叶腹叶脉上茸毛多。球果椭球,成熟时黄绿色,开裂方式为十字裂,平均刺苞重100.43 g,平均每刺苞含坚果2.67粒,出实率36.30%。坚果椭球形,大小中等,平均单粒重13.67 g,褐色,果面茸毛少,底座大小中等,种仁黄色,口感细糯,风味香甜。

生物学特征 果实成熟期9月20日。适应性强,耐旱,耐瘠薄。

综合评价 坚果椭球形,大小中等,平均单粒重13.67 g,褐色,果面茸毛少,底座大小中等,种仁黄色,口感细糯,风味香甜。适应性强,耐旱,耐瘠薄,丰产性较好。

图 2-34-2 '燕栗1号'刺苞和坚果
Figure 2-34-2 Bar and nut of Chinese chestnut 'Yanli 1 hao'

图 2-34-1 '燕栗1号'结果状
Figure 2-34-1 Bearing status of Chinese chestnut 'Yanli 1 hao'

35 '燕栗2号' Yanli 2 hao

来源及分布 由河北省农林科学院昌黎果树研究所从河北省迁西县二拨子乡西寨村选出，母树为60年生实生栗树。母株树体板栗二次花数量多，坚果形状为卵形，丰产，栗实品质优良。2020年12月通过国家林业和草原局审查并命名，获其颁发的植物新品种权证书（审定名称为'燕栗2号'）。

植物学特征 该品种植株生长势中等，树姿半直立；树干灰绿，皮孔密度中等，休眠芽圆形。结果母枝节间长度中等，母枝均44.6 cm，每枝平均着生刺苞2.06个，次年平均抽生果枝1.28条。叶大小中等，深绿色，长椭圆形，先端急尖，叶柄颜色黄绿，叶缘先端具锯齿，叶姿平展。雄花序均长14.1 cm，每果枝平均着生雄花序9.10条。球果椭球形，刺束密度中等，平均苞重48.33 g，每苞内平均含坚果2.70粒，出实率39.95%，成熟时十字形裂或三裂。坚果卵形，茸毛少，褐色，有光泽，整齐度高，底座大小中等，接线平直。坚果单果质量8.50 g，果肉黄色，口感细糯，风味香甜。

生物学特征 在河北燕山地区雄花盛花期6月11日，雌花盛花期6月20日，果实成熟期9月1日，落叶期11月上旬。树体丰产性强，无大小年现象。适于中国北方板栗栽培区内pH 5.5~7.0的山地、平地及河滩沙地种植。

综合评价 坚果卵形，茸毛少，褐色，有光泽，整齐度高，底座大小中等，接线平直。坚果单果质量8.50 g，果肉黄色，口感细糯，风味香甜。树体丰产性强，无大小年现象。适于中国北方板栗栽培区内pH 5.5~7.0的山地、平地及河滩沙地种植。

图 2-35-1 '燕栗2号'结果状
Figure 2-35-1 Bearing status of Chinese chestnut 'Yanli 2 hao'

图 2-35-2 '燕栗2号'坚果
Figure 2-35-2 Nut of Chinese chestnut 'Yanli 2 hao'

36 '燕栗4号' Yanli 4 hao

来源及分布 由河北省农林科学院昌黎果树研究所从河北省秦皇岛市原抚宁县后明山村选出,母树为实生栗树,树龄60年。母株树体生长势中等,树姿半直立,树冠半开张,叶片长椭圆形,叶基为钝形,成熟期晚,较为丰产,所结球果形状为尖顶椭球形。2020年12月通过国家林业和草原局审查并命名,获其颁发的植物新品种权证书(审定名称为'燕栗4号')。

植物学特征 该品种植株生长势中等,树姿半直立;树干褐色,皮孔小,不规则分布;结果母枝健壮,平均母枝抽生果枝2.55,着生刺苞4.52个,平均苞重46.76 g,平均每苞含坚果2.63粒;叶片深绿色,长椭圆形,叶基为钝形;每果枝平均着生雄花序10.52条;球果形状尖顶椭球形,开裂方式为一字裂或者十字裂,出实率35.60%。坚果椭球状,紫褐色,明亮,果面茸毛少,筋线不明显,底座大小中等,平均单粒重8.52 g。果肉黄色,口感细糯,风味香甜。

生物学特征 果实成熟期9月25日。适应性强,耐旱,耐瘠薄。栽植时初始定植密度可为株行距4 m×4 m。树形宜选用自然开心形,干高0.5~0.7 m,留主枝3~4个,交错排列,保持下密上稀。成龄大树采用轮替更新修剪法,每平方米留枝量保持在6~8条之间,冬季疏除粗壮枝,保留中庸枝,注意粗壮枝基部留橛,待橛上隐芽萌发后培养成翌年果枝。

综合评价 坚果椭球状,紫褐色,明亮,果面茸毛少,筋线不明显,底座大小中等,平均单粒重8.52 g;果肉黄色,口感细糯,风味香甜。适应性强,耐旱,耐瘠薄。

图 2-36-1 '燕栗4号'结果状
Figure 2-36-1　Bearing status of Chinese chestnut 'Yanli 4 hao'

图 2-36-2 '燕栗4号'坚果
Figure 2-36-2　Nut of Chinese chestnut 'Yanli 4 hao'

37　'杨家峪1号'
Yangjiayu 1 hao

来源及分布　原产河北省迁西县杨家峪村，1973年从实生栗树中选出。目前在河北迁西杨家峪村有少量分布。

植物学特征　树体中等，树姿半开张，树冠紧凑。树干灰褐色，皮孔大而不规则，密度中等。结果母枝均长29.88 cm，粗0.61 cm，节间1.45 cm，每果枝平均着生刺苞1.73个，翌年平均抽生结果新梢1.09条。叶浓绿色，椭圆形，背面被稀疏灰白色星状毛，叶姿平展，锯齿浅，刺针外向；叶柄黄绿色，长2.2 cm。每果枝平均着生雄花序13.6条，花形直立，长13.42 cm。刺苞近圆形，淡绿色，成熟时十字裂，苞肉厚，平均苞重40.0 g，每苞平均含坚果2.30粒，出实率31.25%；刺束疏、硬，分枝角度大，刺束青色。坚果椭圆形，褐色，明亮，茸毛少，筋线不明显，底座大小中等，接线月牙形，整齐度中等，平均单粒重5.43 g；果肉淡黄色，糯性，细腻，味香甜。

图 2-37-2　'杨家峪1号'树形
Figure 2-37-2　Tree form of Chinese chestnut 'Yangjiayu 1 hao'

图 2-37-3　'杨家峪1号'叶和花
Figure 2-37-3　Leaves and flowers of Chinese chestnut 'Yangjiayu 1 hao'

图 2-37-1　'杨家峪1号'结果状
Figure 2-37-1　Bearing status of Chinese chestnut 'Yangjiayu 1 hao'

生物学特性　在河北北部山区4月21日萌芽，5月2日展叶，雄花盛花期6月13日，果实成熟期9月17日，落叶期11月上旬。该品种最大特点是结果后有20%~30%的母枝自然干枯死亡（栗农称为替码），由母枝基部的隐芽抽生的枝条20%当年形成果枝，由于母枝连年自然更新，树冠紧凑，前后有枝，内外结果。抗逆性强，在河北燕山各板栗主产区连续几年严重干旱的情况下，树势生长和栗果产量均表现正常。

综合评价　树体中等，树姿半开张；单位面积产量一般；适应性强，耐旱，耐瘠薄。适宜在我国北方板栗产区栽植发展。

38　'杨家峪13号'
Yangjiayu 13 hao

来源及分布　原产河北省迁西县杨家峪村，1973年从实生栗树中选出。目前在河北迁西杨家峪村有少量分布。

植物学特征　树体中等，树姿半开张，树冠紧凑度一般。树干灰褐色，皮孔大小中等而不规则，密度中等。结果母枝均长42.13 cm，粗0.75 cm，节间1.57 cm，每果枝平均着生刺苞1.44个，翌年平均抽生结果新梢1.06条。叶浓绿色，椭圆形，背面被稀疏灰白色星状毛，叶姿平展，锯齿深，刺针外向；叶柄黄绿色，长1.7 cm。每果枝平均着生雄花序12.2条，花形直立，长11.1 cm。刺苞椭圆形，绿色，成熟时一字裂或十字裂，苞肉厚度中等，平均苞重35.00 g，每苞平均含坚果4.67粒，出实率40.00%；刺束密度中等，硬，分枝角度中，刺束青色，刺长0.65 cm。坚果椭圆形，褐色，明亮，茸毛少，筋线不明显，底座大小中等，接线平直，

图 2-38-1 '杨家峪 13 号'树形
Figure 2-38-1　Tree form of Chinese chestnut 'Yangjiayu 13 hao'

图 2-38-2 '杨家峪 13 号'结果状
Figure 2-38-2　Bearing status of Chinese chestnut 'Yangjiayu 13 hao'

图 2-38-3 '杨家峪 13 号'叶和花
Figure 2-38-3　Leaves and flowers of Chinese chestnut 'Yangjiayu 13 hao'

整齐度中等，平均单粒重 4.67 g；果肉淡黄色，糯性，细腻，味香甜。

生物学特性　在河北北部山区 4 月 20 日萌芽，4 月 31 日展叶，雄花盛花期 6 月 15 日，果实成熟期 9 月 15 日，落叶期 11 月上旬。

综合评价　树体中等，树姿半开张；单位面积产量一般，但连续结果能力强；坚果品质优良，口感好，适宜炒食。

39　'杨家峪 1-6 号'
Yangjiayu 1-6 hao

来源及分布　1976 年从河北省迁西县杨家峪村实生栗树中选出。在河北迁西杨家峪村有少量分布。

植物学特征　树体中等，树姿半开张，树冠紧凑度一般。树干灰褐色，皮孔中等而不规则，密度中等。结果母枝健壮，均长 25.5 cm，粗 0.75 cm，每果枝平均着生刺苞 1.35 个，翌年平均抽生结果新梢 1.5 条。叶浓绿色，椭圆形，背面被密被灰白色星状毛，叶姿平展，锯齿浅，刺针外向；叶柄黄绿色，长 2.1 cm。每果枝平均着生雄花序 8.5 条，花形直立，长 8.95 cm。刺苞椭圆形，黄绿色，成熟时十字裂，苞肉厚度中等，平均苞重 31.3 g，每苞平均含坚果 1.85 粒，出实率 39.0%；刺束密度中等，硬度中等，分枝角度大小中等，刺束淡黄色，刺长 1.21 cm。坚果椭圆形，褐色，明亮，茸毛少，筋线较明显，底座大小中，接线月牙形，整齐度中等，平均单粒重 6.58 g；果肉淡黄色，糯性，细腻，味香甜。

生物学特性　在河北北部山区 4 月 20 日萌芽，5 月 1 日展叶，雄花盛花期 6 月 15 日，果实成熟期 9 月 16 日，落叶期 11 月上旬。

综合评价　树体中等，树姿半开张；坚果品质优良，口感好，适宜炒食，但粒小，单位面积产量一般。属淘汰品种，不适宜在我国板栗产区栽植发展。

图 2-39-1 '杨家峪 1-6 号'树形
Figure 2-39-1　Tree form of Chinese chestnut 'Yangjiayu 1-6 hao'

图 2-39-2 '杨家峪 1-6 号'叶和花
Figure 2-39-2　Leaves and flowers of Chinese chestnut 'Yangjiayu 1-6 hao'

图 2-39-3 '杨家峪 1-6 号'刺苞和坚果（王广鹏，2009）
Figure 2-39-3　Bar and nut of Chinese chestnut 'Yangjiayu 1-6 hao'

40 '杂交2号' Zajiao 2 hao

来源及分布 '杂交2号'是河北省农林科学院昌黎果树研究所以板栗品种'杨5号'为母本、'燕山早丰'为父本，通过人工杂交培育获得。2018年6月通过国家林业和草原局审查并命名，获其颁发的植物新品种权证书（审定名称为'杂交2号'）。

植物学特征 该品种植株生长势中等，树姿直立，树冠紧凑；树干褐色，皮孔小，不规则分布；结果母枝健壮，每果枝平均着生球果2.15个，次年母枝平均抽生结果新梢1.65条；叶片深绿色，长椭圆形，每果枝平均着生雄花序12.0条，花形直立。球果椭球状，成熟时绿色，开裂方式为一字裂或者三裂，平均苞重46.76 g，平均每苞含坚果2.25粒，出实率38.60%。坚果椭球状，紫褐色，明亮，果面茸毛少，筋线不明显，底座大小中等，平均单粒重8.02 g。果肉淡黄色，口感细糯，风味香甜。

生物学特征 果实成熟期8月28日。适应性强，耐旱，耐瘠薄，对栗红蜘蛛抗性强。适于中国板栗栽培区内pH 5.5~7.0的片麻岩山地种植。树形宜选用自然开心形，干高0.5~0.7 m，留主枝3~4个，交错排列，保持下密上稀。成龄大树采用轮替更新修剪法，每平方米留枝量保持在6~8条之间，冬季疏除粗壮枝，保留中庸枝，注意粗壮枝基部留橛，待橛上隐芽萌发后培养成翌年果枝。春季3月上旬至中旬施入复合肥，秋季采果后施入有机肥。

综合评价 坚果椭球状，紫褐色，明亮，果面茸毛少，筋线不明显，底座大小中等，平均单粒重8.02 g；果肉淡黄色，口感细糯，风味香甜。适应性强，耐旱，耐瘠薄，对栗红蜘蛛抗性强。适于中国板栗栽培区内pH 5.5~7.0的片麻岩山地种植。

图 2-40-1 '杂交2号'结果状
Figure 2-40-1　Bar and nut of Chinese chestnut 'Zajiao 2 hao'

图 2-40-2 '杂交2号'结果状
Figure 2-40-2　Bearing status of Chinese chestnut 'Zajiao 2 hao'

41 '长庄2号' Changzhuang 2 hao

来源及分布 1973年由河北省农林科学院昌黎果树研究所从河北省迁西县侯庄村实生栗树中选出。目前在河北迁西有零星分布。

植物学特征 树体中等,树姿半开张,树冠紧凑度一般。树干灰褐色,皮孔大而不规则密布。结果母枝均长30.5 cm,粗0.62 cm,节间1.67 cm,每果枝平均着生刺苞0.56个,翌年平均抽生结果新梢0.44条。叶浓绿色,椭圆形,背面被稀疏灰白色星状毛,叶姿平展,锯齿深,刺针外向;叶柄黄绿色,长2.07 cm。每果枝平均着生雄花序12.4条,花形直立,长9.5 cm。刺苞椭圆形,淡绿色,成熟时一字裂或三裂,苞肉厚度中等,平均苞重44.50 g,每苞平均含坚果1.75粒,出实率35.00%;刺束密度中等,硬度中等,分枝角度大。坚果椭圆形,红褐色,明亮,茸毛多,筋线较明显,底座大小中等,接线平直,整齐度中等,平均单粒重8.75 g;果肉黄色,糯性,细腻,味香甜。

生物学特性 在河北北部山区4月23日萌芽,5月2日展叶,雄花盛花期6月18日,果实成熟期9月15日,落叶期11月13日。结果枝比例低,单位面积产量低,丰产稳产性均一般。

综合评价 树体中等,树姿半开张;结果枝比例低,丰产稳产性均一般。不建议在我国板栗产区栽植发展。

图 2-41-3 '长庄2号'刺苞和坚果
(王广鹏,2009)
Figure 2-41-3　Bar and nut of Chinese chestnut 'Changzhuang 2 hao'

图 2-41-1 '长庄2号'树形
Figure 2-41-1　Tree form of Chinese chestnut 'Changzhuang 2 hao'

图 2-41-2 '长庄2号'结果状
Figure 2-41-2　Bearing status of Chinese chestnut 'Changzhuang 2 hao'

42 '赵杖子 1-1' Zhaozhangzi 1-1

来源及分布 1976年由河北省农林科学院昌黎果树研究所从河北省承德市兴隆县赵杖子村实生栗树中选出。目前在河北兴隆、宽城、青龙有一定栽培面积。

植物学特征 树体中等，树姿直立，树冠紧凑度一般。树干灰褐色，皮孔大小中等而不规则，密度中等。结果母枝均长28.25 cm，粗0.61 cm，节间1.5 cm，每果枝平均着生刺苞2.06个，翌年平均抽生结果新梢1.39条。叶浓绿色，椭圆形，背面被稀疏灰白色星状毛，叶姿平展，锯齿深，刺针外向；叶柄黄绿色，长1.9 cm。每果枝平均着生雄花序13.8条，花形直立，长15.54 cm。刺苞椭圆形，淡绿色，成熟时十字裂，苞肉厚度中等，平均苞重47.93 g，每苞平均含坚果2.70粒，出实率44.09%；刺束密度中等，硬度中等，分枝角度大，刺束青色，刺长0.89 cm。坚果椭圆形，红褐色，油亮，茸毛少，筋线较明显，底座大小中等，接线平直，整齐度高，平均单粒重7.83 g；果肉淡黄色，糯性，细腻，味香甜。坚果含水量50.28%，可溶性糖18.65%，淀粉49.86%。

生物学特性 在河北北部山区4月21日萌芽，5月1日展叶，雄花盛花期6月16日，果实成熟期9月14日，落叶期11月上旬。幼树生长健壮，雌花易形成，结果早，嫁接后第4年既进入丰产期。稳产性强，无大小年现象，但果粒较小。适应性和抗逆性强，在干旱缺水的片麻岩山地、土壤贫瘠的河滩沙地均能正常生长结果。

综合评价 树体中等，树姿直立；结果早，产量较高，连续结果能力强；坚果品质优良，口感好，适宜炒食；适应性强，耐旱，耐瘠薄。适宜在我国北方板栗产区栽植发展。

图 2-42-2 '赵杖子 1-1' 结果状
Figure 2-42-2 Bearing status of Chinese chestnut 'Zhaozhangzi 1-1'

图 2-42-1 '赵杖子 1-1' 树形
Figure 2-42-1 Tree form of Chinese chestnut 'Zhaozhangzi 1-1'

图 2-42-3 '赵杖子 1-1' 叶和花
Figure 2-42-3 Leaves and flowers of Chinese chestnut 'Zhaozhangzi 1-1'

图 2-42-4 '赵杖子 1-1' 刺苞和坚果
（王广鹏，2010）
Figure 2-42-4 Bar and nut of Chinese chestnut 'Zhaozhangzi 1-1'

43 '周家峪6号'
Zhoujiayu 6 hao

来源及分布 原产河北省迁西县周家峪村，1973年从实生栗树中选出。目前在河北迁西周家峪村有零星分布。

植物学特征 树体中等，树姿直立，树冠紧凑。树干灰褐色，皮孔大小中等而不规则分布。结果母枝均长21.67 cm，粗0.6 cm，节间0.72 cm，每果枝平均着生刺苞1.33个，翌年平均抽生结果新梢1.0条。叶浓绿色，椭圆形，背面被稀疏灰白色星状毛，叶姿平展，锯齿浅，刺针外向。叶柄黄绿色，长2.1 cm。每果枝平均着生雄花序13.2条，花形直立，长13.34 cm。刺苞椭圆形，黄绿色，成熟时一字裂或十字裂，苞肉厚，平均苞重38.67 g，每苞平均含坚果1.67粒，出实率28%；刺束密度中等，硬，分枝角度中等。坚果椭圆形，深褐色，油亮，茸毛少，筋线较明显，底座大小中等，接线平滑，整齐度中等，平均单粒重6.5 g；果肉黄色，细糯，味香甜。坚果含水量51.0%，可溶性糖22.5%，淀粉54.86%。

生物学特性 在河北北部山区4月21日萌芽，5月3日展叶，雄花盛花期6月14日，果实成熟期9月17日，落叶期11月5日。树体新梢中结果枝比例低，连续结果能力差，坐果率低，空苞率较高。

综合评价 树体中等，树姿紧凑，适宜密植栽培；但单位面积产量较低，连续结果能力差，不适宜在我国板栗产区大面积发展。

44 '垂枝栗1号'
Chuizhili 1 hao

来源及分布 别名'盘龙栗'。山东省果树研究所从山东省郯城县归义乡坝子村选出，零星分布于山东中、南部产区。

植物学特征 树体矮小，树姿披垂，树冠紧凑度一般。树干灰绿色，皮孔小而不规则，密度中等。结果母枝健壮，均长27 cm，节间1.5 cm，每果枝平均着生刺苞1.8个，翌年平均抽生结果新梢1.6条。叶绿色，广楔形，背面稀疏分布灰白色星状毛，叶姿倒挂，锯齿浅，刺针直向；叶柄黄绿色，长2.2 cm。雄花序下垂，长14.0 cm。刺苞椭圆形，绿色，成熟时一字裂或十字裂，苞肉厚0.2 cm，平均苞重60 g，每苞平均含坚果2.5粒，出实率45%；刺束黄色，密度中密，硬度中等，分枝角度中等，长1.1 cm。坚果椭圆形，红褐色，油亮，茸毛少，筋线不明显，底座小，接线波状，整齐度一般，平均单粒重11.5 g；果肉黄色，糯性，细腻，味香甜，适宜炒食。

生物学特性 在山东鲁中山区4月上旬萌芽，雄花盛花期6月5~9日，

图2-44-2 '垂枝栗1号'结果状（田寿乐，2012）
Figure 2-44-2 Bearing status of Chinese chestnut 'Chuizhili 1 hao'

图2-44-3 '垂枝栗1号'坚果（田寿乐，2012年）
Figure 2-44-3 Nut of Chinese chestnut 'Chuizhili 1 hao'

果实成熟期9月25日，落叶期11月上旬。丰产性差，生产利用价值不高。不耐干旱瘠薄，适宜在水肥条件较好的山前平地、河滩地栽植。

综合评价 树干旋曲生长，枝条下垂；早实性强，丰产性差。可作为育种材料，也可作公园、街道、庭院观赏用，是一种珍贵的稀有类型。

图2-44-1 '垂枝栗1号'树形（田寿乐，2012）
Figure 2-44-1 Tree form of Chinese chestnut 'Chuizhili 1 hao'

45 '垂枝栗2号' Chuizhili 2 hao

来源及分布 别名'盘龙栗''龙爪栗'。山东省果树研究所从山东省临沂市兰山区郑旺乡大尤家沭河滩地栗园选出，在山东中、南产区零星分布。

植物学特征 树体中等，树姿披垂，树冠紧凑度一般。树干灰绿色，皮孔小而不规则，中密。结果母枝健壮，均长28.5 cm，粗0.7 cm，每果枝平均着生刺苞1.9个，翌年平均抽生结果新梢2.3条。叶浓绿，楔形，背面稀疏分布灰白色星状毛，叶姿搭垂，锯齿浅，刺针直向至内向；叶柄黄绿色，长2.8 cm。雄花序下垂。刺苞扁椭圆形，绿色，成熟时一字裂或十字裂，苞肉厚0.37 cm，平均苞重54 g，每苞平均含坚果2.7粒，出实率47.5%；刺束疏、硬，分枝角度中等，刺束黄色，刺长1.2 cm。坚果圆形，红褐色，油亮，茸毛少，筋线不明显，底座小，接线平滑，整齐度高，平均单粒重10.6 g；果肉黄色，糯性，细腻，味甜，适宜炒食。

生物学特性 在山东鲁中山区4月上旬萌芽，雄花盛花期6月3~6日，果实成熟期9月22日，落叶期11月上旬。母株树龄30余年生，常年株产10 kg左右。丰产性优于'垂枝栗1号'，耐瘠薄能力稍差，适宜在肥水较好的条件下栽植。

综合评价 丰产性中等，树干旋曲盘生，枝条下垂，既可作栽培用，又可作风景树种，为稀有种质资源，垂枝盘旋程度仅次于郯城盘龙栗。山东垂枝型栗树共发现7株，均分布在沭河产区，因'垂枝2号'丰产性最强，故生产利用价值最高。

图2-45-2 '垂枝栗2号'结果状（田寿乐，2012）
Figure 2-45-2　Bearing status of Chinese chestnut 'Chuizhili 2 hao'

图2-45-1 '垂枝栗2号'树形（孙岩，20世纪90年代）
Figure 2-45-1　Tree form of Chinese chestnut 'Chuizhili 2 hao'

图2-45-3 '垂枝栗2号'坚果（田寿乐，2012）
Figure 2-45-3　Nut of Chinese chestnut 'Chuizhili 2 hao'

46 '郯城023'
Tancheng 023

来源及分布 郯城县林业局从实生树中选出，母树位于山东省郯城县归义乡坝子村。主要分布于沂沭河产区。

植物学特征 树体高大，树姿开张，树冠松散。树干灰褐色，皮孔小而不规则，密度中等。结果母枝健壮，均长30 cm，粗0.58 cm，每果枝平均着生刺苞2.4个，翌年平均抽生结果新梢2.2条。叶绿色，长椭圆形，背面稀疏着生灰白色星状毛，叶姿平展，锯齿浅，刺针直向；叶柄黄绿色，长1.9 cm。雄花序花形下垂。刺苞圆形至椭圆形，焦绿色，成熟时十字裂，苞肉较厚，平均苞重50 g，每苞平均含坚果2.4粒，出实率36%~39%；

图2-46-1 '郯城023'结果状（田寿乐，2011）

Figure 2-46-1 Bearing status of Chinese chestnut 'Tancheng 023'

图2-46-2 '郯城023'刺苞和坚果（田寿乐，2011）

Figure 2-46-2 Bar and nut of Chinese chestnut 'Tancheng 023'

图2-46-3 '郯城023'坚果（田寿乐，2011）

Figure 2-46-3 Nut of Chinese chestnut 'Tancheng 023'

刺束密，中硬，分枝角度小，刺束黄色，刺长1.4 cm。坚果圆形至椭圆形，红褐色，光泽度一般，果顶密披短茸毛，筋线不明显，底座大小中等，接线平滑，整齐度高，平均单粒重10 g；果肉黄色，糯性，细腻，味甜。坚果含水量48.3%，淀粉64.6%，蛋白质9.8%。

生物学特性 在山东鲁中山区4月初萌芽，雄花盛花期6月上旬，果实成熟期9月下旬，落叶期11月上旬。

综合评价 产量较高，丰产性尚好，每平方米树冠投影面积产量0.5 kg左右。结果较早，品质较好，较耐贮藏。

47 '花盖栗'
Huagaili

来源及分布 1964年由山东省果树研究所选出，母树位于山东省泰安市黄前镇宋家庄，树龄50年以上。

植物学特征 树体中等，树姿较开张，树冠紧凑度一般。树干灰绿色，皮孔小，中密，呈不规则分布。结果母枝健壮，较长。叶深绿色，椭圆形，背面稀疏分布灰白色星状毛，叶姿平展，锯齿浅，刺针直向；叶柄黄绿色。每果枝平均着生雄花序6条，花形下垂，长16.8 cm。刺苞扁椭圆形或方形，焦绿色，成熟时一字裂，苞肉极薄，平均苞重38 g，每苞平均含坚果3.6粒，出实率57%；总苞有多籽现象，多籽率5%~10%；刺束疏、硬，分枝角度大，黄色，着生极少，仅在胴部着生，其余部位苞刺退化成鳞片状或全部退化成无刺。坚果三角形，黑褐色，明亮，茸毛少，筋线不明显，底座小，接线月牙形，整齐度高，平均单粒重6 g；果肉黄色，糯性，细腻，香甜。坚果含水量49.5%，可溶性糖15%~23%，淀粉44.3%~59.0%，蛋白质11.4%。

生物学特性 在山东鲁中山区4月上中旬萌芽，雄花盛花期6月上中旬，果实成熟期9月21日，落叶期11月上旬。幼树生长势强，成年树树势中等，结果较晚。在管理较好的条件下，中幼砧嫁接后8年生树株产12 kg。

综合评价 树势易旺，结果晚，栽培不多。刺苞肉极薄，出实率极高，坚果小，品质优良。苞刺部分退化，不易受食果性害虫危害。产量一般。为特异资源育种材料。

图2-47-1 '花盖栗'结果状（孙岩，20世纪90年代）

Figure 2-47-1 Bearing status of Chinese chestnut 'Huagaili'

图2-47-2 '花盖栗'刺苞和坚果（孙岩，20世纪90年代）

Figure 2-47-2 Bar and nut of Chinese chestnut 'Huagaili'

48 '无刺栗' Wucili

来源及分布 1964年山东省果树研究所发现的稀有类型，母树位于山东省泰安市羊栏沟村红岭子，为近百年实生树，株产5~10 kg。

植物学特征 树体中等，树姿半开张，树冠紧凑度一般。树干灰绿色，皮孔中大、稀疏，排列不规则。结果母枝健壮，均长21 cm，粗0.64 cm，节间1.3 cm，每果枝平均着生刺苞1.6个，翌年平均抽生结果新梢1.3条。叶绿色，长椭圆形，背面密被灰白色星状毛，叶姿稍皱褶但较平展，锯齿深，刺针直向；叶柄黄绿色，长2.1 cm。每果枝平均着生雄花序7条，花形下垂。刺苞扁椭圆形，黄绿色，成熟时一字裂或十字裂，苞肉薄，苞缝窄，平均苞重36 g，每苞平均含坚果2.8粒，出实率51%；刺束稀疏，退化刺极短，约0.5 cm，分枝角度甚大，似贴于苞肉上，刺束黄色。坚果近圆形，红褐色，半明，茸毛多，筋线不明显，底座小，接线大波状，整齐度高，平均单粒重6.5 g；果肉黄色，糯性，细腻，味香甜。

生物学特性 在山东鲁中山区4月10日萌芽，雄花盛花期6月11日，果实成熟期9月下旬，落叶期11月上旬。

综合评价 坚果较耐贮藏，受蛀果性害虫危害甚微。丰产性差，可作为宝贵的稀有种质资源加以保护利用。

49 '无花栗' Wuhuali

来源及分布 1965年山东省果树研究所从山东省泰安市下港乡西祥沟选出。实生树，特异性状单株，因其雄花序生长至0.5 cm左右时凋谢脱落而得名。在山东各栗区均有分布，以泰安、曲阜表现丰产。

植物学特征 树高中等，树姿直立，树冠紧凑。树干灰绿色，皮孔小而不规则，密。结果母枝健壮，均长23 cm，粗0.61 cm，节间1.2 cm，每果枝平均着生刺苞1.8个，翌年平均抽生结果新梢1.9条。叶绿色，长椭圆形，背面密被灰白色星状毛，叶姿直立，叶面平展，锯齿深，刺针直向；叶柄黄绿色，长2.2 cm。雄花序凋萎脱落，但混合花序上的雄花可正常开放。刺苞椭圆形或茧形，黄绿色，成熟时十字裂，苞肉薄，平均苞重45 g，每苞平均含坚果2.9粒，出实率53%；刺束密度中等，硬度一般，分枝角度中等，刺束黄色。坚果近圆形，红褐色，明亮，茸毛较少，筋线明显，底座小，接线波状，整齐度高，平均单粒重7~8 g，中小型；果肉黄色，糯性，质地细，味甜。坚果含水量49.3%，可溶性糖16.3%，淀粉56.9%，蛋白质9.8%。

生物学特性 在山东鲁中山区4月12日萌芽，雄花序凋落期5月中旬，果实成熟期9月下旬至10月上旬，落叶期11月上旬。幼树生长势强，树姿直立。发枝力强，树冠紧凑，成年树树势中等。始果年限较晚，盛果期丰产。

综合评价 坚果偏小，丰产优质，成熟期晚，球苞"恋枝"，打落困难。可作育种材料。此外，泰安黄前镇也有另一类型的无花栗，表现为树体健壮，叶片肥大，叶色浓绿，新梢粗壮，混合花序上的雄花段凋萎不开放，可与西祥沟无花栗明显区分。

图2-48-1 '无刺栗'结果状（孙岩，20世纪90年代）
Figure 2-48-1　Bearing status of Chinese chestnut 'Wucili'

图2-49-1 '无花栗'结果状（田寿乐，2011）
Figure 2-49-1　Bearing status of Chinese chestnut 'Wuhuali'

图 2-49-2 '无花栗'树形（田寿乐，2011）
Figure 2-49-2　Bisexual catkins of Chinese chestnut 'Wuhuali'

图 2-49-3 '无花栗'刺苞和坚果（田寿乐，2011）
Figure 2-49-3　Bar and nut of Chinese chestnut 'Wuhuali'

图 2-49-4 '无花栗'刺苞和坚果（田寿乐，2011）
Figure 2-49-4　Bar and nut of Chinese chestnut 'Wuhuali'

50　'橡叶栗'

Xiangyeli

来源及分布　由山东省果树研究所从山东省郯城县城关乡董庄选出，母树近百年生，树高9m，冠径东西10m，南北9m，干周1.4m。主要分布于原产地周围。

植物学特征　树体高大，树姿半开张，树冠紧凑度一般。树干灰褐色，皮孔小而中密。结果母枝健壮，均长13cm，节间长1cm。叶浓绿色，畸状多样，多数叶狭长，似橡树叶，少数为正常板栗叶片，锯齿有或无，大锯齿居多，直向，先端多急尖，背面稀疏灰白色星状毛，叶姿挺立。雄花序下垂。刺苞圆形至椭圆形，黄绿色，成熟时一字裂或十字裂，苞肉厚0.4cm，平均苞重80g，出实率41%；刺束密而硬，分枝角度大，黄色，刺长1.5cm。坚果圆形，浅红色，半明栗茸毛多，筋线不明显，底座大小中等，接线波状，整齐度低，平均单粒重12g；果肉黄色，细糯，味香甜。

生物学特性　在山东鲁中山区4月上旬萌芽，雄花盛花期6月上中旬，果实成熟期9月25日，落叶期11月上旬。丰产性差，1982年株产仅4kg。

综合评价　叶畸状多样，似橡树叶，与板栗嫁接亲和性良好，发育正常。虽不丰产，但为稀有类型。

图 2-50-2 '橡叶栗'结果状（孙岩，20世纪90年代）
Figure 2-50-2　Bearing status of Chinese chestnut 'Xiangyeli'

图 2-50-1 '橡叶栗'树形（孙岩，20世纪90年代）
Figure 2-50-1　Tree form of Chinese chestnut 'Xiangyeli'

图 2-50-3 '橡叶栗'刺苞和坚果（孙岩，20世纪90年代）
Figure 2-50-3　Bar and nut of Chinese chestnut 'Xiangyeli'

51 '引选3号' Yinxuan 3 hao

来源及分布 1971年山东省果树研究所从南京市植物研究所引入品种中选出，可能为广西中果红皮栗的实生后代，山东各产区均有引种栽培，以泰安为多。

植物学特征 树体矮小，树姿半开张，树冠紧凑。树干黄绿带红褐色，皮孔小而中密。结果母枝健壮，均长25 cm，粗0.68 cm，节间1.3 cm，每果枝平均着生刺苞3个，翌年平均抽生结果新梢2.2条。叶绿色，椭圆形，背面稀疏灰白色星状毛，叶姿皱褶而平生，锯齿浅，刺针直向或外向；叶柄黄绿色，长1.2 cm。花形下垂，长14 cm。刺苞椭圆形，黄绿色，成熟时十字裂，苞肉厚0.24 cm，平均苞重38 g，每苞平均含坚果2.8粒，出实率40%；刺束疏而硬，分枝角度较大，刺束黄色，刺长1.2 cm。坚果圆形至椭圆形，红褐色，明亮，果顶茸毛多，筋线不明显，底座大小中等，接线大波状，平均单粒重6 g；果肉黄色，细糯，味香甜。坚果含水量54.0%，可溶性糖17.3%，淀粉56.2%，蛋白质11.5%。

生物学特性 在山东鲁中山区4月上旬萌芽，雄花盛花期6月上旬，果实成熟期9月上旬，落叶期11月下旬。成年树树势中等，雌花形成容易，壮枝摘心当年即可成二次花结果成熟，连续结果能力强。盛果期每平方米树冠投影面积产量0.4~0.6 kg。

综合评价 树冠矮小而紧凑，适宜密植；枝条下部芽结果能力强，短截摘心效果良好。生产栽培时，应严格短截或疏果定产增大单果重量。虽然坚果偏小，但不失为种质库中的宝贵资源。1981年全国板栗良种考察时，其结果习性受到考察组的高度评价和极大重视。

52 '杂35' Za 35

来源及分布 由山东省果树研究所进行杂交选育，亲本为野板栗×红栗，主要分布于山东鲁中南山地、丘陵。

植物学特征 树体中等，树姿半开张，树冠紧凑度一般。树干红褐色，皮孔小而密。结果母枝健壮，均长18.6 cm，粗0.6 cm，节间2.6 cm，每果枝平均着生刺苞3个，翌年平均抽生结果新梢2.2条。叶绿色，椭圆形，背面稀疏着生灰白色星状毛，叶姿平展，锯齿深，刺针直向；叶柄黄绿色，长1.4 cm。每果枝平均着生雄花序10条，长22 cm。刺苞椭圆形，黄绿色，成熟时十字裂，苞肉厚0.28 cm，平均苞重50 g，每苞平均含坚果2.9粒，出实率40%；刺束黄色，疏而硬，分枝角度中，刺长1.4 cm。坚果椭圆形，红褐色，明亮，茸毛较少，筋线不明显，底座小，接线月牙形，整齐度高，平均单粒重7.7 g；果肉黄色，细糯，味香甜。坚果含水量52%，可溶性糖14.4%，淀粉61.5%，蛋白质8.7%。

生物学特性 在山东鲁中山区4月6日萌芽，4月21日展叶，雄花盛花期6月1日，果实成熟期9月15日，落叶期11月2日。幼树生长势强，嫁接苗成花容易，早实丰产，果实较耐贮藏。

综合评价 雌花形成容易，结果早，短截摘心效果较好。丰产稳产性强。

图 2-51-1 '引选3号' 刺苞和坚果（孙岩，20世纪80年代）
Figure 2-51-1　Bar and nut of Chinese chestnut 'Yinxuan 3 hao'

图 2-52-1 '杂35' 树形（张京政，2011）
Figure 2-52-1　Tree form of Chinese chestnut 'Za 35'

图 2-52-2 '杂 35'结果状（张京政，2011）
Figure 2-52-2　Bearing status of Chinese chestnut 'Za 35'

图 2-52-3 '杂 35'坚果（孙岩，20 世纪 90 年代）
Figure 2-52-3　Nut of Chinese chestnut 'Za 35'

图 2-52-4 '杂 35'坚果（孙岩，20 世纪 80 年代）
Figure 2-52-4　Nut of Chinese chestnut 'Za 35'

53　'林县谷堆栗' Linxian Guduili

来源及分布　原产于河南省林州市，是当地主栽品种。

植物学特征　树势强健，树姿开张。母枝连续结果能力占 70%。结果枝多由顶端 1~2 芽发出，果枝长 26.8 cm，每结果枝着苞 2~3 个，多者可达 8~9 个。刺苞圆形，成熟时十字裂，苞肉厚 0.2 cm，针刺较密，较硬，每苞内含坚果 2~3 粒，出实率 35%。坚果中大，半圆形，褐紫色，具油亮光泽，茸毛极少，单粒重 10 g，每 500 g 栗实 55 粒；种皮浅棕色，易剥离，种仁饱满，黄白色，味甜，质糯，品质中上。

生物学特性　新梢 4 月上中旬萌动，4 月下旬开花，9 月下旬果实成熟。

综合评价　耐瘠薄，丰产稳产，单株产量可达 25 kg。抗栗实象鼻虫。

54　'信阳 5 号' Xinyang 5 hao

来源及分布　原产于河南省信阳市。分布于新县、罗山、平桥、光山等地，以果大而著名，故又有 '信阳大板栗' 之称。

植物学特征　树势强，树姿开展。结果枝多由顶端 1~3 芽发出，每枝育刺苞 1~2 个。刺苞椭圆形，成熟时十字裂，针刺稀，硬度中等，横竖交错，每苞含坚果 2~3 粒，苞肉厚 9.25 cm，出实率 44%。坚果特大，单果重 21.3 g，一般每 500 g 栗实 25 粒，坚果暗红色，茸毛少，扁圆形，果皮红褐色，顶端密生茸毛，果面较暗，种皮薄，灰褐色，易剥离；种仁饱满，浅黄色，味甜，有糯性，含糖 8.2%、淀粉 49.0%、蛋白质 4.2%。9 月上中旬成熟，耐贮藏。品质中等。

综合评价　坚果较大，产量高，一般株产 25~30 kg。适应性强，在山区、河滩、丘陵均生长良好。缺点是易形成大小年，抗虫性、耐贮性较差。

55　'豫栗王' Yuliwang

来源及分布　又名 '豫板栗 2 号'，原产于河南省信阳市。

植物学特征　树势强，树冠紧凑，成枝力强，内膛结果。结果母枝连续结果能力强，每母枝平均抽生果枝 2.8 个，每果枝平均结苞 2.8 个，每苞平均坚果 2.6 个，丰产性好。刺苞大，椭圆形。出实率 41.7%。坚果椭圆形，每 500 g 坚果 71 粒，单果平均重 14 g，红色，皮薄油亮，光泽好。果个均匀，籽粒饱满。味香甜。9 月下旬成熟。

综合评价　抗病虫，耐贮藏，大小年现象不明显。

56 '大板栗'
Dabanli

来源及分布 别名'大红光'。产于安徽省太湖县黄镇、罗溪一带，是花凉亭水库周边地区主栽品种。

植物学特征 树体高大，树姿开张，树冠扁圆形。结果母枝均长25.4 cm，粗0.8 cm。叶深绿色，椭圆形，长17.9 cm，宽7.7 cm，叶质厚，叶面有光泽，叶背具灰白色茸毛，叶缘锯齿浅，叶尖微突，叶柄黄绿色，长1.9 cm。刺苞椭圆形，苞肉厚度0.5 cm，每苞平均含坚果2.8粒；刺束斜生，长1.6 cm。坚果近圆形，果顶微凸，淡紫红色，光泽强，背面具稀疏茸毛，底座中等偏大，接线平直，栗粒密而不均匀，坚果大小不匀，平均单粒重18 g；果肉质脆，果味较好。坚果含水量31.1%，干物质中总糖14.6%，淀粉28.2%，蛋白质4.6%。

图 2-56-2 '大板栗'结果状（王陆军，2012）
Figure 2-56-2　Tree form of Chinese chestnut 'Dabanli'

生物学特性 萌芽期4月上旬，果实成熟期9月上旬。嫁接幼树长势旺盛，早期丰产性较好。嫁接后第4年单株平均产栗3.3 kg，第6年产栗7.1 kg。进入盛果期以后产量高而稳定。在立地条件一般的栗园中，25年生单株平均产栗25 kg。

综合评价 因其树势强健，产量较高较稳，抗逆性强，坚果品质较好，果实成熟期较早，具有市场竞争力，栽培面积正在不断扩大中。

图 2-56-1 '大板栗'树形（王陆军，2012）
Figure 2-56-1　Tree form of Chinese chestnut 'Dabanli'

57 '大黑栗'
Daheili

来源及分布 产于安徽省潜山、太湖、岳西等地，实生类型。

植物学特征 树体高大，树形开张；枝条粗壮；叶片质厚，色深有光泽。球果长椭圆形，重120 g以上，苞肉厚0.4 cm左右，出籽率40%。坚果顶较平，重18 g左右，果面紫褐色，光泽暗，全身稀被长茸毛；坚果大小整齐，肉细质脆耐贮藏。

生物学特性 产量高而稳定，抗病虫害能力强，50年生单株产栗15~25 kg。

综合评价 树体高大，树形开张，产量高。近年来，此品种已经被产区列为推广品种，通过嫁接不断扩大其栽培。

58 '二水早'
Ershuizao

来源及分布 别名'二发早''浅刺二水早'。产于安徽省舒城县汤池河棚、城冲、新街等地。

植物学特征 树体高大，树姿开张，树冠多呈圆头形。结果母枝均长 24 cm，粗 0.75 cm；分枝角较大；新梢黄褐色。叶长椭圆形，甚大，长 23 cm，宽 8 cm，淡绿色，平展。刺苞椭圆形，成熟时纵裂，苞肉厚 0.25 cm，平均苞重 95 g，每苞平均含坚果 2.8 粒；刺束密度中等，较软，淡绿色，刺长 1.4 cm。坚果椭圆形，顶微凹，红棕色，明亮，茸毛分布于近果顶，灰白色，果顶果肩浑圆，筋线明显，底座大，接线平滑，具瘤点，整齐度高，平均单粒重 17 g；果肉味香甜。坚果含总糖 10.4 %，淀粉 50.6 %，粗蛋白 6.08 %。

生物学特性 成年树树势旺盛，60 年生高 10.8 m。新梢中结果枝占 40% 左右。果实成熟期 9 月上旬。产量甚高，大小年现象比较明显。17 年生单株产栗 11.5 kg，连续 3 年结果的枝条占 40%，连续 2 年结果的枝条占 30%。

综合评价 树体高大，树姿开张；产量高，品质优良，口感好。苞肉薄，出籽率高，坚果大而整齐，颇受产区欢迎。

图 2-58-2 '二水早'结果状（王陆军，2012）
Figure 2-58-2 Bearing status of Chinese chestnut 'Ershuizao'

图 2-58-3 '二水早'刺苞和坚果（王陆军，2012）
Figure 2-58-3 Bar and nut of Chinese chestnut 'Ershuizao'

图 2-58-4 '二水早'坚果（王陆军，2012）
Figure 2-58-4 Nut of Chinese chestnut 'Ershuizao'

图 2-58-1 '二水早'树形（王陆军，2012）
Figure 2-58-1 Tree form of Chinese chestnut 'Ershuizao'

59 '毛蒲'
Maopu

来源及分布 别名'松毛蒲'。产于安徽省广德砖桥、独山、流洞桥一带。

植物学特征 树体中等，树姿半张开，树冠圆头形。枝干灰褐色，皮目中等，密度较密。结果母枝均长 20 cm，粗 0.8 cm，节间 1.3 cm。叶灰绿色，披针形，叶背有稀疏茸毛，叶边缘上翻，锯齿较锐，较深；结果母枝花芽扁圆肥大。刺苞扁椭圆形，成熟时纵裂，苞肉厚度 0.35 cm，平均苞重 78.3 g，每苞平均含坚果 2.7 粒；刺束较密，较软，黄色，刺长 1.1 cm。坚果圆形，果顶果肩微凹，红褐色，多毛，茸毛周身分布，灰白色，筋线明显，底座大小中等，接线具瘤点，整齐度高，平均单粒重 15.9 g；肉细质脆，含水量 48.4%。

生物学特性 成年树树势较旺，50 年树高 10.5 m。果实 9 月中下旬成熟。嫁接幼树早期丰产性较好，嫁接 5 年单株均产栗 1.7 kg。成年树产量高而稳定。抗病虫力强，很少发生桃蛀螟、栗实象鼻虫等蛀果性害虫。果实极耐贮藏。

综合评价 树体中等，树姿半张开；产量高，连续结果能力高，病虫危害较轻，果实耐贮藏。是比较优良的品种。

60 '乌早' Wuzao

来源及分布 别名'特早',泛称早栗子。产于安徽省宁国沙埠乡。为产地群众从实生板栗类群中选育出来的早熟品种。

植物学特征 树体高大,树姿半直立,树冠圆头形或高圆头形。皮孔扁圆形,中等大小,较密。结果母枝均长18.4 cm,粗0.6 cm,节间1 cm,每果枝半均着生刺苞1.9个;新梢灰绿色,茸毛较少。叶绿色,较厚,椭圆形,有光泽,水平状着生,叶缘锯齿较大,叶面平展;叶柄黄绿色,较短,长1.5 cm。刺苞椭圆形,苞肉厚0.4 cm,平均苞重85.7 g,每苞平均含坚果2.8粒;刺束密度中等,较硬,绿色,刺长1.4 cm。坚果椭圆形,顶微凹,紫褐色,稍有光泽,果面茸毛较多,稀被于全身,底座较小,接线微波状,栗粒较小,坚果大小整齐。果肉质地密细腻,味香甜偏糯性。坚果干物质中淀粉含量48.1%,总糖10.9%。

生物学特性 成年树树势旺盛,8月下旬果实成熟。嫁接幼树进入结果期较早,嫁接后第2年均产栗0.4 kg,第4年1.5 kg。成年树产量中等,但无大小年现象。在立地条件一般的栗园中,40年生单株产栗15 kg。对病虫的抵抗力较强,在宁国县沙埠栗区,球坚介壳虫大发生的1972年,其他品种的被害率达20%~70%,而本品种仅为10%左右;栗实象鼻虫、桃蛀螟等蛀果性虫害亦轻。

综合评价 本品种较其他早熟品种含水量低,坚果的霉烂较少,表现出较好的耐贮藏性,加之丛果性强,产量中等稳定,所以是个较有发展前途的早熟品种。

61 '大果中迟栗' Daguozhongchili

来源及分布 分布于湖北省罗田、麻城、英山等县,大别山区主栽品种。

植物学特征 树势强健,树冠多为半圆形,较开张,适应性强。30年生,枝干粗30 cm,树高6~7 m,冠幅5~8 m;分枝性较强,果枝新梢浅灰褐色,有灰色茸毛。叶长椭圆形,向上弯曲。每枝着刺苞为2~3个,刺苞大,刺略深,每刺丛平均有刺5~14根,每果球有坚果2~3个。坚果果肩部略瘦削,腰部肥大,基部较宽,底座较小,平均单果重20.6 g,果皮深红色,顶部毛茸较多;果肉黄白色,略粗硬,甜味中等,爽脆可口,含淀粉48.64%,总糖14.68%。

生物学特性 5月下旬为初花期,花期约为20天;雌花期5月下旬至6月上旬,雄花期4月中旬至5月下旬。成熟期9月下旬。

综合评价 丰产,较稳产;坚果极大,品质优。适应性和抗旱性强;可在我国南方板栗产区栽培发展。

图 2-61-1 '大果中迟栗'树形(徐育海,2010)
Figure 2-61-1　Tree form of Chinese chestnut 'Daguozhongchili'

图 2-61-2 '大果中迟栗'结果状(徐育海,2010)
Figure 2-61-2　Bearing status of Chinese chestnut 'Daguozhongchili'

盛期为5月中下旬，果实成熟期为9月5日前后。属早中熟板栗新品种。早果丰产性好，嫁接苗定植第2年挂果率达30%~50%，第3年株产0.53 kg，第4年株产2.50 kg。

综合评价 病虫害少，丰产稳产，坚果品质好，耐贮藏。可在我国南方板栗产区栽培发展。

图 2-61-3　'大果中迟栗'刺苞（徐育海，2011）
Figure 2-61-3　Bar of Chinese chestnut 'Daguozhongchili'

图 2-61-4　'大果中迟栗'坚果（徐育海，2011）
Figure 2-61-4　Nut of Chinese chestnut 'Daguozhongchili'

62 '桂花香' Guihuaxiang

来源及分布 原产湖北省罗田县，大别山区主栽品种。

植物学特征 树势中等，树冠紧凑。1年生结果母枝平均长31.0 cm，平均粗0.57 cm。叶长椭圆形。雄花序平均长13.7 cm，每个结果新梢上平均挂果1.5个。刺苞重68.0 g，短椭圆形，苞肉厚2.1 cm；刺束短，斜生，排列疏；每刺苞结坚果2个以上。坚果平均重12.3 g，椭圆形，红褐色，色泽光亮，茸毛少，底座小，出籽率达54%；果肉黄色，似天然的桂花香味，糯性。坚果含淀粉42.67%，总糖14.54%，蛋白质4.60%，维生素C 172.7 mg/kg。

生物学特性 在武汉地区开花

图 2-62-1　'桂花香'树形（雷潇，2011）
Figure 2-62-1　Tree form of Chinese chestnut 'Guihuaxiang'

图 2-62-2　'桂花香'结果状（雷潇，2011）
Figure 2-62-2　Bearing status of Chinese chestnut 'Guihuaxiang'

图 2-62-3　'桂花香'刺苞和坚果（徐育海，2011）
Figure 2-62-3　Bar and nut of Chinese chestnut 'Guihuaxiang'

图 2-62-4　'桂花香'坚果（雷潇，2012）
Figure 2-62-4　Nut of Chinese chestnut 'Guihuaxiang'

63 '红光油栗'
Hongguangyouli

来源及分布 原产于湖北省罗田县,大别山区、鄂西山区都有栽培。

植物学特征 树势中等,树枝直立,枝梢半开张,分枝性较强,新梢浅灰褐色,有灰色茸毛。叶较细长,长椭圆形,叶缘锯齿略浅,向上弯曲,叶面深绿色,叶背灰绿色。每果枝着刺苞多为2~3个,刺苞小。坚果棕红色,有光泽,果肩部瘦削,基部略宽,底座较大,顶部微尖;果仁金黄色,果肉黄色,脆嫩香甜,单果重9.25 g,含总糖15.38%,淀粉48.26%。

生物学特性 雌花期5月下旬至6月上旬,雄花期4月中旬至5月下旬,9月下旬成熟。

综合评价 坚果较小,品质优,可用作炒食栗。树体适应性强,抗旱、抗病虫性强,丰产性强。

图 2-63-1 '红光油栗'树形(徐育海,2012)
Figure 2-63-1　Tree form of Chinese chestnut 'Hongguangyouli'

图 2-63-2 '红光油栗'结果状(徐育海,2012)
Figure 2-63-2　Bearing status of Chinese chestnut 'Hongguangyouli'

图 2-63-3 '红光油栗'刺苞和坚果(徐育海,2012)
Figure 2-63-3　Bar and nut of Chinese chestnut 'Hongguangyouli'

图 2-63-4 '红光油栗'坚果(徐育海,2012)
Figure 2-63-4　Nut of Chinese chestnut 'Hongguangyouli'

64 '红毛早'
Hongmaozao

来源及分布 原产于湖北省京山县,为湖北中北部地区主栽品种。

植物学特征 树势较强,树冠较开张。1年生结果母枝平均长25.40 cm,平均粗0.58 cm。叶长椭圆形。雄花序平均长18.3 cm,每个结果新梢上平均挂果1.3个。刺苞重116.0 g,苞肉厚2.83 cm,刺苞近圆形,刺较长,略斜生,排列较密。坚果单果平均重16.0 g,椭圆形,赤褐

图 2-64-1 '红毛早'树形(徐育海,2011)
Figure 2-64-1　Tree form of Chinese chestnut 'Hongmaozao'

图 2-64-2 '红毛早'结果状(徐育海,2012)
Figure 2-64-2　Bearing status of Chinese chestnut 'Hongmaozao'

图 2-64-3 '红毛早'刺苞和坚果(徐育海,2012)
Figure 2-64-3　Bar and nut of Chinese chestnut 'Hongmaozao'

图 2-64-4 '红毛早'坚果(徐育海,2012)
Figure 2-64-4　Nut of Chinese chestnut 'Hongmaozao'

色，光泽好，茸毛少，底座小，出籽率41.7%；果肉黄白色，较松，味甜中等，爽脆可口。坚果含淀粉41.6%，总糖5.28%，蛋白质3.7%，维生素C 128.0 mg/kg。

生物学特性 开花盛期5月下旬，果实成熟期8月下旬至9月上旬。

综合评价 果形大，整齐，早熟，品质优，但贮藏性较差；进入结果期早，栽植第2年挂果率达30%，丰产性强。

65 '江山2号'
Jiangshan 2 hao

来源及分布 原产于湖北省大悟县，大别山区主栽品种。

植物学特征 树姿开张，枝势强健，分枝角度60°，发枝力强。刺苞圆球形，刺束中密，出籽率

图2-65-1 '江山2号'刺苞和坚果（徐育海，2012）
Figure 2-65-1 Bar and nut of Chinese chestnut 'Jiangshan 2 hao'

图2-65-2 '江山2号'坚果（徐育海，2012）
Figure 2-65-2 Nut of Chinese chestnut 'Jiangshan 2 hao'

图2-65-3 '江山2号'结果状（徐育海，2012）
Figure 2-65-3 Bearing status of Chinese chestnut 'Jiangshan 2 hao'

图2-65-4 '江山2号'树形（徐育海，2012）
Figure 2-65-4 Tree form of Chinese chestnut 'Jiangshan 2 hao'

43.6%。坚果单果重11.98 g，大小均匀，椭圆形，黄褐色，光亮，茸毛少；果肉脆嫩香甜，耐贮运。鲜果含总糖6.77%，淀粉29.63%，蛋白质3.61%，粗脂肪1.47%。

生物学特性 雌花期5月下旬至6月上旬，雄花期4月中旬至5月下旬，9月中旬成熟。

综合评价 为油栗型中熟品种。耐瘠薄，抗病虫害能力很强，丰产。

66 '九月寒'
Jiuyuehan

来源及分布 产于湖北省罗田县。

植物学特征 树势高大强健，树冠圆头形，较开张微下垂，新梢略粗长，深灰褐色，有较多的灰色茸毛。30年生树高6~7 m，冠幅6.4 m，单株产量15~20 kg。叶薄、短而窄，卵状椭圆形，先端细尖，基部楔形，叶缘锯齿略深，向上弯曲。刺苞大小中等，每刺苞有坚果2~3个。坚果单果重15.5 g，果皮深棕褐色，有少数茸毛。坚果含蛋白质6.87%，淀粉41.95%，总糖12.31%。

生物学特性 雌花期5月下旬至6月上旬，雄花期4月中旬至5月下旬。果实10月上旬成熟。

综合评价 晚熟优良品种，丰产稳产，耐贮藏。

图2-66-2 '九月寒'结果状（雷潇，2012）
Figure 2-66-2　Bearing status of Chinese chestnut 'Jiuyuehan'

图2-66-1 '九月寒'树形（雷潇，2012）
Figure 2-66-1　Tree form of Chinese chestnut 'Jiuyuehan'

图2-66-3 '九月寒'刺苞和坚果（雷潇，2012）
Figure 2-66-3　Bar and nut of Chinese chestnut 'Jiuyuehan'

图2-66-4 '九月寒'坚果（雷潇，2012）
Figure 2-66-4　Nut of Chinese chestnut 'Jiuyuehan'

67 '乐杨1号'
Leyang 1 hao

来源及分布 宜昌浅刺大板栗实生优系，暂定名为'乐杨1号'。原产于湖北省宜昌、秭归一带，分布于三峡地区及湖北西部山区。

植物学特征 7年生树主干粗45 cm，冠径4.5 m×4 m，三大主枝强健，树冠紧凑，叶长椭圆形。栽植第3年试果，产量2.5 kg，第6年产量6 kg。刺苞大，纵径9.5 cm，横径7.6 cm，每苞有坚果2~3粒。最大坚果粒重28.5 g，平均粒重19.8 g。坚果含蛋白质3.56%，脂肪1.38%，碳水化合物43.8%（淀粉31.5%，总糖11.35%，还原糖0.96%），总酸3.4 mg/100 g，维生素B1 140 mg/kg，

图2-67-2 '乐杨1号'结果状（徐育海，2012）
Figure 2-67-2　Bearing status of Chinese chestnut 'Leyang 1 hao'

图2-67-3 '乐杨1号'刺苞和坚果（徐育海，2012）
Figure 2-67-3　Bar and nut of Chinese chestnut 'Leyang 1 hao'

图2-67-4 '乐杨1号'坚果（徐育海，2012）
Figure 2-67-4　Nut of Chinese chestnut 'Leyang 1 hao'

维生素B2 1.57 mg/kg，维生素PP 2.78 mg/kg，维生素C 19.7 mg/kg，钙233 mg/kg，磷660 mg/kg，铁21.0 mg/kg。

生物学特性 雌花期5月下旬至6月上旬，雄花期4月下旬至5月下旬，9月中旬成熟。

综合评价 丰产、果大、质优，抗逆性强，适应性广。

图2-67-1 '乐杨1号'树形（徐育海，2012）
Figure 2-67-1　Tree form of Chinese chestnut 'Leyang 1 hao'

68 '罗田红栗'
Luotian Hongli

来源及分布 湖北省农业科学院果茶所从湖北省罗田县九资河实生板栗树中发现的偶发变异后代。

植物学特征 树势强。新梢、幼叶、刺苞（尤其到后期）红色，故得此名。坚果单果重9.3 g，整齐度较差；果肉含淀粉38.7%，糖13.1%，蛋白质8.4%；较甜。品质中上。出实率47.4%。

生物学特性 9月下旬成熟。喜肥水，耐短截修剪。

综合评价 果实较小，品质中等；为较好的授粉品种，兼有观赏价值。

图 2-68-1 '罗田红栗'结果状（徐育海，2011）
Figure 2-68-1　Bearing status of Chinese chestnut 'Luotian Hongli'

图 2-68-3 '罗田红栗'坚果（徐育海，2011）
Figure 2-68-3　Nut of Chinese chestnut 'Luotian Hongli'

69 '浅刺大板栗'
Qiancidabanli

来源及分布 又名'早栗'。分布于湖北罗田、秭归、京山、宜昌等地区，栽培广泛。

植物学特征 树势强健，树冠较紧密；叶长椭圆形至倒梯形。刺苞大，平均苞重162.4 g，椭圆形微扁，刺束短而稀疏，刺座高，刺丛分枝角度大，几乎呈平展状。坚果极大，平均单果重21 g，每千克40粒左右；果形整齐，长椭圆形，果皮深褐色，有光泽，毛茸较少，底座小；栗仁浅黄色，果肉乳白色，甜味中等，糯性，含淀粉46.51%，总糖11.35%。

生物学特性 雌花期5月下旬至6月上旬，雄花期4月中旬至5月下旬，9月上旬至中旬成熟。

综合评价 早中熟、果大、优质、丰产，树体、抗病丰产性强，适应性强。

图 2-69-2 '浅刺大板栗'刺苞和坚果（徐育海，2011）
Figure 2-69-2　Bar and nut of Chinese chestnut 'Qiancidabanli'

图 2-68-2 '罗田红栗'树形（徐育海，2011）
Figure 2-68-2　Tree form of Chinese chestnut 'Luotian Hongli'

图 2-69-1 '浅刺大板栗'树形（徐育海，2011）
Figure 2-69-1　Tree form of Chinese chestnut 'Qiancidabanli'

每刺苞多数有坚果2粒。坚果扁椭圆形，赤褐色，少光泽，散生茸毛较多，平均单粒重15g，最大粒重17~20g，每千克60~66粒，出籽率高；果肉黄白色，较松，味甜中等，爽脆可口。坚果含总糖11.03%、淀粉45.61%。

生物学特性 属早熟品种，8月下旬至9月上旬成熟，比红毛早约迟1周。雌花期5月下旬，雄花期4月中旬至5月下旬。

综合评价 早熟，果大，味甜，品质优，丰产性强。

图2-69-3 '浅刺大板栗'结果状（徐育海，2011）
Figure 2-69-3 Bearing status of Chinese chestnut 'Qiancidabanli'

图2-69-4 '浅刺大板栗'坚果（徐育海，2011）
Figure 2-69-4 Nut of Chinese chestnut 'Qiancidabanli'

70 '青毛早'
Qingmaozao

来源及分布 原产于湖北省京山县，湖北中北部地区主栽品种。

植物学特征 树势中等，枝较开张，分枝角度50°。叶片较大，长椭圆形。刺束中密；成熟时刺苞青绿色；

图2-70-2 '青毛早'结果状（徐育海，2012）
Figure 2-70-2 Bearing status of Chinese chestnut 'Qingmaozao'

图2-70-1 '青毛早'树形（徐育海，2011）
Figure 2-70-1 Tree form of Chinese chestnut 'Qingmaozao'

图2-70-3 '青毛早'坚果（徐育海，2012）
Figure 2-70-3 Nut of Chinese chestnut 'Qingmaozao'

71 '宣化红' Xuanhuahong

来源及分布　原产于湖北省孝感市大悟县，大别山区主栽品种。

植物学特征　树势中等，树姿开张，丰产稳产。结果枝多且长而粗壮，分枝角度50°，发枝力强。刺苞顶凹形，刺束长密，果实属大果型，出籽率42.6%。坚果椭圆形，棕红色，有光泽，外观美，单粒重19.13 g，每千克50粒；果肉黄色，清脆香甜。鲜果含总糖7.41%、淀粉27.27%、蛋白质3.04%、粗脂肪1.56%。

生物学特性　雌花期5月下旬至6月上旬，雄花期4月中旬至5月下旬，成熟期9月中旬，为中熟品种。

综合评价　树姿开张，丰产稳产；坚果大，品质优；抗病性和适应性强。

图 2-71-2　'宣化红'刺苞和坚果（徐育海，2012）
Figure 2-71-2　Bar and nut of Chinese chestnut 'Xuanhuahong'

图 2-71-3　'宣化红'坚果（徐育海，2012）
Figure 2-71-3　Nut of Chinese chestnut 'Xuanhuahong'

72 '羊毛栗' Yangmaoli

来源及分布　分布于湖北罗田、麻城、英山等县，大别山区主栽品种。

植物学特征　树势强健，树冠圆头形，树姿稍直立，适应性强，一般40年生树高8～9 m，冠幅8～9 m，树冠开张；枝微下垂，分枝性比较强，老树有自然更新特点。果枝新梢灰褐色，椭圆形，前端细尖，基部圆形。叶缘锯齿较深，向上弯曲。每果枝刺苞2～3个，刺苞长圆形较大，每一刺丛有刺8根。坚果较大，椭圆形，平均单果重13.5 g，肩部宽而肥厚，基部较小，全身有白色茸毛，顶部白毛甚多，为其显著特征；果皮棕褐色，略厚；果仁乳黄色，肉质脆嫩香甜，糯性。坚果含可溶性糖11.36%，淀粉

图 2-71-1　'宣化红'树形（徐育海，2012）
Figure 2-71-1　Tree form of Chinese chestnut 'Xuanhuahong'

图 2-72-1　'羊毛栗'结果状（何秀娟，2011）
Figure 2-72-1　Bearing status of Chinese chestnut 'Yangmaoli'

图 2-72-2 '羊毛栗'树形（何秀娟，2011）
Figure 2-72-2　Tree form of Chinese chestnut 'Yangmaoli'

43.83%，较耐贮藏，病虫害较少。

生物学特性　雌花期5月中下旬，雄花期4月中旬至5月下旬，果实成熟期9月中旬。

综合评价　丰产、稳产，20年生以上栗树株产达25～30 kg，品质优良。

图 2-72-3　'羊毛栗'刺苞和坚果（何秀娟，2011）
Figure 2-72-3　Bar and nut of Chinese chestnut 'Yangmaoli'

图 2-72-4　'羊毛栗'坚果（何秀娟，2011）
Figure 2-72-4　Nut of Chinese chestnut 'Yangmaoli'

73 '腰子栗' Yaozili

来源及分布　原产于湖北省孝感市大悟县，大别山区主栽品种。

植物学特征　树姿紧密，树势旺盛，强健较直立，树冠圆形；分枝角度45°，发枝力强，结果枝长而粗壮，结果枝与发育枝的比例为3:2；一般嫁接第2年即可结果。刺苞椭圆形，较大，苞皮薄，平均每个重184 g，刺束长密，出籽率45.6%，每苞出果多为3粒。坚果椭圆形，特大，红褐色，

图 2-73-2　'腰子栗'刺苞和坚果（熊森林，2007）
Figure 2-73-2　Bar and nut of Chinese chestnut 'Yaozili'

图 2-73-3　'腰子栗'坚果（熊森林，2012）
Figure 2-73-3　Nut of Chinese chestnut 'Yaozili'

有光泽、美观，仅顶端着生少量茸毛，单粒重27.7 g，最大粒重30.8 g，每千克26～36粒；果肉黄色，糯性，脆甜，有香味。鲜果含总糖5.68%，淀粉26.47%，蛋白质3.22%，粗脂肪0.78%。

生物学特性　雌花期5月下旬至6月上旬，雄花期4月中旬至5月下旬，9月中旬成熟，属中熟品种。

综合评价　丰产、稳产性好，抗旱和抗病虫害能力较强，耐贮运。

图 2-73-1　'腰子栗'树形（熊森林，2008）
Figure 2-73-1　Tree form of Chinese chestnut 'Yaozili'

74 '中迟栗'
Zhongchili

来源及分布 原产于湖北省罗田县,大别山区主栽品种,种植面积最大。

植物学特征 树势强壮,树冠多半为圆形,较开张,适应性较强。30年生的栗树,一般主干粗39 cm,树高6~7 m,树冠直径5~8 g;分枝性较强,新梢浅灰褐色,有灰色茸毛。叶长椭圆形,向上弯曲。每果枝着刺苞多为2~3个,刺苞大,刺略深,每球有坚果2~3个,单果重15.65 g,最大单果重33 g,果皮深红色,顶部茸毛较多;果肉黄白色,略粗硬,甜味中等,糯性,爽脆可口,含淀粉38.64%,总糖14.68%。

生物学特性 成熟期9月中旬,雌花期5月下旬至6月上旬,雄花期4月中旬至5月下旬。

综合评价 丰产性强,30~40年生,株产25~35 kg,稳产性强;坚果大,品质优;适应性和抗旱性强。

图 2-74-2 '中迟栗'结果状(何秀娟,2012)
Figure 2-74-2 Bearing status of Chinese chestnut 'Zhongchili'

图 2-74-3 '中迟栗'刺苞和坚果(何秀娟,2012)
Figure 2-74-3 Bar and nut of Chinese chestnut 'Zhongchili'

图 2-74-4 '中迟栗'坚果(何秀娟,2012)
Figure 2-74-4 Nut of Chinese chestnut 'Zhongchili'

图 2-74-1 '中迟栗'树形(何秀娟,2012)
Figure 2-74-1 Tree form of Chinese chestnut 'Zhongchili'

75 '中果早栗'
Zhongguozaoli

来源及分布 别名'早栗子''竞山红'。分布于湖北罗田、麻城、英山等县,为大别山区主栽品种。

植物学特征 树势矮而强健,树冠圆头形,较开张。叶长披针形,较平展,叶缘锯齿浅。雄花序数量一般。每果枝着刺苞2~3个,长椭圆形,每刺苞有坚果2~3个,平均单果重12.8 g,30年生的栗树,株产20~25 kg。坚果椭圆形,红褐色,底座大小中等,果顶微尖;果肉较甜,细腻而糯性,品质良好;果肉含蛋白质9.09%,淀粉45.6%,总糖13.9%。

生物学特性 雌花期5月下旬,雄花期4月中旬至5月下旬,果实成熟期9月上旬。

综合评价 树体较矮,可密植,早果性和丰产稳产性强,果枝短剪后当年仍能丰产;果实成熟期早,品质优良。抗旱和抗病虫害较强,可在我国南方板栗产区栽培发展。

图 2-75-1 '中果早栗'树形(徐育海,2011)
Figure 2-75-1 Tree form of Chinese chestnut 'Zhongguozaoli'

图 2-75-2 '中果早栗'结果状(徐育海,2011)
Figure 2-75-2 Bearing status of Chinese chestnut 'Zhongguozaoli'

图 2-75-3　'中果早栗'刺苞和坚果
（徐育海，2011）
Figure 2-92-3　Bar and nut of Chinese chestnut 'Zhongguozaoli'

图 2-75-4　'中果早栗'坚果（徐育海，2011）
Figure 2-92-4　Nut of Chinese chestnut 'Zhongguozaoli'

76　'重阳栗'
Chongyangli

来源及分布　俗称'茅板栗'或'香栗子'，为实生型品种。原产于湖北省京山县。

植物学特征　刺苞"T"字形裂口，苞刺稀，底座大，坚果茸毛少，刺苞平均重量 82.0 g，坚果平均重量 12.3 g，坚果大小有较大差异，单粒重 12~15 g，品质较好，多糯性，含总糖 11%，较耐贮藏。

生物学特性　雄花期 5 月底至 6 月上旬，果实 9 月底至 10 月上旬成熟。

综合评价　中晚熟地方品种，品质较好，较耐贮藏。

图 2-76-1　'重阳栗'树形（徐育海，2012）
Figure 2-76-1　Tree form of Chinese chestnut 'Chongyangli'

图 2-76-2　'重阳栗'结果状（徐育海，2012）
Figure 2-76-2　Bearing status of Chinese chestnut 'Chongyangli'

图 2-76-3　'重阳栗'坚果（徐育海，2012）
Figure 2-76-3　Nut of Chinese chestnut 'Chongyangli'

77　'大油栗'
Dayouli

来源及分布　别名'靖县大油栗'。主要分布湖南省邵阳市靖县，其次是会同、城步、绥宁。20 世纪 80 年代后期新田、石门、临湘、汨罗、临礼、澧县、攸县等地也有引种栽培。

植物学特征　树势强，枝、干直立，树冠长圆头形，树体高大。盛果期树高 8~12 m。树干灰褐色、青褐色。新枝绿色，茸毛少。叶深绿色，长椭圆形、椭圆形至卵状椭圆形，长 17~21 cm，宽 6~9 cm；叶缘波状，浅缺刻，短锯齿，叶尖渐尖，叶基心形。刺苞椭圆形，棕黄色，苞皮厚 0.4~0.6 cm，刺长 1.4~1.8 cm，稍硬、较密、直立。坚果椭圆形，红褐色，油光中等，底座中大，果顶平，接线马鞍形，果胴部茸毛稀少，果顶集中，果形整齐，美观。果特大，每千克 30~60 粒，最大的 20~30 个；果肉黄白，硬性，但味甜，含糖 12%~14%，含淀粉 51%~55% 品质中上。

生物学特性　3 月中下旬树液流动，4 月上旬展叶，花期 5 月下旬至 6 月上旬，果实迅速膨大期 7 月下旬至 8 月下旬，果熟期 9 月中下旬，落叶期 11 月中下旬。雌花形成能力强，丛果性较好，果枝着果 2~3 个，丰产。

综合评价　树势强旺，雌花形成能力强，丰产。果粒大，且外形美观。但耐贮性差。目前栽培面积较少。

图 2-77-1　'大油栗'叶和花
Figure 2-77-1　Leaves and flowers of Chinese chestnut 'Dayouli'

78 '黄板栗'
Huangbanli

来源及分布 主要分布于湖南省永顺、新宁、沅陵、龙山、泸溪等县，实生类型。

植物学特征 树体高大，树冠圆头形、长圆头形，树势强，盛果期树高 12~15 m。树干、老枝深褐色，新枝灰绿色，先端披灰色长茸毛。叶长椭圆形、椭圆形，叶缘锯齿状，深缺刻，长锯齿，叶基心形或楔形，叶尖渐尖，叶长 16~19 cm，宽 6~8 cm。刺苞椭圆形，厚 0.3~0.6 cm，刺密，稍软，长 1.0~1.4 cm，成熟苞棕黄色。坚果圆形，黄色或黄褐色，故命名'黄板栗'，果顶凸，果面茸毛稀少，接线平直，底座中大。坚果中等大小，每千克 90~140 粒。坚果黄色或黄褐色，果形美观，果肉糯性，味甜，含糖 12%~15%，含淀粉 48%~52%，粗蛋白 9%~10%，出籽率 35%~40%，耐贮藏，品质上。

生物学特性 3月中下旬树液流动，4月上中旬展叶，花期5月下旬至6月上中旬，果熟期10月上旬，落叶期11月中下旬。树势强，适应性好。

综合评价 树势强，适应性好，较丰产稳产。坚果色泽艳丽，果形美观，品质上，但坚果颗粒偏小。目前数量较少，是良好的育种材料。

79 '灰板栗'
Huibanli

来源及分布 别名'灰谱栗'。主要分布于湖南永顺、龙山、浏阳、黔阳、新宁、慈利等县。绝大多数为实生类型，与其他实生栗树混生或散生，分布范围广，但数量少。

植物学特征 树势中等，树形圆头形，树体高大，盛果期树高 10~14 m。主干、老枝灰褐色，新枝绿色、灰绿色，先端披灰色长茸毛。叶长椭圆形、椭圆形，深绿色，叶长 17~19 cm，宽 6~8 cm，叶缘锯齿状，深缺刻，短锯齿，叶尖渐尖，叶基心形、楔形。刺苞椭圆形，棕黄色，苞肉厚 0.4~0.5 cm，刺苞长 1.1~1.5 cm，直立、中密，硬度中等。坚果圆形或椭圆形，底座中大，接线平直，果顶凸，果面密披灰色长茸毛，呈灰白色，故名'灰板栗'。坚果中或偏小，每千克 100~160 粒。果肉甜糯，含糖 14%~17%，淀粉 48%~52%，粗蛋白 9%~10%，出籽率 35%~40%，极耐贮藏，较丰产，稳产。

生物学特性 3月中下旬树液流动，4月上中旬展叶，花期5月下旬至6月上旬，果熟期9月下旬至10月上旬，落叶期11月中下旬。适应性好。

综合评价 抗逆性强，坚果中大或偏小，但风味好。坚果耐贮藏。果面密披灰色长茸毛，外观欠美观。可作抗性育种材料。

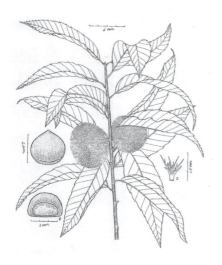

图 2-79-2 '灰板栗'果实和坚果
Figure 2-79-2 Fruits and nuts of Chinese chestnut 'Huibanli'

80 '毛板栗'
Maobanli

来源及分布 主产湖南湘西自治州、怀化、邵阳、常德、衡阳、郴州等市，全省其他市、县都有不同程度的分布。实生类型。多数与其他品种混生或散生，既有成片的混生栗林，亦有零星分布，范围广，数量多。自然成林，幼树、成年树、百年以上的老树同时存在，可谓数代同堂。湖南近 1 万 hm² 的实

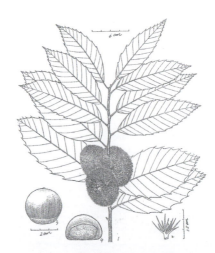

图 2-78-1 '黄板栗'叶、花、果实、坚果
Figure 2-78-1 Leaves, flowers, fruits and nuts of Chinese chestnut 'Huangbanli'

图 2-79-1 '灰板栗'叶和花
Figure 2-79-1 Leaves and flowers of Chinese chestnut 'Huibanli'

图 2-80-1　'毛板栗'叶和花
Figure 2-80-1　Leaves and flowers of Chinese chestnut 'Maobanli'

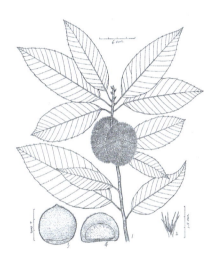

图 2-80-2　'毛板栗'果实和坚果
Figure 2-80-2　Fruits and nuts of Chinese chestnut 'Maobanli'

生栗树，毛板栗约占40%。

植物学特征　形态特征具多样性。树势强，树体高大。枝、干直立或开张、半开张。树冠圆头形、长圆头形、半圆头形。主干、老枝深褐色、黑褐色、灰褐色，新枝绿色、灰绿色、黄绿色。叶椭圆形、阔椭圆形、卵状椭圆形，长15~19 cm，宽6~9 cm，叶背茸毛多，叶缘波状、锯齿状，长或短锯齿，叶尖多急尖，少数渐尖，叶基心形、楔形。刺苞棕黄色，椭圆形或圆形，苞肉中厚，0.3~0.5 cm，刺长1.2~1.4 cm，中密，软或稍硬。坚果多椭圆形，少数圆形，果皮灰褐色或栗褐色，短茸毛密布全果，故名'毛板栗'；坚果中大或偏小，果顶凸或平，接线波状或平直；果肉糯性，味浓甜，品质中上。含糖10%~16%，淀粉46%~50%，粗蛋白8%~9%。坚果偏小，每千克120~180粒，耐贮藏。

生物学特性　3月树液流动，3月底4月上中旬展叶，花期5月下旬至6月上中旬，果熟期9月中下旬至10月上中旬，落叶期11月中下旬。生长旺盛，适应性强，抗病虫能力强。

综合评价　适应性、抗病虫能力强。树体高大，果材兼用。坚果品质优良，耐贮藏。但颗粒偏小，外观欠美观。可作抗性育种材料。

81　'米板栗' Mibanli

来源及分布　别名'狗爪板栗'。主要分布湖南桑植、永顺、新宁等县，实生类型，散生，零星分布，数量少。

植物学特征　树势强，树体高大，树姿稍开张。树冠圆头形，盛果期树高12~15 m。树干、老枝灰黑色，新枝灰绿色，先端披灰色茸毛。叶椭圆形，长16~18 cm，宽6~8 cm，叶缘波状，短锯齿，叶尖渐尖，叶基楔形，不对称或对称。刺苞扁圆形，苞肉厚0.3~0.4 cm，每苞含坚果3~7粒，且3粒以上的占多数，排列整齐；苞刺硬，稍稀，斜展，刺长1.1~1.5 cm。坚果形状变化较大，有圆形、三角形、多边形等，果皮棕褐色，有中等强度的光泽，果顶凸，底座小，茸毛中等密度，接线平直。苞肉薄，出籽率高达35%~50%，丰产性好。果肉糯性，味甜，果皮红褐色，有油光，外观艳丽。

生物学特性　3月中下旬树液流动，4月上中旬展叶，花期5月下旬至6月上旬，10月上旬坚果成熟，11月中下旬落叶。雌花形成能力强，丛果性好，果枝占强枝的比例30%~45%，1984—1985年湖南板栗品种考察采集样品进行营养成分分析时，样品遗失，故而缺失坚果营养成分有关数据。

综合评价　适应性强，丰产稳产。坚果外观美观，风味好，品质上。刺苞含坚果多粒，且易自然脱落。但在湖南丘陵区和平地，果熟时，阳光强烈，气温高，脱苞坚果很快失水，常因失水太多而腐烂。

图 2-81-1　'米板栗'叶和花
Figure 2-81-1　Leaves and flowers of Chinese chestnut 'Mibanli'

图 2-81-2　'米板栗'果实和坚果
Figure 2-81-2　Fruits and nuts of Chinese chestnut 'Mibanli'

82 '双季栗'
Shuangjili

来源及分布 实生品种变异类型。20世纪八九十年代在湖南汝城县益将林场、桑植县打鼓泉乡、龙山县咱果乡相继发现。概为散生，目前数量不多。在湖南气候土壤条件，相当多的板栗品种，幼龄树直立强枝上出现开二次花，甚至有开三次花的现象，且成串结果。但大多数坚果发育不充实，只是独耗养分，无经济价值。但双季栗与同等条件其他品种比较，不仅直立强枝能开二次花结果，春季未结果的中庸生长枝、强雄花枝也能开二次花结果。二次果的产量为第一次的 1/3~1/2。湖南省林业科学院也曾进行引种试验，但未获得成功。

植物学特征 树冠半圆头形，枝、干较开张，树势中等，树体较矮小。树干及老枝深褐色，新枝灰绿色，先端茸毛中等密度。叶长椭圆形，深绿色，叶缘波状，叶尖渐尖，长锯齿，叶基心形或楔形，叶长 16~19 cm，宽 6~7.5 cm，叶背茸毛多。刺苞尖顶椭圆形，刺稍密，直立，成熟苞棕黄色，苞皮厚 0.3~0.4 cm，刺长 1.2~1.6 cm。坚果三角形、圆形，果皮红褐色有油光，外观艳丽；坚果胴部茸毛少，果顶集中，底座中大，果顶平或微凸，接线平直。

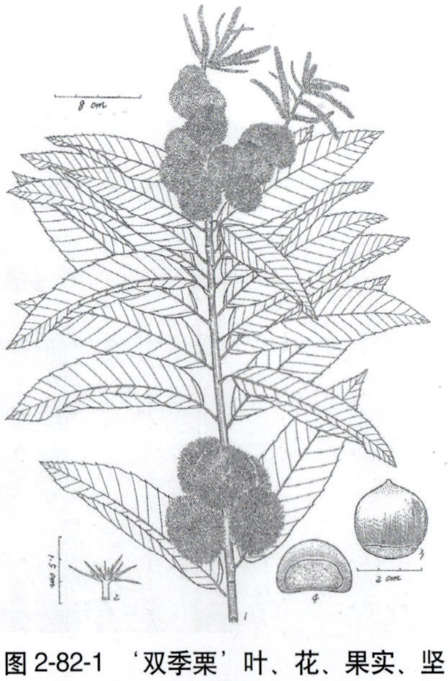

生物学特性 该种物候期与油板栗基本一致，不同的是二次开花在 7 月中 8 月初，一次果成熟期 9 月上中旬，二次果成熟期比一次果迟 20~30 天。雌花形成能力、丛果性极强，每果枝着果 3~5 个，丰产且稳产。坚果中等大小，每千克 90~160 粒，果肉糯性，味香甜。含糖 12%~15%，含淀粉 50%~52%。

综合评价 雌花形成能力强，丰产、稳产，较一般的品种增产近 1/4。果个中等大小，色泽艳丽，果形美观，果肉糯性，味香甜，品质上。1 年结果 2 次，第一次果较一般品种提前 20 天左右成熟，可提前上市，售价好。该种应是生态变异类型，一个具有特殊性状的优良种质，也是珍贵的育种材料。目前数量小，也未做深入的研究。

图 2-82-1 '双季栗'叶、花、果实、坚果

Figure 2-82-1　Leaves, flowers, fruits and nuts of Chinese chestnut 'Shuangjili'

83 '乌板栗'
Wubanli

来源及分布 别名'迟栗'。主要产于湖南龙山、常宁、城步等县。实生类型，数量不多，常与其他栗树品种混生或散生，罕见纯林。

植物学特征 树势中偏弱，枝干稍开张，树冠圆头形、半圆头形，树体较其他实生栗树矮小，盛果期树高 8~12 m。树干及老枝黑褐色，新枝灰绿色，先端披中等密度茸毛。叶长椭圆形，长 15~17 cm，宽 5~7 cm，叶缘波状，短锯齿，叶尖渐尖，叶基心形。刺苞椭圆形，棕黄色，苞肉厚 0.5~0.9 cm，刺长 1.0~1.4 cm，稍密，中等硬度。坚果椭圆形或圆形，黑褐色，无光泽或稍有光泽，茸毛胴部少，果顶稍集中；底座中大，果顶平或凸，接线平直。果肉偏粳性，含糖 10%~12%，含淀粉 49%~54%，粗蛋白 8%~9%。出籽率 34%~40%。耐贮性好。

生物学特性 3 月中下旬树液流动，4 月上中旬展叶，花期 5 月下旬至 6 月上旬，果熟期 9 月下旬、10 月上旬，落叶期 11 月中下旬。雌花形成

图 2-83-1 '乌板栗'叶和花

Figure 2-83-1　Leaves and flowers of Chinese chestnut 'Wubanli'

图 2-83-2 '乌板栗'果实和坚果

Figure 2-83-2　Fruits and nuts of Chinese chestnut 'Wubanli'

能力强，丛果性好。抗性强，在各种土壤类型上，生长、结实良好，丰产性中等，但稳产。

综合评价 抗性强，进入结果期较早，较丰产稳产。但坚果外观欠美观。

84 '香板栗' Xiangbanli

来源及分布 主要分布于湖南省邵阳市新宁县。与其他栗树混生或散生，多零星分布，稀见大片纯林，目前数量少。

植物学特征 树势稍弱，枝干稍开张，树冠圆头形、半圆头形，盛果期树高9~11 m，比同等条件下其他种栗树矮小。树干及老枝灰褐色，新枝灰绿色，向阳面黄绿色，先端披灰色茸毛。叶椭圆形，长14~16 cm，宽5~7 cm，叶尖渐尖，叶缘波状短锯齿，叶基心形。刺苞圆形或椭圆形，棕黄色，苞皮厚0.3~0.4 cm；针刺较密，硬度中等，刺长1.0~1.4 cm。坚果三角形，红褐色茸毛少，有中等强度的油光，底座小，果顶凸，接线平直。坚果颗粒偏小，每千克140~180粒。果肉黄白，味甜，具特殊香味。含糖10%~15%，粗蛋白9%~11%，淀粉56%~60%。

生物学特性 3月上中旬树液流动，3月下旬至4月上旬展叶，花期5月中下旬至6月上旬，果熟期10月上旬，落叶期11月中下旬。抗病虫能力强，对土壤无苛求。雌花易形成，丛果性好，较丰产稳产。

综合评价 抗性强，较丰产稳产。坚果含蛋白质高，且具特殊香味。可作育种材料。

85 '小果毛栗' Xiaoguomaoli

来源及分布 主要分布于湖南沅陵、龙山、石门、泸溪等县，其他市、县有不同程度的分布。实生类型，与其他实生种混生或散生其他林分中，多为零星分布。

植物学特征 树势强，树姿稍直立，树体较高大，果材兼用，盛果期树高11~13 m。树干、老枝深褐色，新枝灰绿色，先端茸毛中等密度。叶椭圆形、长椭圆形，长15~17 cm，宽5~7 cm，叶缘波状，长锯齿，叶基广楔形，对称或不对称，叶尖急尖。刺苞圆形或椭圆形，苞肉厚0.3~0.4 cm，刺长1.3~1.5 cm，密，稍软，直立。坚果圆形、三角形，栗褐色，果面密披短茸毛，无光泽，果顶凸，底座小，接线平直。坚果特小，每千克120~200颗；果肉糯性味香甜，品质上。

生物学特性 3月下旬树液流动，4月上中旬展叶，花期5月下旬至6月上中旬，果熟期9月下旬至10月上中旬，落叶期11月中下旬。生长势强，适应好，极耐旱、极耐瘠薄、极耐贮藏。雌花形成能力强，丛果性好。

综合评价 适应性极强，极耐瘠、耐旱、耐贮藏。但坚果小，外观欠美观。宜作育种材料。

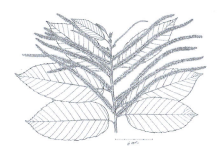

图2-85-1 '小果毛栗'叶和花
Figure 2-85-1 Leaves and flowers of Chinese chestnut 'Xiaoguomaoli'

图2-84-1 '香板栗'叶和花
Figure 2-84-1 Leaves and flowers of Chinese chestnut 'Xiangbanli'

图2-84-2 '香板栗'果实和坚果
Figure 2-84-2 Fruits and nuts of Chinese chestnut 'Xiangbanli'

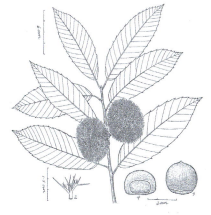

图2-85-2 '小果毛栗'果实和坚果
Figure 2-85-2 Fruits and nuts of Chinese chestnut 'Xiaoguomaoli'

86 '小果油栗' Xiaoguoyouli

来源及分布 主要分布于湖南祁阳、沅陵、绥宁、新宁、慈利泸溪等县。实生类型,多零星分布,亦有集中成片的纯林。

植物学特征 树势较弱,树体较矮小,盛果期树高 6~9 m,树形圆头形、半圆头形。树干、老枝黑褐色,新枝黄绿色,茸毛少。结果枝短、细,粗 0.2~0.3 cm、长 10~15 cm 弱枝结果良好。叶椭圆形,长 14~16 cm,宽 5~7 cm,叶缘波状短锯齿,叶尖急尖,叶基心形。刺苞圆形、椭圆形,棕黄色,苞肉薄,厚 0.3~0.4 cm,刺直立而密,中等硬度,长 1.1~1.3 cm。坚果椭圆形或三角形,颗粒小,每千克 100~200 粒,果皮红褐色有光泽,底座中大,果顶平

或凸,接线平直;果肉糯性,味香甜,风味佳。坚果含糖 13%~16%,含淀粉 49%~52%,粗蛋白 11%~12%,品质上等。

生物学特性 3月上中旬树液流动,3月下旬至4月上旬展叶,花期5月中至6月上旬,果熟期9月下旬 10月下旬,落叶期11月中下旬。雌花形成能力强,果枝占强枝比例 40%~60%,一果枝结果 2~4 个。结果期早,实生树 5~6 年结果,比一般实生树提前 4~6 年入盛果期。适应性极强,耐旱、耐瘠薄。坚果极耐贮藏,刺苞常规常温入贮 100 天,好果率 95% 以上。

综合评价 结果早、适应性极强、抗病虫能力极强、极耐贮藏是该品种的四大特点。但颗粒过小,市场销路不好。宜作抗性育种材料。

图 2-86-1　'小果油栗' 叶和花
Figure 2-86-1　Leaves and flowers of Chinese chestnut 'Xiaoguoyouli'

图 2-86-2　'小果油栗' 果实和坚果
Figure 2-86-2　Fruits and nuts of Chinese chestnut 'Xiaoguoyouli'

87 '油板栗' Youbanli

来源及分布 别名 '油栗子'。分布于湖南各地,但主要分布湘西武陵山脉。绝大多数实生繁殖,亦有嫁接繁殖,但零星分散,未形成集中连片规模栽培。

植物学特征 树势强,树冠圆头形、半圆头形或长圆头形,枝干直立致开张,株间变化大;树体比较高大,实生树盛果期树高 10~15 m。树干多黑褐色、灰褐色,新枝绿色、黄绿色或灰绿色,圆形,茸毛少。叶椭圆形、长椭圆形、卵状椭圆形,绿色、灰绿色、黄绿色。叶缘微波状、波状、锯齿状,锯齿长或短,叶基心形,叶尖急尖或渐尖,叶长 16~21 cm,宽 6~8 cm。刺苞椭圆形、圆形,栗褐色、棕褐色,刺密或稍稀,硬至较软。刺苞厚 0.3~0.7 cm,刺长 1.2~1.7 cm。坚果圆形或椭圆形,果皮红褐色,油光发亮,茸毛极少,果顶凸或平,底座小,接线平或波状。

生物学特性 3月上旬至下旬树液流动,3月下旬至4月上旬展叶,花期5月中至6月上中旬,果熟期9月中至10月上中旬,落叶期11月中下旬。坚果中等大小,每千克 90~160 粒;肉质细腻,味甜,品质中上。坚果含糖 10%~18%,淀粉 48%~54%,粗蛋白 6%~9%,出籽率 34%~38%。耐贮藏,品质中上。

综合评价 该种为品种类型,生物学特性变异幅度较大、经济性状株间差异也较明显。但花、刺苞、坚果有较大的趋同性。树势强,适应性广,较丰产稳产。坚果艳丽,肉质糯性,

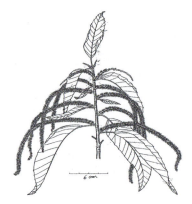

图 2-87-1　'油板栗' 叶和花
Figure 2-87-1　Leaves and flowers of Chinese chestnut 'Youbanli'

图 2-87-2　'油板栗' 果实和坚果
Figure 2-87-2　Fruits and nuts of Chinese chestnut 'Youbanli'

味甜, 耐贮性好。该种多数为实生类型, 其中不乏优良性状的单株, 亦有特殊性状的遗传基因, 是实生选种的资源宝库。

88 '油光栗' Youguangli

来源及分布 主要分布于湖南浏阳, 永顺县亦有相同类型。

植物学特征 树体高大, 树冠圆头形、长圆头形, 枝干稍直立。主干灰褐色, 新枝灰绿色, 先端披中等密度的茸毛。叶椭圆形至披针状椭圆形, 长17~19 cm, 宽6~8 cm, 叶背茸毛较少, 叶缘波状长锯齿或短锯齿, 叶尖渐尖, 叶基心形对称或不对称。刺苞圆形或椭圆形, 棕黄色, 苞皮厚0.3~0.4 cm, 刺长0.9~1.4 cm, 稍密。坚果圆形或椭圆形, 果顶平或微凸, 果皮红褐有强油光, 茸毛稀少, 胴部几乎无茸毛, 底座小, 接线平直。雌花形成能力强, 丛果性好, 一果枝着果2~4个, 果中等大小, 每千克80~120粒, 坚果含糖11%~13%, 含淀粉50%~64%, 出籽率38%~41%。

生物学特性 3月下旬树液流动, 4月上中展叶, 花期5月下旬至6月上旬, 果熟9月下旬至10月上旬, 落叶期11月中下旬。

综合评价 早实丰产性强, 坚果中等大小, 耐贮藏。果皮光亮, 色泽艳丽, 果形美观。是良好的育种材料, 目前数量较少。

89 '早熟油板栗' Zaoshuyoubanli

来源及分布 别名'城步白云早'。主要分布于湖南邵阳城步县, 邵阳县、常宁、沅陵亦有栽培。从实生栗林中选出母树, 因见果大、成熟早, 群众从母树上采集接穗扩繁, 逐渐形成一定规模栽培。

植物学特征 生长势中等, 树冠圆头形或近圆头形, 稍直立, 成年母树5~7 m。树干、老枝绿褐色, 新枝绿色、绿褐色、灰褐色, 先端茸毛中密, 下部稀疏。生长在不同部位的叶片其形状、大小色泽有很大的变化, 强枝上不同部位的叶片也有较大的变化; 叶阔椭圆形、椭圆形、长椭圆形, 浓绿色、绿色、黄绿色, 叶缘波状、锯齿状, 长12~21 cm, 宽5~9 cm; 叶缘锯齿外向, 叶尖渐尖、急尖; 叶基心形, 对称或不对称。刺苞椭圆形, 个别多籽苞呈多边形, 黄绿色至黄褐色, 阳面有块状深褐色斑块。坚果椭圆形或近圆形, 黄褐色、栗褐色, 有中等油光, 茸毛胴部稀, 果顶集中, 筋线明显, 底座小, 接线平直。坚果中偏大, 每千克坚果70~100粒; 果肉味香甜。坚果含糖10%~12%, 含淀粉55%~60%, 粗蛋白7%~8%。出籽率33%~36%。

生物学特性 3月上中旬树液流动, 3月下旬、4月上旬展叶, 花期5月中至下旬, 果熟期8月上中旬, 落叶期11月中下旬。雌花形成能力强, 丛果性好, 果枝着果2~4个, 早实丰产性好, 且稳产。

综合评价 适应性强, 较耐瘠薄。坚果比一般品种提早15~30天成熟, 提前上市售价高, 经济效益好。

90 '中秋栗' Zhongqiuli

来源及分布 别名'芷江中秋栗'。主要分布于湖南芷江县, 因农历中秋节成熟故名'中秋栗'。从实生栗树中选出母树, 经接嫁接扩繁, 逐渐形成一定规模栽培。

植物学特征 树冠圆头形、半圆头形, 树姿较开张, 树势中等, 树体较矮小, 结构紧凑; 主干栗褐色, 新枝灰绿色, 向阳面黄绿色, 枝先端密披灰色茸毛; 叶椭圆形, 深绿色, 叶缘波状短锯齿, 叶基心形, 对称或不对称, 叶尖急尖, 叶长15~17 cm, 宽6~8 cm; 刺苞椭圆形, 棕黄色, 苞肉厚0.4~0.7 cm, 刺中密, 稍软, 刺长1.4~1.6 cm; 坚果椭圆形或圆形, 果面红褐色, 具油光, 茸毛中密遍布全果, 果顶微凸, 底座中大, 接线马鞍形。坚果中偏大, 每千克70~90粒, 含糖10%~13%, 淀粉48%~50%, 粗蛋白6%~8%, 出籽率35%~38%。耐贮藏, 品质中上。

生物学特性 3月中下旬树液流动, 3月下旬至4月上旬展叶, 花期5月中旬至下旬, 果实迅速膨大期7月下旬至8月下旬, 果熟期9月上中旬, 11月中下旬落叶。雌花形成能力强, 耐瘠薄, 较丰产。

综合评价 树体结构紧凑, 丰产性强, 耐瘠薄, 在不同类型的土壤上表现良好。坚果耐贮, 品质中上。

图 2-90-1 '中秋栗'叶和花
Figure 2-90-1 Leaves and flowers of Chinese chestnut 'Zhongqiuli'

91 '重阳蒲'
Chongyangpu

来源及分布 别名'慢青''九月寒''马齿青'。原产江苏省宜兴、溧阳和浙江长兴一带。以溧阳栽培最多。

植物学特征 树体高大，树姿开张，树冠半圆头形。树干灰褐色，皮孔小而稀。结果母枝健壮，均长 28.5 cm，粗 0.65 cm，每果枝平均着生刺苞 2.0 个，翌年平均抽生结果新梢 1.4 条。叶浓绿色，椭圆形，背面被稀疏灰白色星状毛，叶姿平展，锯齿深，刺针外向；叶柄黄绿色，长 1.4 cm。每果枝平均着生雄花序 6.0 条，花形直立，长 11.66 cm。刺苞长

图 2-91-2 '重阳蒲'结果状
Figure 2-91-2　Bearing status of Chinese chestnut 'Chongyangpu'

椭圆形，成熟时黄绿色，十字裂，苞肉厚，长 8.6 cm，宽 7.8 cm，高 7.0 cm，每苞平均含坚果 2.60 粒，出实率 34.4%；刺束密而较软。坚果椭圆形，红褐色，光泽度暗，茸毛多，筋线明显，底座小，接线形状略下凹，整齐度中等，平均单粒重 18.0 g；果肉白色，粳性，质地细。

生物学特性 4月中旬萌芽，4月下旬展叶，雄花盛花期6月中旬，果实成熟期10月8日。树势旺盛，6年生树可高达 4 m，丰产性强，产量高，嫁接后第4年进入丰产期。在南方板栗栽培区适应性强。

综合评价 树体生长旺盛，树姿开张；产量高，适应性强，果实品质适宜菜用；坚果成熟期晚。适宜在我国南方板栗产区栽植发展。

图 2-91-1 '重阳蒲'树形
Figure 2-91-1　Tree form of Chinese chestnut 'Chongyangpu'

92 '封开油栗'
Fengkai Youli

来源及分布 别名'马欧油栗''长岗油栗''封栗''风栗'。是广东封开县的板栗传统栽培品种，主要分布于肇庆市各地。封开县长岗镇马欧村是封开油栗的原产地，封开有500多年的板栗栽培历史。封开县2007年被国家经济林协会授予"中国油栗之乡"。经国家质检总局批准，2013年获"国家地理标志保护产品"。

植物学特征 树体高大，树姿半开张，树冠半圆头形。树干灰褐色，皮孔小，不规则。结果母枝粗壮，长43.00 cm，粗0.82 cm，节间长2.95 cm。叶浓绿色，锯齿中等，长椭圆形，长24.3 cm，宽8.5 cm，叶柄长1.6 cm。雄花序较长，长度为17～22 cm，平均每条雌花枝的雌花数为2.31朵，每条结果母枝的雌花数为4.75朵。刺苞椭圆形，刺苞刺比较短粗（长1.50 cm），分布比较稀疏，单果重12.57 g，刺苞大小8.67 cm×7.40 cm，每个刺苞含坚果2.25个，刺苞肉较薄，出籽率35.90%。坚果外观漂亮，红褐色或深褐色，有光泽，极少茸毛，风味香浓；果肉淡黄色，味香甜，糯性中等，品质优。坚果含水量44.90%，还原糖2.07%，淀粉25.00%，蛋白质3.11%，脂肪1.08%。

生物学特性 在广东封开县3月上中旬春芽开始萌动，盛花期在4月下旬，果实成熟期在9月中下旬至10月上旬，11月中下旬落叶。种植后第3年开始少量结果试产，第4年进入结果期，种植株行距可采用4 m×5 m或4 m×4 m，每公顷500～600株，并注意配置适宜授粉树，或2～3个品种一起种植。

综合评价 树体高大，树姿半开张，早结丰产性好，果实成熟期在中秋、国庆节前后，品质优良，口感香甜，耐贮藏性较好；适宜鲜食和加工炒栗；适应性强，耐旱，耐瘠薄。适宜在我国华南板栗产区种植。

图 2-92-3 '封开油栗'刺苞和坚果（林志雄，2003）
Figure 2-92-3 Bar and nut of Chinese chestnut 'Fengkai Youli'

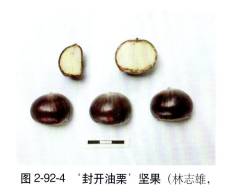

图 2-92-4 '封开油栗'坚果（林志雄，2003）
Figure 2-92-4 Nut of Chinese chestnut 'Fengkai Youli'

图 2-92-1 '封开油栗'树形（林志雄，2009）
Figure 2-92-1 Tree form of Chinese chestnut 'Fengkai Youli'

图 2-92-2 '封开油栗'结果状（林志雄，2004）
Figure 2-92-2 Bearing status of Chinese chestnut 'Fengkai Youli'

93 '河源油栗'
Heyuan Youli

来源及分布 别名'河源板栗'。是广东省河源市的板栗主要传统栽培品种，原产河源市东源县。主要分布在河源的东源县、龙川县、紫金县、和平县、连平县和源城区。在粤北、粤东北地区的韶关、梅州也有引种种植。河源油栗栽培历史悠久，早在康熙年间的《河源县志》就有记载。河源市是广东省最大的板栗种植基地。

植物学特征 树体高大，树姿半开张，树冠高圆头形。树干灰褐色，皮孔小，不规则。结果母枝粗壮，长49.3 cm，直径0.9 cm，节间长1.45 cm。叶浓绿色，锯齿较小，长椭圆形，长20.3 cm，宽8.6 cm，叶柄长1.7 cm。刺苞椭圆形，长8.6 cm，宽6.5 cm，刺苞刺较粗、密度中等，刺长1.6 cm，苞肉厚度中等，单果重14.0 g，每苞平均含坚果2.3粒，出籽率44.7%。坚果椭圆形，棕红色至深褐色，油亮有光泽，果顶部有少量茸毛；果仁饱满，果肉淡黄色，味香甜。果实含水量44.90%，总糖5.03%，还原糖1.93%，淀粉29.40%，蛋白质3.80%，脂肪1.41%。

生物学特性 在广东河源东源县3月下旬开始萌动，5月中旬雄花序始花，5月下旬为雌雄花盛花期，雌花盛花期一般比雄花迟3~5天，6月中下旬生理落果期，9月中下旬至10月果实成熟期，11下旬至12月落叶期。

图 2-93-2 '河源油栗'结果状（林志雄，2006）
Figure 2-93-2 Bearing status of Chinese chestnut 'Heyuan Youli'

图 2-93-3 '河源油栗'刺苞和坚果（林志雄，2007）
Figure 2-93-3 Bar and nut of Chinese chestnut 'Heyuan Youli'

图 2-93-4 '河源油栗'坚果（林志雄，2009）
Figure 2-93-4 Nut of Chinese chestnut 'Heyuan Youli'

嫁接苗定植后第3年开始少量结果，第4年进入结果期。适应性和抗逆性强，丰产性好，在干旱缺水的红壤山地、排水良好的河滩沙地均能正常生长结果，管理粗放果园有大小年现象。

综合评价 树体高大，树姿半开张，早结丰产性好，果实成熟期在中秋、国庆节前后，品质优良，口感香甜，适宜鲜食和加工炒栗；适应性强，耐旱，耐瘠薄。适宜在我国华南板栗产区种植。

图 2-93-1 '河源油栗'树形（林志雄，2013）
Figure 2-93-1 Tree form of Chinese chestnut 'Heyuan Youli'

94 '隆林中籽油栗'
Longlin Zhongziyouli

来源及分布 别名'沙梨板栗'。为广西壮族自治区隆林县的传统主栽品种，栽培面积达到4万亩以上。主要分布在隆林县的沙梨乡，其他乡镇如板坝、德峨也有分布。

植物学特征 树体高大，树形紧凑，树冠高圆头形。树干灰褐色，皮孔大小中等，不规则排列。结果母枝健壮，均长63.2 cm，粗1.28 cm，节间长2.3 cm，每果枝平均着生刺苞4.3个，翌年平均抽生结果新梢2.6条。叶灰绿色，阔披针形，叶背被稀疏柔毛，叶缘上翻，锯齿较浅，内向；叶柄黄绿色，长1.6 cm。每果枝平均着生雄花序4.2条，直立，长16.5 cm。刺苞扁球形，黄绿色，成熟时一字裂，苞肉厚2.25 mm，平均苞重47.25 g，每苞平均含坚果2.6粒，出实率50.88%；刺束密且较硬，斜生，黄色，刺长1.43~1.85 cm。坚果椭圆形，果肩浑圆，红褐色，油亮，茸毛灰白色，较少，仅分布在

图2-94-2 '隆林中籽油栗'结果状（梁文汇，2012）
Figure 2-94-2 Bearing status of Chinese chestnut 'Longlin Zhongziyouli'

近果顶的地方，筋线不明显，底座中等（边果20.29 mm×10.80 mm，中果15.63 mm×18.20 mm），接线平滑，整齐度高，平均单粒重6.70 g；果肉黄色，半糯，味香甜。坚果含水量52.3%，总糖4.4%，淀粉37.6%，蛋白质3.11%，脂肪1.2%。

生物学特性 在广西隆林县3月中旬萌芽，3月下旬展叶，雄花盛花期5月上旬，新梢停长期5月14日，果实成熟期9月中旬，落叶期11月下旬。幼树生长健壮，雌花易形成，结果早，产量高，种植后第6年即进入丰产期。丰产稳产性强，大小年现象不明显。

适应性和抗逆性强，在干旱缺水的片麻岩山地、土壤贫瘠的河滩沙地均能正常生长结果。

综合评价 树体高大，树形紧凑；结果早，产量高，连续结果能力强；坚果成熟期极早，品质优良，口感香甜，适宜炒食；适应性强，耐旱，耐瘠薄。适宜在广西西北地区海拔较高的地方栽植发展。

图2-94-3 '隆林中籽油栗'刺苞和坚果（梁文汇，2012）
Figure 2-94-3 Bar and nut of Chinese chestnut 'Longlin Zhongziyouli'

图2-94-1 '隆林中籽油栗'树形（梁文汇，2012）
Figure 2-94-1 Tree form of Chinese chestnut 'Longlin Zhongziyouli'

图2-94-4 '隆林中籽油栗'坚果（梁文汇，2012）
Figure 2-94-4 Nut of Chinese chestnut 'Longlin Zhongziyouli'

95 '南丹早熟油栗'
Nandan Zaoshuyouli

来源及分布 别名'早熟油栗'。是广西壮族自治区林业科学研究院在广西南丹县城关镇四山村发现的板栗优良单株。附近群众自发采该单株的穗条进行换冠,面积达50多亩。

植物学特征 树体高大,树冠高圆头形。树干灰褐色,皮孔大小中等,不规则排列。结果母枝健壮,均长40 cm,粗0.9 cm,节间长3.2 cm,每果枝平均着生刺苞3.9个,翌年平均抽生结果新梢2.3条。叶灰绿色,倒卵形,叶背被稀疏柔毛,叶缘上翻,锯齿较深,内向;叶柄黄绿色,长1.2 cm。每果枝平均着生雄花序3.1条,直立,长14.7 cm。刺苞球形,黄绿色,成熟时一字裂,苞肉厚2.7 mm,平均苞重75.3 g,每苞平均含坚果2.7粒,出实率41.45%;刺束密且较硬,斜生,黄色,刺长0.76~1.05 cm。坚果椭圆形,果肩

图2-95-2 '南丹早熟油栗'结果状(梁文汇,2012)
Figure 2-95-2　Bearing status of Chinese chestnut 'Nandan Zaoshuyouli'

浑圆,红褐色,油亮,茸毛灰白色,极少,仅分布在近果顶的地方,筋线不明显,底座中等(边果17.24 mm×11.08 mm,中果14.62 mm×15.23 mm),接线平滑,整齐度高,平均单粒重12.44 g;果肉黄色,半糯,味香甜。坚果含水量48.2%,总糖6.4%,淀粉39.0%,蛋白质3.61%,脂肪1.1%。

生物学特性 在广西隆林县2月25日萌芽,3月上旬展叶,雄花盛花期5月中旬,新梢停长期5月15日,果实成熟期8月下旬,落叶期11月下旬。

幼树生长健壮,雌花易形成,结果早,产量高,种植后第6年即进入丰产期。丰产稳产性强,大小年现象不明显。适应性和抗逆性强,在干旱缺水的片麻岩山地、土壤贫瘠的河滩沙地均能正常生长结果。

综合评价 树体高大,树形中等;结果早,产量高,连续结果能力强;坚果成熟期早,品质优良,口感香甜,适宜炒食;适应性强,耐旱,耐瘠薄。适宜在广西北部地区海拔较高的地方栽植发展。

图2-95-1 '南丹早熟油栗'树形(梁文汇,2012)
Figure 2-95-1　Tree form of Chinese chestnut 'Nandan Zaoshuyouli'

图2-95-3 '南丹早熟油栗'刺苞和坚果(梁文汇,2012)
Figure 2-95-3　Bar and nut of Chinese chestnut 'Nandan Zaoshuyouli'

图2-95-4 '南丹早熟油栗'坚果(梁文汇,2012)
Figure 2-95-4　Nut of Chinese chestnut 'Nandan Zaoshuyouli'

96 '坡花油栗'
Pohua Youli

来源及分布 别名'坡花板栗'。是广西壮族自治区林业科学研究院选育的优良地方主栽种，栽培面积达到5000亩以上。原生于广西田林县乐里镇的启文村坡花屯，该县其他乡镇有引种栽培。

植物学特征 树体高大，树形紧凑，树冠高圆头形，树姿开张。树干灰褐色，皮孔大，不规则排列。结果母枝健壮，均长28.7 cm，粗1.03 cm，节间长2.9 cm，每果枝平均着生刺苞3.1个，翌年平均抽生结果新梢2~3条。叶灰绿色，阔椭圆形，叶背柔毛几不可见，叶缘上翻，锯齿较深，内向；叶柄黄绿色，长1.6 cm。每果枝平均着生雄花序3.7条，直立，长17.1 cm。刺苞扁球形，黄绿色，成熟时一字裂，苞肉厚7.68 mm，平均苞重90.94 g，每苞平均含坚果2.8粒，出实率46.61%；刺束粗密且较硬，斜生，黄色，刺长1.6~1.8 cm。坚果椭圆形，果肩浑圆，红褐色，油亮，茸毛灰白色，较少，仅分布在近果顶的地方，筋线不明显，底座中等（边果24.45 mm×13.29 mm，中果18.58 mm×23.21 mm），接线平滑，整齐度高，平均单粒重6.70 g；果肉黄色，半糯，味香甜。坚果含可溶性糖6.6%，还原糖1.0%，淀粉35.5%，蛋白质2.64%。

生物学特性 在原产地3月上旬萌芽，3月中旬展叶，雄花盛花期5月上旬，新梢停长期5月中旬，果实成熟期9月上旬，落叶期11月下旬。幼树生长健壮，雌花易形成，结果早，产量高，种植后第5年即进入丰产期。丰产稳产性强，大小年现象不明显。适应性和抗逆性强，在干旱缺水的片麻岩山地、土壤贫瘠的河滩沙地均能正常生长结果。

综合评价 树体高大，树形紧凑；结果早，产量高，连续结果能力强；坚果成熟期极早，品质优良，口感香甜，适宜炒食；适应性强，耐旱，耐瘠薄。适宜在广西西北地区栽植发展。

图2-96-1 '坡花油栗'树形（梁文汇，2013）
Figure 2-96-1 Tree form of Chinese chestnut 'Pohua Youli'

图2-96-2 '坡花油栗'结果状（梁文汇，2013）
Figure 2-96-2 Bearing status of Chinese chestnut 'Pohua Youli'

图2-96-3 '坡花油栗'刺苞和坚果（梁文汇，2013）
Figure 2-96-3 Bar and nut of Chinese chestnut 'Pohua Youli'

图2-96-4 '坡花油栗'坚果（梁文汇，2012）
Figure 2-96-4 Nut of Chinese chestnut 'Pohua Youli'

97 '永丰1号' Yongfeng 1 hao

来源及分布 1996年从云南永仁县实生树中选出。在云南大部分地区生长发育良好,尤其在滇中地区的峨山、永仁、石林等地广泛种植。

植物学特征 树体中等,树姿开张,树冠高圆头形。树干深褐色,皮孔椭圆形。结果母枝健壮,均长22.8 cm,每果枝平均着生刺苞2.52个。叶浓绿色,披针形,背面稀疏灰白色星状毛,叶缘上翻,锯齿较大、内向;叶柄黄绿色,长2.8 cm。每果枝平均着生雄花序5.5条,长15.5 cm。刺苞椭圆形,黄绿色,成熟时十字裂,苞肉厚度中等,平均苞重93.5 g,每苞平均含坚果2.3粒;刺束密度及硬度中等,斜生,黄绿色,刺长1.62 cm。坚果椭圆形,深褐色,明亮,茸毛较多,筋线不明显,底座中等,接线平滑,整齐度高,平均单粒重16 g;果肉黄色,细糯,味香甜。坚果含水量45.8%,可溶性糖20.7%,淀粉55.38%。

生物学特性 在云南永仁县芽萌

图2-97-2 '永丰1号'结果状(赵志珩, 2012)
Figure 2-97-2 Bearing status of Chinese chestnut 'Yongfeng 1 hao'

动期2月14~16日,展叶期3月20~22日,雄花盛花期4月28至5月12日,新梢停长期6月7日,果实成熟期8月20~25日,落叶期11月下旬。幼树生长健壮,雌花易形成,结果早,产量高,嫁接后第3年即进入丰产期。丰产稳产性强,无大小年现象。适应性和抗逆性强,在干旱缺水的片砂质壤土、土壤贫瘠的山地均能正常生长结果。

综合评价 树体中等,树姿开张;结果早,产量高,连续结果能力强;坚果成熟期极早,品质优良,口感好,适宜炒食;适应性强,耐旱,耐瘠薄。适宜云南海拔1300~2100 m的广大山区、半山区,以及我国南方,与其气候相似的省区种植。在我国西南高原板栗产区栽植发展。

图2-97-3 '永丰1号'刺苞和坚果(赵志珩, 2012)
Figure 2-97-3 Bar and nut of Chinese chestnut 'Yongfeng 1 hao'

图2-97-4 '永丰1号'坚果(林志雄, 2009)
Figure 2-97-4 Nut of Chinese chestnut 'Yongfeng 1 hao'

98 '川栗1号' Chuanli 1 hao

来源及分布 母树位于德昌县锦川乡浦坝村。分布于四川省德昌县。

植物学特征 树势强健,结果母枝长40 cm左右,枝条灰褐色,嫩梢紫红色。每个结果母枝抽生果枝3个,结果枝平均着果1.8个,出实率42%,连续结果能力强,丰产稳产性强,每平方米树冠投影面积产坚果450 g。刺苞椭圆形,苞刺中密、红色,平均每苞含坚果2.6个。坚果近圆形或椭圆形,中型果,平均单粒重8.7 g,坚果大小整齐;果肉细腻香甜。

生物学特性 果实成熟期9月

图2-97-1 '永丰1号'树形(赵志珩, 2012)
Figure 2-97-1 Tree form of Chinese chestnut 'Yongfeng 1 hao'

下旬。

综合评价 无明显病虫害，抗逆性强。

图 2-98-1 '川栗 1 号'母株（宋鹏）
Figure 2-98-1　The mother plant of Chinese chestnut 'Chuanli 1 hao'

图 2-98-2 '川栗 1 号'结果状（宋鹏）
Figure 2-98-2　Bearing status of Chinese chestnut 'Chuanli 1 hao'

图 2-98-3 '川栗 1 号'刺苞和坚果（宋鹏）
Figure 2-98-3　Bar and nut of Chinese chestnut 'Chuanli 1 hao'

99 '川栗 2 号' Chuanli 2 hao

来源及分布 母树位于德昌县乐跃乡沙坝村。分布于四川省德昌县。

植物学特征 树势中强，树形较大，树冠半开张，呈圆头形或扁圆形。枝条粗壮，叶大、肥厚。新梢结果枝占 70.4%，平均每一结果母枝抽生结果枝 2.1 个，平均每一结果枝着生 2.1 个刺苞，出实率 44%，刺苞大型，扁圆形，刺束较密、较硬，每刺苞平均含坚果 2.4 个。坚果椭圆形，平顶，平均单果重 11.6 g，每千克 86 粒左右，果皮红褐色，果面暗淡。坚果大小整齐；果肉细腻。

生物学特性 果实成熟期 9 月中旬。

综合评价 无明显病虫害，抗逆性强。

图 2-99-2 '川栗 2 号'结果状（宋鹏）
Figure 2-99-2　Bearing status of Chinese chestnut 'Chuanli 2 hao'

图 2-99-3 '川栗 2 号'坚果（宋鹏）
Figure 2-99-3　Nut of Chinese chestnut 'Chuanli 2 hao'

图 2-99-1 '川栗 2 号'母株（宋鹏）
Figure 2-99-1　The mother plant of Chinese chestnut 'Chuanli 2 hao'

100 '川栗3号'
Chuanli 3 hao

来源及分布 母树位于德昌县小高乡群英村。分布于四川省德昌县。

植物学特征 树势较强健，树冠圆头形；茎部芽大而饱满。每结果母枝抽生果枝近3条，每果枝刺苞2.6个，结果能力强，适宜短截控冠修剪和密植栽培。刺苞肉薄，刺束稀少，出实率51%，空苞率5%左右，每苞含坚果2.4个。坚果椭圆形，果皮红棕色，腹面较平，常有1~2条线状波纹，平均单果重8.9g，坚果大小整齐；果肉香甜。耐贮藏。

生物学特性 果实成熟期在9月中旬。

综合评价 雌花容易形成，结果早，丰产稳产性强、抗逆性强，适应性广。

图2-100-1 '川栗3号'结果状（宋鹏）
Figure 2-100-1　Bearing status of Chinese chestnut 'Chuanli 3 hao'

图2-100-2 '川栗3号'母株（宋鹏）
Figure 2-100-2　The mother plant of Chinese chestnut 'Chuanli 3 hao'

101 '川栗4号'
Chuanli 4 hao

来源及分布 母树位于盐源县树河镇核桃坪村。分布于四川省盐源县。

植物学特征 树冠开张，圆头形。枝条粗壮，叶片大，肥厚。新梢中结果枝占45%，平均每一结果母枝抽生果枝1.4个，平均每个结果母枝着生刺苞1.8个，出实率40%。刺苞大，呈椭圆形，平均每苞含坚果2.3个；刺束密，较硬，坚果椭圆形，果顶微凹，平均单果重10.5g，每千克95粒左右，果皮红褐色，有光泽，果面茸毛较少，坚果大小整齐，美观；果肉细腻香甜。大小年不明显，连续3年结果的枝条占55%。

生物学特性 果实9月中旬成熟。

综合评价 适应性广，抗逆性强。

图2-101-1 '川栗4号'母株（宋鹏）
Figure 2-101-1　The mother plant of Chinese chestnut 'Chuanli 4 hao'

图2-101-2 '川栗4号'结果状（宋鹏）
Figure 2-101-2　Bearing status of Chinese chestnut 'Chuanli 4 hao'

102 '川栗5号'
Chuanli 5 hao

来源及分布 母树位于石棉县新民乡。分布于石棉县。

植物学特征 树势中强，树冠高圆头形，平均枝长29 cm，粗0.65 cm。叶片大而肥厚，淡绿色，有光泽。雄花数量中等。新梢中结果枝占30.7%，雄花枝37%，纤细枝占32.3%。平均每一母枝抽生果枝2条，果枝平均着生刺苞2.3个。每苞含坚果2.3个，出实率48.1%，刺苞中大，椭圆形，刺束长度、密度中等，成熟期时十字裂。坚果中等大，平均单果重11.5 g，最大重13.7 g，每千克87粒左右，坚果椭圆形，果皮红褐色，油亮，茸毛少。

图 2-102-1 '川栗5号'母株（宋鹏）
Figure 2-102-1 The mother plant of Chinese chestnut 'Chuanli 5 hao'

图 2-102-2 '川栗5号'结果状（宋鹏）
Figure 2-102-2 Bearing status of Chinese chestnut 'Chuanli 5 hao'

图 2-102-3 '川栗5号'刺苞和坚果（宋鹏）
Figure 2-102-3 Bar and nut of Chinese chestnut 'Chuanli 5 hao'

生物学特性 9月下旬成熟。

综合评价 坚果大小整齐，果肉细腻香甜，抗病虫性较强。

103 '宝鸡大社栗'
Baoji Dasheli

来源及分布 又叫'小社栗'。分布于陕西宝鸡的安坪沟、鷯鹑沟，太白及附近其他山区亦有零星栽植。

植物学特征 树势中健，树姿开张，枝条稀疏，树冠圆头形，树冠直径5 m，树高8 m。主干灰褐色，裂纹细，不易剥落。越年生枝紫灰色，无茸毛。新梢灰白色，茸毛少。叶椭圆状披针形，先端渐尖，基部钝圆，淡绿色。刺苞针刺较长，每丛6~12条，苞肉十字裂，苞内坚果多为3粒，1~2粒较少。坚果圆形，纵径2 cm，横径2.1 cm，栗皮较厚，涩皮较薄，种仁淡黄色，味甜。品质上。

生物学特征 寿命较短。栽植后第4年结果，15年进入盛果期。结果枝顶芽形成的占40%，顶部侧芽形成的占60%。一般株产35~40 kg，高的达70 kg。3月中旬萌芽，5月开花，9月上旬成熟，10月中旬落叶。

综合评价 树体高大，树姿半开张；结果早，产量高，连续结果能力强，坚果成熟期极早，品质优良，口感好，适宜炒食；植株抗寒、抗旱、抗风力均强，但开花时最怕冷风，喜阴凉，耐瘠薄，丰产。适宜在我国北方板栗产区栽植发展。

图 2-103-1 '宝鸡大社栗'树形（吕平会，2012）
Figure 2-103-1 Tree form of Chinese chestnut 'Baoji Dasheli'

图 2-103-2 '宝鸡大社栗'刺苞和坚果（吕平会，2012）
Figure 2-103-2 Bar and nut of Chinese chestnut 'Baoji Dasheli'

图 2-103-3 '宝鸡大社栗'坚果（吕平会，2012）
Figure 2-103-3 Nut of Chinese chestnut 'Baoji Dasheli'

104 '长安寸栗' Chang'an Cunli

来源及分布 主要分布于陕西长安的内苑、鸭池口一带。

植物学特征 成龄植株,树冠圆头形,树冠直径8 m,高6.2 m。树干黑灰色,裂纹细,难剥落。越年生枝灰褐色,新梢暗绿色。叶片大,长椭圆形,先端渐尖,基部钝圆,叶缘锯齿粗锐,叶柄较长,刺苞针刺中长而密,每丛7~13条,每苞3粒。坚果较小,圆形,纵径2.7 cm,横径3.2 cm,果重13.7 g,大小均匀。果皮薄,褐色,顶部有稀疏茸毛;涩皮也薄,易剥离;种仁淡黄色,味甜,品质中上。

生物学特征 树势强壮。定植后

图 2-104-2 '长安寸栗'坚果(何佳林,2012)
Figure 2-104-2 Nut of Chinese chestnut 'Chang'an Cunli'

7年开始结果,15年左右进入盛果期。结果枝多由顶芽发出,持续结果能力强。通常株产50 kg左右。4月初萌芽,6月上旬盛花期,9月中旬果实采收,11月初落叶。

综合评价 植株生长力强,更新当年即能形成树冠。但刺苞、针刺、果粒变异极大,进行株选很有潜力。

105 '长安明拣' Chang'an Mingjian

来源及分布 分布于陕西长安的内苑、鸭池口一带。

植物学特征 成龄植株,树冠圆头形,树冠直径8.5 m,树高7 m。树势强健,树姿开张。主干灰褐色,裂纹中大,不易剥落。越年生枝暗灰色,新梢灰绿色。叶片大,长椭圆形,先端渐尖,基部楔形;叶缘锯齿粗钝;叶柄较短。刺苞针刺长,每丛约7~13条。坚果红褐色,有光泽,少茸毛,故称"明拣栗",坚果扁圆形,纵径2.7 cm,横径3.2 cm,果重9 g,大小匀称,果皮很薄,涩皮也薄,易剥寓;种仁黄白色,果肉致密,甜而面。坚果含糖3.59%,脂肪2.06%,淀粉56.34%,品质极上。

生物学特征 结果枝多由顶芽及顶芽附近的侧芽发出,能形成结果母枝的占50%以上。通常株产35 kg,高的可达75 kg。4月上旬萌芽,4月下旬至5月上旬开花,10月初果实采收,

图 2-105-1 '长安明拣'坚果(何佳林,2012)
Figure 2-105-1 Nut of Chinese chestnut 'Chang'an Mingjian'

图 2-104-1 '长安寸栗'树形(吕平会,2012)
Figure 2-104-1 Tree form of Chinese chestnut 'Chang'an Cunli'

图 2-105-2 '长安明拣'树形（吕平会，2012）
Figure 2-105-2 Tree form of Chinese chestnut 'Chang'an Mingjian'

10月底至11月初落叶。

综合评价 坚果大，外观好，品质上，产量高，为西北各地市场上行销最盛的品种，在国际市场上也有一定地位。当地农民历来用嫁接法繁殖，因此保存了原品种的特征、特性。可作为今后大量发展的主要品种。

涩皮薄，易剥离；种仁黄白色，果肉紧密，味美。坚果含糖4.04%，脂肪2.62%，淀粉64.57%。品质上。

生物学特征 定植后8年结果，13～15年达盛果期。结果枝多由顶芽及顶芽附近的侧芽发出，能形成结果母枝的占60%。通常株产25～40 kg。

3月底至4月初萌芽，4月底显花，10月上旬采收，11月落叶。

综合评价 坚果大，种仁饱满，品质上，产量也好，可以扩大种植。

图 2-106-2 '长安灰拣'结果状（吕平会，2012）
Figure 2-106-2 Bearing status of Chinese chestnut 'Chang'an Huijian'

图 2-106-3 '长安灰拣'刺苞和坚果（何佳林，2012）
Figure 2-106-3 Bar and nut of Chinese chestnut 'Chang'an Huijian'

106 '长安灰拣' Chang'an Huijian

来源及分布 主要分布于陕西省长安区的内苑、鸭池口一带。

植物学特征 成龄植株，树冠圆头形，树冠直径7.2 m，树高6 m。树势中健，树姿半开张，枝条稠密。主干灰白色，裂纹粗，较易剥落。越年生枝灰色。新梢粗壮，灰绿色。叶片比'长安明拣'大，长椭圆形，先端渐尖，基部钝圆，叶缘锯齿粗锐；叶柄很短。

刺苞针刺长，每丛7～11条，每苞有坚果3粒。坚果扁圆形，纵径2.8 cm，横径3.2 cm，果重7.5～9 g，坚果暗褐色，无光泽，多茸毛，皮薄；

图 2-106-1 '长安灰拣'树形（吕平会，2012）
Figure 2-106-1 Tree form of Chinese chestnut 'Chang'an Huijian'

107 '长安铁蛋栗'

Chang'an Tiedanli

来源及分布 分布于陕西长安的内苑、鸭池口一带。

植物学特征 成龄植株,树冠自然圆头形,树冠直径7.8 m,树高6 m。树势强,枝条稠密,结果枝多由顶芽形成。一般株产35 kg,高的达50 kg。树干黑褐色,裂纹粗,不易剥落。越年生枝灰白色,新梢灰绿色。叶长椭圆形,先端渐尖,基部钝圆,叶浅绿色,叶缘锯齿粗钝。刺苞针刺较短,软而少,每丛7~9条,成熟后苞不易开裂,每苞含坚果2~3粒,坚果重,落地有声,故名"铁蛋"。坚果圆形,皮薄,褐色,纵径2.4 cm,横径2.4 cm,平均果重6 g;种仁淡黄色,肉质甘面。品质上。

生物学特征 3月底萌芽,4月底显花,10月初采收,11月上旬落叶。

图 2-107-1 '长安铁蛋栗'树形(吕平会,2012)

Figure 2-107-1 Tree form of Chinese chestnut 'Chang'an Tiedanli'

图 2-107-2 '长安铁蛋栗'刺苞和坚果(何佳林,2012)

Figure 2-107-2 Bar and nut of Chinese chestnut 'Chang'an Tiedanli'

图 2-107-3 '长安铁蛋栗'坚果(何佳林,2012)

Figure 2-107-3 Nut of Chinese chestnut 'Chang'an Tiedanli'

综合评价 抗逆性较强,病虫较少,对土壤要求不严,在石砾滩地和山地上生长佳良。产量稳定,坚果虽小而重。优点较多,可以推广。

108 '柞板11号'

Zhaban 11 hao

来源及分布 主要分布于陕西柞水、镇安、山阳县一带。

植物学特征 母树90年生,高7.5 m,呈主干分层形,母枝发枝力为3.5个,结果枝率65.6%,果枝结蓬数1.8个,出实率为37.1%,无空蓬,冠幅投影每平方米产量0.36 kg。树势较强,寿命很长。嫁接后3~4年开始结果,15年后进入盛果期,盛果期约在60年以上。结果枝多由顶芽及顶芽附近的侧芽形成。株产可达30~40 kg。坚果扁圆形,棕红色,油亮,色泽美观,单果重10.9 g,每千克62粒左右,种皮易剥离,种仁含可溶性糖9.27%。

生物学特征 4月中旬萌芽,5月上旬开花,雄花较雌花开放早,9月中旬采收果实,10月下旬落叶。植株抗寒、抗风力强,适应性广,无论半山坡或山顶都能正常生长。

综合评价 在陕西柞水、山阳,甘肃两当等地及辽宁省经济林研究所采用嫁接繁殖推广后,保持了母树的优良特性。无性系为17.27%,品质优良。果实病虫害率为4.0%,抗病虫能力较强。

图 2-108-1 '柞板11号'树形(郭益龙,2012)

Figure 2-108-1 Tree form of Chinese chestnut 'Zhaban 11 hao'

图 2-108-2 '柞板11号'结果状(郭益龙,2008)

Figure 2-108-2 Bearing status of Chinese chestnut 'Zhaban 11 hao'

图 2-108-3 '柞板11号'刺苞和坚果(梅牢山,1987)

Figure 2-108-3 Bar and nut of Chinese chestnut 'Zhaban 11 hao'

109 '柞板14号'
Zhaban 14 hao

来源及分布 主要分布于陕西柞水、镇安、山阳县一带。

植物学特征 母树25年生，生长健壮，高5.5 m，树冠圆头形。主干黑褐色，裂纹较粗。越年生枝为灰褐色，茸毛稀。新梢浅黄色，茸毛较密。叶长椭圆形，先端渐尖，基部纯圆或楔形，叶浅绿色，叶缘锯齿粗锐。平均发枝力2.7个，结果枝率66.5%，果枝结蓬数1.8个，出实率为29%，树冠投影每平方米产量为0.245 kg。刺苞大，圆形，针刺长，每丛8~12根，

图 2-109-2 '柞板14号'结果状（郭益龙，2012）
Figure 2-109-2　Bearing status of Chinese chestnut 'Zhaban 14 hao'

图 2-109-3 '柞板14号'刺苞和坚果（郭益龙，2012）
Figure 2-109-3　Bar and nut of Chinese chestnut 'Zhaban 14 hao'

苞肉十字裂。坚果大，扁圆形，红棕色，单果重12.5 g。种仁涩皮易削，含可溶性糖10.04%。

生物学特征 树势很强，枝条略披垂，寿命很长。嫁接后3~4年开始结果，15年后进入盛果期，盛果期约在60年以上。结果枝多由顶芽及顶芽附近的侧芽形成。株产可达40 kg。4月中旬萌芽，5月上旬开花，雄花较雌花开放早，9月中旬采收果实，10月中旬落叶。

综合评价 植株抗寒、抗风力强，适应性广，无论半山坡或山顶都能正常生长。无性系为14.68%，品质优质。果实病虫害率为4.5%，抗病虫能力较强。

图 2-109-1 '柞板14号'树形（郭益龙，2012）
Figure 2-109-1　Tree form of Chinese chestnut 'Zhaban 14 hao'

110 '白露仔' Bailuzai

来源及分布 别名'白露榛'。原产于福建建瓯市龙村乡,面积为3.1万亩,为龙村主栽品种。水源、东游及建阳区的漳墩乡、回龙乡、小湖乡都有大量种植。

植物学特征 树冠呈自然开心形或自然圆头形。树高10 m以下。萌蘖力与分枝力均强。叶片较大,长椭圆形,浅绿色,长11.2~18.3 cm,宽4.9~5.7 cm;叶背微带棕色茸毛,叶脉上的茸毛更多。雄花序长13.9 cm。每个结果枝平均着生球苞2.8个。球苞较小,球形,横径4.10~4.40 cm,纵径4.18~4.46 cm,成熟时二裂状,偶有3裂,含坚果1粒,少有2粒;苞梗长0.60~1.08 cm;刺束较疏,但较粗硬;球苞出籽率72%~75%。坚果中等大小,纵径2.38~2.67 cm,横径2.15~2.32 cm,长圆锥形;果皮薄,棕褐色,有明显纵纹;果面及果顶茸毛多,茸毛灰黄色;果顶尖而瘦;底座小,肾脏形,外凸成钝尖,这是此品种果实显著的特征;单果重7.8~8.9 g,每千克坚果114~128粒;果肉浅黄色,质地粉而带黏,煮熟后味香甜。果肉含水49.06%,维生素C 30.20 mg/100 g,干物质含糖10.82%,淀粉53.11%,蛋白质7.80%,脂肪7.61%,总氨基酸7.57%。品质中上。

该品种在肥沃湿润的山地南坡生长良好。成熟期为各品种中最早熟者,且采收期可持续到秋分。耐旱、耐寒、抗风,但抗病虫较差。高产稳产,单株产量最高可达50 kg。适宜山区大面积发展。

生物学特征 在福建建瓯龙村3月29日至4月4日萌芽,4月10~12日展叶,雄花盛花期5月27日,春梢停长期5月25日,果实成熟期9月1~22日,落叶期11月20~24日,幼树长势中等,雌花易形成,结果早、产量高,嫁接后第3年挂果,第5年即进入丰产期。丰

图2-110-2 '白露仔'结果状(范贤建和江接茂,2012)
Figure 2-110-2 Bearing status of castanea henryi 'Bailuzai'

图2-110-3 '白露仔'刺苞和坚果(范贤建和江接茂,2012)
Figure 2-110-3 Bar and nut of castanea henryi 'Bailuzai'

图2-110-4 '白露仔'坚果(范贤建和江接茂,2012)
Figure 2-110-4 Nut of castanea henryi 'Bailuzai'

产稳产性强,大小年不明显。适应性和抗逆性强,在干旱缺水的红壤地和石灰岩山地均能正常生长结果。

综合评价 树体中等,树姿半开张,适合矮化栽培;结果早、产量高,连续结果能力强;坚果成熟期极早,品质极优,口感佳,适宜任何烹饪食用;适应性强,耐旱、耐寒、抗风,较耐贫瘠薄。适宜闽西北锥栗海拔300 m以上、坡度25°以下产区栽培发展。

图2-110-1 '白露仔'树形(范贤建和江接茂,2012)
Figure 2-110-1 Tree form of castanea henryi 'Bailuzai'

111 '长芒仔' Changmangzai

来源及分布 亦称'长芒栗'。原产于福建建瓯市龙村乡,为当地次要品种。建阳区的漳墩乡、小湖乡和政和、松溪等周边地区均有栽培分布。

植物学特征 树冠近圆锥形,树高12 m左右。叶片较小,卵状椭圆形或长椭圆形,浅绿色,长13.4~15.6 cm,宽4.9~5.0 cm;叶柄较细;叶背单毛多,也有星状毛;叶缘刺芒状,锯齿内向;叶基楔形,叶尖长尾状渐尖。球苞较小,圆锥形,横径4.35~4.75 cm,纵径4.53~4.81 cm;苞梗长0.75~1.23 cm;刺束较密且硬;成熟时二裂状,含坚果1粒,也有2~3粒的。球苞出籽率70%~75%。坚果较小,圆锥形,纵径2.42~2.71 cm,横径2.28~2.48 cm;果皮棕黄色;果面茸毛中等,果顶茸毛较长;底座小,肾脏形;单果重8.07~10.01 g,每千克坚果100~134粒;果肉黄白色,涩皮易剥,质地稍硬,偏糯性。品质中上。

生物学特性 在龙村及闽北3月21~27日萌芽,4月4日展叶,雄花盛花期5月22日,春梢停长期5月20日,果实成熟期9月13~24日,落叶期11月21~25日,幼树长势中上,较'白露子'略强,雌花较易形成,结果早,嫁接后第3年挂果,第5年进入丰产期。丰产性较强,但大小年结果较明显,不太耐旱,如遇长旱,果实变小,产量下降明显。果实成熟时,坚果先掉,果蓬后掉,利于收获。抗病虫性强,但较不抗旱。适宜在山坡中下部土质肥沃而潮湿的地段种植。单株产量20~25 kg,大小年结果较明显。

综合评价 树体较高,树姿开张,适合在山坡中下部开阔地集约疏散栽培;结果早,产量高,成熟期集中,连续结果能力强,枯株寿命极长,在龙村还有上百年老树,挂果性能仍然强劲;坚果成熟期较早,口感佳,适口性好,品质佳;极耐贮运,商品性能佳;适应性较强,除不太耐旱外,对其生长生殖条件要求不高,抗病性、抗逆性较强。适宜锥栗产区栽培发展。

图2-111-2 '长芒仔'结果状(范贤建和江接茂,2012)
Figure 2-111-2 Bearing status of castanea henryi 'Changmangzai'

图2-111-3 '长芒仔'刺苞和坚果(范贤建和江接茂,2012)
Figure 2-111-3 Bar and nut of castanea henryi 'Changmangzai'

图2-111-4 '长芒仔'坚果(范贤建和江接茂,2012)
Figure 2-111-4 Nut of castanea henryi 'Changmangzai'

图2-111-1 '长芒仔'树形(范贤建和江接茂,2012)
Figure 2-111-1 Tree form of castanea henryi 'Changmangzai'

112 '油榛'
Youzhen

来源及分布 油榛有红壳油榛和乌壳油榛两个类型。原产于福建省建瓯市龙村乡，建瓯市水源、吉阳、东游有大面积种植。栽培历史悠久，为当地主栽品种。建阳的漳墩乡、小湖乡、回龙乡和政和的东平镇、石屯镇也有栽培分布。

植物学特征 树冠自然圆头形。树高12 m以下。叶长椭圆形，淡绿色，长15.8~18.3 cm，宽5.3~6.0 cm；叶背光滑无毛，叶尖长尾状渐尖。雄花序长15 cm。球苞较大，横径5.75~6.76 cm，纵径5.53~6.72 cm；苞梗长1.05~1.26 cm；成熟时2~3裂状，含坚果1~3粒，往往仅有1果发育正常，其余败育。刺束较长，较疏软；球苞出籽率63%~75%。种

图2-112-2 '油榛'结果状（范贤建和江接茂，2012）
Figure 2-112-2 Bearing status of castanea henryi 'Youzhen'

图2-112-3 '油榛'刺苞和坚果（范贤建和江接茂，2012）
Figure 2-112-3 Bar and nut of castanea henryi 'Youzhen'

苞顶尖长，较大，种苞开，裂度为40%~50%。果实均匀，果色油亮。坚果纵径2.63~2.84 cm；横径2.63~2.81 cm；扁圆锥形；果顶钝尖，暗褐色；果面茸毛稀少，果皮光滑，富有光泽；果肩较平，为此品种果实显著特征；底座半肾脏形或近圆形；单果重8.33~11.10 g，每千克坚果90~120粒；果肉含水量47.23%，维生素C 39.30 mg/100 g，干物质含糖14.77%，淀粉50.17%，蛋白质8.21%，脂肪6.98%，总氨基酸7.847%；果肉黄白色，涩皮易剥，质地糯性，味香甜，品质上等。

生物学特征 在龙村及闽北3月23~28日萌芽，4月6日展叶，雄花盛花期5月25日，春梢停长期5月23日，果实成熟期9月16日至10月10日，落叶期11月21~26日。幼

图2-112-1 '油榛'树形（范贤建和江接茂，2012）
Figure 2-112-1 Tree form of castanea henryi 'Youzhen'

树生长中上，较'白露子'强，雌花较易形成，结果早，嫁接后第3年挂果，第5年进入丰产期。丰产性较强，但大小年结果较明显，抗病性较弱。对立地条件要求较高，适宜种在坡度小、土质肥沃、湿润的阳坡，抗逆性和抗病虫性较差，大小年结果较明显。产量中等，单株产量一般15~20 kg。

综合评价 树高大，树势开张、强壮。适地性强，耐旱、耐瘠薄；结果早，产量高，连续结果能力强，植株寿命强；坚果成熟早，但成熟时间段较长，利于收获、贮运，色泽好，质地糯性，味甘甜，品质上等，商品性佳。

图2-112-4 '油榛'坚果（范贤建和江接茂，2012）
Figure 2-112-4　Nut of castanea henryi 'Youzhen'

113 '出云' Chuyun

来源及分布 日本神奈川县猪原造尔发现的实生品种。辽宁省经济林研究所1995年引进，分布在辽宁凤城、东港、宽甸南部及大连等地。

植物学特征 树体中等，树势强，树姿较开张，树冠圆头形。1年生枝紫褐色。叶淡绿色，阔披针形。刺苞椭圆形，黄绿色，成熟时一字裂或丁字裂，出实率47.1%，每苞平均含坚果2.4粒；刺束较密且硬。坚果椭圆形或圆三角形，红褐色，有光泽，底座大小中等，整齐度高，平均单粒重20.3 g；果肉淡黄色，加工品质较好。

生物学特性 在辽宁南部地区9月上旬果实成熟。幼树生长旺盛，进入丰产期稍迟，丰产稳产，嫁接5年生平均株产8.21 kg，最高株产达11.08 kg，平均冠影面积产量1.03 kg/m²。抗病虫害和耐瘠薄能力强，抗寒性中等。

综合评价 树体中等，树姿较开张；幼树生长旺盛，进入丰产期稍迟；坚果成熟期较早，成熟期集中，丰产、稳产；抗病虫害和耐瘠薄能力强，抗寒性中等，适宜在年平均气温10℃以上地区栽培，通过高接换头方式可以在年平均气温8℃以上地区栽培。

图2-113-2 '出云'结果状（郑瑞杰，2010）
Figure 2-113-2　Bearing status of chestnut 'Chuyun'

图2-113-3 '出云'刺苞和坚果（郑瑞杰，2012）
Figure 2-113-3　Bar and nut of chestnut 'Chuyun'

图2-113-1 '出云'树形（郑瑞杰，2010）
Figure 2-113-1　Tree form of chestnut 'Chuyun'

114 '芳养玉' Fangyangyu

来源及分布 日本实生种。辽宁省经济林研究所1994年引进,分布在辽宁凤城南部、大连等地。

植物学特征 树体高大,树势强,树姿较开张,树冠圆头形。1年生枝黄褐色,皮孔大而密;每母枝平均着生刺苞2.3个,翌年抽生结果新梢1.9个。叶浓绿色,阔披针形,叶姿平展,锯齿较小。刺苞椭圆形,鲜绿色,成熟时一字裂或丁字裂,苞肉较薄,出实率52.9%,每苞平均含坚果2.6粒;刺束粗、密且硬。坚果椭圆形,紫褐色,富光泽,底座大小中等,整齐度高,平均单粒重18.8 g;果肉黄色,味甜,富香气,加工品质好。

生物学特性 在辽宁南部地区9月上旬果实成熟。幼树生长旺盛,进入丰产期稍迟,丰产稳产,嫁接4~6年生平均株产5.94 kg,最高株产达9.09 kg,平均冠影面积产量1.16 kg/m²。抗病虫害和耐瘠薄能力强,抗寒性中等。

综合评价 树体高大,结果母枝健壮,果前梢较长;幼树生长旺盛,进入丰产期稍迟;坚果成熟期较早,丰产稳产,加工品质好;抗病虫害和耐瘠薄能力强,抗寒性中等,适宜在年平均气温10℃以上地区栽培。

图2-114-3 '芳养玉'树形(王德永,2012)
Figure 2-114-3　Tree form of chestnut 'Fangyangyu'

图2-114-1 '芳养玉'结果状(郑瑞杰,2010)
Figure 2-114-1　Bearing status of chestnut 'Fangyangyu'

图2-114-2 '芳养玉'刺苞和坚果(郑瑞杰,2012)
Figure 2-114-2　Bar and nut of chestnut 'Fangyangyu'

115 '石锤' Shichui

来源及分布 日本农林省园艺试验场1965年育成,亲本是'岸根'ב笠原早生'。辽宁省经济林研究所1981年引进,分布在辽宁的凤城南部、大连金州地区;山东的日照、蓬莱、牟平,河南省的桐柏,江苏省的新沂等地也有少量分布。

植物学特征 树体中等偏小,树势中庸偏弱,树姿开张。1年生枝黄褐色,皮孔大小中等,圆形。叶灰绿色,阔披针形,叶姿向下搭垂。刺苞椭圆形,柄短,黄绿色,成熟时十字裂或丁字

图2-115-1 '石锤'结果状(郑瑞杰,2009)
Figure 2-115-1　Bearing status of chestnut 'Shichui'

图2-115-2 '石锤'刺苞和坚果(郑瑞杰,2009)
Figure 2-115-2　Bar and nut of chestnut 'Shichui'

图 2-115-3 '石鎚'树形（郑瑞杰，2009）
Figure 2-115-3　Tree form of chestnut 'Shichui'

图 2-115-4 '石鎚'坚果（郑瑞杰，2009）
Figure 2-115-4　Nut of chestnut 'Shichui'

裂，出实率 49.1%，每苞平均含坚果 2.5 粒；刺束较长且硬。坚果圆形，赤褐色，有光泽，底座较小，整齐度高，平均单粒重 19.8 g，涩皮较厚，果肉淡黄色，粉质，加工品质较好。

生物学特性　在辽宁大连地区 9 月下旬至 10 月上旬果实成熟。丰产、稳产性强。抗栗瘿蜂、抗风害能力强，不耐瘠薄，抗梨园介壳虫能力、抗寒性较弱。

综合评价　树体中等偏小；丰产、稳产性强，但结实过多易出现小粒化，修剪时应严格控制结果母枝留量，成年树产量稳定，经济寿命较长；抗栗瘿蜂、抗风害能力强；梨园介壳虫重灾区，应减少栽培；抗寒性较弱。适宜在年平均气温 10~12℃以上地区栽培。

116　'银寄'
Yinji

来源及分布　原产日本大阪府丰能郡，是江户时代在摄丹地方选育出的老品种，并作为代表品种在日本广泛栽培。辽宁省经济林研究所 1981 年引进，分布在辽宁的金州，山东的日照、蓬莱、牟平，河南的桐柏，江苏的新沂等地。

植物学特征　树体中等，树姿较开张。1 年生枝褐色，粗壮，密生；皮孔较小，圆形。叶灰绿色，阔披针形，叶缘上卷。刺苞椭圆形，黄绿色，成熟时一字裂或丁字裂，每苞平均含坚果 2.0 粒；刺束密且硬。坚果圆形或椭圆形，深褐色，富光泽，整齐度高，平均单粒重 21.3 g；果肉淡黄色，粉质，味甜，加工品质好。

生物学特性　在辽宁丹东地区 9 月下旬至 10 月上旬果实成熟。丰产、稳产。抗栗瘿蜂能力强，耐瘠薄和抗风害能力弱。抗寒性较差。

综合评价　树体中等，树姿较开张；进入盛果期稍晚，丰产、稳产，果实加工品质好；抗胴枯病能力差，不耐瘠薄，抗寒性较差，适宜在年平均气温 10~12℃以上地区栽培。由于刺苞柄容易脱落，不宜在风害严重地区栽培。

图 2-116-2 '银寄'结果状（郑瑞杰，2012）
Figure 2-116-2　Bearing status of chestnut 'Yinji'

图 2-116-3 '银寄'刺苞和坚果（郑瑞杰，2012）
Figure 2-116-3　Bar and nut of chestnut 'Yinji'

图 2-116-1 '银寄'树形（王德永，2012）
Figure 2-116-1　Tree form of chestnut 'Yinji'

117 '有磨' Youmo

来源及分布 日本神奈川县小田原市国府津猪原造尔1953年实生选种品种。辽宁省经济林研究所1994年引进，分布在辽宁的凤城、东港、岫岩、庄河、金州等地。

植物学特征 树体中等、树势中庸，树姿开张。1年生枝紫褐色，皮孔小。每母枝平均着生刺苞1.4个，翌年抽生结果新梢3.3个。叶浓绿色，较大，阔披针形。刺苞椭圆形，黄绿色，成熟时一字裂或丁字裂，苞肉较厚，出实率43.0%，每苞平均含坚果2.6粒；刺束长密且软。坚果圆三角形，黄褐色，整齐度高，平均单粒重17.4 g；果肉淡黄色，粉质，味甜，富香气，加工品质优。

生物学特性 在辽宁丹东地区9月下旬至10月上旬果实成熟。丰产稳产。抗病虫害和耐瘠薄能力较强，抗寒性中等。对除草剂中的2-4D丁酯敏感。

综合评价 树体中等，树姿开张，丰产、稳产；抗病虫害和耐瘠薄能力较强；抗寒性中等，适宜在年平均气温8℃以上地区栽培。由于对玉米除草剂中的2-4D丁酯敏感，遭到危害时，叶缘枯焦、反卷，严重影响光合作用，应远离玉米种植区栽培。

图 2-117-2 '有磨'树形（郑瑞杰，2012）
Figure 2-117-2　Tree form of chestnut 'Youmo'

图 2-117-3 '有磨'刺苞和坚果（郑瑞杰，2012）
Figure 2-117-3　Bar and nut of chestnut 'Youmo'

图 2-117-1 '有磨'结果状（郑瑞杰，2008）
Figure 2-117-1　Bearing status of chestnut 'Youmo'

118 '筑波' Zhubo

来源及分布 日本农林省农业技术研究所园艺部1959年育成，亲本是'岸根'בい芳养玉'。在日本栽培面积最多，辽宁省经济林研究所1981年引进，分布在辽宁凤城南部、东港、大连等地；山东的日照、蓬莱、牟平，河南的桐柏，江苏的新沂等地也有分布。

植物学特征 树体中等，树势健壮，树姿较开张，幼树生长旺盛。1年生枝褐色，粗壮，皮孔大，扁圆形。叶浓绿色，阔披针形。刺苞椭圆形，黄绿色，成熟时一字裂或丁字裂，每苞平均含坚果2.6粒；刺束较密且硬。坚果圆形，紫褐色，富光泽，整齐度高，平均单粒重23.1 g；果肉淡黄色，粉质，味甜，富香气，加工品质好。

生物学特性 在辽宁丹东地区9月下旬至10月上旬果实成熟。幼树生长健壮，进入盛果期稍晚，丰产稳产。抗病虫害能力较强，抗寒性较差。

综合评价 树冠中等，树姿较开张，枝条粗壮；进入盛果期稍晚，丰产、

图 2-118-1 '筑波'结果状（郑瑞杰，2010）
Figure 2-118-1　Bearing status of chestnut 'Zhubo'

图2-118-2 '筑波'树形（王德永，2012）
Figure 2-118-2 Tree form of chestnut 'Zhubo'

图2-118-3 '筑波'刺苞和坚果（郑瑞杰，2012）
Figure 2-118-3 Bar and nut of chestnut 'Zhubo'

稳产性较强，果个大，双子果少，加工品质优良；抗病虫害能力较强，耐瘠薄性较弱，抗寒性较差，适宜在年平均气温10℃以上，选择土壤肥沃地块建园，并实施集约化栽培管理。

119 '紫峰' Zifeng

来源及分布 日本农林水产省果树试验场育种部1992年育成，亲本是'银铃'בm石鎚'。辽宁省经济林研究所1997年引进，主要分布在辽宁的东港、大连地区，山东、广东等地也有分布。

植物学特征 树体中等，树姿开张，树冠圆头形，幼树生长势较旺。1年生枝黄褐色，皮孔较密。每母枝平均着生刺苞2.0个，翌年抽生结果新梢3.1个。叶浓绿色，阔披针形，叶姿平展，锯齿较小。刺苞椭圆形，黄绿色，成熟时一字裂、十字裂或丁字裂，出实率49.4%，每苞平均含坚果2.4粒；刺束细而密，较硬。坚果圆形，红褐色，有光泽，底座较小，接线平滑，整齐度高，平均单粒重22.3 g；果肉淡黄色，加工品质好。坚果含可溶性糖19.4%，淀粉51.3%，蛋白质8.1%，维生素C 16.1 mg/100 g。

生物学特性 在辽宁大连地区9月中下旬果实成熟。幼树生长健壮，结果早，丰产、稳产性强，嫁接3年生平均株产4.31 kg，最高株产达6.80 kg，平均冠影面积产量1.36 kg/m²。抗栗瘿蜂危害，抗寒性较差。

综合评价 树冠大小中等，树姿开张；早实，丰产、稳产性强；加工品质好；抗栗瘿蜂危害、抗寒性较差。适宜在年平均气温10℃以上地区栽培。

图2-119-1 '紫峰'树形（郑瑞杰，2009）
Figure 2-119-1 Tree form of chestnut 'Zifeng'

图2-119-2 '紫峰'结果状（郑瑞杰，2009）
Figure 2-119-2 Bearing status of chestnut 'Zifeng'

图2-119-3 '紫峰'刺苞和坚果（郑瑞杰，2012）
Figure 2-119-3 Bar and nut of chestnut 'Zifeng'

第五章
古树类型（图片资料）

河北省（17株）

河北省青龙满族自治县凉水河乡下草碾村1000年生栗树（张京政，2017）

河北省抚宁区台营镇陈庄村古栗树（张京政，2018）

河北省抚宁区抚宁镇后明山村古栗树(张京政,2018)

河北省青龙满族自治县肖营子镇下抱榆槐村板栗古树群(张京政,2018)

河北省青龙满族自治县八道河镇大转村500年生栗树(杨济民)

河北省青龙满族自治县八道河镇沙河村 500 年生栗树（杨济民）

河北省宽城满族自治县碾子峪镇大屯村 2 株 710 年生栗树（张帆，2012）

河北省临城县赵庄乡魏家庄村古栗树
（李刚，2012）

河北省迁西县兴城镇新立庄村600年生栗树
（王爱军，2008）

河北省迁西县三屯营镇丁家庄村千年古栗树
（王爱军，2008）

河北省迁西县滦阳镇滦阳村古栗树
（赵振宇，2012）

河北省迁西县太平寨镇大岭寨村500年生栗树（齐永顺，2008）

河北省邢台县浆水镇前南峪村 千年栗树（武红霞）

河北省邢台县白岸乡南就水村杏树沟 600 年生栗树（武红霞）

河北省遵化市小厂乡洪山口村 500 年生栗树（任保刚，2013）　　河北省昌黎县昌黎镇杏树园村 500 年生栗树（张京政，2021）

北京（3株）

北京市怀柔区渤海镇渤海所村500年生栗树（王晓军，2013）

北京市怀柔区渤海镇沙峪村500年生栗树（王晓军，2013）

北京市怀柔区渤海镇沙峪村400年生栗树（王晓军，2013）

天津（2株）

天津市蓟州区下营镇前甘涧村千年古栗树（李玉奎，2008）

天津市蓟州区下营镇团山子村500年生栗树（李玉奎，2008）

山东省（14 株和 2 个群体）

山东省费县薛庄镇大古台村 450 年生栗树（刘涛，2011）

山东省莒南县洙边镇东夹河村 600 年生栗树（田园，2013）

山东省郯城县古栗树林（李峰）

山东省莱芜市莱城区大王庄镇独路村古栗树（田寿乐，2014）

山东省莱芜市莱城区大王庄镇独路村古栗树（田寿乐，2014）

山东省莱芜市莱城区大王庄镇独路村古栗树（田寿乐，2014）

山东省蒙山旅游区大洼林场古栗树（袁俊云）

山东省临沭县白旄镇沙窝村千年古栗树（张宝翠，2012）

山东省泰山玉泉寺古栗树（田寿乐）

山东省郯城县古栗树林（李峰，2012）

山东省泰山玉泉寺古栗树（臧敏，2012）

山东省泰山玉泉寺古栗树（臧敏，2012）

泰安市岱岳区下港乡马蹄峪村 600 年生栗树（田寿乐，2012）

山东省沂水县院东头镇下岩峪村西栗子院内 450 年生栗树（王宝杰）

山东省诸城市昌城镇古栗树（胡希来）

山东省诸城市昌城镇板栗古树群（张京政，2011）

河南省（3株）

河南省桐柏县淮源镇龚庄村古栗树（马哲勇，2013）

河南省桐柏县淮源镇龚庄村古栗树（马哲勇，2013）

河南省桐柏县月河镇白庙村古栗树（丁向阳，2013）

安徽省（2株）

安徽省金寨县梅山镇龙湾村唐湾组长江河边古栗树（尹仁军，2013）

安徽省金寨县梅山镇龙湾村古栗树（尹仁军，2013）

湖北省（1株）

湖北省随县淮河镇龙凤店村谢家湾 400 年生栗树（柳树奎，2012）

云南（5株）

云南省寻甸县柯渡镇新沙村委会马刺溏村古栗树
（赵志珩，2012）

云南省寻甸县柯渡镇新沙村委会马刺溏村古栗树
（赵志珩，2012）

云南省寻甸县柯渡镇新沙村委会马刺溏村古栗树
（赵志珩，2012）

云南省宜良县狗街镇龙山行政村骆家营村板栗古树林
（赵志珩，2012）

云南省宜良县狗街镇龙山行政村骆家营村板栗古树林（赵志珩，2012）

辽宁省（3株）

辽宁省鞍山市千山无量观三官殿内415年生栗树
（马丽娜，2013）

辽宁省丹东市东港长安镇佛爷岭村九队300年生丹东栗
（陈喜忠，2012）

辽宁省丹东市宽甸古楼子乡大蒲石河村五组丹东栗（陈喜忠，2012）

参考文献
References

艾呈祥, 刘庆忠, 李国田, 等. 秦巴山区野板栗资源现状调查 [J]. 落叶果树, 2010, 42 (2): 15-17.

艾呈祥, 余贤美, 张力思, 等. 山东板栗遗传多样性分析 [J]. 果树学报, 2006 (5): 681-684.

艾呈祥, 张力思, 魏海蓉, 等. 部分板栗品种遗传多样性的AFLP分析 [J]. 园艺学报, 2008 (5): 747-752.

安玉发, 刘红禹, 曹新星. 世界板栗的贸易格局分析 [J]. 国际贸易问题, 2005 (3): 21-25.

白志英, 路丙社, 张林平, 等. 板栗雄花分化研究 [J]. 经济林研究, 2000 (3): 11-12+44.

柏宏伟, 成军, 杨柳, 等. 板栗雄花序萃取物抗氧化及抑菌效果 [J]. 林业科学, 2015, 51 (5): 145-152.

柏宏伟, 张小琴, 姜奕晨, 等. 板栗鞣花酸鞣质的提取纯化及抗氧化活性 [J]. 北京农学院学报, 2015, 30 (4): 38-43.

板栗丰产林标准化协作组. 我国板栗产区的划分及丰产栽培技术要点 [J]. 经济林研究, 1989 (1): 102-104.

包小梅, 石兴华, 泮炳良, 等. 板栗矮化密植、速生丰产栽培技术 [J]. 浙江柑桔, 2008 (1): 41-42.

北京农商银行. 小板栗大产业 亮出首都农业新"名片" [N]. 金融时报, 2013-05-21.

曹杰. 燕山板栗种质资源表型性状研究与评价 [D]. 秦皇岛: 河北科技师范学院, 2013.

曹均, 陈俊红, 曹庆昌. 基于SWOT分析的北京板栗产业发展战略选择 [J]. 安徽农业科学, 2009, 37 (29): 14386-14388+14419.

曹均, 蓝卫宗. 北京市山区板栗生产栽培技术 [J]. 北京农业科学, 1998 (4): 27-29.

曹淑云. 京东板栗种质资源圃部分种质的综合评价 [J]. 山西果树, 2007 (6): 33-34.

查三省. 板栗雌花序分化内源激素及分子调控机理研究 [D]. 武汉: 武汉轻工大学, 2019.

陈春玲, 张袆, 付晓丽. 丘陵地板栗密植丰产栽培技术 [J]. 北方果树, 2011 (6): 33-34.

陈芳芳, 路剑. 河北省板栗产业发展存在的问题及对策 [J]. 江苏农业科学, 2011 (1): 487-489.

陈公望. 5LJ300型板栗加工成套设备研制成功 [J]. 农村机械化, 1998 (6): 10.

陈建华, 何钢, 李志辉, 等. 促进板栗雌花芽分化的研究 [J]. 中南林学院学报, 2002 (1): 27-30.

陈建华. 板栗生物多样性和生理学特性研究 [D]. 长沙: 中南林学院, 2004.

陈立江, 王秀荣, 王雷, 等. 河滩地板栗丰产栽培技术总结 [J]. 河北果树, 2007 (5): 52.

陈立棉, 刘淑萍. 板栗苞壳资源化利用的研究探讨 [J]. 农业环境与发展, 2012, 29 (6): 30-32.

陈良珂. 板栗坚果淀粉积累规律及淀粉分支酶的基因克隆与分析 [D]. 北京: 北京农学院, 2017.

陈武忠, 刘建新. 6个板栗品种在新化的试栽表现及无公害栽培技术 [J]. 湖南农业科学, 2017 (8): 4-7.

陈颜琼. 优质板栗生产现状及产业化方向 [J]. 南方农业, 2015, 9 (12): 111-112.

陈在新, 李俊凯, 陈义全. 分光光度法测定板栗黄酮含量 [J]. 果树学报, 2003 (2): 149-151.

程军勇, 国席华, 徐春永, 等. 板栗新品种'八月红' [J]. 园艺学报, 2011, 38 (12): 2415-2416.

程丽莉. 燕山板栗实生居群遗传多样性研究与核心种质初选 [D]. 北京: 北京林业大学, 2005.

程水源, 李琳玲, 程华, 等. 板栗新品种'玫瑰红' [J]. 园艺学报, 2015, 42 (9): 1855-1856.

程水源, 李琳玲. 板栗新品种——玫瑰红 [J]. 农家顾问, 2015 (21): 37.

程水源, 袁红慧, 程华, 等. 罗田板栗种质资源ISSR分子标记初步鉴定 [J]. 湖北农业科学, 2012, 51 (14): 3096-3100.

程中平, 陈绪中, 张忠慧. 栗育种进展 [J]. 安徽农学通报, 2007 (9): 134-136+160.

迟菲. 板栗新品种'燕宽'的选育与配套栽培技术 [J]. 现代园艺, 2016 (2): 20.

戴成国. 板栗多糖的分离纯化、结构分析及体外抗氧化研究 [D]. 西安: 陕西师范大学, 2011.

戴玲, 陈琳, 涂慧娇, 等. 板栗生产与流通价值链研究——以罗田板栗的价格为例 [J]. 物流工程与管理, 2015, 37 (5): 201-203+178.

戴永务, 刘伟平. 中国板栗产业国际竞争力现状及其提升策略 [J]. 农业现代化研究, 2012, 33 (4): 456-460.

单舒筠, 孙博航, 高慧媛, 等. UV和HPLC法分别测定板栗种仁中总多糖和没食子酸的含量 [J]. 沈阳药科大学学报, 2009, 26 (12): 983-986+1003.

邓烈. 几个板栗新品种主要特性简介 [J]. 柑桔与亚热带果树信息, 2000 (1): 26.

邓烈. 几个板栗新品种主要特性简介 [J]. 柑桔与亚热带果树信

息，2000（2）：18.

邓玉林，陈继红，李流恩. 板栗丰产栽培技术综述[J]. 经济林研究，1998（3）：53-55.

丁宝堂. 京东板栗新品种[J]. 河北果树，2003（6）：28-29.

丁锋. 板栗优质高产高效栽培技术及经济效益分析[J]. 林业科技情报，2017，49（4）：25-27.

丁向阳，陈涛. 高产优质板栗新品种'确红栗'[J]. 河南林业科技，1997（3）：45.

丁向阳. 分子标记技术在板栗研究中的应用进展[J]. 福建林业科技，2007（1）：133-136.

董翠. 板栗饮料的研究进展[J]. 畜牧与饲料科学，2016，37（9）：79-81.

董福香，李艳萍，张立新，等. 极早熟板栗新品种'迁西暑红'[J/OL]. 园艺学报：1-2[2019-11-22]. https://doi.org/10.16420/j.issn.0513-353x.2016-045.

董荣春. 丹东板栗资源的现状及开发潜力[J]. 辽东学院学报，2017，14（3）：154-156+175.

杜彬，王同坤，侯文龙，等. 板栗花中总多酚提取工艺优化[J]. 食品科学，2011，32（16）：121-126.

杜春花，邵则夏，陆斌，等. 板栗新品种云良的选育研究[J]. 林业科技，2012，37（1）：28-32.

杜春花. 云南板栗新品种介绍[J]. 农村实用技术，2002（9）：27-28.

段春月，刘静，刘畅. 3种栗属坚果淀粉的结构及其理化特性[J]. 中国粮油学报，2020，35（5）：72-78.

凡晓红. 罗田县板栗产业链的现状分析及整合研究[D]. 武汉：武汉轻工大学，2015.

范民，鞠璐宁. 锥栗加工的研究进展[J]. 黑龙江生态工程职业学院学报，2019，32（1）：35-36.

范仲先. 介绍两个品质超群的板栗新品种[J]. 农家之友，2007（8）：25.

房彩丽，殷秀军，高松峰，等. 沂水县板栗产业发展现状及良种改接技术[J]. 落叶果树，2019，51（1）：68-69.

冯丹，张艳丽，宁德鲁，等. 云南优良板栗品种资源遗传多样性与亲缘关系的ISSR分析[J]. 西部林业科学，2014，43（5）：117-121.

冯金玲，杨志坚，陈辉. 锥栗的研究进展[J]. 亚热带农业研究，2009，5（4）：237-241.

高海生，常学东，蔡金星，等. 我国板栗加工产业的现状与发展趋势[J]. 中国食品学报，2006（1）：429-436.

高捍东. 板栗主要栽培品种的分子鉴别及遗传分析[J]. 南京林业大学学报，1999（5）：3-5.

高丽梅，吴立军，黄健，等. 板栗花的化学成分[J]. 沈阳药科大学学报，2010，27（7）：544-547+562.

高希春. 辽宁省岫岩县板栗高效栽培技术研究[J]. 江西农业，2017（5）：14+16.

高翔. 河北省板栗产业发展问题研究[J]. 经济师，2018（4）：147-149.

高新一，兰卫宗，何锡山. 板栗选优及新品种介绍[J]. 北京农业科技，1980（1）：50-53.

高新一，兰卫宗，何锡山. 北京板栗新品种[J]. 中国果树，1980（4）：49-51+69.

高雅琴. 板栗花的挥发油成分[J]. 沈阳药学院学报，1985（4）：292-294.

葛祎楠，李斌，范晓燕，等. 板栗的功能性成分及加工利用研究进展[J]. 河北科技师范学院学报，2018，32（4）：18-23.

葛祎楠，邹静，李斌，等. 板栗大米清酒酒曲选择及氨基酸含量测定[J]. 中国酿造，2018，37（11）：62-65.

公庆党，王云尊，黄景云，等. 板栗新品种阳光的选育[J]. 落叶果树，2008（6）：10-12.

龚秀红. 板栗仁褐变因素及控制方法研究[D]. 北京：中国农业大学，2003.

顾炳贤，许英超，张承发，等. 早熟型高产板栗栽培技术[J]. 浙江林业科技，1996（4）：32-35.

广东科技报. 云南育成云丰板栗新品种[J]. 柑桔与亚热带果树信息，2000（1）：25.

郭成圆. 板栗花芽分化及内源激素变化的研究[D]. 杨凌：西北农林科技大学，2010.

郭江，刘金柱，周慧. 北峪2号板栗沙地密植高产栽培技术[J]. 河北果树，2005（5）：27-28.

郭素娟，李广会，熊欢，等. '燕山早丰'板栗叶片DRIS营养诊断研究[J]. 植物营养与肥料学报，2014，20（3）：709-717.

郭素娟，刘正民，孙小兵，等. 燕山早丰板栗密植园施肥-产量模型研究[J]. 核农学报，2015，29（2）：351-358.

郭素娟，吕文君，邹锋，等. 迁西板栗主栽品种授粉组合的优化[J]. 江西农业大学学报，2013，35（3）：437-443.

郭燕，张树航，李颖，等. 早实高产板栗新品种'冀栗1号'的选育[J]. 果树学报，2017，34（8）：1065-1068.

郭燕，张树航，李颖，等. 中国板栗238份品种（系）叶片形态、解剖结构及其抗旱性评价[J]. 园艺学报，2020，47（6）：1033-1046.

郭振畅. 以科技文化引领板栗产业发展——记中国板栗之乡迁西的产业化发展历程[J]. 中国产经，2014（4）：72-74.

郭宗方，刘金柱. 怀九板栗在河北迁安的引种表现及关键栽培技术[J]. 果农之友，2015（11）：10+15.

韩继成，刘庆香，王广鹏，等. 板栗ISSR反应体系的优化及河北省板栗生态型的分析[J]. 河北农业科学，2008（4）：64-65+68.

韩霞,李田,王法杰,等.板栗新品种'九山1号'的选育[J].山西果树,2017(1):14-15.

韩霞,林云弟,李田,等.板栗新品种'九山2号'的选育[J].中国果树,2017(6):76-78.

韩玉.基于山区特色产业带的"京东板栗"区域品牌发展研究[D].北京:北京交通大学,2008.

郝福为,张法瑞.中国板栗栽培史考述[J].古今农业,2014(3):40-48.

何定华,肖正东,陈素传,等.板栗新品种节节红[J].中国果树,2003(3):6-7+63.

何秀娟,邱文明,徐育海.利用叶片形态学性状和RAPD分子标记检测湖北板栗资源遗传多样性[J].中国南方果树,2014,43(2):12-16.

河北省林业厅办公室.迁西县实施"四化"战略 做大做强板栗产业[J].河北林业,2016(2):16-19.

侯云坤,魏梅,王艳芬,等.5TWG网辊式系列板栗脱壳机的研发[J].农业工程技术,2017,37(23):43+49.

湖北林业网.湖北板栗产业创三项全国第一[J].绿色科技,2014(9):262.

黄红云,张英姿,马世鲜,等.信阳板栗品种资源及丰产栽培技术[J].信阳农业高等专科学校学报,2012,22(4):112-113.

黄宏文.从世界栗属植物研究的现状看中国栗属资源保护的重要性[J].武汉植物学研究,1998(2):3-5.

黄金艳,王刚.挤压揉搓式板栗脱壳机的设计[J].科技视界,2015(1):120+150.

黄坤,马涛,陈春玲.豫南山区板栗生产存在的问题与对策[J].特种经济动植物,2019,22(3):45-47.

黄武刚,程丽莉,周志军,等.板栗野生居群遗传多样性研究[J].果树学报,2010,27(2):227-232.

黄武刚,程丽莉,周志军,等.板栗野生居群与栽培品种间叶绿体微卫星遗传差异初探[J].林业科学,2009,45(10):62-68.

黄武刚,何锡山,程丽莉.板栗加工新品种'阳光'[J].林业科学,2008(3):174-175.

黄武刚,周志军,程丽莉,等.板栗新品种'黑山寨7号'[J].林业科学,2009,45(6):177+183.

黄武刚.中国板栗生产的现状、问题与对策[J].中国林业,2003(7):19-20.

黄新华.板栗新品种'艾思油栗'幼树的早期丰产栽培技术[J].信阳师范学院学报:自然科学版,2009,22(2):287-289.

计忠江.迁西县板栗产业发展情况[J].现代园艺,2015(14):31.

季瑞荣.板栗新品种——莱西大板栗[J].中国果树,1999(1):59.

季志平,魏安智,吕平会,等.板栗花芽分化和花序生长过程中的内源激素含量变化[J].植物生理学通讯,2007(4):669-672.

贾秋蕊.河北迁西板栗最新优质高效丰产栽培技术[J].果树实用技术与信息,2017(9):13-14.

贾秋蕊.极早熟板栗'迁西暑红'丰产栽培技术[J].林业科技通讯,2017(12):23-25.

江锡兵,龚榜初,刘庆忠,等.中国板栗地方品种重要农艺性状的表型多样性[J].园艺学报,2014,41(4):641-652.

江锡兵,龚榜初,汤丹,等.中国部分板栗品种坚果表型及营养成分遗传变异分析[J].西北植物学报,2013,33(11):2216-2224.

姜国高,张毅.早实丰产的板栗新品种——海丰[J].山东农业科学,1983(1):44-45.

姜晓装,邱富兴.板栗矮化新品种——金坪矮垂栗[J].农村百事通,2008(4):30+77.

蒋超.岳西县板栗资源专项调查报告[J].安徽林业科技,2016,42(Z1):67-68.

焦启扬,吴立军,黄建,等.板栗总苞化学成分的分离与鉴定[J].沈阳药科大学学报,2009,26(1):23-26.

金松南,刘庆忠,张力思,等.日本国栗的生产现状和育种进展[J].落叶果树,2007(3):55-56.

金秀梅,吴迪,黄健,等.板栗总苞化学成分的分离与鉴定(Ⅱ)[J].沈阳药科大学学报,2010,27(8):630-634.

金玉姬.邢台县板栗生产成本与收益分析[J].安徽农业科学,2013,41(24):10194-10197.

阚大学.中国板栗有国际市场势力吗?——基于中国板栗及其在主要出口国家的实证研究[J].林业经济问题,2013,33(3):213-217.

阚黎娜,李倩,谢爽爽,等.我国板栗种质资源分布及营养成分比较[J].食品工业科技,2016,37(20):396-400.

孔德军,刘庆香,王广鹏.板栗新品种燕晶的选育及其栽培技术要点[J].河北农业科学,2010,14(6):50-51.

孔德军,刘庆香.板栗新品种——替码珍珠[J].河北果树,2002(6):33.

匡明纲.《齐民要术》中的果树遗传育种[J].中国农史,1985(1):35-39.

兰卫宗,高新一,何锡山,等.板栗新品种——燕昌栗[J].中国果树,1983(2):20-22.

兰彦平,曹庆昌,周连第,等.燕山板栗大果型新品种——燕平的选育[J].果树学报,2008(3):444-445+286.

兰彦平,曹庆昌.板栗低产林改造及高效栽培技术[M].北京:中国农业科学技术出版社,2016.

兰彦平,刘国彬,兰卫宗,等.板栗新品种'良乡1号'[J].园艺学报，2014，41（8）：1745-1746.

兰彦平，刘建玲，刘金海，等. 北京市怀柔区九渡河镇古板栗资源调查[J]. 经济林研究，2013，31（3）：161-164.

兰彦平，王瑞波，周连第，等. 北京山区板栗产业循环农业模式经济效益分析[J]. 中国农业资源与区划，2010，31（5）：66-70.

兰彦平，周连第，兰卫宗，等. 板栗新品种'怀丰'[J]. 园艺学报，2011，38（4）：801-802.

兰彦平，周连第，姚研武，等. 中国板栗种质资源的AFLP分析[J]. 园艺学报，2010，37（9）：1499-1506.

蓝卫宗，何锡山，高新一，等. 板栗优良新品种——银丰[J]. 中国果树，1990（1）：22-23.

郎萍，黄宏文. 栗属中国特有种居群的遗传多样性及地域差异[J]. 植物学报，1999（6）：92-98.

雷魏芳，李丽红. 浙江省云和县板栗丰产栽培技术[J]. 中国果树，2004（2）：57.

雷新涛，夏仁学，李国怀，等. 板栗内源激素与花性别分化[J]. 果树学报，2002（1）：19-23.

李保国，郭素萍. 板栗丰产栽培技术研究进展[J]. 河北林学院学报，1992（4）：339-345.

李保国，齐国辉. 板栗新品种——林珠[J]. 中国农业信息，2010（3）：28.

李保国，张雪梅，郭素萍，等. 加工用板栗新品种'林冠'[J]. 园艺学报，2010，37（12）：2033-2034.

李保国. 加工用板栗新品种'林冠'[J]. 中国果业信息，2011，28（1）：55-56.

李保平，王世昌. 板栗的贮藏特性与保鲜技术[J]. 农产品加工，2003（12）：21-22.

李凤立，于乃京，王金宝，等. 板栗新品种'怀九'、'怀黄'[J]. 园艺学报，2004（1）：131.

李华彬，张继发，魏传礼，等. 板栗密植早期丰产栽培技术[J]. 中国果树，2001（5）：55.

李继华. 山东板栗的栽培历史与现状[J]. 山东林业科技，1986（4）：64-65.

李金昌，夏逍鸿. 板栗早熟优良新品种——浙早1号和浙早2号[J]. 中国果树，2002（1）：5-7.

李金凤，段玉清，马海乐，等. 板栗壳中多酚的提取及体外抗氧化性研究[J]. 林产化学与工业，2010，30（1）：53-58.

李立强. 燕山地区板栗内腐病的发生规律及防治技术[J]. 农家参谋，2019（3）：111.

李妙侠，顾大鹏，汤润清. 小板栗成为河北省迁西县第一富民产业[J]. 农村百事通，2017（6）：15.

李润丰，常学东，狄小丽. 蒽酮—硫酸法测定板栗多糖含量[J]. 河北科技师范学院学报，2010，24（2）：54-59.

李润丰，刁华娟，彭友舜，等. 板栗多糖的提取及抗氧化活性研究[J]. 食品研究与开发，2011，32（8）：21-25.

李随民，栾文楼，宋泽峰，等. 京东板栗生态地球化学环境比配模型与适应性区划[J]. 中国地质，2011，38（6）：1614-1619.

李田，韩霞，王法杰，等. 山东潍坊九山二号板栗优质丰产栽培技术[J]. 果树实用技术与信息，2017（9）：14-15.

李小新，刘书政，玄立飞，等. 京东板栗生产中存在的问题与对策[J]. 中国园艺文摘，2018，34（1）：207-209.

李晓松，刘金柱，刘娟娟，等. 怀黄板栗引种表现与高密度矮化栽培技术[J]. 河北果树，2011（6）：25-26.

李艳萍. 板栗极早熟新品种——迁西暑红[J]. 中国果业信息，2017，34（5）：65-66.

李颖，王广鹏，张树航，等. 板栗新品种'明丰2号'[J]. 林业科学，2015，51（11）：145.

李勇，胡长军，周新萍，等. 砂石山区板栗标准化栽培技术研究[J]. 河北果树，2009（3）：9-10.

李勇革. 板栗良种——它栗[J]. 湖南农业，1995（9）：14.

李勇革. 板栗新品种[J]. 农技服务，2006（2）：17.

李玉，姜以斌，曾林. 板栗高产优质栽培技术模式试验[J]. 辽宁林业科技，2004（4）：10-11+18.

李增高. 北京板栗史话[J]. 中国土特产，1994（3）：37-38.

李志朋. 浅谈迁西与怀柔板栗产业[J]. 绿化与生活，2016（4）：23-26.

梁建兰，高红叶，赵玉华，等. '燕龙'板栗贮藏期香气成分的组成及其变化[J]. 果树学报，2014，31（3）：410-414.

梁建兰，刘浩，刘秀凤，等. 不同加工方式对板栗香气的影响[J]. 食品科技，2013，38（7）：84-88.

林利. 板栗抗旱丰产关键栽培技术研究[D]. 北京：北京林业大学，2006.

林顺顺，祝美云，张建威. 中国板栗的研发现状和前景[J]. 农产品加工（学刊），2010（12）：74-76.

林振海，陈有志，等. 招远市板栗生产现状、问题及对策[J]. 北方果树，2004（6）：25-26.

林振海，陈有志. 招远市板栗生产回顾与发展对策[J]. 烟台果树，2005（3）：24-26.

刘畅，王书军，王硕. 板栗淀粉结构和功能特性研究进展[J]. 中国粮油学报，2016，31（11）：157-162.

刘得腾. 陕西古代果树史研究[D]. 杨凌：西北农林科技大学，2010.

刘桂娟，崔恩姬，郑昌吉. 板栗化学成分与药理作用的研究进展[J]. 天然产物研究与开发，2018，30（10）：1843-1847.

刘国彬，曹均，兰彦平，等. 板栗总苞与坚果表型多样性及其相关关系研究[J]. 经济林研究，2014（2）：28-33.

刘国彬,曹均,周连第,等.板栗雄性不育种质杂交后代性状变异分析[J].西南农业学报,2013,26(1):317-320.

刘国彬,曹均,周连第,等.雄性不育板栗种质杂交结实特性研究[J].北方园艺,2013(1):4-7.

刘国彬,兰彦平,曹均,等.板栗和锥栗远缘杂交亲和性研究[J].北方园艺,2013(15):1-4.

刘国彬,兰彦平,曹均.中国板栗生殖生物学研究进展[J].果树学报,2011,28(6):1063-1070.

刘建玲,李文泉,兰彦平,等.板栗优良新品种怀香的选育[J].中国果树,2014(5):9-11+85.

刘金柱,徐珊珊,郭宗方,等.板栗幼树"开心、拉平、刻芽"早丰栽培管理技术[J].果农之友,2016(8):14-15.

刘静.板栗淀粉老化特性及抗性淀粉的制备[D].秦皇岛:河北科技师范学院,2020.

刘莉,唐新玥,张欣珂,等.板栗壳中多酚的提取纯化及其抑制α-葡萄糖苷酶活性的研究[J].食品工业科技,2015,36(6):265-268.

刘庆博,刘俊昌.我国出口板栗的比较优势及其影响因素探讨[J].国际贸易问题,2012(8):3-13.

刘庆香,商贺利,张树航,等.板栗良种'燕宽'[J].林业科学,2015,51(5):166.

刘庆香,王广鹏,孔德军.板栗新品种'燕明'[J].园艺学报,2003(5):634.

刘庆英.旱薄山地板栗低产园增产优质栽培技术[J].烟台果树,2006(3):19-20.

刘庆忠.板栗种质资源描述规范和数据标准[M].北京:中国农业出版社,2006.

刘树增,范伟国,武善明.板栗大果短枝型新品种莲花栗的选育[J].中国果树,2006(4):4-6+72.

刘树增,肖立秋,吴善明,等.早熟大果粒板栗新品种'石门早硕''泗张早魁'[J].山东林业科技,2000(4):38-39.

刘腾火.水土流失区板栗丰产栽培技术研究[J].中国果树,1996(3):33-35.

刘廷歧,公庆党,张吉松,等.短枝板栗生物学特性及栽培技术研究[J].山东林业科技,1996(5):10-11.

刘威.从城头山遗址房址柱洞的定量分析看遗址的人地关系[J].文物保护与考古科学,2019,31(2):100-111.

刘霞,刘树庆,王胜爱,等.板栗品质与土壤地球化学关系研究进展[J].中国农学通报,2007(3):275-278.

刘祥林,罗莉,李静,等.板栗密植栽培品种选择与控冠技术[J].河北果树,2003(5):31.

刘祥林,罗莉.浅析燕山板栗滞销原因与对策[J].河北果树,2003(2):31-32.

刘雅慧,鹿永华.山东板栗产业发展现状与建议[J].中国果树,2014(6):81-84.

刘艳,柳文祥,王金金,等.炒食板栗品种营养品质评价及糖组分分析[J].北京农学院学报,2013,28(2):21-24.

刘正民,郭素娟,徐丞,等.基于饱和D-最优设计的'燕山早丰'施肥研究[J].北京林业大学学报,2015,37(1):70-77.

刘志坚,徐恒.板栗优良新品种——金丰[J].山东果树,1979(3):33-34.

刘志坚.板栗优良新品种——金丰[J].林业科技通讯,1979(1):7-9.

柳鎏,蔡剑华,张宇和.板栗(第二版)[M].北京:科学出版社,1988.

柳鎏,周久亚,毕绘蟾,等.云南板栗的种质资源[J].植物资源与环境,1995(1):7-13.

柳鎏.世界板栗业与21世纪我国板栗发展的思考[J].河北林果研究,1999(1):3-5.

龙志敏,吴立军,江冰娅,等.板栗种仁的化学成分(Ⅲ)[J].沈阳药科大学学报,2008(11):883-885+891.

娄进群,李海立,柳玉明,等.板栗新品种——遵优5号[J].河北果树,2004(1):52.

娄进群,王燕来,曹淑云.板栗矮化新品种遵玉的选育[J].中国果树,2006(2):11-12+63.

鲁德滨.遵化板栗优质高产栽培技术[J].现代农业科技,2014(21):103+105.

路超,郭素娟.16份板栗种质资源主要营养品质分析与综合评价[J].食品工业科技,2016,37(23):357-361+376.

路明,张立新,冯芳侠.板栗早熟新品种——迁西早红[J].河北果树,2016(4):50-51.

栾风福,刘玉刚,鲁刚,等.板栗新品种丽抗的选育[J].中国果树,2003(4):4-5+64.

吕宝山,高玉娟.板栗早熟新品种津早丰主要特征及栽培技术要点[J].河北果树,2013(3):29+35.

吕立平.板栗新品种'早香1号'在广东问世[J].农村百事通,2011(20):12.

吕平会,季志平,何佳林.山地板栗新品种'镇安1号'[J].园艺学报,2006(6):1405.

吕永来,高俊峰.2013年全国各省(区、市)经济林产品及其中水果、干果产量完成情况分析[J].中国林业产业,2014(7):38-40.

吕永来,姜喜麟.2011年全国各省(区、市)经济林产品及其中干果产量排行榜[J].中国林业产业,2012(11):47-48.

吕永来,李向阳,崔丽萍.2010年全国各省(区、市)经济林产品及其中干果产量排行榜[J].中国林业产业,2011(12):38-39.

吕永来.2013年全国各省(区、市)核桃、板栗、枣、柿子产

量完成情况分析 [J]. 中国林业产业, 2014 (12): 34-36.

吕永来. 2014 年全国各省（区、市）干果及其中核桃、板栗、枣及柿子产量完成情况分析 [J]. 中国林业产业, 2015 (10): 18-21.

吕永来. 全国各省（区、市）干果与森林食品产量排行榜 [J]. 中国林业产业, 2014 (Z2): 20-21.

马海泉, 江锡兵, 龚榜初, 等. 我国锥栗研究进展及发展对策 [J]. 浙江林业科技, 2013, 33 (1): 62-67.

马宏峰, 高丽梅, 赵光云, 等. 比色法测定板栗花中总黄酮的含量 [J]. 中国现代中药, 2010, 12 (10): 25-28.

马世鲜, 邹存静, 童磊, 等. 信阳市板栗产业发展存在的问题及对策 [J]. 现代农业科技, 2012 (18): 183+185.

马玉敏, 陈学森, 何天明, 等. 中国板栗 3 个野生居群部分表型性状的遗传多样性 [J]. 园艺学报, 2008, 35 (12): 1717-1726.

马玉敏. 泰山板栗良种选育及高效栽培技术研究 [D]. 泰安：山东农业大学, 2004.

马元考, 王云尊, 许传宝, 等. 板栗新品种——沂蒙短枝 [J]. 中国果树, 1998 (1): 35-36.

明桂冬, 柳美忠, 周广芳, 等. 板栗新品种黄棚的特征特性及栽培技术要点 [J]. 山东农业科学, 2003 (5): 40.

明桂冬, 田寿乐, 沈广宁, 等. 早熟板栗新品种'东岳早丰' [J]. 果农之友, 2010 (6): 11.

明桂冬, 王斌, 周广芳, 等. 板栗优良新品种——泰栗 1 号 [J]. 园艺学报, 2001 (5): 476-486.

明桂冬, 许林, 柳絮, 等. 早熟板栗新品种'鲁岳早丰'、'东岳早丰'的选育 [J]. 经济林研究, 2010, 28 (3): 75-78.

明桂冬, 杨茂林. 板栗新品种简介 [J]. 山西果树, 2001 (2): 39.

明桂冬, 张玉英. 板栗优良新品种'华丰' [J]. 中国果树, 1995 (3): 1-2.

明桂冬, 赵永孝, 王秀荣. 板栗新品种——郯城 3 号 [J]. 山西果树, 1999 (2): 37.

明桂冬, 赵永孝. 板栗杂交新品种——红 1 号 [J]. 山西果树, 1998 (2): 10-11.

明桂冬. 早熟板栗新品种——鲁岳早丰 [J]. 农村百事通, 2009 (3): 31+81.

明桂冬. 早熟板栗新品种——鲁岳早丰 [J]. 中国果业信息, 2007 (3): 57.

聂牧, 王云, 郭守东, 等. 板栗多糖抗动脉血栓形成的作用 [J]. 食品科学, 2015, 36 (11): 187-190.

宁德鲁, 陆斌, 邵则夏, 等. 板栗极早熟新品种云夏的选育 [J]. 中国果树, 2010 (1): 9-10+77.

宁德鲁, 陆斌, 邵则夏, 等. 板栗新品种——云红的选育 [J]. 西北林学院学报, 2010, 25 (6): 84-86.

彭方仁. 板栗丰产栽培技术研究进展 [J]. 林业科技开发, 1999 (2): 7-11.

彭华正, 陈顺伟, 江美都, 等. 板栗氨基酸的品种、地域差异及其营养价值分析 [J]. 浙江林业科技, 2000 (5): 30-35.

蒲富慎. 果树种质资源描述符——记载项目及评价标准 [M]. 北京：中国农业出版社, 1990.

齐国辉, 郭素萍, 张雪梅, 等. 板栗新品种'林宝' [J]. 园艺学报, 2010, 37 (10): 1703-1704.

齐敏, 岳崇峰, 李玉梅. 板栗的药用价值及开发利用 [J]. 中国林副特产, 1997 (3): 51-52.

祁树安, 杨正辉, 赵仁光, 等. 优质多抗板栗新品种'宝丰'选育 [J]. 山东林业科技, 2011, 41 (4): 24-27+85.

钱录庆. 新型板栗脱壳机 [J]. 山西农机, 2002 (5): 19.

乔婧芬, 杜浩. 我国板栗生产存在的问题及可持续发展对策 [J]. 现代农业科技, 2010 (23): 351-352.

秦德智. 板栗新品种'宽优 9113'的选育 [J]. 中国果树, 2016 (2): 67-71+101.

秦岭, 刘德兵, 范崇辉. 陕西实生板栗居群遗传多样性研究 [J]. 西北植物学报, 2002 (4): 246-250.

秦岭, 杨东生, 高天放, 等. 板栗新品种'短花云丰' [J]. 林业科学, 2011, 47 (4): 194+197.

秦岭, 张卿, 曹庆芹, 等. 板栗早熟新品种'京暑红' [J]. 园艺学报, 2013, 40 (5): 999-1001.

秦岭. 板栗野生资源的利用 [J]. 中国野生植物资源, 1994 (4): 28-30.

邱富兴. 板栗超矮化栽培技术 [J]. 江西园艺, 2004 (6): 46-47.

邱富兴. 板栗超矮化栽培技术 [J]. 中国南方果树, 2003 (6): 68.

邱文明, 何秀娟, 徐育海. 板栗花芽性别调控研究进展 [J]. 果树学报, 2015, 32 (1): 142-149.

全桂明, 陆春光, 郭江, 等. 燕山区密植板栗矮化控冠高效栽培技术 [J]. 河北果树, 2008 (3): 29-30.

任立中, 杨其光, 杜国华. 板栗花性别和器官分化的研究——Ⅱ板栗生殖器官的发育和分化 [J]. 安徽农学院学报, 1981 (2): 41-48+99-100.

任鹏. 板栗 (*Castanea mollissima* BL.) 组织培养技术研究 [D]. 北京：北京林业大学, 2005.

任淑艳, 贾云霞, 王旗. 遵化市板栗产业存在问题及对策 [J]. 河北果树, 2014 (2): 28-29.

任淑艳, 贾云霞. 河北遵化板栗产业发展存在问题及解决对策 [J]. 果树实用技术与信息, 2014 (3): 34-35.

山东省果树所. 十个板栗优良品种（摘要） [J]. 山东果树, 1977 (1): 11-13.

山东省果树选种协作组. 山东省栗树六个新品种介绍 [J]. 中国

果树, 1979 (1) : 17-19.

尚志钧. 杨上善撰注《黄帝内经太素》时代考 [J]. 江苏中医, 1999 (5) : 3-5.

邵颖, 刘洋, 魏宗烽, 等. 脱水板栗片制备工艺的优化 [J]. 食品工业, 2016, 37 (8) : 41-45.

邵则夏, 陆斌, 黄汝昌, 等. 板栗新品种选育研究 [J]. 云南林业科技, 2000 (1) : 33-38.

沈德绪, 黄寿山. 果树育种的现状和展望 [J]. 四川果树科技资料, 1980 (3) : 26-38.

沈广宁, 明桂冬, 田寿乐, 等. 板栗新品种'东王明栗' [J]. 园艺学报, 2010, 37 (9) : 1537-1538.

沈广宁. 不同成熟期板栗新品种选育研究 [D]. 泰安: 山东农业大学, 2012.

沈广宁. 早熟板栗新品种'岱岳早丰' [J]. 中国果业信息, 2011, 28 (7) : 55-56.

沈洪福, 杨立新. 丹东地区板栗优质栽培技术试验 [J]. 绿色科技, 2016 (23) : 52-53.

时兴春, 童本群, 王德永, 等. 抗虫、丰产、早实板栗新品种——中日一号 [J]. 落叶果树, 1996 (4) : 28-29.

史玲玲. 板栗壳活性成分分析及板栗果实淀粉累积机理研究 [D]. 北京: 北京林业大学, 2017.

宋炳言. 丹东板栗产业发展现状与对策 [J]. 辽宁林业科技, 2016 (1) : 63-65.

宋鹏, 张俊, 罗成荣, 等. 四川乡土板栗种质资源调查与优良单株选择 [J]. 西南林业大学学报, 2011, 31 (3) : 13-16.

孙海伟, 张继亮, 杨德平, 等. 泰山板栗早熟优质新品种——'泰林2号'的选育 [J]. 果树学报, 2014, 31 (3) : 520-522+340.

孙家庆. 燕山板栗新品种、新品系简介 [J]. 河北农业科技, 1991 (10) : 23.

孙杰. 山地板栗密植早丰栽培技术 [J]. 河北林果研究, 2000 (1) : 50-51

孙立权, 杨学东, 罗爱芹. 板栗壳多酚的研究进展 [J]. 生命科学仪器, 2019, 17 (2) : 18-23.

孙明德, 曹均, 王金宝. 板栗产业发展的关键环节分析 [J]. 北方园艺, 2011 (18) : 190-192.

谭先志, 曲京朗, 宫夕云, 等. 板栗优良新品种——威丰(暂定名) [J]. 落叶果树, 1998 (4) : 41.

汤波. 板栗新品种在湖北问世 [J]. 农村百事通, 2006 (11) : 28.

唐杰, 丁向阳, 曾凡春, 等. '豫板栗2号'新品种选育研究 [J]. 河南林业科技, 2002 (2) : 11-12.

唐延会. 遵玉板栗高密度矮化栽培技术 [J]. 河北果树, 2008 (3) : 27-28.

陶阳. 两板栗新品种对日出口前景好 [J]. 北京农业, 2004 (4) : 25-26.

田合印, 曾凡春, 王鹏远, 等. 板栗新品种"豫栗王"选育研究 [J]. 河南农业大学学报, 1999 (S1) : 114-116.

田寿乐, 明桂冬, 沈广宁, 等. 板栗新品种'红栗2号' [J]. 园艺学报, 2010, 37 (5) : 849-850.

田应秋, 黄志龙, 梁及芝, 等. 花桥早熟板栗实生选种研究 [J]. 湖南林业科技, 2006 (3) : 31-33+39.

田应秋. 花桥板栗2号优良特性与配套栽培技术研究 [D]. 长沙: 中南林业科技大学, 2012.

汪同林. 六个板栗良种简介 [J]. 果树, 1988 (1) : 24-26.

王蓓蓓. 唐代果品业研究 [D]. 重庆: 西南大学, 2008.

王凤春, 孙海涛, 王轶新. 板栗新品种迁西晚红的特征特性及栽培技术 [J]. 现代农业科技, 2018 (10) : 80+82.

王凤春, 孙海涛, 王轶新. 板栗新品种迁西壮栗的特征特性及栽培技术 [J]. 现代农业科技, 2018 (11) : 97+99.

王福堂, 阎义群, 毕树元, 等. 板栗改劣换优技术 [J]. 林业科技通讯, 1980 (4) : 13-14.

王福堂. 我国板栗研究进展 [J]. 河北果树, 1996 (3) : 1-3+6.

王福堂. 燕山板栗技术开发的四点建议 [J]. 河北农业科学, 1985 (1) : 18-19.

王福堂. 燕山板栗优良品种简介 [J]. 河北果树, 1996 (1) : 33.

王功桂. 浅刺大板栗丰产栽培技术试验研究 [J]. 中国南方果树, 2002 (5) : 53.

王广鹏, 刘庆香, 张树航, 等. 板栗新品种燕兴的选育及其栽培技术研究 [J]. 河北农业科学, 2012, 16 (2) : 73-74+92.

王广鹏, 张树航, 韩继成, 等. 燕山板栗新品种——'燕奎'的选育 [J]. 果树学报, 2013, 30 (2) : 328-329+180.

王广鹏. 介绍两个板栗新品种 [J]. 农村百事通, 2013 (15) : 34+81.

王浩然, 魏福祥, 桂建业. 板栗花挥发油成分的提取与应用研究 [J]. 河北科技大学学报, 2011, 32 (4) : 384-390.

王会文, 张亚军, 吕宝山, 等. 板栗早熟芽变新品种石育早丰的选育 [J]. 中国果树, 2011 (5) : 11-13+77.

王金章. 太行山区板栗高产稳产栽培技术初报 [J]. 中国果树, 1984 (1) : 14-15.

王力荣. 我国果树种质资源科技基础性工作30年回顾与发展建议 [J]. 植物遗传资源学报, 2012, 13 (3) : 343-349.

王林. 板栗栽培新技术 [J]. 农技服务, 2014, 31 (10) : 44.

王琳, 夏禹, 魏宾, 等. 板栗糯米甜酒的发酵和挥发性香气成分分析 [J]. 食品工业科技, 2015, 36 (15) : 284-288.

王晴芳, 徐育海, 何秀娟. 湖北大别山区板栗种质资源调查及利用评价 [J]. 中国南方果树, 2011, 40 (5) : 44-47.

王晴芳, 徐育海. 湖北大别山区板栗产业可持续发展探讨 [J]. 湖北农业科学, 2011, 50 (23) : 4885-4887+4904.

王瑞波, 兰彦平, 周连第. 北京市山区板栗产业循环农业模式

效益综合评价 [J]. 农业技术经济, 2010 (5)：85-91.

王润泽. 板栗矮密栽培新品种——北峪 2 号 [J]. 河北林业科技, 1996 (3)：49+53.

王嗣, 杜成林, 唐文照, 等. 板栗花的化学成分研究（I）[J]. 中草药, 2004 (10)：29-30.

王天元. 京东板栗炒食良种的选育方法 [J]. 河北果树, 2019 (1)：38-40.

王同坤, 柏素花, 董超华, 等. 燕山板栗种质资源 AFLP 遗传多样性分析 [J]. 分子植物育种, 2007 (1)：121-127.

王同坤, 董超华, 马艳, 等. 板栗 SSR 和 RAPD 技术体系的建立 [J]. 果树学报, 2006 (6)：825-829.

王同坤, 董超华, 齐永顺, 等. 燕山板栗种质资源遗传多样性的 RAPD 分析 [J]. 果树学报, 2006 (4)：547-552.

王同坤. 板栗新品种——燕龙 [J]. 山西果树, 2009 (3)：54-55.

王卫星, 曹淑萍, 李攻科, 等. 天津板栗品质分析及其立地地质背景研究 [J]. 物探与化探 2017, 41 (5)：972-976.

王向红, 桑建新, 张子德, 等. 不同品种板栗的营养价值和品质分析 [J]. 食品科技, 2004 (3)：95-97.

王秀竹. 中国栗产业可持续发展对策研究 [D]. 泰安：山东农业大学, 2010.

王应杏. 板栗多糖及其硒酸化衍生物的结构与抗肿瘤活性研究 [D]. 保定：河北大学, 2016.

王云尊, 马元考, 陈维峰. 珍稀板栗新品种浮来无花的性状及栽培技术 [J]. 林业科技开发, 2001 (5)：31-32.

王云尊, 邢秀兰, 陈冬. 短枝型板栗的选育与推广前景 [J]. 林业科技开发, 2001 (2)：29-31.

王云尊, 周绪平, 刘加玉, 等. 沂蒙短枝板栗早期丰产栽培研究 [J]. 中国果树, 1996 (2)：1-4.

王云尊. 沂蒙短枝板栗高产稳产栽培技术研究 [J]. 林业科技开发, 1997 (2)：21-23.

韦娜. 广西隆安县板栗种质资源调查研究 [J]. 福建农业, 2015 (8)：55-56.

魏宾, 崔亚辉, 徐芳, 等. 采用 ATD-GC/MS 测定 4 个品种板栗花挥发性香气成分 [J]. 食品与发酵工业, 2014, 40 (3)：192-195.

魏传礼, 李华彬. 板栗幼树密植早期丰产栽培技术 [J]. 烟台果树, 2001 (4)：31-32.

魏晓霞. 板栗贮藏保鲜技术概述 [J]. 中国果菜, 2016, 36 (12)：5-7.

魏永宝, 马翠芬, 张百芹. 燕山板栗新品种——大板红 [J]. 农村科技开发, 1994 (3)：16.

魏振国, 李乃臻, 文洪亭, 等. 紧凑型板栗新品种——矮丰 [J]. 山东林业科技, 1990 (2)：57-58.

温桂华. 京东板栗矮密品种化栽培技术规程 [J]. 河北林业科技, 2011 (1)：95-97.

文斋. 抗寒板栗新品种介绍 [J]. 农村天地, 1998 (8)：29.

吴爱华, 施兴学, 邵则夏, 等. 提高板栗成实率的栽培技术 [J]. 河北农业科学, 2010, 14 (7)：29-30+41.

吴大瑜, 江锡兵, 龚榜初, 等. 浙江省板栗产业发展现状及建议 [J]. 中国果树, 2019 (1)：103-106+109.

吴素平, 越双林. 高产早熟优质大果板栗——良丰巨栗 [J]. 农村新技术, 2006 (3)：27.

吴学潮, 吴顺宝, 董加光. 板栗早实丰产技术研究 [J]. 经济林研究, 1987 (S1)：153-159.

吴学潮, 吴顺宝, 董嘉光. 板栗早实丰产栽培技术研究 [J]. 云南林业科技, 1987 (1)：33-38.

吴泽南, 潘洪泽, 聂媛, 等. 板栗抗寒新品种抚栗 1 号的选育 [J]. 中国果树, 2010 (5)：10-12+79.

吴泽南. 板栗抗寒新品种——抚栗 1 号 [J]. 山西果树, 2011 (3)：54.

席兴军, 刘俊华. 国内外板栗质量分级标准对比分析研究 [J]. 世界标准化与质量管理, 2008 (12)：30-32.

夏仁学, 马梦亭. 影响板栗雌雄花序形成因子的研究 [J]. 果树科学, 1989 (2)：77-84.

夏仁学, 徐娟, 李国怀, 等. 板栗的开花结果习性与性别表现 [J]. 武汉植物学研究, 1998 (2)：154-158+196.

夏瑞满, 吴东平, 吴云峰, 等. 我国锥栗主产区发展现状与对策 [J]. 中南林业调查规划, 2008 (3)：59-61.

肖正东, 陈素传. 安徽省栗属种质资源现状与利用前景 [J]. 经济林研究, 2007, 25 (4)：97-101.

肖正东, 宣善平. 安徽大别山区板栗品种资源及其利用 [J]. 果树科学, 1994 (1)：53-55.

谢治芳, 洪佩英, 朱干波. 辐射诱变板栗新品种——农大 1 号高产稳产性状分析 [J]. 华南农业大学学报, 1993 (3)：120-124.

谢治芳. 早熟矮化丰产稳产板栗新品种——农大 1 号及其栽培技术 [J]. 广东林业科技, 1999 (1)：31-33.

信林. 浙江省林学会竹类专业委员会第二次学术讨论会在龙游召开 [J]. 浙江林业科技, 1987 (6)：52.

熊冬连, 周伟国, 徐向阳, 等. 板栗优良新品种'六月暴'的选育 [J]. 林业科技开发, 2012, 26 (3)：111-113.

徐晨, 陈双双, 王金金, 等. 板栗高效组培体系的建立和优化 [J]. 北京农学院学报, 2013, 28 (3)：6-9.

徐福山, 陈述庭, 李海力. 板栗新品种——遵化短刺 [J]. 河北林业科技, 1989 (1)：10-13.

徐福山, 陈述庭, 李海力. 京东板栗四个新品种简介 [J]. 落叶果树, 1989 (1)：34-35.

徐海珍, 温桂华, 曹淑云, 等. 板栗矮化新品种紫珀的选育 [J]. 中国果树, 2006 (5)：1-4+72.

徐红梅. 中国板栗品种遗传多样性和遗传结构的 AFLP 分析及其品种数据库的建立 [D]. 乌鲁木齐：新疆农业大学，2004.

徐娟，梁丽松，王贵禧，等. 不同品种板栗贮藏前后淀粉糊化特性研究 [J]. 食品科学，2008 (2)：435-439.

徐娟，梁丽松，王贵禧，等. 不同品种板栗贮藏前后主要营养成分变化研究 [J]. 林业科学研究，2008 (2)：150-153.

徐育海，何秀娟，邱文明，等. 板栗新品种'金优 2 号'的选育 [J]. 果树学报，2018，35 (3)：389-392.

徐育海，蒋迎春，王志静，等. 加工型板栗新品种——金栗王的选育 [J]. 果树学报，2010，27 (1)：156-157+2.

徐育海，张力田，苏祥国. 板栗新品种：新岳王 [J]. 农家顾问，2002 (11)：25.

徐志祥，高绘菊. 板栗营养价值及其养生保健功能 [J]. 食品研究与开发，2004 (5)：118-119.

许荣义.《齐民要术》中有关果树的栽培技术 [J]. 农业考古，1985 (1)：225-229.

烟台市林果所干果室. 板栗丰产栽培技术的研究 [J]. 山东林业科技，1985 (4)：60-62.

鄢丰霞，陈俊红，孙明德，等. 产业融合视角下北京市板栗产业发展研究 [J]. 林业经济问题，2012，32 (5)：422-426+432.

鄢丰霞，陈俊红. 国内外板栗产业研究进展 [J]. 河北果树，2012 (6)：1-3+10.

鄢丰霞，陈俊红. 国内外的栗产业 [J]. 落叶果树，2013，45 (3)：23-26.

鄢丰霞. 北京板栗生产成本收益研究 [D]. 荆州：长江大学，2013.

闫红楚. 矮化板栗良种——'矮丰'的选育 [J]. 柑桔与亚热带果树信息，2001 (8)：25-26.

阎万英，梅汝鸿. 古代栗子的种植及贮藏 [J]. 农业考古，1986 (2)：377-382+375.

阎万英，梅汝鸿. 中国古代栗子的食用及医用效益 [J]. 农业考古，1985 (2)：266-271.

杨宝霖.《古今合璧事类备要》别集草木卷与《全芳备祖》[J]. 文献，1985 (1)：160-173.

杨剑，唐旭蔚，涂炳坤，等. 栗属中国特有种—板栗、茅栗、锥栗 RAPD 分析 [J]. 果树学报，2004 (3)：275-277.

杨剑，涂炳坤，谢谱清，等. 湖北的主要板栗品种资源及其野生近缘种 [J]. 广西植物，2001 (2)：187-190.

杨静. 唐山市迁西县板栗生产现状与发展对策分析 [D]. 呼和浩特：内蒙古农业大学，2012.

杨钦埠，张植中，黄汝昌，等. 云南板栗资源调查及开发利用的研究 [J]. 云南林业科技，1994 (2)：40-51.

杨炜远，李月珍，张效若，等. 板栗低干矮冠栽培技术 [J]. 山西果树，2006 (1)：25-26.

杨晓玲，杨晴，郭守华，等. 燕龙板栗光合作用及其相关因素的日变化 [J]. 经济林研究，2008 (1)：67-70.

杨阳，郭燕，张树航，等. 中国栗属植物起源演化和分类研究进展 [J]. 河北农业科学，2017，21 (2)：25-28.

佚名. 板栗脱壳机研制成功 [J]. 致富之友，2000 (2)：44.

佚名. 板栗新品种鄂栗 1 号 [J]. 农家顾问，2006 (6)：28.

佚名. 板栗优新品种简介及栽植要点 [J]. 农家科技，2003 (12)：12.

易善军. 我国板栗产业发展现状及策略 [J]. 西部林业科学，2017，46 (5)：132-134+149.

应廷龙，应成芳，金正法，等. 板栗丰产栽培技术试验总结 [J]. 浙江林业科技，1992 (2)：19-23.

应霞. 板栗新品种 [J]. 中国农村科技，2002 (2)：21.

于丽霞. 板栗雄序败育机制研究 [D]. 秦皇岛：河北科技师范学院，2010.

于秋香，张树航. 京津冀地区主栽板栗品种及其配套栽培技术 [J]. 落叶果树，2017，49 (2)：46-48.

于绍夫，姜中武. 7 个板栗品种花粉中氨基酸及矿质元素含量的比较 [J]. 烟台果树，1988 (1)：20-24.

余凌帆，罗成荣，韩华柏，等. 四川板栗生产现状与发展对策 [J]. 经济林研究，2003 (1)：76-78.

俞飞飞，孙其宝，周军永，等. 安徽省板栗产业发展现状、存在问题及发展对策 [J]. 中国林副特产，2014 (3)：87-89.

虞涛，曾垂强，袁良济，等. 河南信阳市板栗产业发展困局及对策分析 [J]. 中国园艺文摘，2014，30 (5)：62-63.

张锄亮. 特大、极早熟油黑板栗——大红三号 [J]. 农技服务，2003 (11)：22.

张大鹏，黄文敏. 陕西板栗品种资源概况及存在问题 [J]. 西北园艺，2002 (3)：11-12.

张德花，孙鑫泽，贾洪伟. 板栗壳生药研究及有效成分含量测定 [J]. 大医生，2018，3 (3)：164+172.

张冬松，黄顺旺，高慧媛，等. 板栗种仁化学成分的分离与鉴定 [J]. 沈阳药科大学学报，2008 (6)：454-455+461.

张红艳，胡云红，张强，等. 板栗深加工中去壳及护色研究进展 [J]. 食品与发酵科技，2019，55 (1)：76-78.

张辉，柳鎏，Vilanif. 板栗在 6 个同工酶位点上的遗传变异 [J]. 生物多样性，1998 (4)：42-46.

张继亮，李华，马玉敏，等. 泰山板栗丰产优质型新品种——岱丰 [J]. 果农之友，2009 (12)：8.

张继亮，孙海伟，马玉敏，等. 炒食型板栗新品种'泰栗 5 号' [J]. 园艺学报，2006 (6)：1406.

张京政，纪立莹，曹飞，等. 倒置嫁接板栗不同拉枝角度下枝条的茎流速率 [J]. 河北科技师范学院学报，2017，31 (3)：1-4.

张京政, 齐永顺, 王同坤, 等. 板栗新品种'燕丽'[J]. 园艺学报, 2016, 43 (11): 2283-2284.

张京政, 齐永顺, 王同坤, 等. 板栗新品种'燕秋'[J]. 园艺学报, 2017, 44 (2): 399-400.

张京政, 齐永顺, 王同坤, 等. 板栗新品种'燕紫'[J]. 园艺学报, 2016, 43 (12): 2300-2301.

张京政, 齐永顺, 王同坤. 燕龙板栗矮化密植栽培技术 [J]. 河北果树, 2008 (5): 23-24.

张京政, 齐永顺, 王同坤. 燕山板栗果实主要营养成分多样性分析及评价 [C]// 中国园艺学会. 2008 园艺学进展（第八辑）——中国园艺学会第八届青年学术讨论会暨现代园艺论坛论文集. 中国园艺学会: 中国园艺学会, 2008: 5.

张军, 宋文军, 王素英, 等. 板栗花酒发酵工艺特性研究 [J]. 酿酒科技, 2014 (5): 71-74.

张乐, 王赵改, 杨慧, 等. 板栗加工过程中褐变控制技术 [J]. 食品工业科技, 2017, 38 (7): 199-202.

张乐, 王赵改, 杨慧, 等. 不同板栗品种营养成分及风味物质分析 [J]. 食品科学, 2016, 37 (10): 164-169.

张力思, 陈新, 徐丽, 等. 板栗种质资源工作现状与展望 [J]. 落叶果树, 2019, 51 (1): 29-33.

张林平, 李保国, 白志英, 等. 板栗雌花簇分化过程观察 [J]. 果树科学, 1999 (4): 280-283.

张敏, 蓝芳菊, 谌礼兵. 板栗低产园修枝改造及丰产栽培技术研究 [J]. 林业实用技术, 2014 (4): 15-16.

张明哲, 王克石, 孔青, 等. 早熟板栗新品种——滕州早丰 [J]. 山东林业科技, 2004 (1): 33.

张树航, 李颖, 王广鹏, 等. 板栗杂交新品种南垂5号的选育及栽培技术 [J]. 河北农业科学, 2016, 20 (4): 55-56.

张树航, 商贺利, 刘庆香, 等. 板栗新品种'燕宽'的选育及其配套栽培技术研究 [J]. 安徽农业科学, 2014, 42 (21): 6946-6947.

张树航, 王广鹏. 板栗杂交新品种南垂5号 [J]. 农村百事通, 2016 (7): 26.

张树航. 优质早熟板栗新品种'燕金'[J]. 北方果树, 2015 (4): 13.

张铁如, 张宝兴, 李祥才, 等. 板栗幼树密植高产栽培技术研究 [J]. 落叶果树, 1986 (1): 16-22.

张铁如. 板栗无公害高效栽培 [M]. 北京: 金盾出版社, 2005.

张文斌. 自动板栗脱壳机的设计 [J]. 农机化研究, 2015, 37 (8): 104-106+111.

张文波. 新型板栗脱壳技术与机械研究 [D]. 杭州: 浙江大学, 2002.

张现君, 关秋芝, 邵明丽. 板栗新品种豫板栗3号早期丰产栽培试验 [J]. 中国果树, 2003 (2): 24-25.

张馨方, 郭燕, 李颖, 等. 板栗内腐病研究进展 [J]. 中国植保导刊, 2018, 38 (11): 25-28+38.

张袖丽, 胡颖蕙, 檀华榕. 板栗品质的化学成分分析和评价 [J]. 安徽农业科学, 1996 (4): 43-44+47.

张艳丽, 宁德鲁, 邵则夏, 等. 板栗授粉新品种云雄的选育 [J]. 中国果树, 2012 (4): 3-5+77.

张艳丽, 邵则夏, 杨卫明, 等. 云红板栗新品种选育及特性研究 [J]. 贵州林业科技, 2012, 40 (2): 31-35.

张一帆, 王亚芝, 曹庆昌. "北京板栗"探寻 [J]. 中国农村科技, 2010 (5): 52-54.

张毅, 杨兴华. 板栗种质资源中的特异类型——无花栗 [J]. 落叶果树, 1996 (1): 30.

张毅, 杨兴华. 山东板栗种质资源中的珍稀类型 [J]. 落叶果树, 1996 (S1): 43-44.

张毅. 山东果树种质资源及其多样性研究 [D]. 泰安: 山东农业大学, 2004.

张宇和, 柳鎏, 梁伟坚, 等. 中国果树志（板栗 榛子卷）[M]. 北京: 中国林业出版社, 2005.

张玉龙, 卢桂宾. 山西的板栗资源及其利用前景 [J]. 山西林业科技, 1988 (1): 45-46+33.

张跃林. 广德县板栗品种资源及其利用 [J]. 安徽林业科技, 1995 (1): 34-35.

张志峰. 一年结两季果的双季板栗 [J]. 中国南方果树, 1996 (1): 60.

章继华, 何永进. 国内外板栗科学研究进展及其发展趋势 [J]. 世界林业研究, 1999 (2): 7-12.

赵春磊, 孟晓烨, 王庆华, 等. 板栗短枝型新品种徂短的选育 [J]. 中国果树, 2014 (6): 5-7+85.

赵春磊, 孟晓烨. 板栗耐旱抗红蜘蛛新品种'金平'的选育 [J]. 中国果树, 2016 (4): 81-84+101.

赵丰才. 中国栗文化初探 [M]. 北京: 中国农业出版社, 2005.

赵国强, 王凤春, 于田. 灰树花无公害栽培实用技术 [M]. 北京: 中国农业出版社, 2011.

赵珊. 板栗壳斗总酚降糖活性及其机制研究 [D]. 北京: 北京林业大学, 2012.

赵延旭. 北朝"五果"栽培技术考略——以《齐民要术》为中心 [J]. 农业考古, 2013 (3): 154-157.

赵艳艳, 陈双双, 房克凤, 等. 板栗下胚轴原生质体的分离与纯化 [J]. 果树学报, 2013, 30 (6): 994-997+1108.

赵永孝, 张玉英, 明桂冬, 等. 杂交板栗优良新品种——华光 [J]. 落叶果树, 1993 (1): 19-20.

赵永孝. 泰山1号早熟大板栗新品种芽变选种研究报告 [J]. 柑桔与亚热带果树信息, 2000 (4): 22.

赵永孝. 我国板栗育种工作的回顾与展望 [J]. 落叶果树, 2000

（3）：16-17.

赵玉亮．河北兴隆燕山板栗郁闭园省力化栽培技术[J]．果树实用技术与信息，2018（3）：12-14．

赵玉亮．兴隆县板栗生产存在的问题及解决措施[J]．河北林业科技，2015（3）：95-96．

赵玉山．山西板栗栽培关键技术取得新进展[J]．中国果业信息，2017，34（1）：48-49．

赵云营，张静超．京东板栗产业持续健康发展面临的问题及对策——以兴隆县产区为例[J]．科技展望，2015，25（29）：213-214．

赵之峰，陈学贵，宓秀民，等．山东板栗生产形势分析及新品种介绍[J]．中国果菜，1999（4）：26

赵志珩，张荣，和润喜，等．板栗花芽分化进程及形态结构观察[J]．广西林业科学，2021，50（2）：150-156．

赵中宁．汉儿庄乡板栗产业的发展状况[J]．落叶果树，2017，49（4）：42．

郑传祥．新型板栗脱壳机[J]．新农村，2002（5）：23．

郑传祥．新型板栗脱壳机及其技术经济分析[J]．轻工机械，2001（1）：29-33．

郑金柱，刘志兵，韩霞．'九山1号'板栗新品种引种表现及栽培技术[J]．山东林业科技，2017，47（5）：49-50．

郑龙．板栗品种褐变度差异性及其与多酚氧化酶活性的相关性研究[D]．合肥：安徽农业大学，2015．

郑瑞杰，郑金利，尤文忠，等．辽宁省经济林产业发展状况调研（一）——辽宁省板栗产业发展概况、存在问题及建议[J]．辽宁林业科技，2018（5）：40-43+47．

郑小江，陈克奉，李求文，等．优质早实板栗新品种'沙地油栗'[J]．园艺学报，2002（5）：496-505．

仲伟元，赵建文，王庆华，等．徂徕山板栗早熟新品种生长结实特性对比试验[J]．山东林业科技，2008（1）：62+81．

周丹，李颖佳，王建中，等．板栗酶促褐变过程中多酚氧化酶和过氧化物酶活性的变化[J]．食品科技，2014，39（6）：47-50．

周怀容，郑诚乐，陈祖枝．板栗雌花分化和促成技术研究进展[J]．福建果树，1997（2）：39-40．

周家华，常虹，熊融，等．不同板栗品种营养品质的模糊综合评价研究[J]．食品工业，2013，34（1）：113-116．

周家华，常虹，熊融，等．不同品种板栗罐头的加工特性研究[J]．食品工业，2013，34（3）：37-40．

周礼娟，芮汉明．板栗淀粉加工特性及板栗制品开发研究进展[J]．中国粮油学报，2008（3）：204-208．

周连第，兰彦平，韩振海．板栗品种资源分子水平遗传多样性研究[J]．华北农学报，2006（3）：81-85．

周连第．板栗种质资源遗传多样性研究[D]．北京：中国农业大学，2005．

周伟国，薛家翠，陈敦学，等．板栗优良品种及丰产栽培综合配套技术推广[J]．经济林研究，1999（4）：28-31．

周绪平，高伟，王云尊．短枝型板栗资源及利用[J]．山东林业科技，2003（3）：31-32．

周绪平，田文侠，陈为峰，等．沂蒙短枝板栗高密度栽培技术研究[J]．山东林业科技，2003（2）：6-8．

周勇杰，宋白杨，顾漫．利用出土文献研究《黄帝内经》综述[J]．中医文献杂志，2018，36（6）：67-72．

朱灿灿，耿国民，周久亚，等．21世纪栗属植物产业发展及贸易格局分析[J]．经济林研究，2014，32（4）：184-191．

朱灿灿，姬付勇，耿国民．不同板栗品种（单株）果实重要农艺性状的模糊综合评价[J]．经济林研究，2017，35（4）：13-21．

朱帅．板栗真空爆壳热工过程分析及自动脱壳设备的研究[D]．西安：陕西科技大学，2015．

朱晓蕾．《古今合璧事类备要》初探[D]．上海：上海师范大学，2009．

朱再选．岳西板栗种质资源的选优与利用[J]．安徽林业，2005（4）：21．

邹锋，郭素娟．板栗'燕山早丰'有性生殖过程解剖学研究[J]．南京林业大学学报：自然科学版，2015，39（4）：37-43．

板栗品种（类型）中文名索引

'1209' /153

B

'八月红' /116
'八月香' /140
'白露仔' /232
'宝鸡大社栗' /227
'孛1' /154

C

'岔3' /155
'长安寸栗' /228
'长安灰拣' /229
'长安明拣' /228
'长安铁蛋栗' /230
'长芒仔' /233
'长庄2号' /189
'城口小香脆板栗' /137
'出云' /235
'处暑红' /107
'川栗1号' /224
'川栗2号' /225
'川栗3号' /226
'川栗4号' /226
'川栗5号' /227
'川栗早' /136
'垂枝栗1号' /191
'垂枝栗2号' /192

D

'大板红' /37
'大板栗' /198
'大峰' /141
'大果中迟栗' /200
'大黑栗' /198
'大红光' /108
'大红袍' /108
'大碌洞' /156
'大油栗' /109
'大油栗' /211
'岱丰' /78
'岱岳早丰' /79
'丹泽' /142
'东沟峪39' /157
'东陵明珠' /38
'东王明栗' /80
'东岳早丰' /81
'短花云丰' /67

E

'鄂栗1号' /116
'鄂栗2号' /117
'二水早' /199
'二新早' /109

F

'芳养玉' /236
'封开油栗' /219
'凤2' /158

G

'干2-2' /158
'高城' /143
'关堂64' /160
'广银' /144
'桂花香' /201
'国见' /145

H

'海丰' /82
'河源油栗' /220
'黑山寨7号' /68
'红光' /83
'红光油栗' /202
'红栗' /84
'红栗1号' /85
'红栗2号' /86
'红毛早' /202
'侯庄2号' /160
'后丰1号' /161
'后南峪垂枝' /162
'花盖栗' /193
'花桥特早熟板栗' /120
'华丰' /87
'华光' /88
'怀丰' /68
'怀黄' /69
'怀九' /70
'怀香' /70
'黄板栗' /212

板栗品种（类型）中文名索引

'黄栗蒲'/110

'黄棚月'/89

'灰板栗'/212

J

'集选1号'/126

'集选2号'/126

'冀栗1号'/39

'贾庄1号'/163

'江山2号'/203

'节节红'/110

'结板栗'/121

'金丰'/90

'金华'/146

'金栗王'/118

'金优2号'/119

'津早丰'/77

'京暑红'/71

'九家种'/122

'九月寒'/204

K

'宽城大屯栗'/164

'宽优9113'/146

'魁栗'/125

L

'莱州短枝'/90

'乐杨1号'/205

'丽抗'/91

'利平'/147

'良乡1号'/72

'辽丹58号'/148

'辽丹61号'/148

'辽栗10号'/149

'辽栗15号'/150

'辽栗23号'/150

'林宝'/40

'林冠'/41

'林县谷堆栗'/197

'林珠'/42

'六月暴'/119

'龙湾1号'/165

'隆林中籽油栗'/221

'鲁岳早丰'/92

'罗田红栗'/206

'罗田乌壳栗'/120

M

'毛板栗'/212

'毛蒲'/199

'蒙山魁栗'/92

'米板栗'/213

'蜜蜂球'/111

'明丰2号'/43

N

'南垂5号'/166

'南丹早熟油栗'/222

'牛1'/167

'农大1号'/128

P

'坡花油栗'/223

Q

'迁西暑红'/44

'迁西晚红'/45

'迁西早红'/46

'迁西壮栗'/47

'前3'/168

'浅刺大板栗'/206

'青毛早'/207

'青扎'/122

'清丰'/93

'确红栗'/105

'确山红油栗'/105

R

'软刺早'/112

S

'桑1'/169

'桑6'/170

'沙坡峪1号'/171

'沙坡峪3号'/172

'山农辐栗'/94

'上庄5号'/173

'上庄52号'/174

'石场子1-1'/175

'石场子2-2'/176

'石鎚'/236

'石丰'/94

'双季栗'/214

'宋家早'/96

T

'它栗'/123

'塔14'/176

'塔54'/177

'塔丰'/48

'泰安薄壳'/97

'泰栗1号'/98

'泰栗5号'/98

'泰山1号'/138

'郯城023'/193

'郯城207'/99

'郯城3号'/100

'替码珍珠'/49
'铁粒头'/124
'桐柏红'/106
'土13栗'/151

W

'威丰'/100
'乌板栗'/214
'乌早'/200
'无刺栗'/194
'无花栗'/194

X

'西寨1号'/178
'西寨2号'/179
'下庄2号'/180
'香板栗'/215
'橡叶栗'/195
'小果毛栗'/215
'小果油栗'/216
'信阳5号'/197
'邢台薄皮'/180
'邢台短枝'/181
'邢台丰收1号'/182
'宣化红'/208

Y

'烟泉'/101
'燕宝'/50
'燕昌'/73
'燕丰'/74
'燕光'/51
'燕红'/75
'燕金'/52
'燕晶'/53
'燕宽'/54

'燕奎'/55
'燕丽'/56
'燕栗1号'/183
'燕栗2号'/184
'燕栗4号'/185
'燕龙'/57
'燕明'/58
'燕平'/74
'燕秋'/59
'燕山短枝'/60
'燕山早丰'/61
'燕兴'/62
'燕紫'/63
'羊毛栗'/208
'阳光'/102
'阳光'/76
'杨家峪1号'/186
'杨家峪13号'/186
'杨家峪1-6号'/187
'腰子栗'/209
'叶里藏'/113
'沂蒙短枝'/103
'银丰'/76
'银寄'/237
'引选3号'/196
'永丰1号'/224
'油板栗'/216
'油光栗'/217
'油榛'/234
'有磨'/238
'豫栗王'/197
'豫罗红'/107
'云丰'/130
'云富'/131
'云红'/132
'云良'/132

'云夏'/133
'云雄'/134
'云腰'/134
'云早'/135
'云珍'/135

Z

'杂18'/104
'杂35'/196
'杂交2号'/188
'早栗子'/114
'早熟油板栗'/217
'早香1号'/129
'早香2号'/130
'柞板11号'/230
'柞板14号'/231
'粘底板'/115
'赵杖子1-1'/190
'浙903号'/127
'浙早1号'/127
'浙早2号'/127
'镇安1号'/139
'中迟栗'/210
'中果早栗'/210
'中秋栗'/217
'重阳栗'/211
'重阳蒲'/218
'周家峪6号'/191
'筑波'/238
'紫峰'/239
'紫珀'/64
'紫油栗'/107
'遵达栗'/64
'遵化短刺'/65
'遵玉'/66